男装CAD工业制板

陈桂林　编著

中国纺织出版社

内 容 提 要

本书依托富怡服装CAD软件V9版本为基础平台，全面系统地介绍最新服装CAD技术，着重介绍如何进行男装工业制板操作。本书最大的特点是完全按照男装CAD工业制板模式，并遵循男装CAD工业制板顺序进行编写。书中编录的每一款服装规格数据都是经过工艺成衣验正效果的，再结合富怡服装CAD软件的各种功能，以具体的操作步骤指导读者进行男装CAD工业制板。每个步骤都以图文并茂进行讲解，并配有结构图、裁片图、放码图。

本书根据男装纸样设计的规律，抛开纸样设计方法上的差异，结合现代男装纸样设计原理与方法，科学地总结出一整套纸样的独特打板方法。此方法突破了传统方法的局限性，具有原理性强、适用性广、科学准确、易于学习掌握的特点，能够很好地适应各种服装款式的变化和不同号型标准的纸样放缩，便于在生产实际中应用。

本书适合作为大中专服装院校师生、服装企业技术人员的学习教材，也可作为服装企业提高从业人员技术技能的培训教材，对广大服装爱好者也有参考价值。

图书在版编目（CIP）数据

男装CAD工业制板 / 陈桂林编著 .—北京：中国纺织出版社，2012.8
ISBN 978-7-5064-9004-7

I. ①男… II. ①陈… III. ①男服—计算机辅助设计—案例 IV. ① TS941.718-39

中国版本图书馆CIP数据核字（2012）第189286号

策划编辑：刘晓娟　　责任编辑：宗　静　　特约编辑：付　俊
责任校对：梁　颖　　责任设计：何　建　　责任印制：何　艳

中国纺织出版社出版发行
地址：北京东直门南大街6号　邮政编码：100027
邮购电话：010—64168110　传真：010—64168231
http://www.c-textilep.com
E-mail:faxing@c-textilep.com
北京通天印刷有限责任公司印刷　各地新华书店经销
2012年8月第1版第1次印刷
开本：787×1092　1/16　印张：16.75
字数：297千字　定价：38.00元（附赠光盘一张）

前言

随着科学技术的发展及人民生活水平的提高，消费者对服装品位的追求发生着显著的变化，促使服装生产向着小批量、多品种、高质量、短周期的方向发展。同时也要求服装企业必须使用现代化的高科技手段，加快产品开发速度，提高快速反应能力。服装CAD技术是计算机技术与服装工业结合的产物，它是企业提高工作效率、增强创新能力和市场竞争力的一个有效工具。目前，服装CAD系统的工业化应用日益普及。

服装CAD技术的普及有助于增强设计与生产之间的联系，有助于服装生产厂商对市场需求做出快速反应。同时服装CAD系统也使得服装生产工艺变得十分灵活，从而使服装企业的生产效率、对市场的敏感性以及在市场中的地位得到显著提高。服装企业如果能充分利用计算机技术，必将会在市场竞争中处于有利地位，并能取得显著的效益。

传统的服装教学，远远不能满足现代服装企业的用人需求。现代服装企业不仅需要实用的技术人才，更需要有技术创新的人才和能适应服装现代技术发展的人才。为了满足现代服装产业发展的需要，本书首次采用完全按照工业化服装CAD打板模式，并遵循工业服装CAD制板顺序进行编写。书中编录的每一款服装规格数据都是经过工艺成衣验正效果的。本书制板方法简单易学，与现代服装企业的实践操作相结合，具有较强的科学性、实用性，图文并茂，并附有原理解析，便于读者自学，能够达到边学边用、学以致用的效果。

本书采用国内市场占有率较高的富怡服装CAD软件作为实操讲解。本书所有纸样均采用工业化1：1绘制，然后按等比例缩小，保证了所有图形清晰且不失比例。同时，本书根据服装纸样设计的规律和服装纸样放缩的要求，抛开纸样设计方法上的差异，结合现代服装纸样设计原理与方法，科学地总结出一整套纸样的独特打板方法。此方法突破了传统方法的局限性，能够很好地适应各种服装款式的变化和不同号型标准的纸样放缩，具有原理性强、适用性广、科学准确、易于学习掌握的特点，便于在生产实际中应用。

本书的编写紧紧围绕“学以致用”的宗旨，尽可能使教材编写得通俗易懂，便于自学。同时，书中还专门配有光盘，光盘包含富怡V9服装CAD教学学习软件。本书不仅是高等服装院校的教材,同时也是社会培训机构、服装企业技术人员、服装爱好者、初学者的学习参考书。

本书在编写过程中得到了富怡集团天津市盈瑞恒数控设备有限公司总经理于飞和陈彩旋、童丽姣、袁小芳等朋友的热心支持，在此一并致谢！

由于编写时间仓促，本书难免有不足之处，敬请广大读者和同行批评赐教，提出宝贵意见。

2012年3月于深圳

目录

第一章　男装工业制板概述

男装工业制板是建立在批量测量人体并加以归纳总结得到的系列数据基础上的裁剪方法。该类型的裁剪最大限度地保持了消费者群体体态的共同性与差异性的对立统一。

男装工业化生产通常都是批量生产，从经济角度考虑，服装企业自然希望用最少的规格覆盖最多的人体。但是，规格过少意味着抹杀群体的差异性，因而要设置较多数量的规格，制成规格表。值得指出的是：规格表当中的大部分规格都是经过归纳的，是针对群体而设的，并不能很理想地适合个体，因此只可以一定程度地符合个体。

在服装企业生产过程中，服装工业制板或工业纸样是依据规格尺寸绘制基本的中间标准纸样（或最大、最小的标准纸样），并以此为基础按比例放缩推导出其他规格的纸样。

第一节　男装工业制板的概念

男装工业纸样是为服装工业化大生产提供符合款式要求、面料要求、规格尺寸和工艺要求的可用于裁剪、缝制与整理的全套工业纸样（样板）。

男装工业制板是在男装设计这个系统工程中，由分解立体形态产生平面制图到加放缝份产生样板的过程，是建立在批量测量人体并加以归纳总结得到的系列数据基础上的裁剪方法。它最大限度地保持群体体态的共同性与差异性的对立统一。

男装工业推板是为了满足不同消费者的年龄、体型特征、穿衣习惯的不同，同一款式的服装需要制作系列规格或不同号型。工业推板就是以中间规格标准样板为基础，兼顾各个规格或号型系列之间的关系，通过科学计算，正确合理地分配尺寸，绘制出各规格或号型系列的裁剪用样板的方法。

一、服装号型标准的概念

1. 服装号型标准设置的意义

服装的工业化生产，要求相同款式的服装生产多种规格的产品并组织批量生产，以满足不同体型穿着者的需求。服装号型规格正是为了满足这一需求而产生的。初期的服装号型规格是各地区、各厂家根据本地区及本企业的特点制定的。随着工业化服装生产的不断发展，区域的界线逐渐模糊，商品流通范围不断扩大，消费者对产品规格的要求日益提高。为了促进服装业的发展，便于组织生产及商品流通，需将各地区、各企业的号型规格加以统一规范。因此，根据我国服装生产的现状及特点，制定了全国统一服装号型标准。1991 年正式颁布实施，即 GB/T 1335—1991《服装号型》国家标准。随后又在该标准基础上进行了修订，使之更加科学化、实用化，并向国际服装号型标准靠拢，于 1997 年颁布实施了 GB/T 1335—1997《服装号型》国家标准。2008 年进行了再次修订，并颁布实施了 GB/T 1335—2008《服装号型》国家标准。

号型标准中提供了科学的人体结构部位参考尺寸及规格系列设置，可由服装设计师或纸样设计师根据目标市场的具体情况采用。号型标准是设计、生产和流通领域的技术标志和语言。服装企业根据号型标准设计生产服装，消费者根据号型标志购买尺寸规格适合于自身穿着的服装。因此，服装设计者及生产者应正确掌握和了解服装号型标准的全部内容。

2. 服装号型标准的概念

①号：指人体的身高，以厘米（cm）为单位，是设计和购买服装时长短的依据。

②型：指人体的胸围或腰围，以厘米（cm）为单位，是设计和购买服装时胖瘦的依据。

③体型：仅用身高和胸围还不能很好地反映人体的形态差异，因为具有相同身高和胸围的人，其胖瘦形态也可能会有较大差异。按照一般规律，体胖者一般胸腰的差值较小。因此，新的号型标准以人体的胸围与腰围的差数为依据，将人体体型分为 Y、A、B、C 四种类型。从 Y 型到 C 型胸腰差值依次减小：Y 体型为瘦体型，A 体型为正常体，B 体型为胖体型，C 体型为肥胖体。A 体型的覆盖率最高。各体型的胸腰差值见表 1–1。

表 1–1　体型分类和胸腰落差值表

单位：cm

体型代码	Y（瘦体型）	A（正常体）	B（胖体型）	C（肥胖体）
大概所占比例（%）	21	47	18	14
女子	19~24	14~18	9~13	4~8
男子	17~22	12~16	7~11	2~6

注　大概所占比例是指四种人体体型在整个适龄人群中所占的比例。

3. 服装号型的标志

服装号型的表示方法：号与型之间用斜线隔开，后接人体体型的分类代号，例如：上装 160/84A 表示该服装适合于身高为 158~162cm、胸围为 82~86cm、体型正常的人穿着；下装 160/68A 表示该服装适合身高为 158~162cm、腰围为 66~70cm、体型正常的人穿着。

二、服装号型系列设置

1. 分档范围

（1）基本部位规格分档范围

人体尺寸规格分布是在一定范围内的，号型标准并不包括所有的穿着者，只包括绝大多数穿着者。因此，服装号型对身高、胸围和腰围确定了分档范围，超出此范围的属于特殊体型（表 1–2）。

表 1–2　基本部位规格分档范围　　单位：cm

部　位	身　高	胸　围	腰　围
女　子	145~175	68~108	50~102
男　子	150~185	72~112	56~108

（2）中间体

根据人体测量数据，按部位求得平均数，并参考各部位的平均数确定号型标准的中间体。人体基本部位测量数据的平均值和基本部位的中间体确定值，分别见表 1–3 和表 1–4。一般情况下，应尽量以成衣规格的中间号型制作基码（又称母板），以减少放缩时产生的累计误差。

表 1–3　人体基本部位平均值　　单位：cm

部　位		Y	A	B	C
女子	身高	157.13	157.11	156.16	154.89
	胸围	83.43	82.26	83.03	85.78
男子	身高	169.16	169.03	165.14	166.01
	胸围	86.79	84.76	86.48	91.22

表 1–4　人体基本部位中间体确定值　　单位：cm

部　位		Y	A	B	C
女子	身高	160	160	160	160
	胸围	84	84	88	88
男子	身高	170	170	170	170
	胸围	84	88	92	96

2. 号型系列设置

5・4 系列：身高以 5cm 分档，胸围或腰围以 4cm 分档（又称推板）。

5・2 系列：身高以 5cm 分档，腰围以 2cm 分档（又称推板）。

5・2 系列与 5・4 系列配合使用时，5・2 系列只用于下装。

分档数值又称为档差。以中间体为中心，向两边按档差依次递增或递减，形成不同的号和型，号与型进行合理的组合与搭配形成不同的号型系列，号型标准中给出了可以采用的号型系列。

3. 控制部位

（1）人体控制部位

仅有身高、胸围、腰围和臀围还不能很好地反映人体的结构规律，不能很好地控制服装的规格尺寸，也不能很好地控制服装的款式造型。因此，还需要增加一些人体部位尺寸作为服装控制部位的规格尺寸。根据人体的结构规律和服装的结构特点，号型标准中确定了10个控制部位，并把其分为高度系列和围度系列，其中身高、胸围和腰围又定义为基本部位（表1–5）。各部位测量方法见表1–6。

表1–5 人体控制部位

高 度	体 高	身 高	颈椎点高	坐姿颈椎点高	腰围高	全臂长
围度	胸围	腰围	臀围	颈围	臂围	总肩宽

表1–6 测量方法

序 号	部 位	被测者姿势	测 量 方 法
1	身高	赤足取立姿，放松	用皮尺从头顶垂直量至人体足跟骨（地面）
2	颈椎点高	赤足取立姿，放松	用皮尺自第七颈椎点量至地面的垂直距离
3	坐姿颈椎点高	取坐姿，放松	用皮尺从第七颈椎点量至凳面的垂直距离
4	手臂长	取立姿，放松	用皮尺从肩端点量至手臂腕关节的直线距离
5	腰围高	赤足取立姿，放松	用皮尺从腰围垂直量至人体足跟骨（地面）
6	胸围	取立姿，正常呼吸	用皮尺经人体胸高点水平测量一周的围度
7	颈围	取立姿，正常呼吸	用皮尺从第七颈椎点处绕颈一周所得的围度
8	总肩宽	取立姿，放松	用皮尺测量左右肩端点之间的水平距离
9	腰围	取立姿，正常呼吸	用皮尺经腰部最细处水平测量一周的围度
10	臀围	取立姿，放松	用皮尺经臀部最丰满处水平测量一周的围度

（2）男子人体控制部位

男子人体控制部位数值见表1–7。

表1–7 男子5·4A号型系列控制部位数值 单位：cm

部 位		控制部位数值				档 差
长度部位	身高	165	170	175	180	5
	颈椎点高	140	144	148	152	4
	头高	25	26	27	28	1
	腰节高	41.5	42.5	43.5	44.5	1
	背长	43	44	45	46	1
	手臂长	53.5	55	56.5	58	1.5
	肩至肘	30.2	31	31.8	32.6	0.8
	腰至膝	59.5	61	62.5	64	1.5
	腰至足跟	99	102	105	108	3

续表

部　位		控制部位数值				档　差
宽度部位	肩宽	43.5	45	46.5	48	1.5
	胸宽	37.5	39	40.5	42	1.5
	背宽	40	41.5	43	44.5	1.5
围度部位	颈围	38	39	40	41	1
	胸围	86	90	94	98	4
	腰围	68	72	76	82	4
	臀围	88	92	96	100	4
	臂根围	29	30	31	32	1
	腕围	17	18	19	20	1

第二节　男装制图符号与制图代号

一、男装制图符号

男装常用制图符号见表 1-8。

表 1-8　男装常用制图符号

序　号	名　称	符　号　形　式	符　号　含　义
1	粗实线（轮廓线）		表示完成线，是纸样制成后的外部轮廓线
2	细实线（辅助线）		表示制图过程中的基础线，对制图起到辅助作用
3	等分线		表示线段被等分为两段或多段
4	虚线		表示缉明线或装饰线
5	等长		表示两条线段长度相等
6	等量	……	表示两个或两个以上部位等量
7	直角		表示两条相交线呈垂直 90°

续表

序号	名称	符号形式	符号含义
8	重叠		表示有交叠或重叠的部分
9	剪切		表示要剪切的部位
10	合并	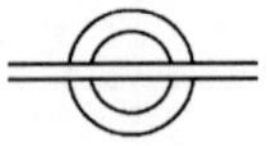	表示两个纸样裁片相连或合并
11	距离线	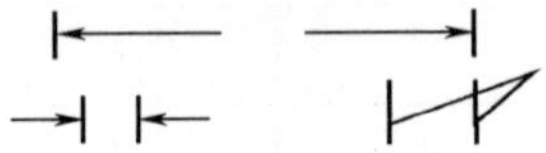	表示两点或两段间的距离
12	定位号（锥眼符号）		纸样上的部位标注记号，如袋位、省尖位置等
13	纱向线		表示对应面料的经纱方向
14	倒顺线		顺毛或图案的正立方向
15	省	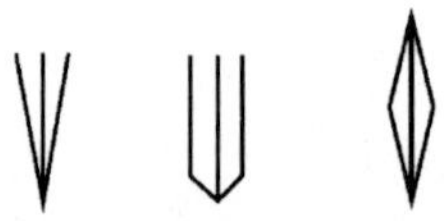	表示省的位置和形状
16	褶裥	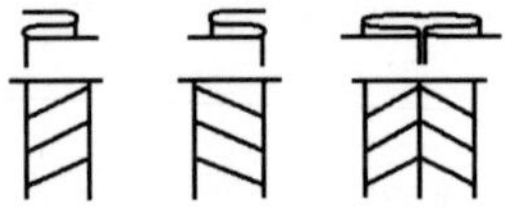	表示褶裥的位置和形状
17	缩褶	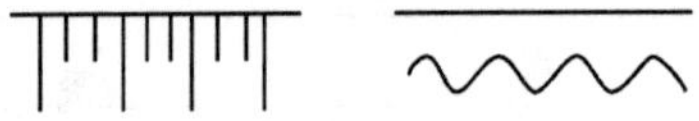	表示吃势、缩缝
18	拔开		指借助一定的温度和工艺手段将缺量拔开
19	归拢		指借助一定的温度和工艺手段将余量归拢
20	对位（吻合标记）	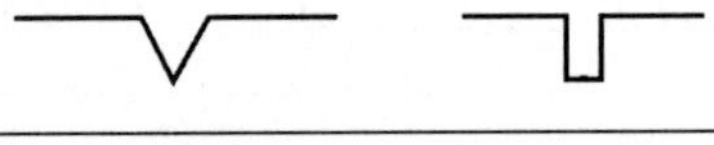	表示纸样上的两个部位缝制时需要对位
21	扣眼（纽门）		表示扣眼的形状或位置
22	纽扣		表示纽扣的形状或位置
23	正面标志		表示面料的正面
24	反面标志		表示面料的反面

续表

序　号	名　称	符　号　形　式	符　号　含　义
25	罗纹标志	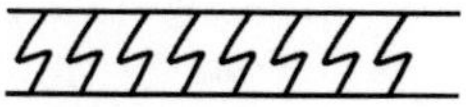	表示罗纹裁片
26	省略符号		表示省略长度
27	双折线		表示有折边或双折的部分
28	对条	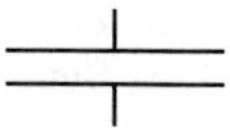	表示裁片需要对条
29	对格	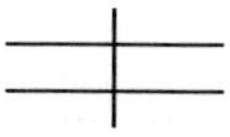	表示裁片需要对格
30	对花		表示裁片需要对花
31	净样符号	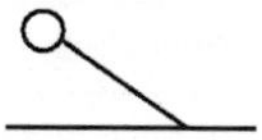	表示未加缝份的纸样
32	毛样符号	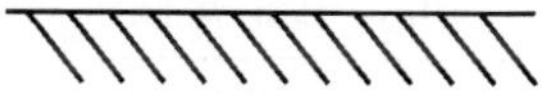	表示加缝份的纸样
33	拉链符号	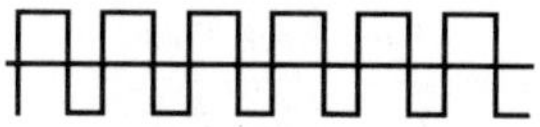	表示安装拉链
34	花边符号	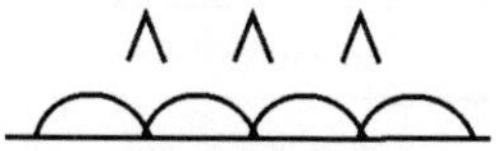	表示有装饰花边
35	斜纹符号		表示面料斜裁
36	平行符号	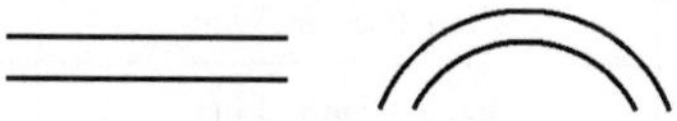	表示两条直线或弧线间距相等
37	引出符号	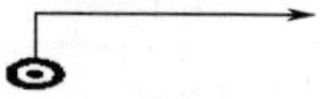	表示有特殊说明
38	明裥符号		表示褶量在外的折裥
39	暗裥符号	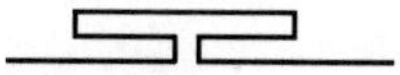	表示褶量在内的折裥
40	黏合衬符号		表示有黏合衬
41	明线宽	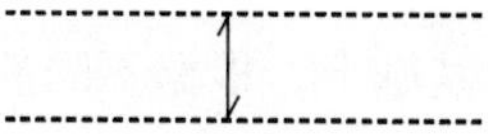	表示缉明线及明线宽度
42	否定符号		表示有关内容作废

二、男装制图部位英文代号

男装常用制图部位英文代号见表 1–9。

表 1–9　男装制图部位英文代号

序　号	部　　位	英文全称	代　　号
1	胸围	Bust Girth	B
2	腰围	Waist Girth	W
3	臀围	Hip Girth	H
4	胸围线	Bust Line	BL
5	腰围线	Waist Line	WL
6	臀围线	Hip Line	HL
7	膝围线	Knee Line	KL
8	肘围线	Elbow Line	EL
9	前胸宽	Front Bust Width	FBW
10	后背宽	Back Bust Width	BBW
11	袖窿（夹圈）	Arm Hole	AH
12	后颈点	Back Neck Point	BNP
13	前颈点	Front Neck Point	FNP
14	肩端点	Shoulder Point	SP
15	肩宽	Shoulder Width	SW
16	胸（高）点	Bust Point	BP
17	头围	Head Size	HS
18	前中心线	Front Centre Line	FCL
19	后中心线	Back Centre Line	BCL
20	袖长	Sleeve Length	SL
21	衣长	Length	L
22	领围	Neck Girth	N

第三节　男装成衣尺寸的制定原理

男装的规格尺寸是在人体基本尺寸的基础上，根据不同的款式，加上合适的宽松量而得到的。男装的规格尺寸一旦确定以后，它就是男装工业生产的重要技术依据。有些客户的规格尺寸表上，除了标出规格尺寸外，还会标出主要的躯体尺寸。如果需要，可以根据躯体尺寸，判断规格尺寸正确与否。

在工业化生产中，男装的规格尺寸和实际的工业生产服装尺寸总是有差异的，所以在客户的尺寸表上，给出了允许范围内的公差量 TOL（Tolerance）。男装的实际生产规格尺寸只要在规定的允许范围内的公差量，其尺寸就是可以接受的。在服装成衣的品质管理中，确保服装的制造尺寸符合规格尺寸是很重要的。尺寸过大或过小，都会影响穿着，影响服装的合体性。

号型标准中提供了科学的人体结构部位参考尺寸及规格系列设置，可由服装设计师或纸样设计师根据目标市场的具体情况采用。号型标准是设计、生产和流通领域的技术标志和语言。服装企业根据号型标准设计生产服装，消费者根据号型标志购买尺寸规格适合于自身穿着的服装。因此，服装设计者及生产者应正确地掌握和了解号型标准的全部内容。

一、男装成衣的尺寸构成

1. **放松量**

（1）放松量相关要素（下图）

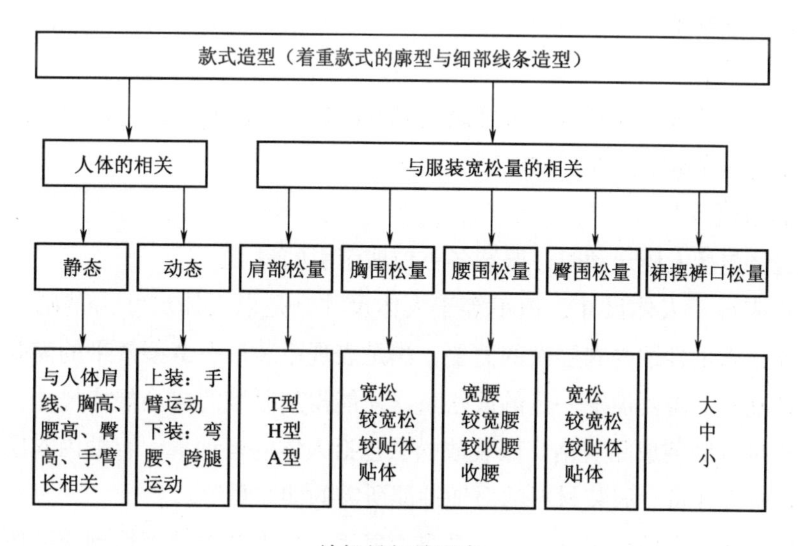

放松量相关要素

（2）决定衣服长度比例尺寸（对设计图宽松量的审视）

①对胸部宽松量的审视（表 1–10）。

表 1–10 对胸部宽松量的审视

胸围 –（净胸围 + 内衣厚）	完全掩盖人体胸部曲线：+ ≥ 20cm	宽松风格
	稍显人体胸部曲线：+（15~20）cm	较宽松风格
	显示人体胸部曲线：+（10~15）cm	较贴体风格
	充分显示人体胸部曲线：+ < 10cm	贴体风格

②对腰部收腰量的审视（表 1–11）。

表 1–11　对腰部收腰量的审视

腰围 –（净腰围 + 内衣厚）或（胸围 – 腰围）/2	腰部呈直筒形≈ 0cm	宽腰风格
	腰部省道数 × ≤ 1.5cm	较宽腰风格
	腰部省道数 × ≤ 2cm	较收腰风格
	腰部省道数 × ≤ 2.5cm	收腰风格

③对臀围宽松量的审视（表 1–12）。

表 1–12　对臀围宽松量的审视

臀围 –（净臀围 + 内衣厚）或（臀围 – 胸围）/2	臀部扩张量< 2cm	贴体风格
	臀部扩张量 =（2~4）cm	较宽松风格
	臀部扩张量≥ 4cm	宽松风格

2. 舒适量（放松量）

（1）静态舒适量

静态舒适量包括服装穿着时与人体之间必要的透气空隙和非压力空隙。静态舒适量胸围部分一般要追加净胸围的 6%~8%。

（2）动态舒适量

动态舒适量包括人体运动时，服装各方位所牵引的量。

服装规格来源于人体尺寸，但不等于人体尺寸，是以人体尺寸为基础，必须满足人体活动的需要，满足容纳内衣层次的需要，满足表现服装形态造型效果的需要。因此在人体净体值的基础上，需要加上一定的放松量，才能得到服装的成品规格尺寸，即人体净体值 + 服装放松量 = 服装成品规格。服装放松量包括人体的运动量、容纳内衣层次的需要间隙量、服装风格设计量、服装材料的质地性能所需的伸缩量等。

穿着一件服装，合体效果如何、活动是否舒适、外形效果是否得到充分体现，在一定程度上往往是取决于服装成品规格尺寸设计的正确与否。而服装规格尺寸设计的成败，获得精确的人体数据固然重要，关键还在于如何准确地设计服装放松量。

人们在认识服装与人体关系的基础上，通过考虑服装穿着对象、品种用途、款式造型等特点，为具体的服装产品设计出相应的加工数据。从而实现采用“量化”形式表现服装款式造型、品牌用途和穿着对象特征等重要技术设计内容，而准确的“量化”数据也真实地反映了设计师的综合素质。

我们现在都能够理解并认识到服装规格放松量与人体活动、款式造型特点、所选面辅材料的性能、工艺生产方式，穿着者的年龄、性别、胖瘦、喜好以及流行特征等诸多因素息息相关。因此，除了具有良好的理论基础、正确的思维方式以外，最重要的是在实际生产制作时要能够熟练地操作运用起来。

这一理论看上去很容易理解明白，可是在实际运用的时候常常不能肯定，似懂非懂、举棋不定。这是因为缺少对实物（成衣）的直观解析，不能及时地将放松量直接地反映到某成品的服装上，仅凭借自己想象性地来感觉放松量的效果，是不准确的。这实际上就是典型的没有实践经验，不能将放松量这一量化的数值与成品的穿着效果对应。因此，一定要提高自己的审美情趣、视觉量化的能力。服装放松量这一量化的数据并非脱离现实、冥思苦想所能达到的。任何技术类的课题都是需要实践才能得真知的。

倘若“人体净体值 + 服装放松量 = 服装成品规格”是一个数学公式的话，那么可以得出：服装成品规格 – 人体净体值 = 服装放松量。

要想深刻体会放松量，可以将自己或家人平常穿着的一些服装进行分类，比如找出几件各种造型风格的连衣裙，合体的、紧身的、宽松的等（这样有助于对不同造型风格服装的放松量进行对比）。将衣服各个部位的尺寸量出来，再减去穿着者的人体净体尺寸，就可以得到这类服装的放松量。将衣服穿在身上，对着镜子进行全面审视，结合款式特点、面料特性、内衣层差、工艺方式、造型效果等，对服装的整体效果进行全面记忆，再结合此前量出的衣服的放松量，深度体会该放松量在这类服装中的表现效果。这样多做练习，就会对放松量这一量化数据有所感觉，因为这个方法比任何方法的周期都短，既直接又可行。

服装设计师、服装纸样设计师要想准确地设计服装规格放松量，在平时就要注意积累大量的经验数据，让每一次的样衣制作都成为总结和积累经验的机会。要验证、追踪自己“量化”的放松量，审视其在成品中的最终表现，一定要注意成衣规格中的微小变化现象，这样会给服装板型的改进带来意想不到的作用，为下次的制作提供可靠的参考资料。

3. 服装的变形

服装在制作过程中，由于各种外力的作用会产生不同的外形变化，这与人的穿着方式及服装的材质有一定的关系。

①人体尺寸与服装规格相匹配的关系不同，引起服装的变形不同。

②人体各部位所处服装材质、织纹不同，变形量不同。

③人体运动时各部位运动量不同造成的变化量不同。

④同种材料相同宽松量，服装结构不同引起的变化量不同。

二、男装成衣的放松量

成衣尺寸是净体的人体尺寸加上放松量。由于人体运动、呼吸、体表伸缩、皮肤堆积，必须加一定的余量，这些余量就是放松量。成衣的放松量除了要考虑以上人体的几个因素外，还要考虑服装的季节、内外层次、面料质地、流行倾向等因素。因此，成衣的放松量包括呼吸量、运动量、设计量等。

增加放松量的方法：放宽后背、加大袖宽、增加衣身围度、改用弹性面料。例如：合体男西装的放松量：*B*+（12~16）cm，休闲男西装的放松量：*B*+（18~22）cm。

我们经过反复试验得出一个结果：以胸围 90cm 为例，在此基础上加放 10cm 的放松量。即得出 10cm 的放松量离人体胸围一周的空隙为 1.6cm。如果一件衬衣的厚度为 0.2cm，一件毛衣的厚度为 0.4cm，以此计算，可以穿 3~5 件衣服（表 1–13）。

表 1–13　放松量与空隙量的换算表　　单位：cm

放松量	4	6	8	10	12	14	16	18	20	22
空隙量	0.6	1	1.3	1.6	2	2.2	2.5	2.9	3.1	3.5

三、放松量确定的原则

1. 体型适合原则

肥胖体型的服装放松量要小些、紧凑些；瘦体型的人放松量可大些，以调整体形的缺陷。

2. 款式适合原则

决定放松量的最主要因素是服装的造型，服装造型是指人穿上衣服后的状态，它是忽略了服装各局部的细节特征的大效果。服装作为直观形象，出现在人们的视野里的首先是其轮廓外形。体现服装廓型的最主要的因素就是肩、胸、腰、臀、臂及底摆的尺寸。

3. 合体程度原则

真实地表现人体，尽量使服装与人体形态吻合的紧身型服装，放松量小些；含蓄地表现人体，宽松、休闲、随意性的服装，放松量则大些。

4. 板型适合原则

不同板型其各部位的放松量是不同的，同一款式，不同的人打出的板型不同，最后的服装造型也千差万别。简洁贴体的制板，严谨的服装、有胸衬造型的服装放松量要小些；便服的放松量则要大些。

5. 面料厚薄原则

厚重面料放松量要大些；轻薄类面料的放松量则要小些。

第二章　服装 CAD 概述

CAD 即指计算机辅助设计（Computer-Aided Design）。服装 CAD 是利用人机交互的手段，将计算机的图形学、数据库等高新技术与设计师的构思、创新思想及经验知识完美组合，从而降低服装生产成本，减少工作负荷，提高设计质量，能够大大缩短服装从设计到投产的过程。对于服装产业来说，服装 CAD 的应用已经成为其历史性变革的标志，同时也是将一个原本工业化基础薄弱的传统产业能够追随先进的生产力而发展成为可能。

第一节　认识服装 CAD

随着计算机技术的发展及人民生活水平的提高，消费者对服装品位的追求发生着显著的变化。近年来，服装行业的发展趋势明显表现为：服装流行的周期缩短，款式个性化及多样化进一步加强。表现在服装生产企业的特点是：服装生产向着小批量、多品种、高质量、短周期的方向发展。由于款式的增多，给生产企业带来较大的纸样设计特别是规格放缩（即放码）的工作压力，纸样设计及其相关工作往往成为服装生产的瓶颈。这就要求服装企业必须使用现代化的高科技手段，加快产品的开发速度，提高快速反应能力。

基于现代化计算信息技术的发展，美国在 20 世纪 80 年代就曾经提出过敏捷制造策略（Demand Activated Manufacturing Architecture，DAMA）。这一策略的使用，使美国、德国、日本等发达国家都实现了不同程度的生产效率的提高。

服装 CAD 作为计算信息技术的一个方面，在服装生产及信息化发展过程中发挥着无可替代的作用，是服装企业必备的重要工具。目前，我国 50% 左右的服装企业都引进了服装 CAD 系统。服装 CAD 系统是计算机技术与纺织服装工业结合的产物，它是应用于设计、生产、管理、市场等各个领域的现代化的高科技工具。服装 CAD 技术是计算机技术与服装工业结合的产物，它是企业提高工作效率、增强创新能力和市场竞争力的一个有效工具。目前，服装 CAD 系统的应用日益普及。

CAD/CAM 是计算机辅助设计和计算机辅助生产（Computer-Aided Manufacture）这两个概念的缩略形式。CAD 一般用于设计阶段，辅助产品的创作过程，而 CAM 则用于生产过程，用于控制生产设备或生产系统，如制板、放码、排料和裁剪。服装 CAD/CAM 系统有助于增强设计与生产之间的联系，有助于服装生产厂商对市场的需求做出快速反应。同时服装 CAD 系统也使得生产工艺变得十分灵活，从而使企业的生产效率、对市场敏感性及在市场中的地位得到显著提高。服装企业如果能充分利用计算机技术，必将会在市场竞争中处于有利地位，并能取得显著的效益。

服装 CAD 系统主要包括两大模块，即服装辅助设计模块、辅助生产模块。其中辅助设计模块又可分为面料设计（机织面料设计、针织面料设计、印花图案设计等）和服装设计（服装效果图设计、服装结构图设计、立体贴图、三维设计与款式设计等）；辅助生产模块又可分为面料生产（控制纺织生产设备的 CAD 系统）和服装生产（服装制板、推板、排料、裁剪等）。

一、计算机辅助设计系统

所有从事服装面料设计与开发的人员都可借助服装 CAD 系统，进行高效快速的效果图展示及色彩的搭配和组合。服装设计师可以借助 CAD 系统强大而丰富的功能充分发挥自己的创造才能，创作出从抽象到写实效果的各种类型的图形图像，并配以富于想象的处理手法，还可以轻松地完成比较耗时的修改色彩及修改面料之类的工作，表现同一款式、不同面料的外观效果。实现这一功能，只要在照片上勾画出服装的轮廓线，然后利用软件工具设计网格，使其适合服装的每一部分。几乎在所有服装企业中比较耗资耗时的工序是样衣制作。服装企业经常要以各种颜色的组合来表现设计作品，如果没有 CAD 系统，在对原始图案进行变化时要经常进行许多重复性的工作。借助服装 CAD 的立体贴图功能，二维的各种织物图像就可以在照片上展示出来，节省了大量生产样衣的时间。此外，许多服装 CAD 系统还可以将织物变形后覆于照片中的模特儿身上，以展示成品服装的穿着效果。服装企业通常可以在样品生产出来之前，采用这一方法向客户展示设计作品。

二、计算机辅助生产系统

在服装生产方面，CAD 系统应用于服装的制板、推板和排料等领域。在制板方面，纸样设计师借助 CAD 系统完成一些比较耗时的工作，如板型拼接、褶裥设计、省道转移、褶裥变化等。同时，许多 CAD/CAM 系统还可以测量缝合部位的尺寸，从而检验两片样片是否可以正确地缝合在一起。生产厂家通常用绘图机将纸样打印出来，该纸样可以用来指导裁剪。CAD 系统除具有板型设计功能外，还可根据放码规则进行放码。放码规则通常由一个尺寸表来定义，并存贮在放码规则库中。如果排料符合用户的要求，接下来便可以指导批量服装的裁剪了。利用 CAD/CAM 系统进行放码和排料所需要的时间只占手工完成所需时间的很小一部分，极大地提高了服装企业的生产效率。

大多数企业都保存有许多原型样板，这些原型样板是所有板型变化的基础。这些样板通常先描绘在纸上，然后再根据服装款式加以变化，而且很少需要进行大的变化，因为大多数的服装都是比较保守的。只有当非常合体的款式变化成十分宽松的式样时才需要推出新的板型。在大多数服装企业，服装纸样的设计是在平面上进行的，做出样衣后通过模特儿试衣来决定板型正确与否（通过从合体性和造型两个方面进行评价）。

三、服装 CAD 服装制板工艺流程

服装纸样设计师的技术在于将二维平面上裁剪的材料包覆在三维的人体上。目前世界上主要有两类板型设计方法：一是在平面上进行打板和板型的变化，以形成三维立体的服装造型。二是将织物披覆在人台或人体上进行立体裁剪。许多顶级的时装设计师常采用此方法，即直接将面料披覆在人台上，用大头针固定，按照他的设计构思进行裁剪和塑型。对他们来说，板型是随着他们的设计思想而变化的。将面料从人台上取下来，并在纸上绘制出来就可得到最终的服装样板。以上两类板型设计方法都可以给服装 CAD 的程序设计人员以一定的指导。

国际上第一套应用于服装领域的 CAD/CAM 系统主要用来放码和排料，几乎系统的所有功能都是用于平面板型的，所以它是工作在二维系统上的。当然，也有人试图设计以三维方式工作的系统，但现在还不够成熟，还不足以指导设计与生产。三维服装板型设计系统的开发时间会很长，三维方式打板也会相当复杂。

1. 纸样输入（也称开样或读图）

服装纸样的输入方式主要有两种：一是利用制板软件直接在屏幕上制板；二是借助数字化仪将纸样输入到 CAD 系统。第二种方法十分简单，用户首先将纸样固定在读图板上，利用游标将纸样的关键点读入计算机。通过按游标的特定按钮，通知系统输入的点是直线点、曲线点还是剪口点。通过这一过程输入纸样并标明纸样上的布纹方向和其他一些相关信息。有一些 CAD 系统并不要求这种严格定义的纸样输入方法，用户可以使用光笔而不是游标，利用普通的绘图工具（如直尺、曲线板等）在一张白纸上绘制板型，数字化仪读取笔的移动信息，将其转换为纸样信息，并且在屏幕上显示出来。目前，一些 CAD 系统还提供自动制板功能，用户只需输入板型的有关数据，系统就会根据制板规则产生所要的纸样。这些制板规则可以由服装企业自己建立，但它们需要具有一定的计算机程序设计技术才能使用这些规则和要领。

一套完整的服装板型输入 CAD 系统后，还可以随时使用这些板型，所有系统几乎都有能够完成板型变化的功能，如纸样的加长或缩短、分割、合并、添加褶裥、省道转移等。

2. 推板（又称放码）

计算机放码的最大特点是速度快、精确度高。手工放码包括移点、描板、检查等步骤，这需要娴熟的技艺，因为缝接部位的合理配合对成品服装的外观起着决定性的作用，即使是曲线形状的细小变化也会给造型带来不良的影响。虽然 CAD/CAM 系统不能发现造型方面的问题，但它却可以在瞬间完成网状样片，并提供检查缝合部位长度及进行修改的工具。

用户在基础板上标出放码点，计算机系统则会根据每个放码点各自的放码规则生成全部号型的纸样，并根据基础板的形状绘出网状样片。用户可以对每一号型的纸样进行尺寸检查，放码规则也可以反复修改，以使服装穿着更加合体。从概念上讲，这虽然是一个十分简单的过程，但具备三维人体知识并了解其与二维平面板型关系是使用计算机进行放码

的先决条件。

3. 排料（又称排唛架）

服装 CAD 排料的方法一般采用人机交换排料和计算机自动排料两种方法。排料对任何一家服装企业来说都是非常重要的，因为它关系到生产成本的高低。只有在排料完成后，才能开始裁剪、加工服装。在排料过程中有一个问题值得考虑，即可以用于排料的时间与可以接受的排料率之间的关系。使用 CAD 系统的最大好处就是可以随时监测面料的用量，用户还可以在屏幕上看到所排衣片的全部信息，再也不必在纸上以手工方式描出所有的纸样，仅此一项就可以节省大量的时间。许多系统都提供自动排料功能，这使得设计师可以很快估算出一件服装的面料用量。面料用量是服装加工初期成本的一部分，根据面料的用量，在对服装外观影响最小的前提下，服装设计师经常会对服装板型做适当的修改和调整，以降低面料的用量。裙子就是一个很好的例子，三片裙在排料方面就比两片裙更加紧凑，从而可提高面料的使用率。

无论企业是否拥有自动裁床，排料过程都需要技术和经验。计算机系统成功的关键在于它可以使用户试验各种不同的排料方式，并记录下各阶段的排料结果，通过多次尝试就可以很快得出可以接受的材料利用率。因为这一过程通常在一台终端上就可以完成，与纯手工相比，它占用的工作空间很小，需要的时间也很短。

四、服装 CAD 的发展现状与趋势

1. 国内服装 CAD 发展现状

服装 CAD 软件最早于 20 世纪 70 年代诞生在美国，它是高科技技术在低技术行业中的应用，它提高了服装业的科技水平，提高了服装设计与生产的效率，还减轻了人员的劳动强度。因此，服装 CAD 软件历经了近 40 年的发展和完善后，在国外发达国家已经相当普及了。例如，服装 CAD 软件在美国的普及率超过 55%，在日本的普及率超过了 80%。近年来，我国服装 CAD 普及率已经达到了近 50%。

业内目前比较一致认可这样一组数据：我国目前约有服装生产企业 6 万家，而使用服装 CAD 的企业仅有 3 万家左右，也就是说我国服装 CAD 的市场普及率仅在 50% 左右。甚至有专家认为，由于我国服装企业两极分化较严重，有的厂家可能拥有数套服装 CAD 系统，有的则可能没有，所以真正使用服装 CAD 系统的厂家数量可能比这个数据更少。

目前，约有 15 家左右的服装 CAD 供应商活跃在中国市场，而在中国 3 万余家使用服装 CAD 的企业中，国产服装 CAD 已经占了近 80% 的市场份额。自 2000 年以后，国产服装 CAD 异军突起，凭借着服务优势、价格优势、性能优势，促使国外服装 CAD 在国内市场一路下滑。

2. 服装 CAD 的发展趋势

服装 CAD 的人工智能化就是让计算机模拟和再现人类的智能行为进行设计、制板等。由于整个服装设计生产过程是一个艺术和技术结合的过程，其中进行艺术创作的思维过

程是非常复杂的，具有偶然性，活跃而灵动，很难被计算机模仿。服装 CAD 的制板系统，由于世界各地的制板方法不尽相同，无论选用何种制板方法设计服装 CAD 的制板系统，都很难普及使用。除以上种种，服装 CAD 的其他系统功能在实现人工智能化的过程中也面临一些困难和障碍，都有待于研发和攻坚。

基于此，一种新服装数字化服装技术已经逐步在全世界开始流行，那就是服装 VSD 技术。服装 VSD 是可视缝合设计技术的英文缩写（Visible Stitcher Design technology）。可视缝合设计技术是在服装 CAD 系统三大成熟模块（打板、放码、排料）之后发展的新技术。服装领域使用可视缝合设计技术可以通过模拟样衣的制作过程缩短新款服装的设计时间，从而大大减少成衣的生产周期。同时，可视缝合设计技术为服装的销售方式提供了新途径，使网上销售和网上新款发布会的普及成为可能。可视缝合设计技术是由计算机将二维平面设计的衣片放在虚拟人体上，缝合生成三维的服装，属于“衣片”→“缝合”的系统。

第二节　富怡 V9 服装 CAD 系统的特点与安装

一、富怡 V9 服装 CAD 特点

1. 开样系统

①开样系统具备参数法制板和自由法制板双重制板模式。

②人性化的界面设计，使传统手工制板习惯在电脑上完美体现。

③自由设计法、原型法、公式法、比例法等多种打板方式，满足每位设计师的需求。

④迅速完成量身定制（包括特体的样板自动生成）。

⑤特有的自动存储功能，避免了文件遗失的后顾之忧。

⑥多种服装制作工艺符号及缝纫标志，可辅助完成工艺单。

⑦多种省处理、褶处理功能和 15 种缝边拐角类型。

⑧精确的测量、方便的纸样文字注解、高效的改板和逼真的 1 ∶ 1 显示功能。

⑨计算机自动放码，并可随意修改各部位尺寸。

⑩强大的联动调功能，使缝合的部位更合理。

2. 放码系统

①放码系统具备修改样板功能。

②多种放码方式，点放码、规则放码、切开线放码和量体放码。

③多种档差测量及拷贝功能。

④多种样板校对及检查功能。

⑤强大、便捷的随意改板功能。

⑥可重复的比例放缩和纸样缩水处理。

⑦任意样片的读图输入，数据准确无误。

⑧提供多种国际标准 CAD 格式文档（如 *.DXF 或 *.AAMA），兼容其他 CAD 系统。

3. 排料系统

①排料系统具备自动算料功能、自动分床功能、号型替换功能。

②全自动排料、人机交互排料和手动排料。

③具有样片缩水处理功能，可直接对预排样片缩水处理。

④独有的算料功能，快速自动计算用料率，为采购布料和预算成本提供科学的数字依据。

⑤多种定位方式，随意翻转、定量重叠、限制重叠、多片紧靠和先排大片、再排小片等。

⑥根据面辅料、同颜色不同号型、不同颜色不同号型的特点自动分床，择优排料。

⑦随意设定条格尺寸，进行对条对格的排料处理。

⑧在不影响已排样片的情况下，实现纸样号型和单独纸样的关联替换。

⑨样板可重叠或作丝缕倾斜，并可任意分割样片。同时，排料图可作 180° 旋转复制或复制倒插。

⑩可输入“1 ： 1”或任意比例之排料图（迷你唛架）。

二、富怡 V9 服装 CAD 软件安装步骤

①关闭所有正在运行的应用程序。

②把富怡安装光盘插入光驱。

③打开光盘，运行 Setup，弹出下列对话框（图 2-1）。

④单击【Next】，弹出下列对话框（图 2-2）。

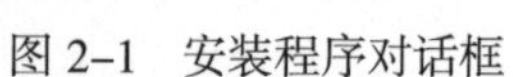
图 2-1 安装程序对话框

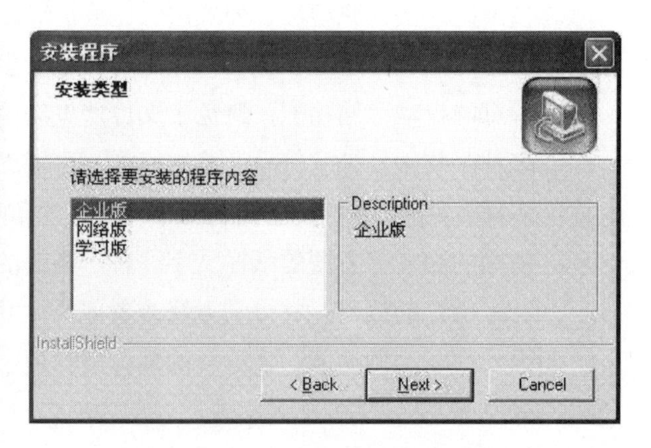

图 2-2 安装类型对话框

⑤选择需要的版本，如选择“企业版”（如果是网络版用户，请选择网络版），单击【Next】按钮，弹出下列对话框（图 2-3）。

⑥单击【Next】按钮（也可以单击 Browse…按钮重新定义安装路径），弹出下列对话框（图 2-4）。

图 2-3 安装目录对话框

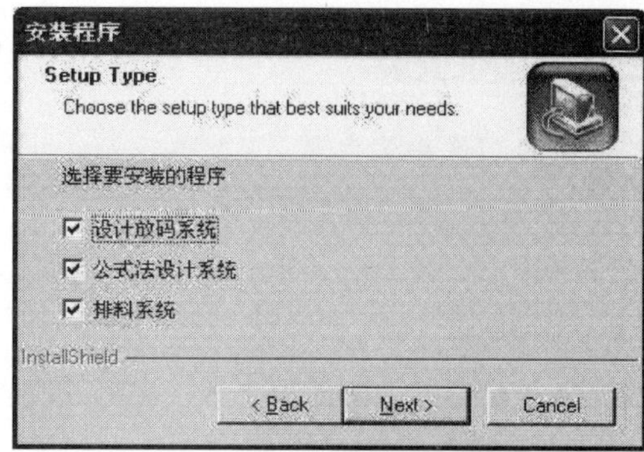

图 2-4 选择安装程序对话框

⑦勾选要安装的程序，单击【Next】按钮，弹出下列对话框（图 2–5）。

⑧选择使用绘图仪类型，单击【Next】按钮，弹出下列对话框（图 2–6）。

图 2–5 安装程序对话框 1

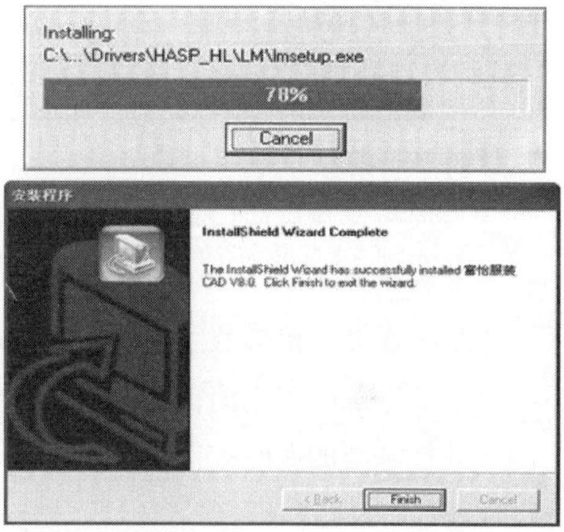

图 2–6 安装程序对话框 2

⑨单击“Finish”按钮，在计算机插上加密锁软件即可运行程序。如果打不开软件需要手动安装加密锁驱动。

⑩从“我的电脑”中打开软件的安装盘符，如 C 盘→富怡 CADV9 → Drivers→ SenseLock→ InstWiz3，双击安装 instWiz3（在每台计算机都要安装）。

⑪ 如果安装的是网络版或院校版，还需安装 Drivers → HASP_HL→ Drivers→ HASPUserSetup（在每台计算机都要安装）。

⑫ 如果有超级排料锁（SafeNet），需要安装 Sentinel Protection Installer（安装此驱动时不要插超排锁，且只在用超排的计算机上安装即可）。

三、绘图仪安装

1. 绘图仪安装步骤

①关闭计算机和绘图仪电源。

②用串口线 / 并口线 /USB 线把绘图仪与计算机主机连接。

③打开计算机。

④根据绘图仪的使用手册，进行开机和设置操作。

2. 注意事项

①禁止在计算机或绘图仪开机状态下插拔串口线 / 并口线 /USB 线。

②接通电源开关之前，确保绘图仪处于关机状态。

③连接电源的插座应接触良好。

四、数字化仪安装

1. 数字化仪安装步骤

①关闭计算机和数字化仪电源。

②把数字化仪的串口线与计算机连接。

③打开计算机。

④根据数字化仪使用手册，进行开机及相关的设置操作。

2. 注意事项

①禁止在计算机或数字化仪开机状态下插拔串口线。

②接通电源开关之前，确保数字化仪处于关机状态。

③连接电源的插座应接触良好。

第三节　富怡 V9 服装 CAD 系统专业术语

①单击左键：指按下鼠标的左键并且在还没有移动鼠标的情况下放开左键。

②单击右键：指按下鼠标的右键并且在还没有移动鼠标的情况下放开右键。有时是表示某一命令的操作结束。

③双击右键：指在同一位置快速按下鼠标右键两次。

④左键拖拉：指把鼠标移到点、线图元上后，按下鼠标的左键并且保持按下状态移动鼠标。

⑤右键拖拉：指把鼠标移到点、线图元上后，按下鼠标的右键并且保持按下状态移动鼠标。

⑥左键框选：指在没有把鼠标移到点、线图元上前，按下鼠标的左键并且保持按下状

态移动鼠标。如果距离线比较近，为了避免变成【左键拖拉】可以在按下鼠标左键前先按下【Ctrl】键。

⑦右键框选：指在没有把鼠标移到点、线图元上前，按下鼠标的右键并且保持按下状态移动鼠标。如果距离线比较近，为了避免变成【右键拖拉】可以在按下鼠标右键前先按下【Ctrl】键。

⑧点（按）：指鼠标指针指向一个想要选择的对象，然后快速按下并释放鼠标左键。

⑨单击：指没有特意说用右键时，都是指左键。

⑩框选：指没有特意说用右键时，都是指左键。

⑪F1~F12：指键盘上方的12个按键。

⑫【Ctrl】+Z：指先按住【Ctrl】键不松开，再按【Z】键。

⑬【Ctrl】+F12：指先按住【Ctrl】键不松开，再按【F12】键。

⑭【Esc】键：指键盘左上角的【Esc】键。

⑮【Delete】键：指键盘上的【Delete】键。

⑯箭头键：指键盘右下方的四个方向键（上、下、左、右）。

第四节　读图与点放码功能

一、读图（又称读纸样）

1. 功能

借助数化板、鼠标，可以将手工做的基码纸样或放好码的网状纸样输入到计算机中。

2. 操作

（1）读基码纸样

①借助数化板、鼠标，将手工做的基码纸样或放好码的网状纸样输入到计算机中。

②单击图标，弹出【读纸样】对话框，用数化板的鼠标的【+】字准星对准需要输入的点（参见十六键鼠标各键的预置功能），按顺时针方向依次读入边线各点，按【2】键纸样闭合。

③这时系统会自动选中开口辅助线（如果需要输入闭合辅助线单击，如果是挖空纸样单击），根据点的属性按下对应的键，每读完一条辅助线或挖空一个地方或闭合辅助线，都要按一次【2】键。

④根据表2-1中的方法，读入其他内部标志。

⑤单击对话框中的【读新纸样】，则先读的一个纸样出现在纸样列表内。【读纸样】对话框空白时，可以读入另一个纸样。

⑥全部纸样读完后，单击【结束读样】。

注意：钻孔、扣位、扣眼、布纹线、圆、内部省可以在读边线之前读也可以在读边线之后读。

（2）读基码纸样举例说明（图 2–7）

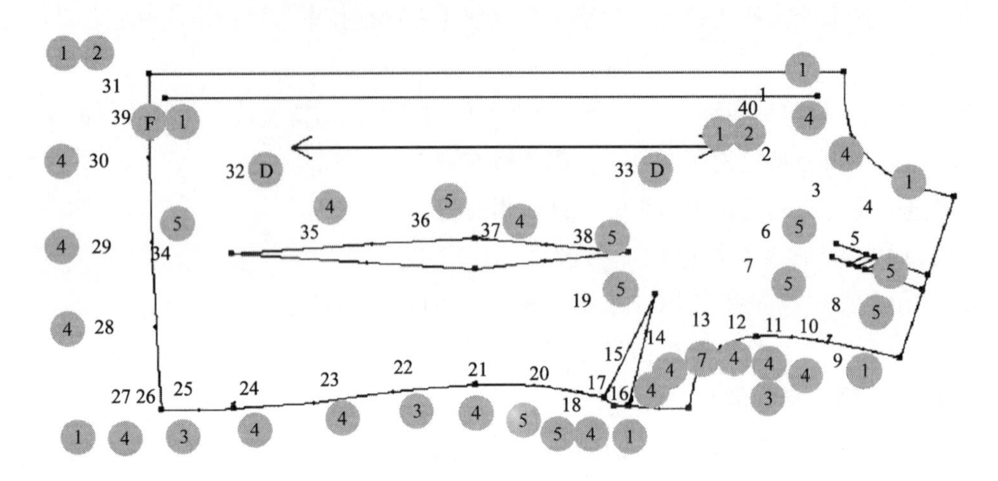

图 2–7　读图举例示意图

①序号 1、2、3、4 依次用【1】键、【4】键、【4】键、【1】键读。

②用鼠标【1】键在菜单上选择对应的褶裥，再用【5】键读此褶。用【1】键【4】键读相应的点，用对应键按序读对应的点。

③序号 11，如果读图对话框中选择的是【放码曲线点】，那么就先用【4】键再用【3】键读该位置。序号 22，序号 25，可以直接用【3】键。

④读完序号 17 后，用鼠标【1】键在菜单上选择对应的省，再读该省。

⑤序号 31，先用【1】键读再用【2】键读。

⑥读菱形省时，先用鼠标【1】键在菜单上选择菱形省，因为菱形省是对称的，只读半边即可。

⑦读开口辅助线时，每读完一条辅助线都需要按一次【2】键来结束。

（3）读放码纸样

①单击【号型】菜单→【号型编辑】，根据纸样的号型编辑并指定基码，单击确定。

②把各纸样按从小码到大码的顺序，以某一边为基准，整齐地叠在一起，将其固定在数化板上。

③单击 图标，弹出【读纸样】对话框，先用【1】键输入基码纸样的一个放码点，再用【E】键按从小码到大码的顺序（跳过基码）读入与该点相对应的各码放码点。

④参照此法，输入其他放码点，非放码点只需读基码即可。

⑤输入完毕，最后用【2】键完成。

（4）读放码纸样举例说明

①在【设置规格号型表】对话框中输入 4 个号型，如 S、M、L、XL，为了方便读图

把最小码 S 设为基码（图 2-8）。

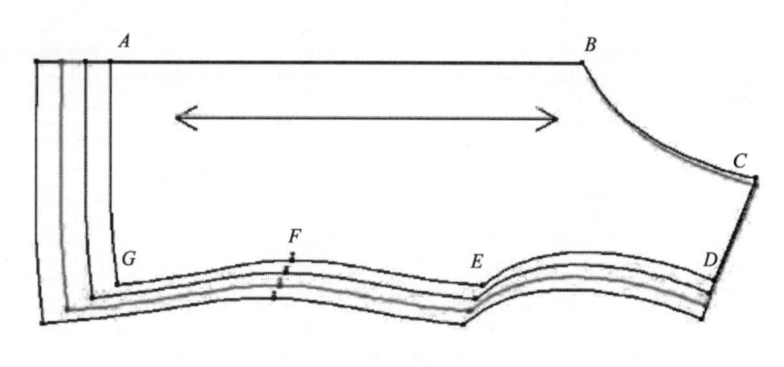

图 2-8 读入放码图 1

②把放码纸样图如图 2-8 所示贴在数化板上。

③从点 *A* 开始，按顺时针方向读图，用【1】键在基码点上单击，用 E 键分别在 *A*1、*A*2、*A*3 上单击（图 2-9）。

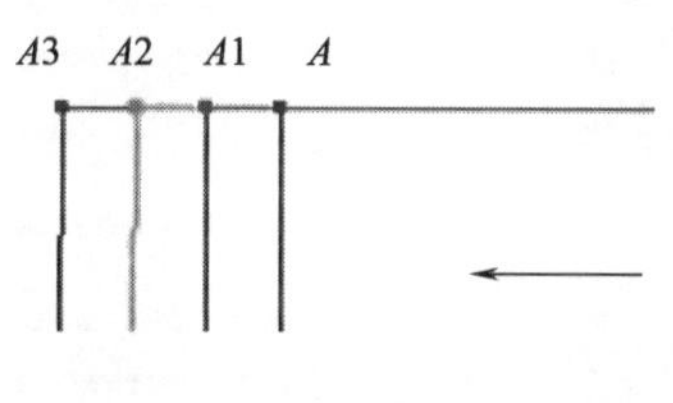

图 2-9 读入放码图 2

④用【1】键在 *B* 点上单击（*B* 点没放码），再用【4】键读基码的领口弧线。

⑤用【1】键在 *C* 点上单击，再用【E】键在 *C* 点上单击一下，再在 *C*2 点上单击两次（领宽是两码一档差）（图 2-10）。

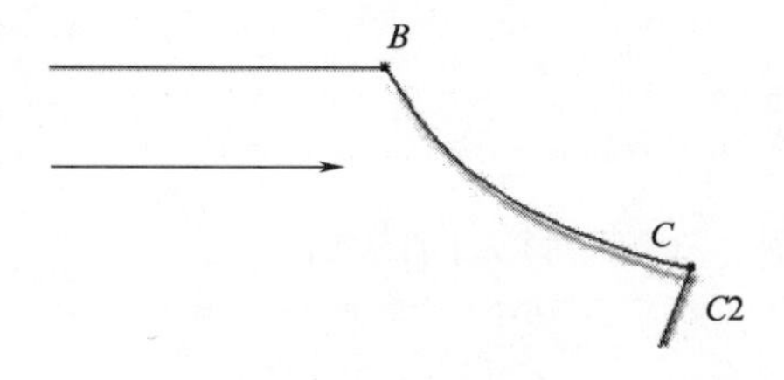

图 2-10 读入放码图 3

⑥ *D* 点的读法同 *A* 点，接着用【4】键用袖窿，其他放码点和非放码点同前面的读法，单击【2】键完成。

3. 读图仪鼠标介绍

（1）十六键鼠标各键的预置功能（表 2-1）

表 2-1 十六键鼠标各键的预置功能

1 键	直线放码点	2 键	闭合 / 完成
3 键	剪口点	4 键	曲线非放码点
5 键	省 / 褶	6 键	钻孔（十字叉）
7 键	曲线放码点	8 键	钻孔（十字叉外加圆圈）
9 键	眼位	0 键	圆
A 键	直线非放码点	B 键	读新纸样
C 键	撤销	D 键	布纹线
E 键	放码	F 键	辅助键

注 【F】键用于切换 的选中状态。

（2）十六键鼠标（图 2-11）

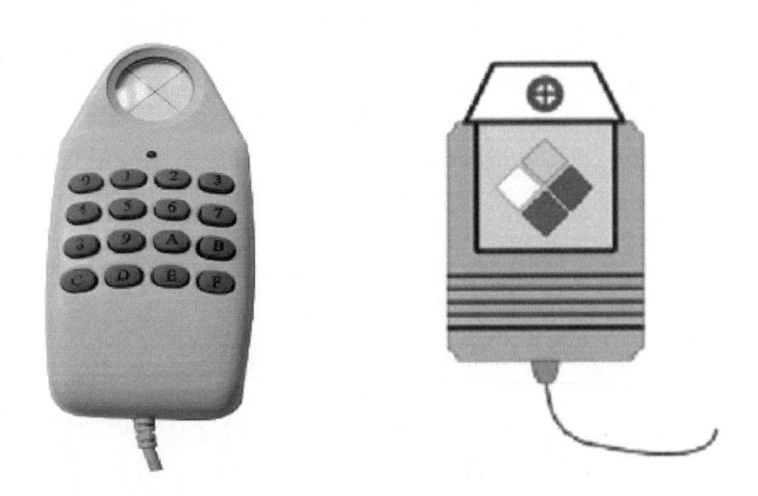

图 2-11 十六键鼠标

4. 读图细节说明（表 2-2）

（1）读边线和内部闭合线

读边线和内部闭合线时，按顺时针方向读入。

（2）读省褶

①读边线省或褶时，最少要先读一个边线点。

②读 V 形省时，如果打开读纸样对话框还未读其他省或褶，则不用在菜单上选择。

③在一个纸样上连续读同种类型的省或褶时，只需在菜单上选择一次类型。

（3）布料、份数

一个纸样上有多种布料，如有一个纸样面有 2 份，衬布（朴）有 1 份，用【1】键先点击【布料】，再点布料的名称【面料】，再点击【份数】，再点击相应的数字【2】，再点击【布料】，再点另一种布料名称【衬布】，再点击【份数】，再点相应的数字【1】。

表 2-2 读图细节说明

类型	操 作	示意图
开口辅助线	读完边线后，系统会自动切换在▨，用【1】键读入端点、中间点（按点的属性读入，如果是直线读入【1】键，如果是弧线读入【4】键）、【1】键读入另一端点，按【2】键完成	
闭合辅助线	读完边线后，单击▨后，根据点的属性输入即可，按【2】键闭合	
内边线	读完边线后，单击▨后，根据点的属性输入即可，按【2】键闭合	
V 形省	读边线读到 V 形省时，先用【1】键单击菜单上的 V 形省（软件默认为 V 形省，如果没读其他省而读此省时，不需要在菜单上选择），按【5】键依次读入省底起点、省尖、省底终点。如果省线是曲线，在读省底起点后按【4】键读入曲线点。因为省是对称的，读弧线省时用【4】键读一边就可以	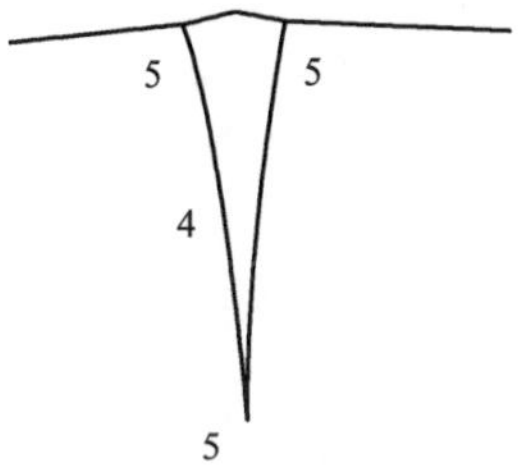 5 5 4 5
锥形省	读边线读到锥形省时，先用【1】键单击菜单上的锥形省，然后用【5】键依次读入省底起点、省腰、省尖、省底终点。如果省线是曲线，在读省底起点后按【4】键读入曲线点。因为省是对称的，读弧线省时用【4】键读一边就可以	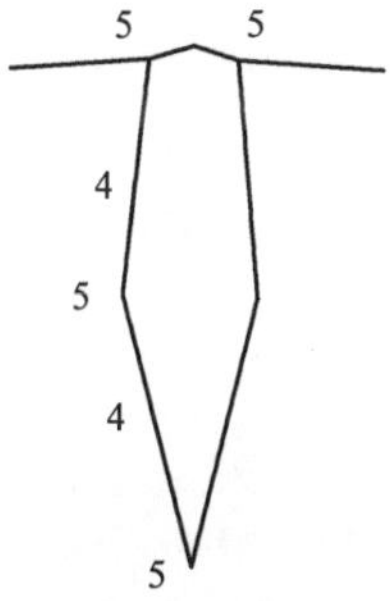 5 5 4 5 4 5
内 V 形省	读完边线后，先用【1】键单击菜单上的内 V 形省，再读（操作同 V 形省）	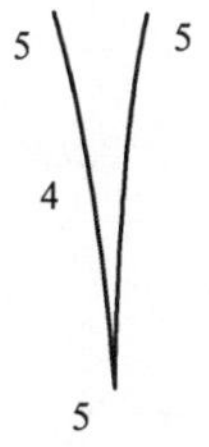 5 5 4 5
内锥形省	读完边线后，先用【1】键单击菜单上的内锥形省，再读锥形省（操作同锥形省）	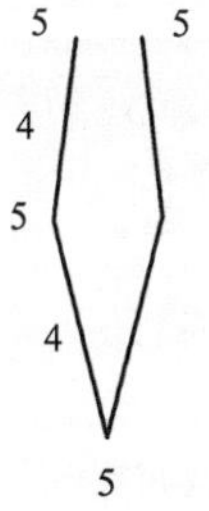 5 5 4 5 4 5

续表

类型	操　作	示意图
菱形省	读完边线后，先用【1】键单击菜单上的菱形省，按【5】键顺时针依次读省尖、省腰、省尖，再按【2】键闭合。如果省线是曲线，在读入省尖后可以按【4】键读入曲线点。因为省是对称的，读弧线省时用【4】键读一边就可以	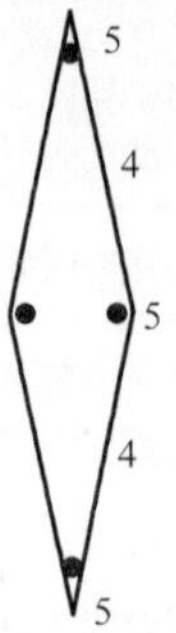 5 4 5 4 5
褶	读对褶（工字褶）、单向褶（刀褶）的操作相同，在读边线时，读到这些褶时，先用【1】键选择菜单上的褶的类型及倒向，再用【5】键顺时针方向依次读入褶底、褶深。1、2、3、4 表示读省顺序	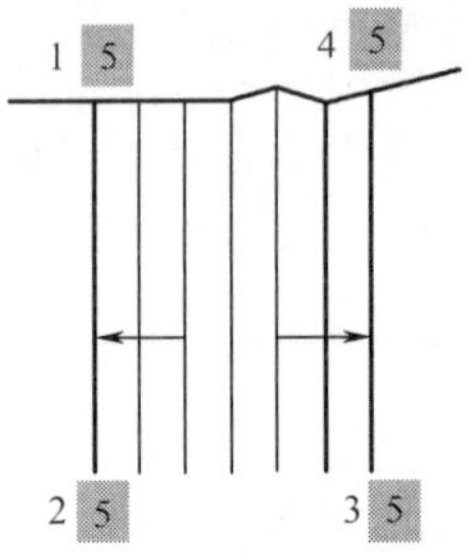 1 5　4 5 2 5　3 5
剪口	在读边线读到剪口时，按点的属性选 1、4、7、A 其中之一，再加【3】键读入，即可。如果在读图对话框中选择曲线放码点，在曲线放码上加读剪口，可以直接用【3】键读入	
纱向线	边线完成之前或之后，按【D】键读入布纹线的两个端点。如果不输入纱向线，系统会自动生成一条水平纱向线	 D ←——→ D
扣眼	边线完成之前或之后，用【9】键输入扣眼的两个端点	
打孔	边线完成之前或之后，用【6】键单击孔心位置	
圆	边线完成之前或之后，用【0】键在圆周上读三个点	
款式名	用【1】键先点击菜单上的“款式名”，再点击表示款式名的数字或字母。一个文件中款式名只读一次即可	
简述 客户名 订单名	同上	
纸样名	读完一个纸样后，用【1】键点击菜单上的“纸样名”，再点击对应名称	
布料 份数	同上	
文字串	读完纸样后，用【1】键点击菜单上的“文字串”再在纸样上单击两点（确定文字位置及方向），再点击文字内容，最后再点击菜单上的【Enter】键	

5. 读纸样对话框参数说明（图 2–12）

图 2–12 读纸样对话框

① 剪口后的下拉框中有多种剪口类型供选择，选中的为读图时显示的剪口类型；剪口点类型后的下拉框中有四种点类型供选择，如图示选择为放码曲线点，那么读到在放码曲线点上的剪口时，直线用【3】键即可。

② 当第一次读纸样或菜单被移动时，需要设置菜单。操作：把菜单贴在数化板有效区的某边角位置，单击该命令，选择“是”后，用鼠标【1】键依次单击菜单的左上角、左下角、右下角，即可。

③ 当读完一个纸样，单击该命令，被读纸样放回纸样列表框，可以再读另一个纸样。

④ 读纸样时，如果错误步骤较多时，用该命令后重新读样。

⑤ 当纸样已放回纸样窗时，单击该按钮可以补读，如剪口、辅助线等。操作：选中纸样，单击该命令，选中纸样就显示在对话框中，再补读未读元素。

⑥ 用于关闭读图对话框。

二、点放码工具功能

1. 点放码表（图 2–13）

（1）功能

对单个点或多个点放码时用的功能表。

（2）操作

①单击 图标，弹出点放码表。

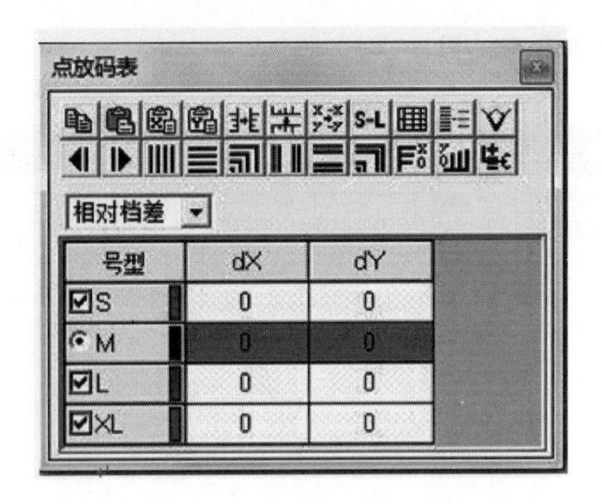

图 2-13　点放码表对话框

②用单击或框选放码点，dX、dY❶栏激活。

③可以在除基码外的任何一个码中输入放码量。

④再单击 X 相等、Y 相等或 XY 相等……放码按钮，即可完成该点的放码。

⑤技巧：用选择纸样控制点工具，左键框选一个或多个放码点，在任意空白处单击左键或者按【Esc】键，可以取消选中当前的选中点。

2. 复制放码量

（1）功能

用于复制已放码的点（可以是一个点或一组点）的放码值。

（2）操作

①用选择纸样控制点，单击或框选或拖选已经放过码的点，点放码表中立即显示放码值。

②单击按钮，这些放码值即被临时储存起来（用于粘贴）。

3. 粘贴 XY 放码量

（1）功能

将 X 和 Y 两个方向上的放码值粘贴在指定的放码点上。

（2）操作

①在完成【复制放码量】命令后，单击或框选或拖选要放码的点。

②单击按钮，即可粘贴 XY 放码量。

4. 粘贴 X 放码量

（1）功能

将某点水平方向的放码值粘贴到选定点的水平方向上。

❶ 变量 X、Y 原本应用斜体表示，但是软件中用正体，故本书和软件保持一致。

（2）操作

①在完成【复制放码量】命令后，单击或框选要放码的点。

②单击按钮，即可粘贴 X 放码量。

5. 粘贴 Y 放码量

（1）功能

将某点垂直方向的放码值粘贴到选中点的垂直方向上。

（2）操作

①在完成【复制放码量】命令后，单击或框选要放码的点。

②单击按钮，即可粘贴 Y 放码量。

6. X 取反

（1）功能

使放码值在水平方向上反向，换句话说，是将某点放码值的水平值由 +X 转换为 –X，或由 –X 转换为 +X。

（2）操作

选中放码点，单击该按钮即可。

7. Y 取反

（1）功能

使放码值在垂直方向上反向，换句话说，是将某点放码值的 Y 取向由 +Y 转换为 –Y，或由 –Y 转换为 +Y。

（2）操作

选中放码点，单击该按钮即可。

8. XY 取反

（1）功能

使放码值在水平和垂直方向上都反向，换句话说，是将某点放码值的 X 和 Y 取向都变为 –X 和 –Y，反之也可。

（2）操作

选中放码点，单击该按钮即可。

9. X 相等

（1）功能

该命令可以使选中的放码点在 X 方向（即水平方向）上均等放码。

（2）操作

①选中放码点，【点放码表】对话框的文本框激活。

②在文本框中输入放码档差。

③单击该按钮即可。

10. Y 相等

（1）功能

该命令可使选中的放码点在Y方向（即垂直方向）上均等放码。

（2）操作

方法同上。

11. X、Y 相等

（1）功能

该命令可使选中的放码点在X和Y（即水平和垂直方向）两个方向上均等放码。

（2）操作

方法同上。

12. X 不等距

（1）功能

该命令可使选中的放码点在X方向（即水平方向）上各码的放码量不等距放码。

（2）操作

①单击某放码点，【点放码表】对话框的文本框显亮，显示有效。

②在点放码表文本框的dX栏里，针对不同号型，输入不同的放码量的档差数值，单击该命令即可。

13. Y 不等距

（1）功能

该命令可使选中的放码点在Y方向（即垂直方向）上各码的放码量不等距放码。

（2）操作

方法同上。

14. X、Y 不等距放码

（1）功能

该命令对所有输入到点放码表的放码值无论相等与否都能进行放码。

（2）操作

①单击欲放码的点，在【点放码表】的文本框中输入合适的放码值。

注意：有多少数据框，就该输入多少数据，除非放码值为零。

②单击该按钮。

15. X 等于零

（1）功能

该命令可将选中的放码点在水平方向（即X方向）上的放码值变为零。

（2）操作

选中放码点，单击该图标即可。

16. Y 等于零

（1）功能

该命令可将选中的放码点在垂直方向（即 Y 方向）上的放码值变为零。

（2）操作

选中放码点，单击该图标即可。

17. 自动判断放码量正负

（1）功能

选中该图标时，不论放码量输入是正数还是负数，用了放码命令后计算机都会自动判断出正负。

（2）操作

选中放码点，单击该图标即可。

第三章　富怡 V9 服装 CAD 系统功能

第一节　设计与放码系统功能

一、系统界面

系统的工作界面好比是用户的工作室，熟悉了这个界面也就相当于熟悉了你的工作环境，自然就能提高工作效率（图 3–1）。

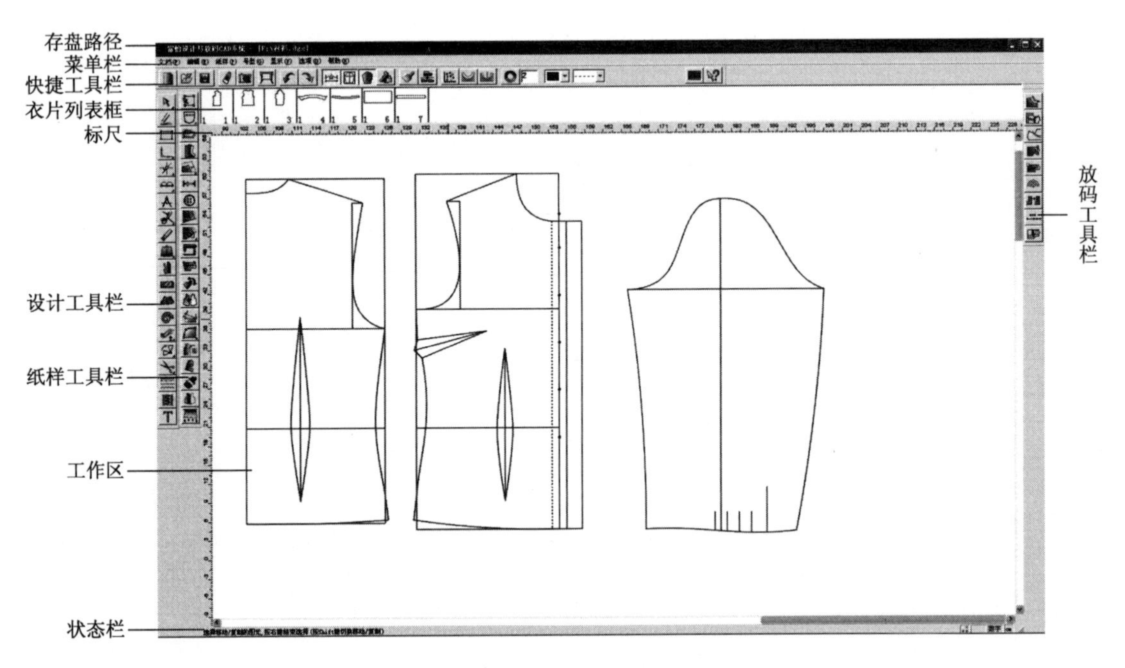

图 3–1　富怡 CAD 设计与放码系统界面

1. *存盘路径*

显示当前打开文件的存盘路径。

2. *菜单栏*

该区是放置菜单命令的地方，且每个菜单的下拉菜单中又有各种命令。单击菜单时，会弹出一个下拉式列表，可用鼠标单击选择一个命令。也可以按住【Alt】键再按菜单后的对应字母，菜单即可选中，再用方向键选中需要的命令。

3. 快捷工具栏

用于放置常用命令的快捷图标，为快速完成设计与放码工作提供了极大的方便。

4. 衣片列表框

用于放置当前款式中的纸样。每个纸样放置在一个小格的纸样框中，纸样框布局可通过【选项】→【系统设置】→【界面设置】→【纸样列表框布局】改变其位置。衣片列表框中放置了本款式的全部纸样，纸样名称、份数和次序号都显示在这里，拖动纸样可以对顺序进行调整，不同的布料显示不同的背景色。

5. 标尺

显示当前使用的度量单位。

6. 设计工具栏

该栏放置绘制及修改结构线的工具。

7. 纸样工具栏

当用剪刀工具剪下纸样后，用该栏工具将其进行细部加工，如加剪口、加钻孔、加缝份、加缝迹线、加缩水等。

8. 放码工具栏

该栏放置用各种方式放码时所需要的工具。

9. 工作区

工作区如一张无限大的纸张，可在此尽情发挥你的设计才能。工作区中既可以设计结构线，也可以在纸样放码、绘图时显示纸张边界。

10. 状态栏

状态栏位于系统的最底部，它显示当前选中的工具名称及操作提示。

二、快捷工具栏的工具功能

1. 快捷工具栏（图 3–2）

图 3–2　快捷工具栏

2. 工具功能（表 3–1）

表 3–1　快捷工具栏工具功能

序　号	图　标	名　称	快捷键	功　　能
1		新建	N 或【Ctrl】+N	新建一个空白文档
2		打开	【Ctrl】+O	用于打开储存的文件
3		保存	S 或【Ctrl】+S	用于储存文件
4		读纸样		借助数化板、鼠标，可以将手工做的基码纸样或放好码的网状纸样输入到计算机中
5		数码输入		打开用数码相机拍的纸样图片文件或扫描图片文件。这种方式比数字化仪读纸样效率高
6		绘图		按比例绘制纸样或结构图
7		撤销	【Ctrl】+Z	用于按顺序取消做过的操作指令，每按一次可以撤销一步操作
8		重新执行	【Ctrl】+Y	把撤销的操作再恢复，每按一次就可以复原一步操作，可以执行多次
9		显示 / 隐藏变量标注		同时显示或隐藏所有的变量标注
10		显示 / 隐藏结构线		选中该图标，为显示结构线，否则为隐藏结构线
11		显示 / 隐藏纸样		选中该图标，为显示纸样，否则为隐藏纸样
12		仅显示一个纸样		选中该图标时，工作区只有一个纸样并且以全屏方式显示，即纸样被锁定；没选中该图标时，则工作区可以同时显示多个纸样 纸样被锁定后，只能对该纸样操作，这样可以排除干扰，也可以防止对其他纸样的误操作
13		将工作区的纸样收起		将选中纸样从工作区收起
14		按布料种类分类显示纸样		按照布料名把纸样窗的纸样放置在工作区中
15		点放码表		对单个点或多个点放码时用的功能表
16		定型放码		用该工具可以让其他码的曲线的弯曲程度与基码的一样
17		等幅高放码		两个放码点之间的曲线按照等高的方式放码
18		颜色设置		用于设置纸样列表框、工作视窗和纸样号型的颜色

续表

序　号	图　标	名　称	快捷键	功　　能
19		等分数		用于等分线段
20		线颜色		用于设定或改变结构线的颜色
21	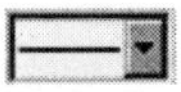	线类型		用于设定或改变结构线类型
22		曲线显示形状		用于改变线的形状
23	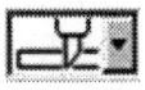	辅助线的输出类型		设置纸样辅助线输出的类型
24		播放演示		播放工具操作的录像
25		帮助		工具使用帮助的快捷方式

三、设计工具栏的工具功能

1. 设计工具栏（图 3–3）

图 3–3　设计工具栏

2. 工具功能（表 3–2）

表 3–2　设计工具栏工具功能

序　号	图　标	名　称	快捷键	功　　能
1		调整工具	A	用于调整曲线的形状，修改曲线上控制点的个数，曲线点与转折点的转换，改变钻孔、扣眼、省、褶的属性
2		合并调整	N	将线段移动旋转后调整，常用于前后袖窿、下摆、省道、前后领口及肩点拼接处等位置的调整。对纸样、结构线均可操作
3		对称调整	M	对纸样或结构线对称后调整，常用于对领的调整
4		省、褶合并调整		把纸样上的省、褶合并起来调整，只适用于纸样操作
5		曲线定长调整		在曲线长度保持不变的情况下，调整其形状。对纸样、结构线均可操作

续表

序　号	图　标	名　称	快捷键	功　　能
6		线调整		光标为 时可检查或调整两点间曲线的长度、两点间直线的长度，也可以对端点偏移调整；光标为 时可自由调整一条线的一端点到目标位置上。对纸样、结构线均可操作
7		智能笔	F	用来画线、作矩形、调整、调整线的长度、连角、加省山线、删除、单向靠边、双向靠边、移动（复制）点线、转省、剪断（连接）线、收省、不相交等距线、相交等距线、圆规、三角板、偏移点（线）、水平垂直线、偏移等多种功能
8		矩形	S	用来作矩形结构线、纸样内的矩形辅助线
9		圆角		在不平行的两条线上，作等距或不等距圆角。用于制作西服前身底摆、圆角口袋。对纸样、结构线均可操作
10		CR 圆弧		画圆弧、画圆。适用于画结构线、纸样的辅助线
11		椭圆		在草图或纸样上画椭圆
12		三点圆弧		过三点可画一段圆弧线或过三点画圆。适用于画结构线、纸样的辅助线
13		角度线		作任意角度线，过线上（线外）一点作垂线、切线（平行线）。对纸样、结构线上均可操作
14		点到圆或两圆之间的切线		作点到圆或两圆之间的切线。可在结构线上操作，也可以在纸样的辅助线上操作
15		等分规	D	在线上加等分点、在线上加反向等距点。对纸样、结构线均可操作
16		点	P	在线上定位加点或空白处加点。适用于纸样、结构线
17		圆规	C	单圆规：作从关键点到一条线上的定长直线。常用于画肩斜线、裤子后腰、袖山斜线等 双圆规：通过指定两点，同时作出两条指定长度的线。常用于画袖山斜线、西装驳头等。在纸样、结构线上都能操作
18		剪断线	【Shift】+C	用于将一条线从指定位置断开，变成两条线，或把多段线连接成一条线。可以在结构线上操作，也可以在纸样辅助线上操作
19		关联 / 不关联		端点相交的线在用调整工具调整时，使用过关联的两端点会一起调整，使用过不关联的两端点不会一起调整。在结构线、纸样辅助线上均可操作。端点相交的线默认为关联
20		橡皮擦	E	用来删除结构图上的点、线，纸样上的辅助线、剪口、钻孔、省褶等

续表

序　号	图　标	名　称	快捷键	功　　能
21		收省		在结构线上插入省道。只适用于结构线上操作
22		加省山线		给省道上加省山线。只适用于结构线上操作
23		插入省褶		在选中的线段上插入省褶，纸样、结构线上均可操作。常用于制作泡泡袖、立体口袋等
24		转省		用于结构线上的省转移。可以同心转省，也可以不同心转省；可以全部转移，还可以部分转移，还可以等分转省；转省后新省尖可以在原位置，也可以不在原位置。适用于结构线上的转省
25		褶展开		用褶将结构线展开，同时加入褶的标志及褶底的修正量。只适用于在结构线上操作
26		分割/展开/去除余量		对结构线进行修改，可对一组线展开或去除余量。常用于对领、荷叶边、大摆裙等的处理。在纸样、结构线上均可操作
27		荷叶边		作螺旋荷叶边。只针对结构线操作
28		比较长度	R	用于测量一段线的长度、多段线相加所得总长、比较多段线的差值，也可以测量剪口到点的长度。在纸样、结构线上均可操作
29		量角器		在结构线、纸样上均能操作，测量一条线的水平夹角、垂直夹角，测量两条线的夹角，测量三点形成的角，测量两点形成的水平角、垂直角
30		旋转	【Ctrl】+B	用于旋转复制或旋转一组点或线。对结构线与纸样辅助线均可操作
31		对称	K	根据对称轴对称复制（对称移动）结构线或纸样
32		移动	G	用于复制或移动一组点、线、扣眼、扣位等
33		对接	J	用于把一组线向另一组线上对接
34		剪刀	W	用于从结构线或辅助线上拾取纸样
35		拾取内轮廓		在纸样内挖空心图。可以在结构线上拾取，也可以将纸样内的辅助线形成的区域挖空
36		设置线的颜色线型		用于修改结构线的颜色、线类型、纸样辅助线的线类型与输出类型
37		加入/调整工艺图片		与【文档】菜单的【保存到图库】命令配合制作工艺图片，调出并调整工艺图片；可复制位图应用于办公软件中
38	T	加文字		用于在结构图或纸样上加文字、移动文字、修改或删除文字，且各个码上的文字可以不一样

四、纸样工具栏的工具功能

1. 纸样工具栏（图 3–4）

图 3–4　纸样工具栏

2. 工具功能（表 3–3）

表 3–3　纸样工具栏工具功能

序　号	图　标	名　称	功　　能
1		选择纸样控制点	用来选中纸样、选中纸样上边线点、选中辅助线上的点、修改点的属性
2		缝迹线	在纸样边线上加缝迹线、修改缝迹线
3		绗缝线	在纸样上添加绗缝线、修改绗缝线
4		加缝份	用于给纸样加缝份或修改缝份量及切角
5		做衬	用于在纸样上做衬布样、贴样
6		剪口	在纸样边线上加剪口、拐角处加剪口以及辅助线指向边线的位置加剪口，调整剪口的方向，对剪口放码、修改剪口的定位尺寸及属性
7		袖对刀	在袖窿与袖山上的同时打剪口，并且前袖窿、前袖山打单剪口，后袖窿、后袖山打双剪口
8		眼位	在纸样上加眼位、修改眼位。在放码的纸样上，各码眼位的数量可以相等也可以不相等，也可以加扣眼组
9		钻孔	在纸样上加钻孔（扣位）、修改钻孔（扣位）的属性及个数。在放码的纸样上，各码钻孔的数量可以相等也可以不相等，也可以加钻孔组
10		褶	在纸样边线上增加或修改单向褶、对褶，也可以把在结构线上加的褶用该工具变成褶图元。做通褶时在原纸样上会把褶量加进去，纸样大小会发生变化，如果加的是半褶，只是加了褶符号，纸样大小不改变
11		V 形省	在纸样边线上增加或修改 V 形省，也可以把在结构线上加的省用该工具变成省图元
12		锥形省	在纸样上加锥形省或菱形省
13		比拼行走	一个纸样的边线在另一个纸样的边线上行走时，可调整内部线对接是否圆顺，也可以加剪口

续表

序　号	图　标	名　称	功　　能
14		布纹线	用于调整布纹线的方向、位置、长度以及布纹线上的文字信息
15		旋转衣片	用于旋转纸样
16		水平垂直翻转	用于将纸样翻转
17		水平 / 垂直校正	将一段线校正成水平或垂直状态，常用于校正读图纸样
18		重新顺滑曲线	用于调整曲线并且关键点的位置保留在原位置，常用于处理读图纸样
19		曲线替换	结构线上的线与纸样边线间互换，也可以把纸样上的辅助线变成边线（原边线也可转换成辅助线）
20		纸样变闭合辅助线	将一个纸样变为另一个纸样的闭合辅助线
21		分割纸样	将纸样沿辅助线剪开
22		合并纸样	将两个纸样合并成一个纸样。有两种合并方式：以合并线两端点的连线合并；以曲线合并
23		纸样对称	有关联对称纸样与不关联对称纸样两种功能：关联对称后的纸样，在其中一半纸样上修改时，另一半也联动修改；不关联对称后的纸样，在其中一半纸样上修改时，另一半不会跟着修改
24		缩水	根据面料对纸样进行整体缩水处理。针对选中线可以进行局部缩水

五、放码工具栏的工具功能

1. 放码工具栏（图 3–5）

图 3–5　放码工具栏

2. 工具功能（表 3–4）

表 3–4　放码工具栏工具功能

序　号	图　标	名　称	功　　能
1		平行交点	用于纸样边线的放码，用过该工具后与其相交的两边分别平行，常用于西服领口的放码
2		辅助线平行放码	针对纸样内部线放码，用该工具后，内部线各码间会平行且与边线相交

续表

序　号	图　标	名　称	功　　能
3		辅助线 放码	相交在纸样边线上的辅助线端点按照到边线指定点的长度来放码
4		肩斜线 放码	使各码不平行肩斜线平行
5		各码对齐	将各码放码量按点或剪口（扣位、眼位）线对齐或恢复原状
6		圆弧放码	可对圆弧的角度、半径、弧长来放码
7		拷贝点 放码量	拷贝放码点、剪口点、交叉点的放码量到其他的放码点上
8		点随线段放码	根据两点的放码比例对指定点放码
9		设定 / 取消辅助线 随边线放码	辅助线随边线放码，辅助线不随边线放码
10		平行放码	对纸样边线、纸样辅助线平行放码，常用于文胸放码

六、隐藏工具栏的工具功能

1. 隐藏工具栏（图 3–6）

图 3–6　隐藏工具栏

2. 工具功能（表 3–5）

表 3–5　隐藏工具栏工具功能

序　号	图　标	名　称	快捷键	功　　能
1		平行调整		平行调整一段线或多段线
2		比例调整		按比例调整一段线或多段线，按【Shift】键切换
3		线		画自由的曲线或直线
4		连角	V	用于将线段延长至相交并删除交点外非选中部分
5		水平 垂直线		在关键的两点（包括两线交点或线的端点）上连一个直角线

续表

序　号	图　标	名　称	快捷键	功　　能
6		等距线	Q	用于画一条线的等距线
7		相交 等距线	B	用于画与两边相交的等距线，可同时画多条线
8		靠边	T	有单向靠边与双向靠边两种情况：单向靠边，同时将多条线靠在一条目标线上；双向靠边，同时将多条线的两端同时靠在两条目标线上
9		放大	空格键	用于放大或全屏显示工作区的对象
10		移动纸样	空格键	将纸样从一个位置移至另一个位置，或将两个纸样按照一点对应重合
11		三角板		用于作任意直线的垂直或平行线（延长线）
12		对剪口		用于两组线间打剪口，并可加入容位
13		交接 / 调校 XY 值		既可以让辅助线基码沿线靠边，又可以让辅助线端点在 X 方向（或 Y 方向）的放码量保持不变而在 Y 方向（或 X 方向）上靠边放码
14		平行移动		沿线平行调整纸样
15		不平行 调整		在纸样上增加一条不平行线或者不平行调整边线或辅助线
16		圆弧展开		在结构线或纸样上或在空白处做圆弧展开
17		圆弧切角		作已知圆弧半径并同时与两条不平行的线相切的弧
18		对应线长 / 调 校 XY 值		用多个放好码的线段之和来对单个点放码
19		整体放大 / 缩小纸样		把整个纸样平行放大或缩小
20	1:10	比例尺		将结构线或纸样按比例放大或缩小到指定尺寸
21	TIU VU	修改剪口 类型		修改单个剪口或多个剪口类型
22		等角放码		调整角的放码量使各码的角度相等。可用于调整后裆弧线及领角
23		等角度 （调校 XY）		调整角一边的放码点使各码角度相等
24		等角度边 线延长		延长角度一边的线长，使各码角度相同
25	0.5 L12	档差标注		给放码纸样加档差标注
26		激光模板		用来设置镂空线的宽度。常用于制作激光模板

七、文档菜单的工具功能

1. 文档菜单（图 3-7）

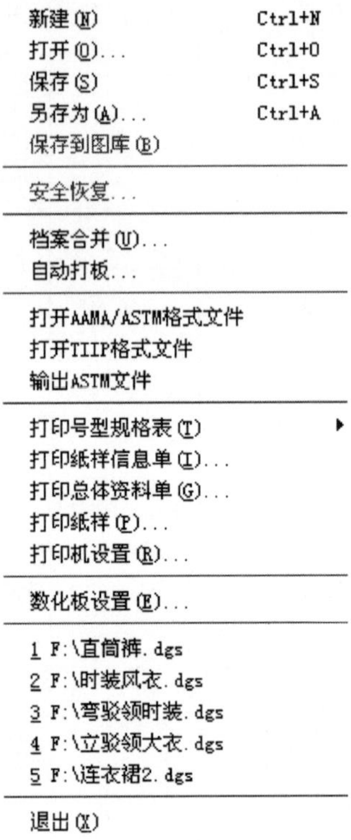

新建(N) Ctrl+N
打开(O)... Ctrl+O
保存(S) Ctrl+S
另存为(A)... Ctrl+A
保存到图库(B)

安全恢复...

档案合并(U)...
自动打板...

打开AAMA/ASTM格式文件
打开TIIP格式文件
输出ASTM文件

打印号型规格表(T)
打印纸样信息单(I)...
打印总体资料单(G)...
打印纸样(P)...
打印机设置(R)...

数化板设置(E)...

1 F:\直筒裤.dgs
2 F:\时装风衣.dgs
3 F:\弯驳领时装.dgs
4 F:\立驳领大衣.dgs
5 F:\连衣裙2.dgs

退出(X)

图 3-7 文档菜单

2. 工具功能（表 3-6）

表 3-6 文档菜单工具功能

序号	名称	快捷键	功能
1	另存为	A 或【Ctrl】+A	该命令用于给当前文件做一个备份
2	保存到图库		与【加入 / 调整工艺图片】工具配合制作工艺图库
3	安全恢复		因断电没有来得及保存的文件，用该命令可以找回来
4	档案合并		把文件名不同的档案合并在一起
5	自动打板		调入公式法打板文件，可以在尺寸规格表中修改需要的尺寸
6	打开 AAMA/ASTM 格式文件		可打开 AAMA/ASTM 格式文件，该格式是国际通用格式
7	打开 TIIP 格式文件		用于打开日本的 *.dxf 纸样文件，TIIP 是日本文件格式

续表

序　号	名　称	快捷键	功　　能
8	输出 ASTM 文件		把本软件文件转成 ASTM 格式文件
9	打印号型规格表		该命令用于打印号型规格表
10	打印纸样信息单		用于打印纸样的详细资料，如纸样的名称、说明、面料、数量等
11	打印总体资料单		用于打印所有纸样的信息资料，并集中显示在一起
12	打印纸样		用于打印机上打印纸样或草图
13	打印机设置		用于设置打印机型号及纸张大小、方向
14	数化板设置	E	对数化板指令信息设置
15	最近用过的 5 个文件		可快速打开最近用过的 5 个文件
16	退出		该命令用于结束本系统的运行

八、编辑菜单的工具功能

1. 编辑菜单（图 3–8）

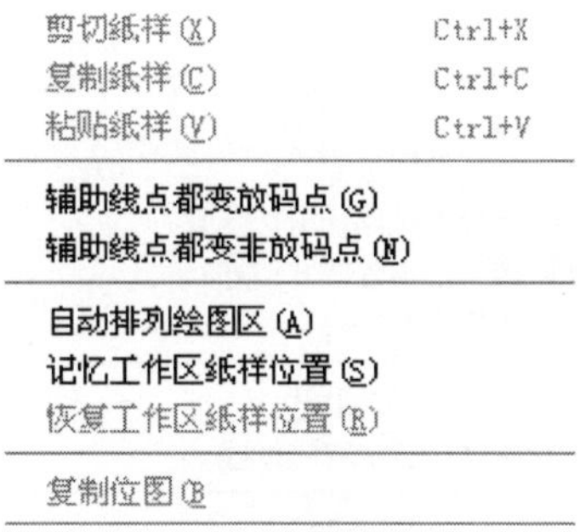

剪切纸样(X)　Ctrl+X
复制纸样(C)　Ctrl+C
粘贴纸样(V)　Ctrl+V
辅助线点都变放码点(G)
辅助线点都变非放码点(N)
自动排列绘图区(A)
记忆工作区纸样位置(S)
恢复工作区纸样位置(R)
复制位图(B)

图 3–8　编辑菜单

2. 工具功能（表 3–7）

表 3–7　编辑菜单工具功能

序　号	名　称	快捷键	功　　能
1	剪切纸样	【Ctrl】+X	该命令与粘贴纸样配合使用，把选中纸样剪切在剪贴板上
2	复制纸样	【Ctrl】+C	该命令与粘贴纸样配合使用，把选中纸样复制在剪贴板上
3	粘贴纸样	【Ctrl】+V	该命令与复制纸样配合使用，使复制在剪贴板上的纸样粘贴在目前打开的文件中

续表

序 号	名 称	快捷键	功 能
4	辅助线点都变放码点	G	将纸样中的辅助线点都变成放码点
5	辅助线点都变非放码点	N	将纸样中的辅助线点都变成非放码点
6	自动排列绘图区		把工作区的纸样按照绘图纸张的宽度排列，省去手动排列的麻烦
7	记忆工作区纸样位置		再次应用
8	恢复工作区纸样位置		对已经执行【记忆工作区纸样位置】的文件，再打开该文件时，用该命令可以恢复上次纸样在工作区中的摆放位置
9	复制位图		该命令与【加入/调整工艺图片】配合使用，将选择的结构图以图片的形式复制在剪贴板上

九、纸样菜单的工具功能

1. 纸样菜单（图3-9）

款式资料(S)
纸样资料(P)
总体数据(G)

删除当前选中纸样(D) Ctrl+D
删除工作区所有纸样

清除当前选中纸样(M)
清除纸样放码量(C) Ctrl+G
清除纸样的辅助线放码量(F)
清除纸样拐角处的剪口(N)...
清除纸样中文字(T)

删除纸样所有辅助线
删除纸样所有临时辅助线

移出工作区全部纸样(U) F12
全部纸样进入工作区(Q) Ctrl+F12

重新生成布纹线(B)...

辅助线随边线自动放码(H)
边线和辅助线分离

做规则纸样

生成影子
删除影子
显示/掩藏影子

移动纸样到结构线位置
纸样生成打板草图

角度基准线

图3-9 纸样菜单

2. 工具功能（表 3–8）

表 3–8 纸样菜单工具功能

序 号	名 称	快捷键	功 能
1	款式资料	S	用于输入同一文件中所有纸样的共同信息。在款式资料中输入的信息可以在布纹线上或下显示，并可传送到排料系统中随纸样一起输出
2	纸样资料	P	编辑当前选中纸样的详细信息。快捷方式：在衣片列表框上双击纸样
3	总体数据		查看文件中不同布料的总的面积或周长，以及单个纸样的面积或周长
4	删除当前选中纸样	D 或【Ctrl】+D	将工作区中的选中纸样从衣片列表框中删除
5	删除工作区所有纸样		将工作区中的全部纸样从衣片列表框中删除
6	清除当前选中纸样	M	清除当前选中的纸样的修改操作，并把纸样放回衣片列表框中。用于多次修改后再回到修改前的情况
7	清除纸样放码量	C 或【Ctrl】+G	用于清除纸样的放码量
8	清除纸样的辅助线放码量	F	用于删除纸样辅助线的放码量
9	清除纸样拐角处的剪口		用于删除纸样拐角处的剪口
10	清除纸样中文字	T	清除纸样中用 T 工具写上的文字（注意：不包括布纹线上或下的信息文字）
11	删除纸样所有辅助线		用于删除纸样的辅助线
12	删除纸样所有临时辅助线		用于删除纸样的临时辅助线
13	移出工作区全部纸样	U 或 F12	将工作区全部纸样移出工作区
14	全部纸样进入工作区	Q 或【Ctrl】+F12	将纸样列表框的全部纸样放入工作区
15	重新生成布纹线	B	恢复编辑过的布纹线至原始状态
16	辅助线随边线自动放码		将与边线相接的辅助线随边线自动放码
17	边线和辅助线分离		使边线与辅助线不关联。使用该功能后选中边线点放码时，辅助线上的放码量保持不变
18	做规则纸样		做圆或矩形纸样
19	生成影子		将选中纸样上所有点线生成影子，方便在改板后可以看到改板前的影子
20	删除影子		删除纸样上的影子

续表

序　号	名　称	快捷键	功　　能
21	显示 / 掩藏影子		用于显示或掩藏影子
22	移动纸样到结构线位置		将移动过的纸样再移到结构线的位置
23	纸样生成打板草图		将纸样生成新的打板草图
24	角度基准线		在纸样上定位，如在纸样上定袋位、腰位等

十、号型菜单的工具功能

1. 号型菜单（图 3–10）

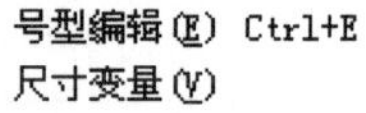

号型编辑(E) Ctrl+E
尺寸变量(V)

图 3–10　号型菜单

2. 工具功能（表 3–9）

表 3–9　号型菜单工具功能

序　号	名　称	快捷键	功　　能
1	号型编辑	E 或【Ctrl】+E	编辑号型尺码及颜色，以便放码。可以输入服装的规格尺寸，方便打板、自动放码时采用数据，同时也备份详细的尺寸资料
2	尺寸变量		该对话框用于存放线段测量的记录

十一、显示菜单的工具功能

1. 显示菜单（图 3–11）

2. 工具功能

显示菜单中各工具，勾选则显示对应内容，反之则不显示。

十二、选项菜单的工具功能

1. 选项菜单（图 3–12）

✔ 状态栏(S)
款式图(T)
标尺(R)
✔ 衣片列表框(L)
✔ 快捷工具栏(Q)
✔ 设计工具栏(H)
✔ 纸样工具栏(P)
✔ 放码工具栏(E)
自定义工具栏1
自定义工具栏2
自定义工具栏3
自定义工具栏4
自定义工具栏5
✔ 显示辅助线
✔ 显示临时辅助线
✔ 显示缝迹线
✔ 显示绗缝线
✔ 显示基准线

图 3–11　显示菜单

系统设置(S)...
使用缺省设置(A)
✔ 启用尺寸对话框(U)
✔ 启用点偏移对话框)O)
字体(F)

图 3–12　选项菜单

2. **工具功能**（表 3–10）

表 3–10　选项菜单工具功能

序号	名　称	快捷键	功　　能
1	系统设置	S	系统设置中有多个选项卡，可对系统各项进行设置
2	使用缺省设置	A	采用系统默认的设置
3	启用尺寸对话框	U	该命令前面有【√】显示，画指定长度线或定位或定数调整时可有对话框显示，反之则没有
4	启用点偏移对话框	O	该命令前面有【√】显示，用调整工具左键调整放码点时有对话框显示，反之则没有
5	字体	F	用来设置工具信息提示、T 文字、布纹线上的字体、尺寸变量字体等的字形和大小，也可以把原来设置过的字体再返回到系统默认的字体

十三、帮助菜单的工具功能

1. **帮助菜单**（图 3–13）

帮助(H)
关于富怡DGS(A)...

图 3–13　帮助菜单

2. **工具功能**

【关于富怡 DGS】用于查看应用程序版本、VID、版权等相关信息。

第二节　排料系统功能

一、排料系统的工具功能

1. 系统界面（图 3–14）

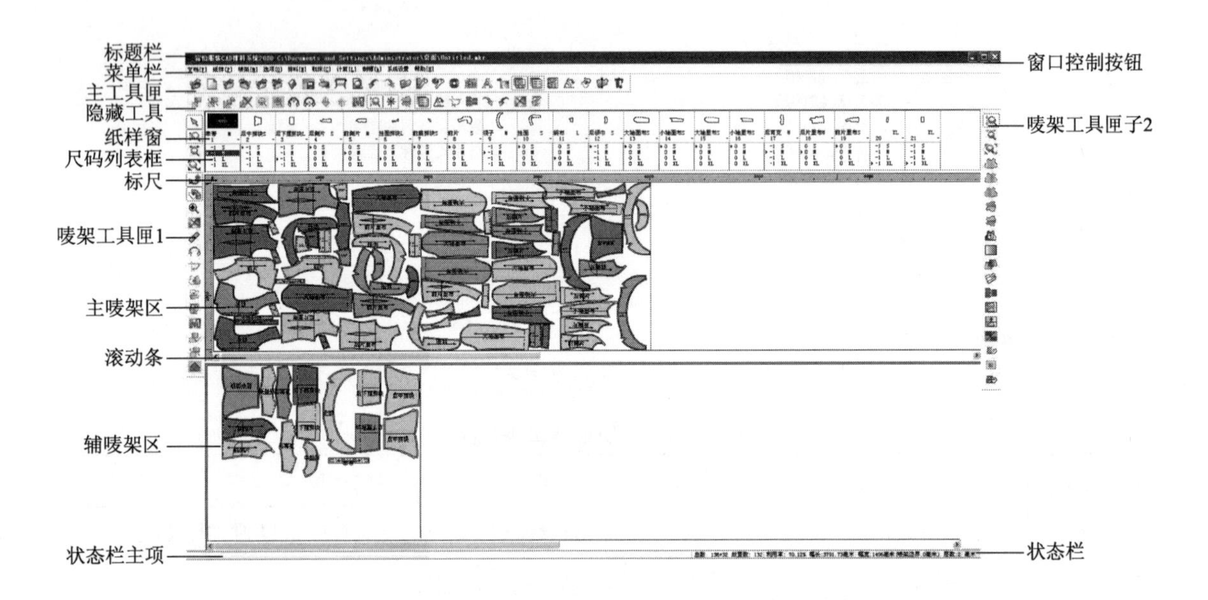

图 3–14　排料系统界面

排料系统界面简洁而且思路清晰明确，所设计的排料工具功能强大、使用方便。为用户在竞争激烈的服装市场中提高生产效率、缩短生产周期、增加服装产品的技术含量和高附加值提供了强有力的保障。该系统主要具有以下特点：

①超级排料、全自动、手动、人机交互，按需选用。

②键盘操作，排料快速准确。

③自动计算用料长度、利用率、纸样总数、放置数。

④提供自动、手动分床。

⑤对不同布料的唛架（排料图）自动分床。

⑥对不同布号的唛架自动或手动分床。

⑦提供对格对条功能。

⑧可与裁床、绘图仪、切割机、打印机等输出设备连接。进行小唛架图的打印及 1 ： 1 唛架图的裁剪、绘图和切割。

2. 工具功能（表 3–11）

表 3–11 排料系统工具功能

序 号	名 称	功 能
1	标题栏	位于窗口的顶部，用于显示文件的名称、类型及存盘路径
2	菜单栏	由 9 组菜单组成的菜单栏，如图 3–14 所示，GMS 菜单的使用方法符合 Windows 标准，单击其中的菜单命令可以执行相应的操作，快捷键为【Alt】加括号后的字母
3	主工具匣	该栏放置着常用的命令，为快速完成排料工作提供了极大的方便
4	隐藏工具	
5	超排工具匣	
6	纸样窗	纸样窗中放置着排料文件所需要使用的所有纸样，每一个单独的纸样放置在一小格的纸样框中。纸样框的大小可以通过拉动左右边界来调节其宽度，还可通过在纸样框上单击鼠标右键，在弹出的对话框内改变数值，调整其宽度和高度
7	尺码列表框	每一个小纸样框对应着一个尺码表，尺码表中存放着该纸样对应的所有尺码号型及每个号型对应的纸样数
8	标尺	显示当前唛架使用的单位
9	唛架工具匣 1	
10	主唛架区	主唛架区可按自己的需要任意排列纸样，以取得最省布的排料方式
11	滚动条	包括水平和垂直滚动条，拖动可浏览主辅唛架的整个页面、纸样窗纸样和纸样各码数
12	辅唛架区	将纸样按码数分开排列在辅唛架上，方便主唛架排料
13	状态栏主项	状态栏主项位于系统界面的最底部左边，如果把鼠标移至工具图标上，状态栏主项会显示出该工具名称；如果把鼠标移至主唛架纸样上，状态栏主项会显示该纸样的宽、高、款式名、纸样名称、号型、套号及光标所在位置的 X 坐标和 Y 坐标。根据个人需要，可在参数设定中设置所需要显示的项目
14	窗口控制按钮	可以控制窗口最大化、最小化以及窗口的显示和关闭
15	布料工具匣	 面
16	唛架工具匣 2	
17	状态栏	状态栏位于系统界面的右边最底部，它显示着当前唛架纸样总数、放置在主唛架区纸样总数、唛架利用率、当前唛架的幅长、幅宽、唛架层数和长度单位

二、主工具匣的工具功能

1. 主工具匣（图 3-15）

图 3-15　主工具匣

2. 工具功能（表 3-12）

表 3-12　主工具匣工具功能

序　号	图　标	名　称	快捷键	功　　能
1		打开款式文件	D	①【载入】用于选择排料所需的纸样文件（可同时选中多个款式载入） ②【查看】用于查看【纸样制单】的所有内容 ③【删除】用于删除选中的款式文件 ④【添加纸样】用于添加另一个文件中或本文件中的纸样和载入的文件中的纸样一起排料 ⑤【信息】用于查看选中文件信息
2		新建	N 或 【Ctrl】+N	执行该命令，将产生新的唛架文件
3		打开	O 或 【Ctrl】+O	打开一个已保存好的唛架文档
4		打开前一个文件		在当前打开的唛架文件夹下，按名称排序后，打开当前唛架的前一个文件
5		打开后一个文件		在当前打开的唛架文件夹下，按名称排序后，打开当前唛架的后一个文件
6		打开原文件		在打开的唛架上进行多次修改后，想退回到最初状态，用此功能一步到位
7		保存	S 或 【Ctrl】+ S	该命令可将唛架保存在指定的目录下，方便以后使用
8		存本床唛架		对于一个文件，在排唛时，分别排在几个唛架上，这时将用到【存本床唛架】命令
9		打印		该命令可配合打印机来打印唛架图或唛架说明
10		绘图		用该命令可绘制 1 ∶ 1 唛架。只有直接与计算机串行口或并行口相连的绘图机或在网络上选择带有绘图机的计算机才能绘制文件

续表

序 号	图 标	名 称	快捷键	功 能
11		打印预览		打印预览命令可以模拟显示要打印的内容以及在打印纸上的效果
12		后退	【Ctrl】+Z	撤销上一步对唛架纸样的操作
13		前进	【Ctrl】+X	返回用【后退】工具后的上一步操作
14		增加样片		可以将选中纸样增加或减少纸样的数量，可以只增加或减少一个码纸样的数量，也可以增加或减少所有码纸样的数量
15		单位选择		可以用来设定唛架的单位
16		参数设定		该命令包括系统一些命令的默认设置。它由【排料参数】、【纸样参数】、【显示参数】、【绘图打印】及【档案目录】五个选项卡组成
17		颜色设定		该命令为本系统的界面、纸样的各尺码和不同的套数等分别指定颜色
18		定义唛架	【Ctrl】+M	该命令可设置唛架的宽度、长度、层数、面料模式及布边
19		字体设定		该命令可为唛架显示字体、打印、绘图等分别指定字体
20		参考唛架		打开一个已经排列好的唛架作为参考
21		纸样窗		用于打开或关闭纸样窗
22		尺码列表框		用于打开或关闭尺码表
23		纸样资料		放置着当前纸样当前尺码的纸样信息，也可以对其做出修改
24		旋转纸样		可对所选纸样进行任意角度的旋转，还可复制其旋转纸样，生成一新纸样，并添加到纸样窗内
25		翻转纸样		用于将所选中纸样进行翻转。若所选纸样尚未排放到唛架上，则可对该纸样进行直接翻转，并可以不复制该纸样，若所选纸样已排放到唛架上，则只能对其进行翻转复制，生成相应新纸样，并将其添加到纸样窗内
26		分割纸样		将所选纸样按需要进行水平或垂直分割。在排料时，为了节约布料，在不影响款式式样的情况下，可将纸样剪开，分开排放在唛架上
27		删除纸样		删除一个纸样中的一个码或所有的码

三、唛架工具匣 1 的工具功能

1. 唛架工具匣 1（图 3–16）

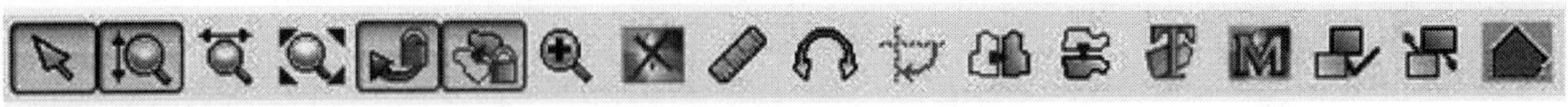

图 3–16　唛架工具匣 1

2. 工具功能（表 3–13）

表 3–13　唛架工具匣 1 工具功能

序　号	图　标	名　称	快捷键	功　能
1		纸样选择		用于选择及移动纸样
2		唛架宽度显示		用左键单击图标，主唛架就以宽度显示在可视界面
3		显示唛架上全部纸样		主唛架的全部纸样都显示在可视界面
4		显示整张唛架		主唛架的整张唛架都显示在可视界面
5		旋转限定		该命令是限制唛架工具匣 1 中【依角旋转】工具、【顺时针 90° 旋转】工具及键盘微调旋转的开关命令
6		翻转限定		该命令是用于控制系统是否读取【纸样资料】对话框中的有关是否【允许翻转】的设定，从而限制唛架工具匣 1 中【垂直翻转】、【水平翻转】工具的使用
7		放大显示		该命令可对唛架的指定区域进行放大、对整体唛架缩小以及对唛架的移动
8		清除唛架	【Ctrl】+C	该命令可将唛架上所有纸样从唛架上清除，并将它们返回到纸样列表框
9		尺寸测量		该命令可测量唛架上任意两点间的距离
10		旋转唛架纸样		在旋转限定工具凸起时，使用该工具对选中纸样设置旋转的度数和方向
11		顺时针 90° 旋转		【纸样】→【纸样资料】→【纸样属性】，排样限定选项点选的是【四向】或【任意】时，或虽选其他选项，当【旋转限定】工具凸起时，可用该工具对唛架上选中纸样进行 90° 旋转
12		水平翻转		【纸样】→【纸样资料】→【纸样属性】的排样限定选项中是【双向】、【四向】或【任意】，并且勾选【允许翻转】时，可用该命令对唛架上选中纸样进行水平翻转

续表

序　号	图　标	名　称	快捷键	功　　能
13		垂直翻转		【纸样】→【纸片资料】→【纸样属性】的排样限定选项中的【允许翻转】选项有效时，可用该工具对纸样进行垂直翻转
14		纸样文字		该命令用来为唛架上的纸样添加文字
15		唛架文字		用于在唛架的未排放纸样的位置加文字
16		成组		将两个或两个以上的纸样组成一个整体
17		拆组		是与成组工具对应的工具，起到拆组作用
18		设置选中纸样虚位		在唛架区给选中纸样加虚位

四、唛架工具匣 2 的工具功能

1. 唛架工具匣 2（图 3–17）

图 3–17　唛架工具匣 2

2. 工具功能（表 3–14）

表 3–14　唛架工具匣 2 工具功能

序　号	图　标	名　称	功　　能
1		显示辅唛架宽度	使辅唛架以最大宽度显示在可视区域
2		显示辅唛架所有纸样	使辅唛架上所有纸样显示在可视区域
3		显示整个辅唛架	使整个辅唛架显示在可视区域
4		展开折叠纸样	将折叠的纸样展开
5		纸样右折、纸样左折、纸样下折、纸样上折	当对圆筒唛架进行排料时，可将上下对称的纸样向上折叠、向下折叠，将左右对称的纸样向左折叠、向右折叠
6		裁剪次序设定	用于设定自动裁床裁剪纸样时的顺序
7		画矩形	用于画出矩形参考线，并可随排料图一起打印或绘图
8		重叠检查	用于检查纸样与纸样的重叠量及纸样与唛架边界的重叠量

续表

序　号	图　标	名　称	功　　能
9		设定层	纸样的部分重叠时可对重叠部分进行取舍设置
10		制帽排料	对选中纸样的单个号型进行排料，排列方式有正常、倒插、交错、@倒插、@交错
11		主辅唛架等比例显示纸样	将辅唛架“纸样”与主唛架“纸样”以相同比例显示出来
12		放置纸样到辅唛架	将纸样列表框中的纸样放置到辅唛架上
13		清除辅唛架纸样	将辅唛架上的纸样清除，并放回纸样窗
14		切割唛架纸样	将唛架上纸样的重叠部分进行切割
15		裁床对格设置	用于裁床上对格设置
16		缩放纸样	对整体纸样放大或缩小

五、布料工具匣的工具功能

1. **布料工具匣**（图 3-18）

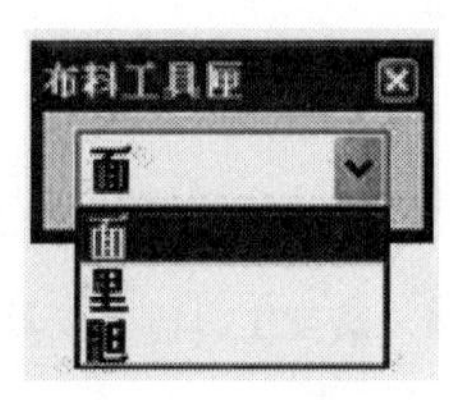

图 3-18　布料工具匣

2. **工具功能**

选择不同种类布料进行排料。

六、超排工具匣的工具功能

1. **超排工具匣**（图 3-19）

图 3-19　超排工具匣

2. 工具功能（表3–15）

表3–15　超排工具匣工具功能

序　号	图　标	名　称	功　　能
1		超级排料	超级排料工具匣中的超级排料与排料菜单中超级排料命令作用相同
2		嵌入纸样	对唛架上重叠的纸样，嵌入其纸样至就近的空隙里面去
3		改变唛架纸样间距	对唛架上纸样的最小间距的设置
4		改变唛架宽度	改变唛架宽度的同时，自动进行排料处理
5		拌动唛架	向左压缩唛架纸样，进一步提高利用率
6		捆绑纸样	对唛架上任意的多片纸样（纸样数量必须大于1）进行捆绑
7		解除捆绑	对捆绑纸样的一个反操作，使被捆绑纸样不再具有被捆绑属性
8		固定纸样	对唛架上任意的一片或多片纸样进行固定
9		解除固定	对固定纸样的一个反操作，使固定纸样不再具有固定属性
10		查看捆绑记录	查看被捆绑的纸样
11		查看锁定记录	查看固定纸样

七、隐藏工具的功能

1. 隐藏工具（图3–20）

图3–20　隐藏工具

2. 工具功能（表3–16）

表3–16　隐藏工具功能

序　号	图　标	名　称	快捷键	功　　能
1	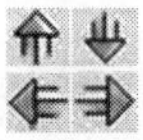	上、下、左、右四个方向移动工具		对选中样片作上、下、左、右四个方向的移动，与数字键8、2、4、6的移动功能相同
2		移除所选纸样（清除选中）	【Delete】或双击	将唛架上所有选中的纸样从唛架上清除，并将它们返回到纸样列表框。与删除纸样是不一样的

续表

序　号	图　标	名　称	快捷键	功　　能
3		旋转角度 四向取整		用鼠标进行人工旋转纸样的角度控制开关命令
4		开关标尺		开关唛架标尺
5		合并		将两个幅宽一样的唛架合并成一个唛架
6		在线帮助		使用帮助的快捷方式
7		缩小显示		使主唛架上的纸样缩小显示恢复到前一显示比例
8		辅唛架缩小显示		使辅唛架纸样缩小显示恢复到前一显示比例
9		逆时针 90° 旋转		【纸样】→【纸样资料】→【纸样属性】，排样限定选项点选的是【四向】或【任意】时，或虽选其他选项，当【旋转限定】工具凸起时，可用该工具对唛架上选中纸样进行 90° 旋转
10		180° 旋转		纸样布纹线是【双向】、【四向】或【任意】时，可用该工具对唛架上选中纸样进行 180° 旋转
11		边点旋转		①当凸起时，使用边点旋转工具可使选中纸样以单击点为轴心对所选纸样进行任意角度旋转 ②当凹陷时进行 180° 旋转，纸样布纹线为【四向】时进行 90° 旋转，【任意】时唛架纸样任意角度旋转
12		中点旋转		①当凸起时，使用中点旋转工具可使选中纸样以中点为轴心对所选纸样进行任意角度旋转 ②当凹陷时，纸样布纹线为【双向】时，使用中点旋转工具可使选中纸样以纸样中点为轴心对所选唛架纸样进行 180° 旋转，纸样布纹线为【四向】时进行 90° 旋转，【任意】时唛架纸样任意角度旋转

八、菜单栏的工具功能

菜单栏如图 3-21 所示。

文档[F]　纸样[P]　唛架[M]　选项[O]　排料[N]　裁床[C]　计算[L]　制帽[k]　帮助[H]

图 3-21　菜单栏

1. **文档菜单（快捷键 F）（图 3–22）**

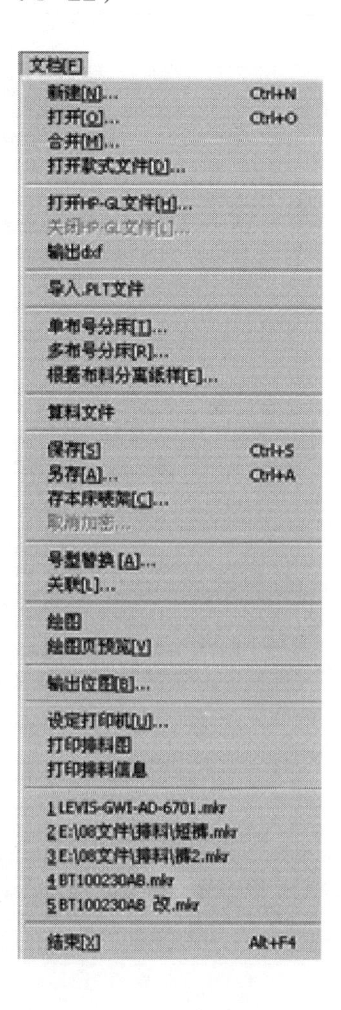

图 3–22　文档菜单

文档菜单工具功能见表 3–17 所示。

表 3–17　文档菜单工具功能

序　号	名　称	快捷键	功　　能
1	打开（HP–GL 文件）		用于打开 HP–GL（*.plt）文件，可查看也可以绘图
2	关闭（HP–GL 文件）		用于关闭已打开的 HP–GL（*.plt）文件
3	输出 DXF		将唛架以 DXF 的格式保存，以便在其他的 CAD 系统中调出运用，从而达到本系统与其他 CAD 系统的接驳
4	导入 PLT 文件		可以导入富怡（RichPeace）与格柏（Gerber）输出的 PLT 文件，在该软件中进行再次排料
5	单布号分床		将当前打开唛架，根据码号分为多床的唛架文件并保存
6	多布号分床		用于将当前打开唛架根据布号，以套为单位，分为多床的唛架文件保存

续表

序 号	名 称	快捷键	功 能
7	根据布料分离纸样		将唛架文件根据布料类型自动分开纸样
8	算料文件		①用于快速、准确的计算出服装定单的用布总量 ②用于打开已经保存的算料文件 ③根据不同布料计算某款定单所用不同布种的用布量 ④用于打开已经保存的多布种算料文件
9	另存	【Ctrl】+A	用于为当前文件做备份
10	取消加密		对已经加密的文件取消其加密程序
11	号型替换		为提高排料效率，在已排好的唛架上替换号型中的一套或多套
12	关联		对已经排好的唛架，纸样又需要修改时，在设计与放码系统中修改保存后，应用关联可对之前已排好的唛架自动更新，不需要重新排料
13	批量绘图		同时绘制多床唛架
14	绘图页预览		可以选页绘图。绘图仪在绘较长唛架时，由于某原因没能把唛架完整绘出，此时用“绘图页预览”，只需把未绘的唛架绘出即可
15	输出位图		用于将整张唛架输出为 .bmp 格式文件，并在唛架下面输出一些唛架信息。可用来在没有装 CAD 软件的计算机上查看唛架
16	设定打印机		用于设置打印机型号、纸张大小、打印方向等
17	打印排料图		用于设定打印排料图的尺寸大小及页边距
18	打印排料信息		用于设定打印排料信息
19	最近文件		该命令可快速地打开最近用过的 5 个文件
20	结束	【Alt】+F4	该命令用于结束本系统的运行

2. 纸样菜单（快捷键 P）（图 3-23）

纸样菜单工具功能见表 3-18 所示。

表 3-18 纸样菜单工具功能

序 号	名 称	功 能
1	内部图元参数	内部图元参数命令是用来修改或删除所选纸样内部的剪口、钻孔等服装附件的属性。图元即指剪口、钻孔等服装附件。用户可改变这些服装附件的大小、类型等选项的特性
2	内部图元转换	该命令可改变当前纸样，或当前纸样所有尺码，或全部纸样内部的所有附件的属性。它常常用于同时改变唛架上所有纸样中的某一种内部附件的属性，而刚刚讲述的【内部图元参数】命令则只用于改变某一个纸样中的某一个附件的属性
3	调整单纸样布纹线	调整选择纸样的布纹线位置
4	调整所有纸样布纹线	调整所有纸样的布纹线位置
5	设置所有纸样数量为 1	将所有纸样的数量改为 1。常用于在排料中排“纸板”

3. 唛架菜单（快捷键M）（图 3-24）

唛架菜单工具功能见表 3-19 所示。

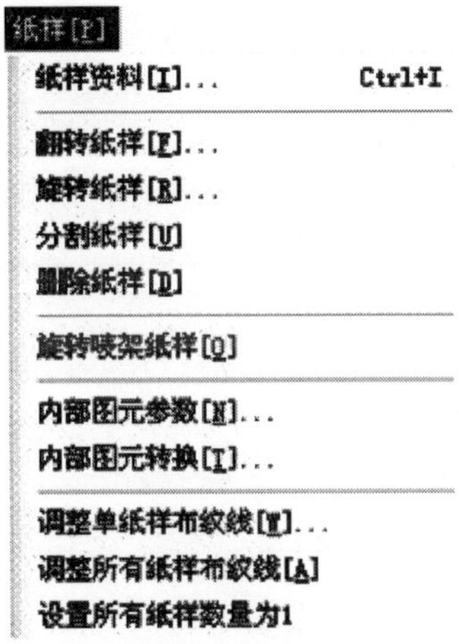

纸样[P]
纸样资料[I]...　Ctrl+I
翻转纸样[F]...
旋转纸样[R]...
分割纸样[U]
删除纸样[D]
旋转唛架纸样[O]
内部图元参数[N]...
内部图元转换[T]...
调整单纸样布纹线[W]...
调整所有纸样布纹线[A]
设置所有纸样数量为1

图 3-23　纸样菜单

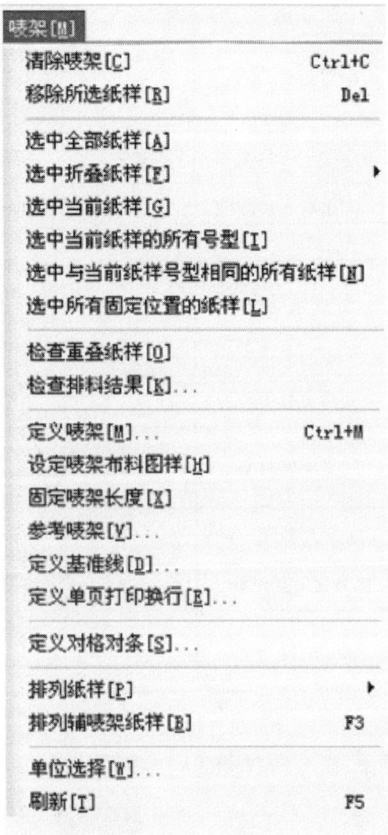

唛架[M]
清除唛架[C]　Ctrl+C
移除所选纸样[R]　Del
选中全部纸样[A]
选中折叠纸样[F]
选中当前纸样[G]
选中当前纸样的所有号型[I]
选中与当前纸样号型相同的所有纸样[N]
选中所有固定位置的纸样[L]
检查重叠纸样[O]
检查排料结果[K]...
定义唛架[M]...　Ctrl+M
设定唛架布料图样[H]
固定唛架长度[X]
参考唛架[V]...
定义基准线[D]...
定义单页打印换行[E]...
定义对格对条[S]...
排列纸样[P]
排列辅唛架纸样[B]　F3
单位选择[W]...
刷新[T]　F5

图 3-24　唛架菜单

表 3-19　唛架菜单工具功能

序　号	名　称	快捷键	功　　能
1	选中全部纸样		用该命令可将唛架区的纸样全部被选中
2	选中折叠纸样		①将折叠在唛架上端的纸样全部选中 ②将折叠在唛架下端的纸样全部选中 ③将折叠在唛架左端的纸样全部选中 ④将所有折叠纸样全部选中
3	选中当前纸样		将当前选中纸样的当前号型全部纸样选中
4	选中当前纸样的所有号型		将当前选中纸样所有号型的全部纸样选中
5	选中与当前纸样号型相同的所有纸样		将当前选中纸样号型相同的全部纸样选中
6	选中所有固定位置的纸样		将所有固定位置的纸样全部选中

续表

序号	名　称	快捷键	功　　能
7	检查重叠纸样		检查纸样重叠
8	检查排料结果		当纸样被放置在唛架上时，可用此命令检查排料结果。可用排料结果检查对话框检查已完成套数、未完成套数及重叠纸样。通过它还可以了解原定单套数、每套纸样数、不成套纸样数等
9	设定唛架布料图样		显示唛架布料图样
10	固定唛架长度		以所排唛架的实际长度固定【唛架设定】中的唛架长度
11	定义基准线		在唛架上作标记线，排料时可以做参考，标示排料的对齐线，把纸样向各个方向移动时，可以使纸样以该线对齐；也可以在排好的对条格唛架上，确定下针的位置。在小型打印机上可以打印基准线在唛架上的位置及间距
12	定义单页打印换行		用于设定打印机打印唛架时，分行的位置及上下唛架之间的间距
13	定义对格对条		用于设定布料条格间隔尺寸、设定对格标志及标志对应纸样的位置
14	排列纸样		可以将唛架上的纸样以各种形式对齐
15	排列辅唛架纸样	F3	将辅唛架的纸样重新按号型排列
16	刷新	F5	用于清除在程序运行过程中出现的残留点，这些点会影响显示的整洁，因此必须及时清除

4. 选项菜单（快捷键O）（图3–25）

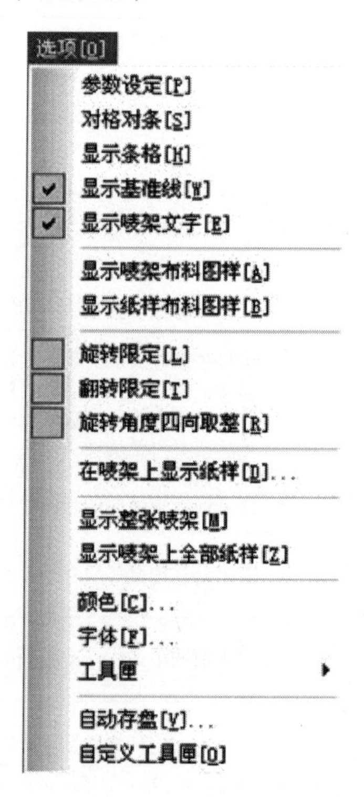

图3–25　选项菜单

选项菜单包括一些常用的开/关命令，其中【参数设定】、【旋转限定】、【翻转限定】、【颜色】、【字体】这几个命令在工具匣中都有对应的快捷图标。

选项菜单工具功能见表3-20所示。

表3-20 选项菜单工具功能

序号	名 称	功 能
1	对格对条	此命令是开关命令，用于条格、印花等图案的布料的对位
2	显示条格	单击【选项】菜单→【显示条格】勾选该选项则显示条格。反之，则不显示
3	显示基准线	用于在定义基准线后控制其显示与否
4	显示唛架文字	用于在定义唛架文字后控制其显示与否
5	显示唛架布料图样	用于在定义唛架布料图样后控制其显示与否
6	显示纸样布料图样	用于在定义纸样布料图样后控制其显示与否
7	在唛架上显示纸样	选定将纸样上的指定信息显示在屏幕上或随档案输出
8	工具匣	用于控制工具匣的显示与否
9	自动存盘	按设定时间，设定路径、文件名存储文档，以免出现停电等造成丢失文件的意外情况
10	自定义工具匣	添加自定义工具

5. 排料菜单（快捷键N）（图3-26）

排料菜单包括与自动排料相关的一些命令。

排料菜单工具功能见表3-21所示。

排料[N]
停止[S]
开始自动排料[A]
分段自动排料[G]
自动排料设定[U]...
定时排料[T]
复制整个唛架[D]
复制倒插整个唛架[Y]
复制选中纸样[K]
复制倒插选中纸样[N]
整套纸样旋转180° F4
排料结果[R]...
超级排料[S]

图3-26 排料菜单

表 3-21 排料菜单工具功能

序号	名 称	快捷键	功 能
1	停止		用来停止自动排料程序
2	开始自动排料		开始进行自动排料指令
3	分段自动排料		用于排切割机唛架图时，自动按纸张大小分段排料
4	自动排料设定		自动排料设定命令用来设定自动排料程序的【速度】。在自动排料开始之前，根据需要在此对自动排料速度做出选择
5	定时排料		可以设定排料用时、利用率，系统会在指定时间内自动排出利用率最高的一床唛架，如果排的利用率比设定的高就显示
6	复制整个唛架		手动排料时，某些纸样已手动排好一部分，而其剩余部分纸样想参照已排部分进行排料时，可用该命令，剩余部分就按照已排的纸样的位置进行排放
7	复制倒插整个唛架		使未放置的纸样参照已排好唛架的排放方式排放并且旋转 180°
8	复制选中纸样		使选中纸样的剩余部分参照已排好的纸样的排放方式排放
9	复制倒插选中纸样		使选中纸样的剩余部分参照已排好的纸样的排放方式，旋转 180° 排放
10	整套纸样旋转 180°	F4	使选中纸样的整套纸样做 180° 旋转
11	排料结果		报告最终的布料利用率、完成套数、层数、尺码、总裁片数和所在的纸样档案
12	超级排料		在一个排料界面中排队超排

6. 裁床菜单（快捷键C）（图 3–27）

裁床菜单工具功能见表 3–22 所示。

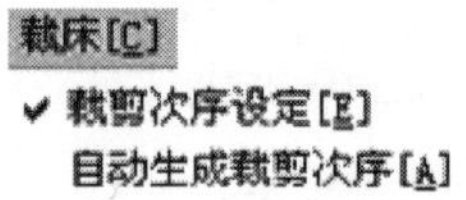

裁床[C]
✔ 裁剪次序设定[E]
自动生成裁剪次序[A]

图 3–27 裁床菜单

表 3–22 裁床菜单工具功能

序号	名 称	功 能
1	裁剪次序设定	用于设定自动裁剪纸样时的顺序
2	自动生成裁剪次序	手动编辑过裁剪顺序，用该命令可重新生成裁剪次序

7. 计算菜单（快捷键L）（图 3–28）

计算菜单工具功能见表 3–23 所示。

表 3–23　计算菜单工具功能

序号	名　称	功　　能
1	计算布料重量	用于计算所用布料的重量
2	利用率和唛架长	根据所需利用率计算唛架长

8. 制帽菜单（快捷键K）（图 3–29）

制帽菜单工具功能见表 3–24 所示。

图 3–28　计算菜单

图 3–29　制帽菜单

表 3–24　制帽菜单工具功能

序号	名　称	功　　能
1	设定参数	用于设定刀模排板时刀模的排刀方式及其数量、布种等
2	估算用料	单击【制帽】菜单→【估算用料】，弹出【估料】对话框，在对话框内单击【设置】，可设定单位及损耗量，完成后单击【计算】可算出各号型的纸样用布量
3	排料	用刀模裁剪时，对所有纸样统一排料

9. 系统设置（图 3–30）

系统设置工具功能见表 3–25 所示。

图 3–30　系统设置

表 3–25　系统设置工具功能

序号	名　称	功　　能
1	语言	切换不同的语言版本。如简体中文版切换到繁体中文版、英文版、泰语版、西班牙语版、韩语版等
2	记住对话框的位置	勾选可记忆上次对话框位置，再次打开时对话框在前次关闭时的位置

10. 帮助菜单（快捷键 H）（图 3-31）

图 3-31 帮助菜单

帮助菜单工具功能见表 3-26 所示。

表 3-26 帮助菜单工具功能

序号	名 称	功 能
1	帮助主题	需要帮助的工具名称
2	使用帮助	使用帮助服务
3	关于本系统	用于查看应用程序版本、VID、版权等相关信息

第三节 常用工具操作方法

为了方便读者快速掌握富怡服装 CAD 制板的操作方法，本节将对富怡服装 CAD 软件最常用工具的操作方法进行详细讲解。

一、纸样设计常用工具操作方法

1. 智能笔（快捷键 F）

（1）单击左键

单击左键进入【画线】工具（图 3-32）。

①在空白处或关键点或交点或线上单击，进入画线操作。

②光标移至关键点或交点上，按回车以该点作偏移，进入画线类操作。

③在确定第一个点后，单击右键切换丁字尺（水平 / 垂直 /45° 斜线）、任意直线。用【Shift】切换折线与曲线。

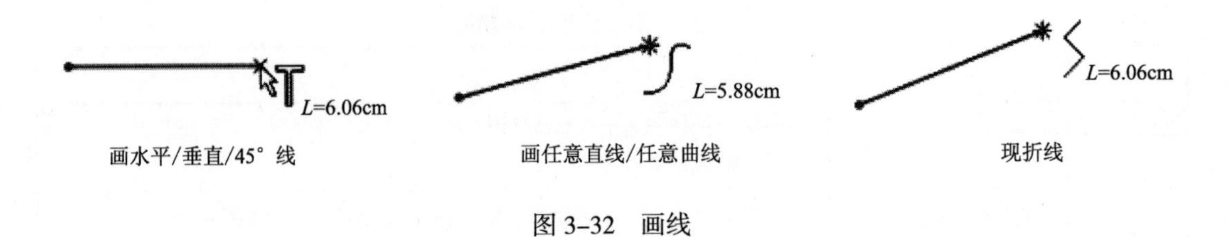

图 3-32 画线

（2）按下【Shift】键，单击左键

按下【Shift】键单击左键，则进入【矩形】工具，常用于从可见点开始画矩形的情况。

（3）单击右键（图 3–33）

①在线上单击右键则进入【调整工具】。

②按下【Shift】键，在线上单击右键则进入【调整曲线长度】。在线的中间击右键为两端不变，调整曲线长度。如果在线的一端击右键，则在这一端调整线的长度。

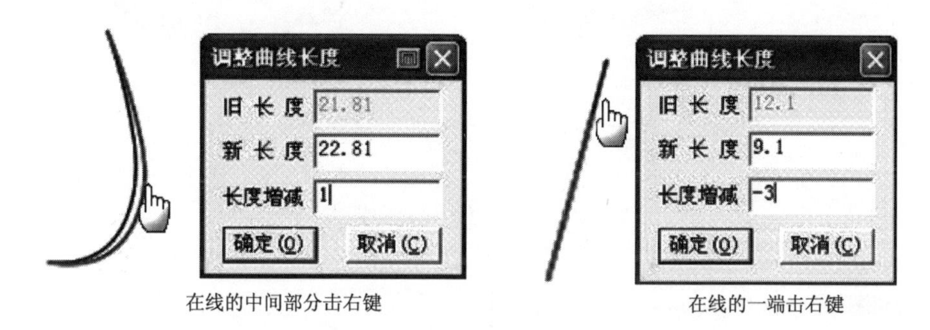

图 3–33　调整线段长度

（4）左键框选

①如果左键框住两条线后单击右键为【角连接】功能（图 3–34）。

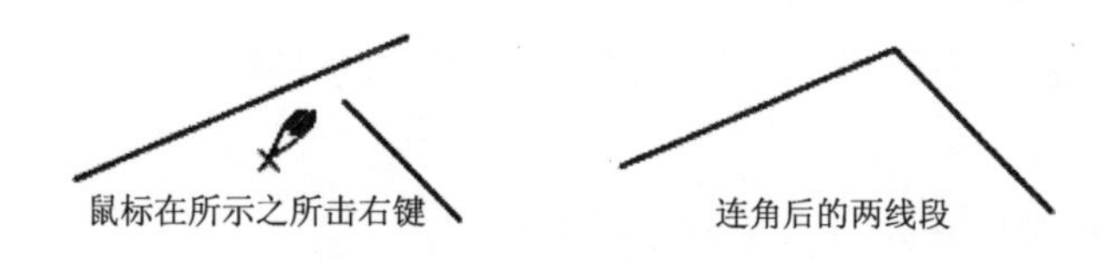

图 3–34　角连接线段

②如果左键框选四条线后，单击右键则为【加省山】（图 3–35）。

说明：在省的哪一侧击右键，省山线就向哪一侧倒。

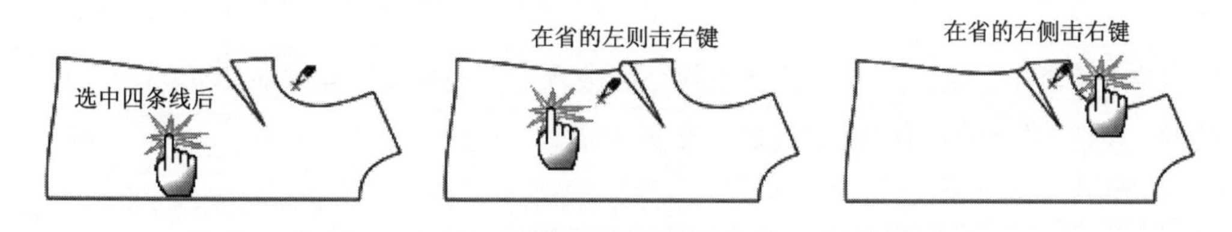

图 3–35　加省山

③如果左键框选一条或多条线后，再按【Delete】键则删除所选的线。

④如果左键框选一条或多条线后，再在另外一条线上单击左键，则进入【靠边】功能，在需要线的一边击右键，为【单向靠边】。如果在另外的两条线上单击左键，为【双向靠边】（图 3–36）。

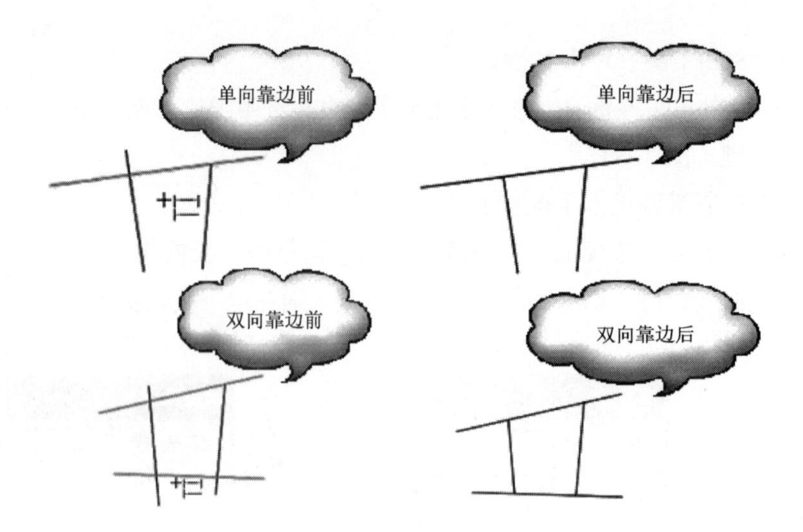

图 3-36 单向靠边与双向靠边

⑤左键在空白处框选进入【矩形】工具。

⑥按下【Shift】键，如果左键框选一条或多条线后，单击右键为【移动（复制）】功能，用【Shift】键切换复制或移动，按住【Ctrl】键，向任意方向移动或复制。

⑦按下【Shift】键，如果左键框选一条或多条线后，单击左键选择线则进入【转省】功能。

（5）右键框选

①右键框选一条线则进入【剪断（连接）线】功能。

②按下【Shift】键，右键框选一条线则进入【收省】功能。

（6）左键拖拉

①在空白处，用左键拖拉进入【画矩形】功能。

②左键拖拉线进入【不相交等距线】功能（图 3-37）。

③在关键点上按下左键拖动到一条线上放开进入【单圆规】功能（图 3-38）。

④在关键点上按下左键拖动到另一个点上放开进入【双圆规】功能（图 3-39）。

⑤按下【Shift】键，左键拖拉线则进入【相交等距线】功能，再分别单击相交的两边（图 3-40）。

⑥按下【Shift】键，左键拖拉选中两点则进入【三角板】功能，再点击另外一点，拖动鼠标，作选中线的平行线或垂直线（图 3-41）。

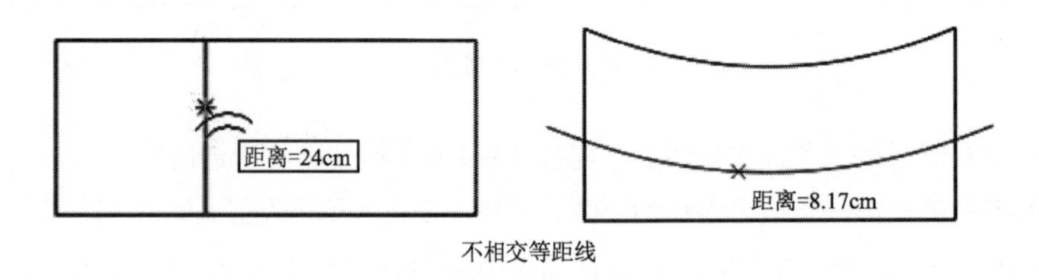

图 3-37 不相交等距线

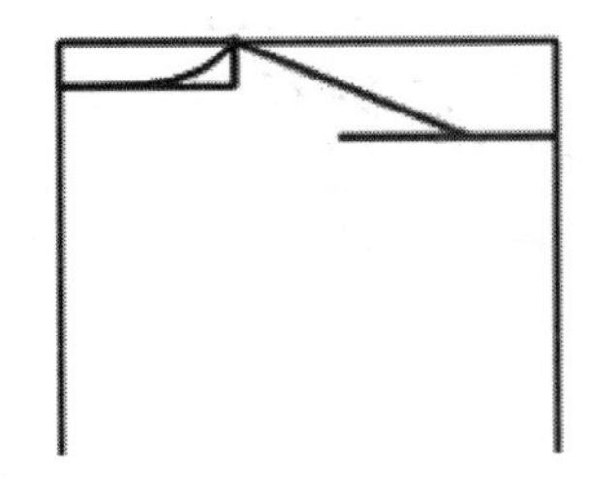

图 3–38　单圆规

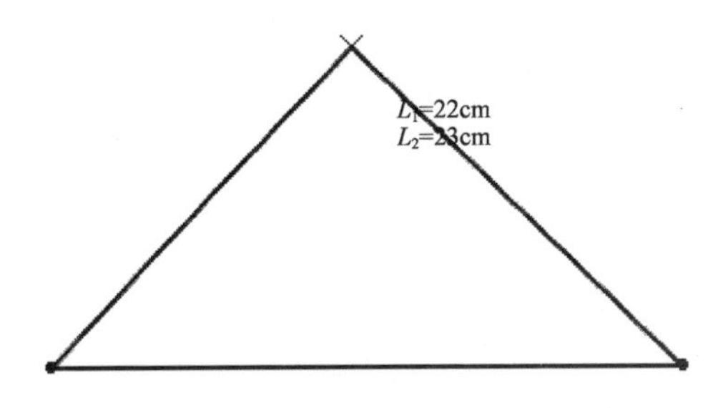

图 3–39　双圆规

图 3–40　相交等距线

图 3–41　三角板（画平行线或垂直线）

（7）右键拖拉

①在关键点上，右键拖拉进入【水平垂直线】（右键切换方向）（图 3–42）。

②按下【Shift】键，在关键点上，右键拖拉点进入【偏移点 / 偏移线】功能（用右键切换保留点 / 线）（图 3–43）。

③按【Enter】键，取【偏移点】。

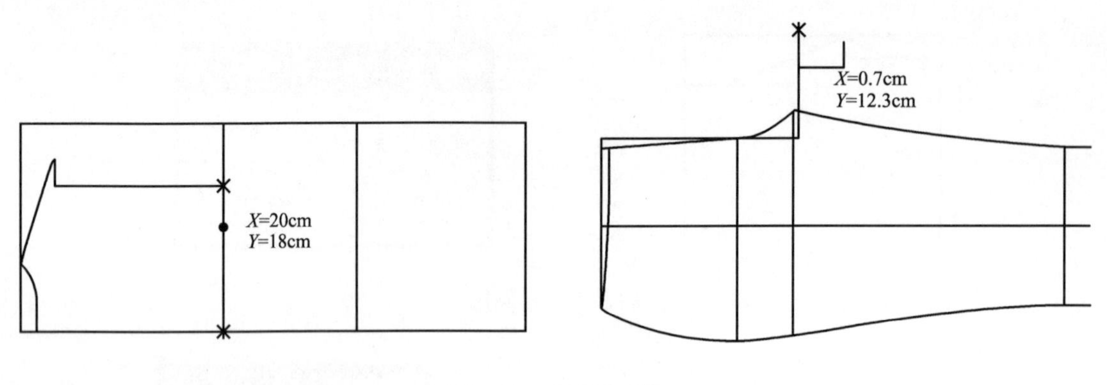

图 3-42　水平垂直线

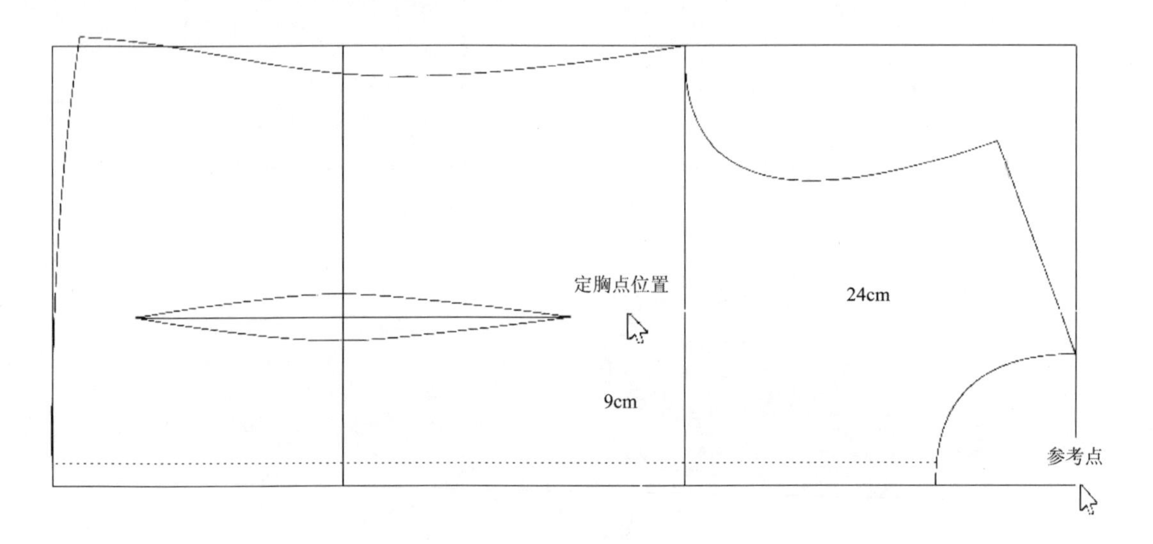

图 3-43　偏移点 / 偏移线

2. **调整工具（快捷键 A）**

（1）调整单个控制点

①用该工具在曲线上单击，线被选中，单击线上的控制点，拖动至满意的位置，单击即可。当显示弦高线时，此时按小键盘数字键可改变弦的等分数，移动控制点可调整至弦高线上，光标上的数据为曲线长和调整点的弦高（显示 / 隐藏弦高：【Ctrl】+*H*）（图 3-44）。

②定量调整控制点，用该工具选中线后，把光标移在控制点上，按【Enter】键（图 3-45）。

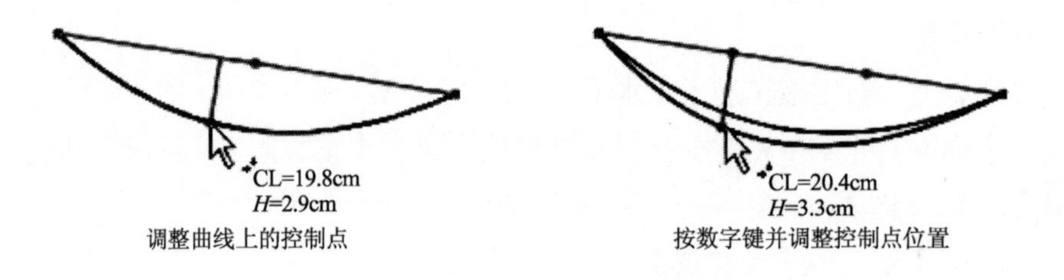

图 3-44　调整单个控制点

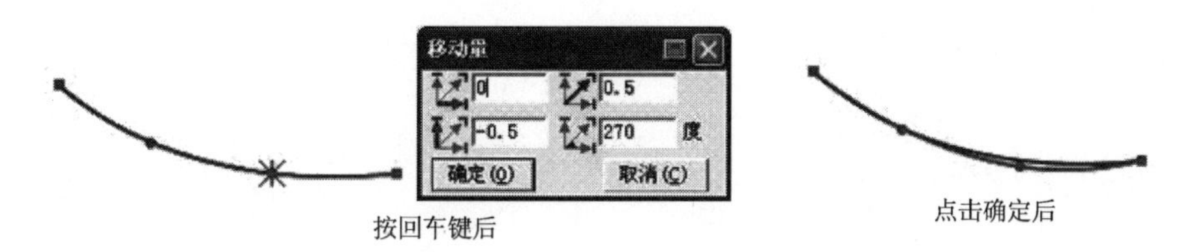

图 3-45　定量调整控制点

③在线上增加控制点、删除曲线或折线上的控制点，单击曲线或折线，使其处于选中状态，在没点的位置用左键单击为加点（或按【Insert】键），或把光标移至曲线点上，按【Insert】键可使控制点可见，在有点的位置单击右键为删除（或按【Delete】键）（图 3-46）。

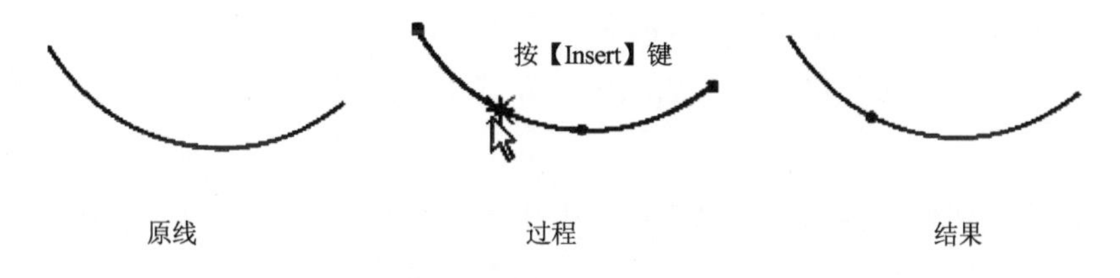

图 3-46　删除曲线上的控制点

④在选中线的状态下，把光标移至控制点上按下【Shift】键可在曲线点与转折点之间切换。在曲线与折线的转折点上，如果把光标移在转折点上击鼠标右键，曲线与直线的相交处自动顺滑，在此转折点上如果按【Ctrl】键，可拉出一条控制线，调整控制线可使得曲线与直线的相交处顺滑相切（图 3-47）。

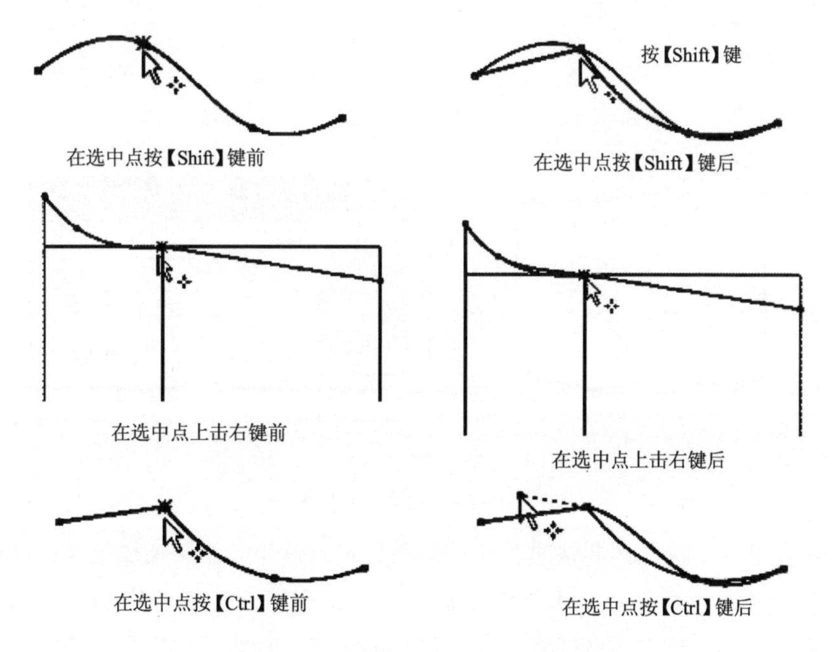

图 3-47　曲线点与转折点之间切换

⑤用该工具在曲线上单击，线被选中，按小键盘的数字键，可更改线上的控制点个数（图 3–48）。

图 3–48　更改线上的控制点数量

（2）调整多个控制点

①按比例调整多个控制点：

a. 调整点 C 时，点 A、点 B 按比例调整［图 3–49（a）］。

b. 如果在调整结构线上调整，先把光标移在线上，拖选 AC，光标变为平行拖动。［图 3–49（b）］。

c. 按下【Shift】切换成按比例调整光标，单击点 C 并拖动，弹出【比例调整】对话框。如果目标点是关键点，直接把点 C 拖至关键点即可。如果需在水平 / 垂直 / 在 45° 方向上调整，按住【Shift】键即可［图 3–49（c）］。

d. 输入调整量，点击【确定】即可［图 3–49（d）］。

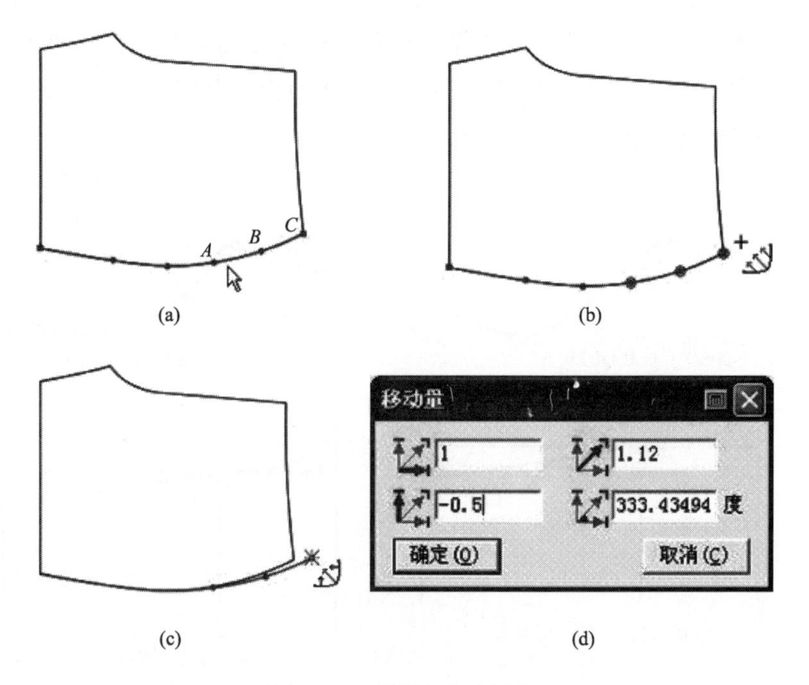

图 3–49　调整多个控制点

e. 如果在纸样上按比例调整时，让控制点显示，操作与在结构线上类似（图 3–50）。

②平行调整多个控制点，拖选需要调整的点，光标变成平行拖动，单击其中的一点拖动，弹出【平行调整】对话框，输入适当的数值，点击【确定】即可（图 3–51）。

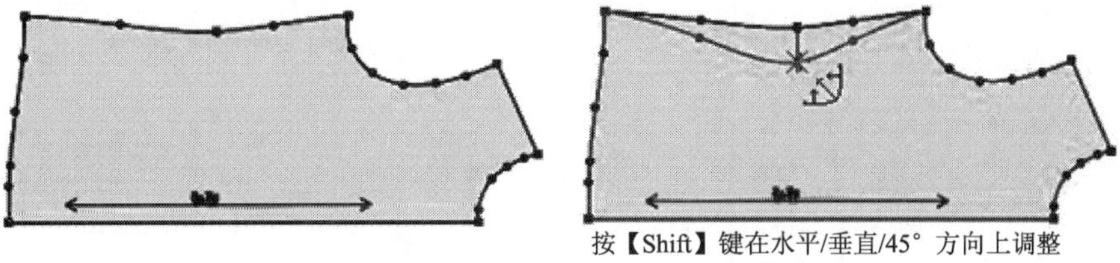

按【Shift】键在水平/垂直/45° 方向上调整

图 3–50　水平 / 垂直 /45° 方向调整纸样

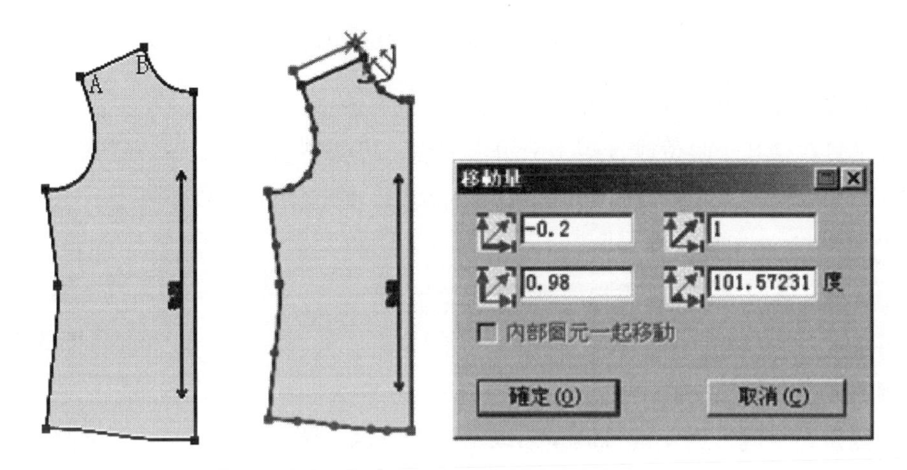

图 3–51　平行调整多个控制点

注意:平行调整、比例调整的时候,若未勾选【选项】菜单中的【启用点偏移对话框】,那么【移动量】对话框不再弹出。

③移动框内所有控制点,左键框选按【Enter】键,会显示控制点,在对话框输入数据,这些控制点都偏移(图 3–52)。

注意 :第一次框选为选中,再次框选为非选中。

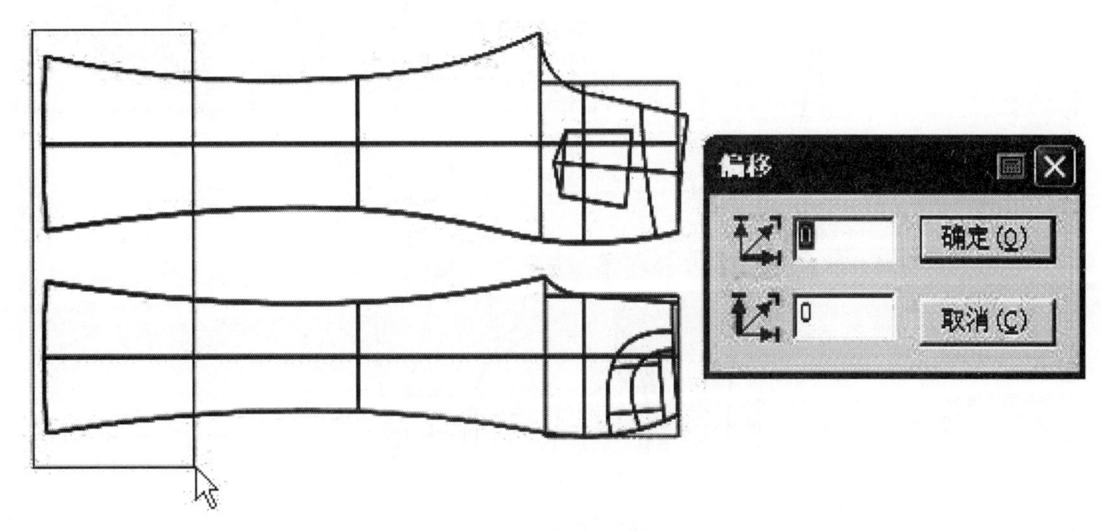

图 3–52　移动框内所有控制点

④只移动选中所有线，右键框选线按【Enter】键，输入数据，点击【确定】即可（图3–53）。

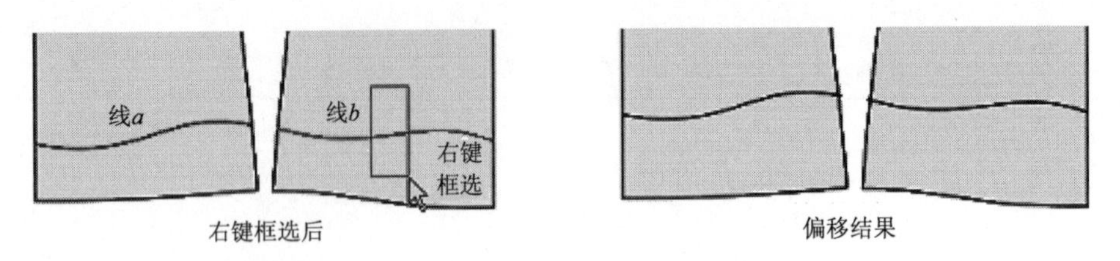

图 3–53　只移动选中所有线

（3）修改钻孔（眼位或省褶）的属性及个数

用该工具在钻孔（眼位或省褶）上单击左键，可调整钻孔（眼位或省褶）的位置。单击右键，会弹出钻孔（眼位或省褶）的属性对话框，修改其中参数即可。

3. 合并调整（快捷键 N）

①用鼠标左键依次点选或框选要圆顺处理的曲线 *a*、*b*、*c*、*d*，单击右键［图 3–54（a）］。

②再依次点选或框选与曲线连接的线 1、线 2、线 3、线 4、线 5、线 6［图 3–54（b）］，单击右键，弹出对话框。

③袖窿拼在一起，用左键可调整曲线上的控制点［图 3–54（c）］。如果调整公共点按【Shift】键，则该点在水平垂直方向移动。

④调整满意后，击右键。

⑤如果前后裆弧线为同侧时，则勾选【选择翻转组】选项再选线，线会自动翻转

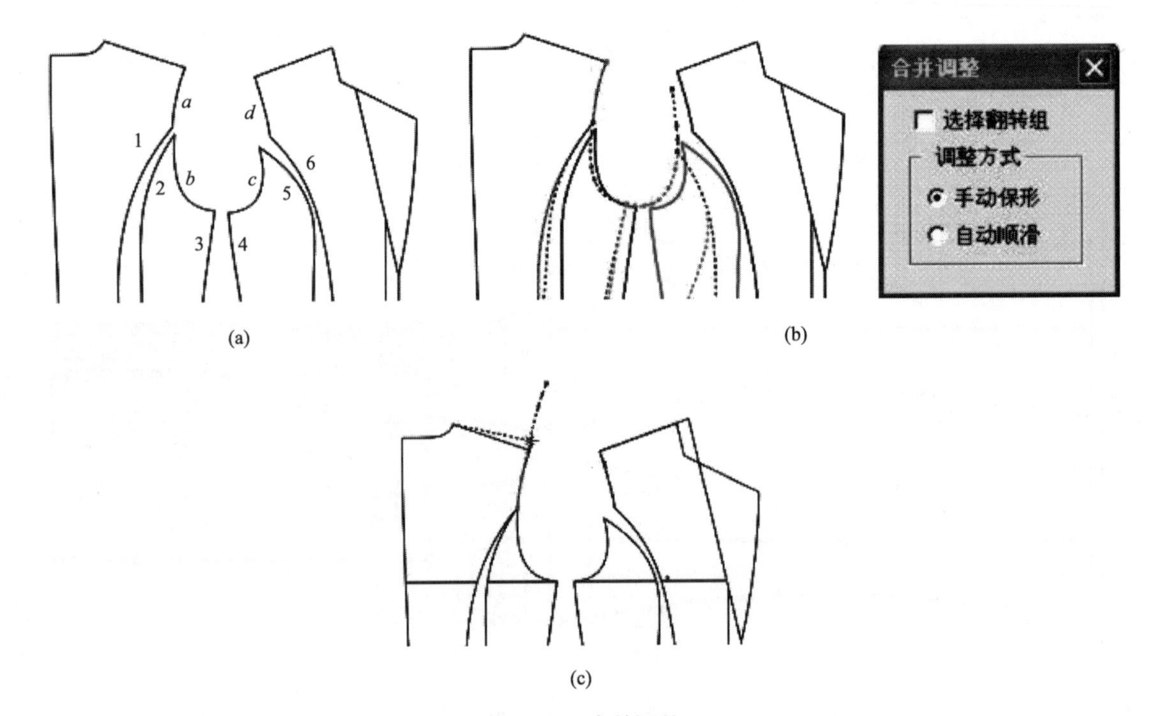

图 3–54　合并调整

（图 3–55）。

图 3–55　选择翻转组

4. 对称调整（快捷键 M）（图 3–56）

①单击或框选对称轴（或单击对称轴的起止点）。

②再框选或单击要对称调整的线，击右键。

③用该工具单击要调整的线，再单击线上的点，拖动到适当位置后单击。

④调整完所需线段后，单击右键结束。

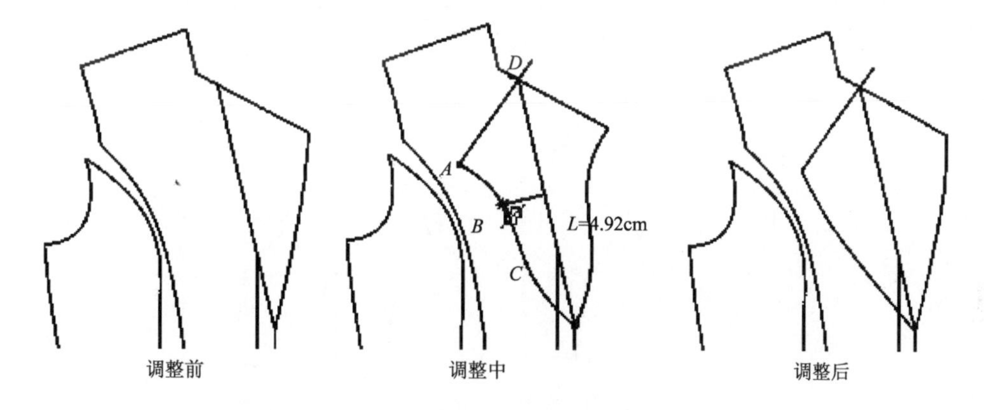

图 3–56　对称调整

5. 剪断线（快捷键【Shift】+C）

（1）剪断操作

①用该工具在需要剪断的线上单击，线变色，再在非关键点上单击，弹出【点的位置】对话框，输入恰当的数值，点击【确定】即可。

②如果选中的点是关键点（如等分点或两线交点或线上已有的点），直接在该位置单击，则不弹出对话框，直接从该点处断开。

（2）连接操作

用该工具框选或分别单击需要连接线，击右键即可。

6. 橡皮擦（快捷键 E）

①用该工具直接在点、线上单击，即可。

②如果要擦除集中在一起的点、线，左键框选即可。

7. 收省（图 3–57）

①用该工具依次点击收省的边线、省线，弹出【省宽】对话框。

②在对话框中，输入省量。

③点击【确定】后，移动鼠标，在省倒向的一侧单击左键。

④用左键调整省底线，最后击右键完成。

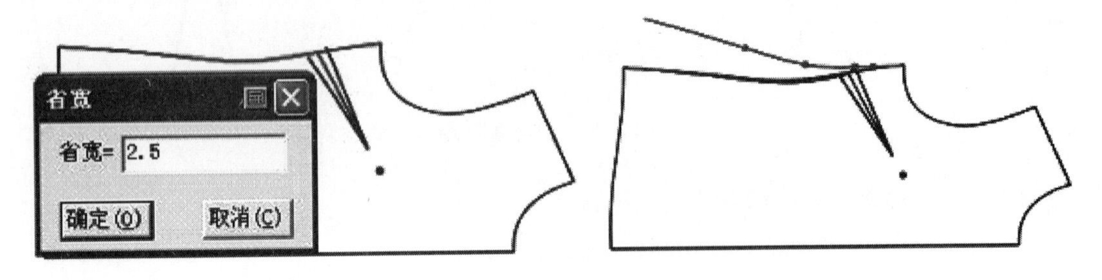

图 3–57　收省

8. 转省（图 3–58）

（1）基本步骤

框选所有转移的线；单击新省线（如果有多条新省线，可框选）；单击一条线确定合

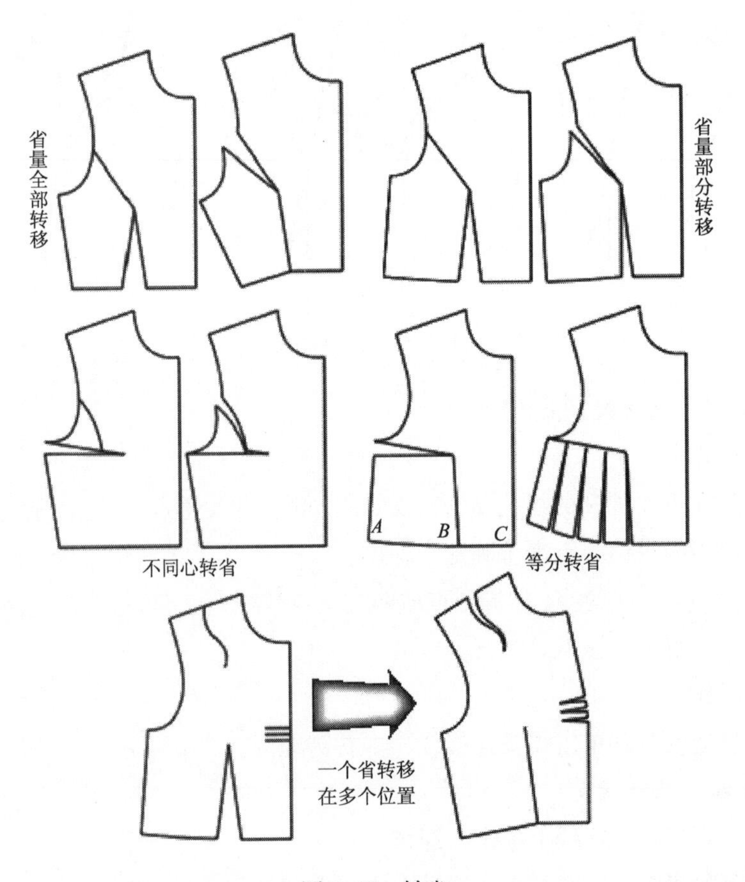

图 3–58　转省

并省的起始边，或单击关键点作为转省的旋转圆心。

（2）三种方式转省

①全部转省，单击合并省的另一边（用左键单击另一边，转省后两省长相等，如果用右键单击另一边，则新省尖位置不会改变）。

②部分转省，按住【Ctrl】键，单击合并省的另一边（用左键单击另一边，转省后两省长相等，如果用右键单击另一边，则新省尖位置不会改变）。

③等分转省：输入数字为等分转省，再单击合并省的另一边（用左键单击另一边，转省后两省长相等，如果用右键单击另一边，则不修改省尖位置）。

9. 褶展开（图 3-59）

①用该工具单击或框选操作线，按右键结束。

②单击上段褶线，如有多条则框选并按右键结束（操作时要靠近固定的一侧，系统会有提示）。

③单击下段褶线，如有多条则框选并按右键结束（操作时要靠近固定的一侧，系统会有提示）。

④单击或框选展开线，击右键，弹出【刀褶 / 工字褶展开】对话框（可以不选择展开线，需要在对话框中输入插入褶的数量）。

⑤在弹出的对话框中输入数据，按【确定】键结束。

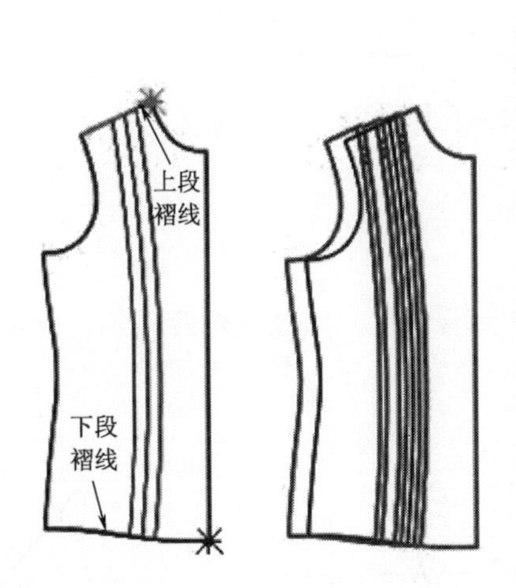

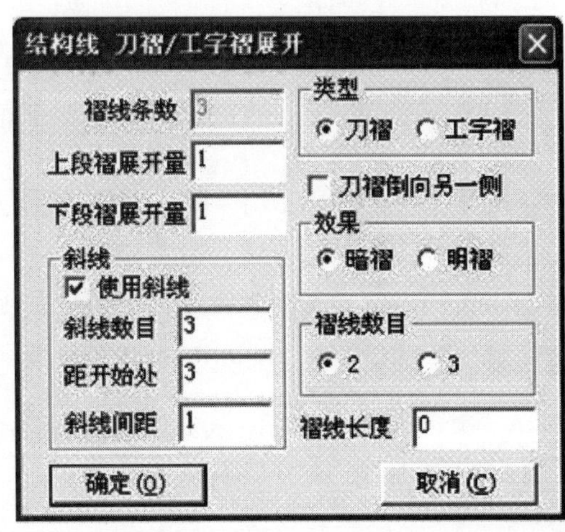

图 3-59　褶展开

10. 比较长度（快捷键 R）

选线的方式有点选（在线上用左键单击）、框选（在线上用左键框选）、拖选（单击线段起点按住鼠标不放，拖动至另一个点）三种方式。

（1）测量一段线的长度或多段线之和

①选择该工具，弹出【长度比较】对话框。

②在长度、水平 X、垂直 Y 选择需要的选项。

③选择需要测量的线，长度即可显示在表中。

（2）比较多段线的差值

例如，可以比较袖山弧长与前后袖窿的差值（图 3-60）。

①选择该工具，弹出【长度比较】对话框。

②选择【长度】选项。

③单击或框选袖山曲线（击右键），再单击或框选前后袖窿曲线，表中【L】为容量。

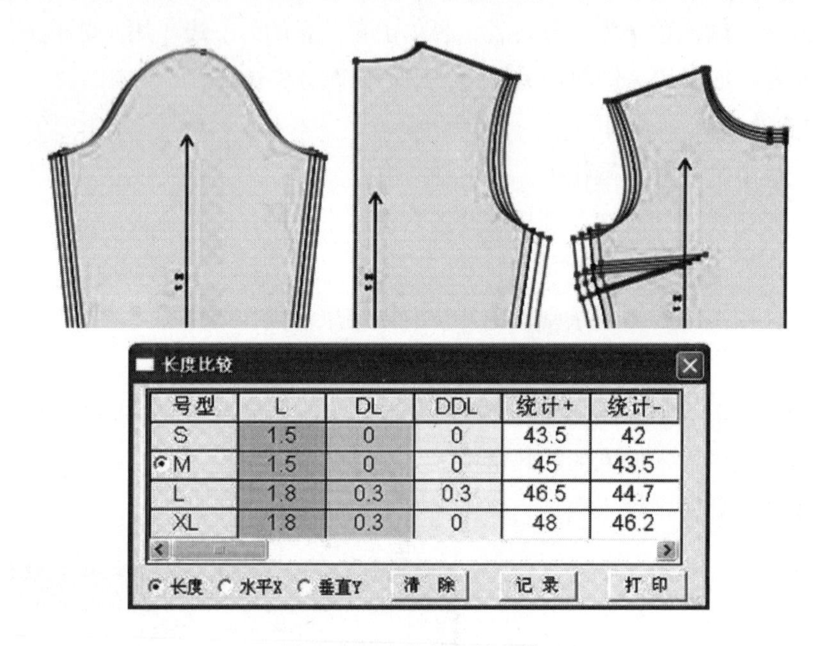

号型	L	DL	DDL	统计+	统计-
S	1.5	0	0	43.5	42
M	1.5	0	0	45	43.5
L	1.8	0.3	0.3	46.5	44.7
XL	1.8	0.3	0	48	46.2

图 3-60　比较长度的差值

11. 旋转（快捷键【Ctrl】+B）（图 3-61）

①单击或框选旋转的点、线，击右键。

②单击一点，以该点为轴心点，再单击任意点为参考点，拖动鼠标旋转到目标位置。

③旋转复制与旋转可用【Shift】键来切换。

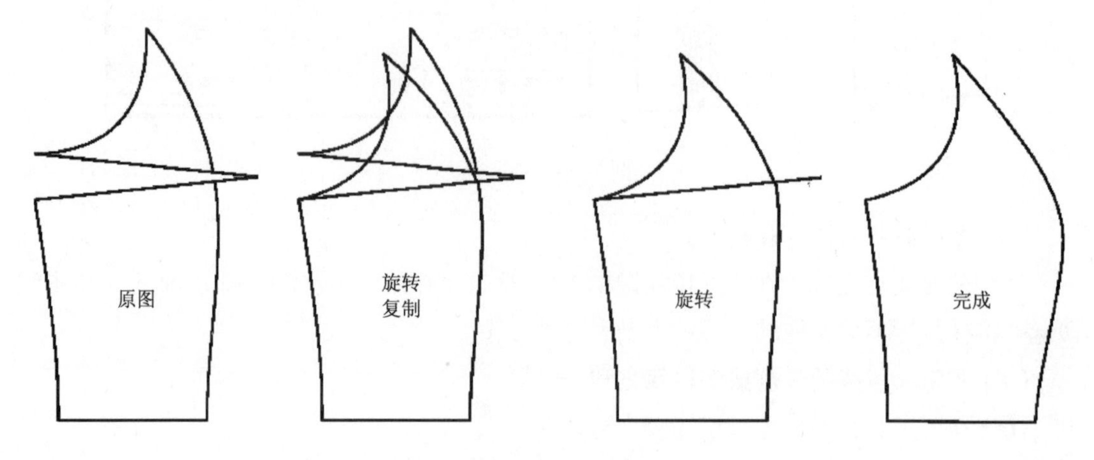

图 3-61　旋转

12. 对称（快捷键 K）

①该工具可以在所选线上单击两点或在空白处单击两点，作为对称轴。

②框选或单击所需复制的点线或纸样，击右键完成。

③对称复制与对称用【Shift】键来切换。

13. 移动（快捷键 G）（图 3-62）

①用该工具框选或点选需要复制或移动的点、线，击右键。

②单击任意一个参考点，拖动到目标位置后单击即可。

③单击任意参考点后，击右键，选中的线在水平方向或垂直方向上镜像。

④移动复制与移动用【Shift】键来切换。

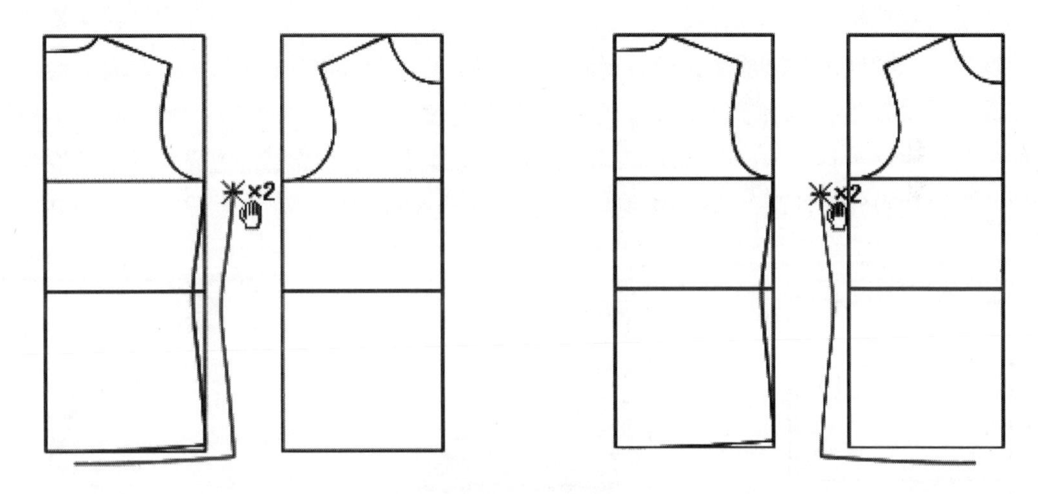

图 3-62　移动

14. 对接（快捷键 J）（图 3-63）

以在肩斜线处对接前、后衣片。

①用该工具让光标靠近领宽点单击后衣片肩斜线。

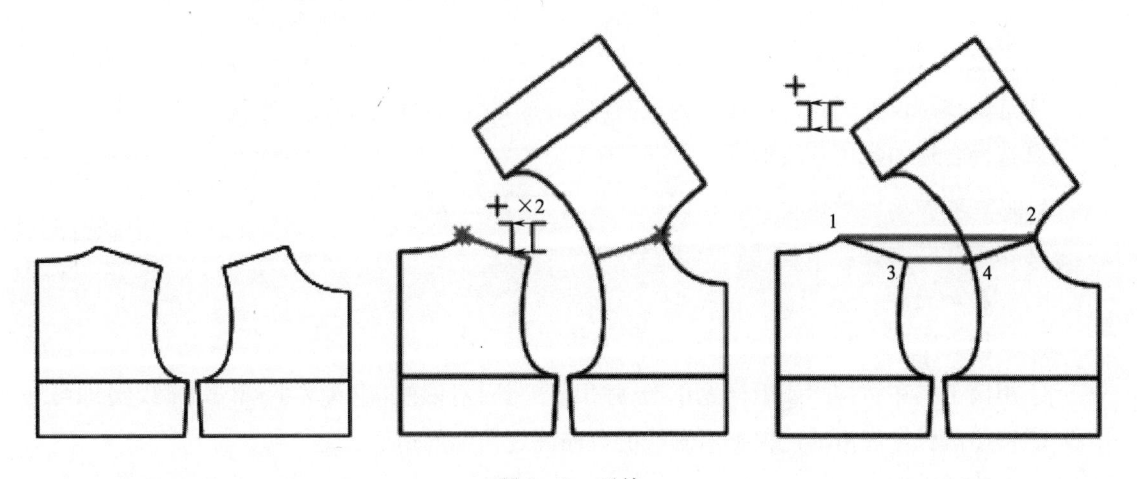

图 3-63　对接

②再单击前衣片肩斜线，光标靠近领宽点，击右键。

③框选或单击后衣片需要对接的点、线，最后击右键完成。

④对接复制与对接用【Shift】键来切换。

15. 剪刀（快捷键 W）（图 3–64）

①用该工具单击或框选围成纸样的线，再击右键，系统按最大区域形成纸样。

②按住【Shift】键,用该工具单击形成纸样的区域,则有颜色填充,可连续单击多个区域,最后击右键完成。

③用该工具单击线的某端点，按一个方向单击轮廓线，直至形成闭合的图形。拾取时如果后面的线变成绿色，击右键则可将后面的线一起选中，完成拾取纸样。

④单击线或框选线，按住【Shift】键单击区域填色，第一次操作为选中，再次操作为取消选中。三种操作方法都是在最后击右键形成纸样，工具即可变成衣片辅助线工具。

⑤衣片辅助线，选择剪刀工具，单击右键光标变成⁺✂。单击纸样，相对应的结构线变成蓝色。用该工具单击或框选所需线段，击右键即可。如果希望将边界外的线拾取为辅助线，那么在直线点选两个点，在曲线上点击 3 个点来确定。

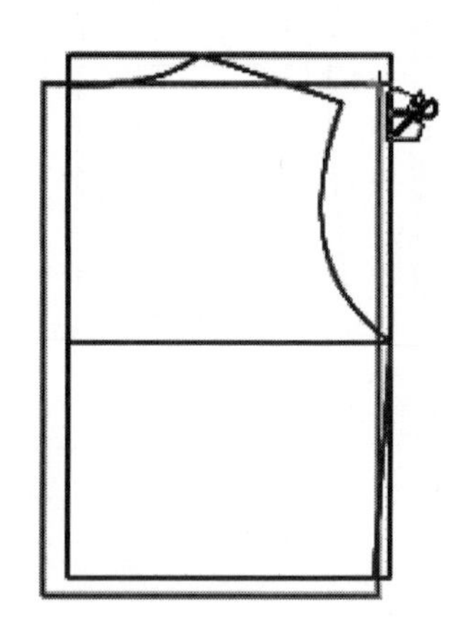

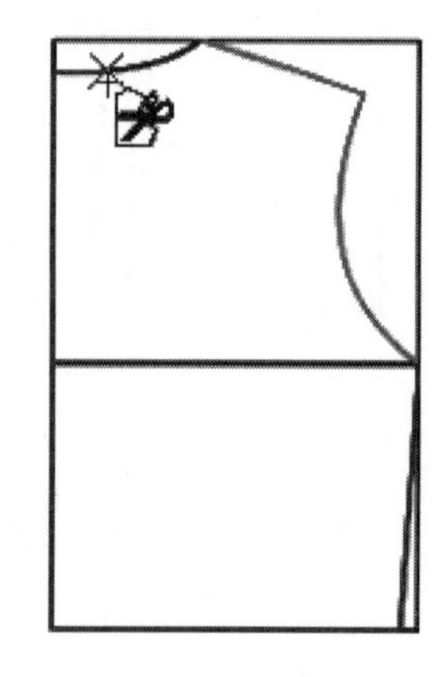

图 3–64　拾取纸样

16. 设置线的颜色、线型

①选中线型设置工具，快捷工具栏右侧会弹出颜色、线类型的选择框。

②选择合适的颜色、线型等。

③设置线型及切割状态，用左键单击线或左键框选线。

④设置线的颜色，用右键单击线或右键框选线。

17. T 加文字

（1）加文字

①用该工具在结构图或纸样上单击,弹出【文字】对话框,输入文字,单击【确定】即可。

②按住鼠标左键拖动，根据所画线的方向确定文字的角度。

（2）移动文字

用该工具在文字上单击，文字被选中，拖动鼠标移至恰当的位置，再次单击即可。

（3）修改或删除文字

操作方式 1：把该工具光标移在需修改的文字上，当文字变亮后击右键，弹出【文字】对话框，修改或删除后，单击【确定】即可。

操作方式 2：把该工具移在文字上，字发亮后，按【Enter】键，弹出【文字】对话框，选中需修改的文字，输入正确的信息即可被修改，按键盘【Delete】键即可删除文字，按方向键可移动文字位置。

（4）不同号型上加不一样的文字

①用该工具在纸样上单击，在弹出的【文字】对话框输入文字，如“抽橡筋 6cm”（图 3-65）。

②单击【各码不同】按钮，在弹出的【各码不同】对话框中，把 L 码、XL 码中的文字串改成“抽橡筋 8cm”。

③点击确定，返回【文字】对话框，再次点击【确定】即可。

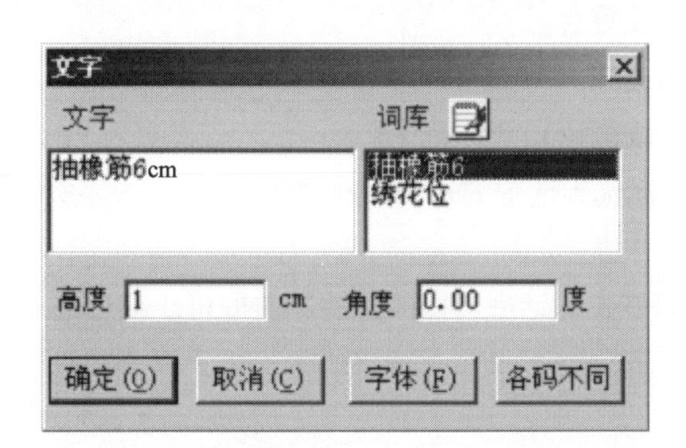

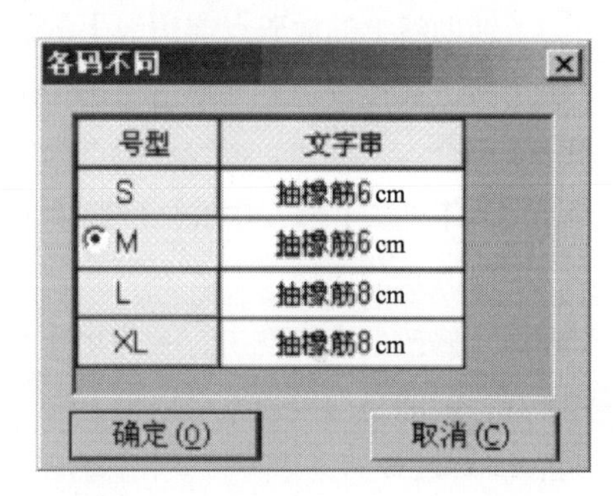

图 3-65　加文字对话框

二、放码常用工具操作方法

1. 选择纸样控制点

（1）选中纸样

用该工具在纸样上单击即可，如果要同时选中多个纸样，只要框选各纸样的一个放码点即可。

（2）选中纸样边上的点

①选单个放码点，用该工具在放码点上用左键单击或用左键框选。

②选多个放码点，用该工具在放码点上框选或按住【Ctrl】键在放码点上一个一个单击。

③选单个非放码点，用该工具在点上用左键单击。

④选多个非放码点，按住【Ctrl】键在非放码点上一个一个单击。

⑤按住【Ctrl】键时第一次在点上单击为选中，再次单击为取消选中。

⑥同时取消选中点，按【ESC】键或用该工具在空白处单击。

⑦选中一个纸样上的相邻点，如选袖窿，用该工具在点 A 上按下鼠标左键拖至点 B 再松手（图 3–66）。

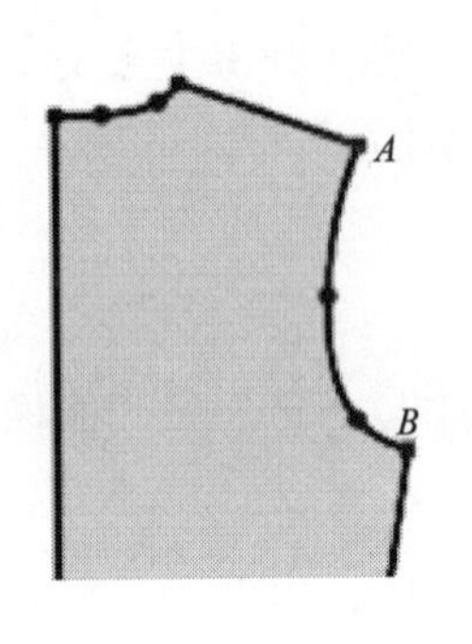

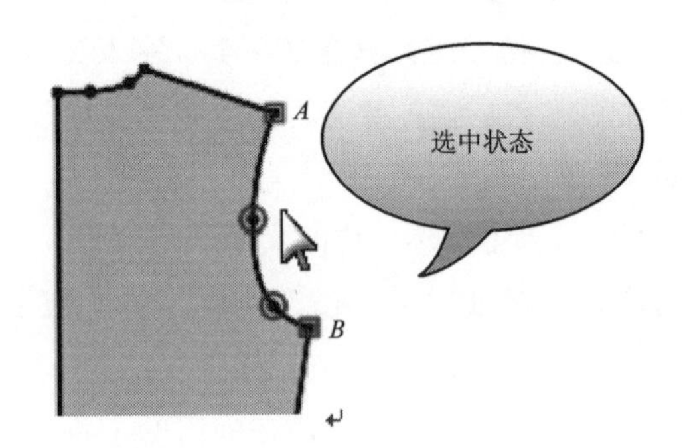

图 3–66　选中纸样边上的点

（3）辅助线上的放码点与边线上的放码点重合

①用该工具在重合点上单击，选中的为边线点。

②在重合点上框选，边线放码点与辅助线放码点全部选中。

③按住【Shift】键，在重合位置单击或框选，选中的是辅助线放码点。

（4）修改点的属性

在需要修改的点上双击，会弹出【点属性】对话框，修改之后单击即可。如果选中的是多个点，按回车即可弹出对话框。

2. 加缝份

①纸样所有边加（修改）相同缝份，用该工具在任一纸样的边线点单击，在弹出【衣片缝份】的对话框中输入缝份量，选择合适的选项，点击【确定】即可（图 3–67）。

②线段边线上加（修改）相同缝份量，用该工具同时框选或单独框选加相同缝份的线段，击右键弹出【加缝份】对话框，输入缝份量，选择适当的切角，点击【确定】即可（图 3–68）。

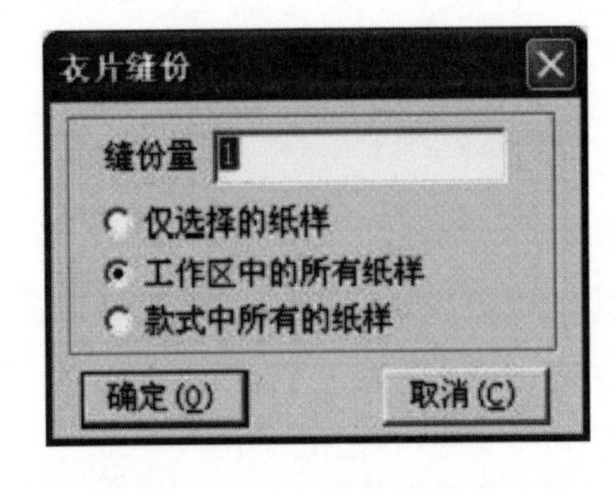

图 3–67 【衣片缝份】对话框

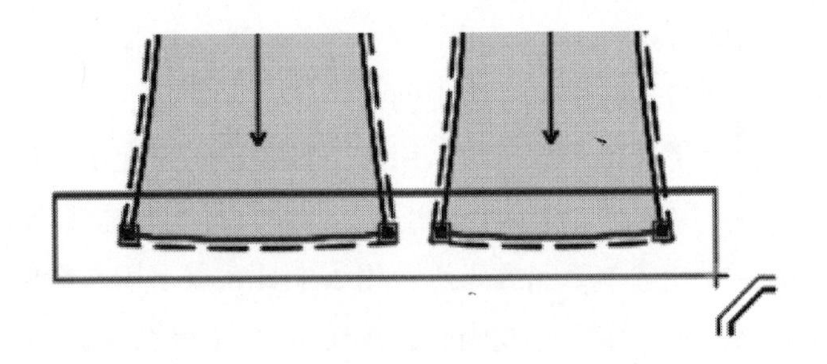

图 3–68　修改相同缝份量

③定缝份量，再修改（加）缝份量，单击纸样边线，选中加缝份工具后，敲数字键后按回车，再用鼠标在纸样边线上单击，缝份量即被更改（图 3–69）。

④击边线，用加缝份工具在纸样边线上单击，在弹出的【加缝份】对话框中输入缝份量，点击【确定】即可。

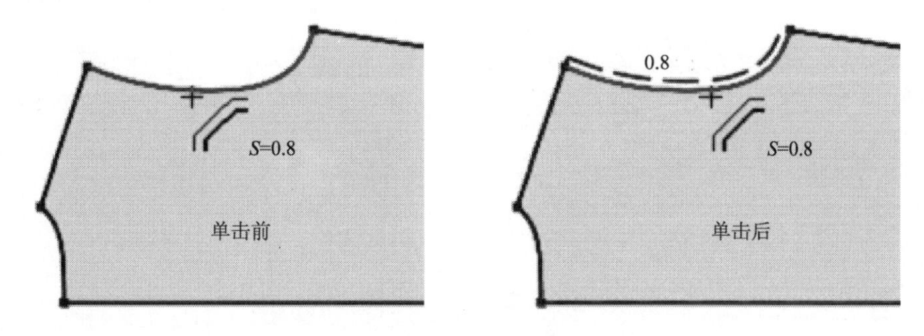

图 3–69　定缝份量

⑤选边线点加（修改）缝份量，用加缝份工具在 1 点上按住鼠标左键拖至 3 点上松手，在弹出的【加缝份】对话框中输入缝份量，点击【确定】即可（图 3–70）。

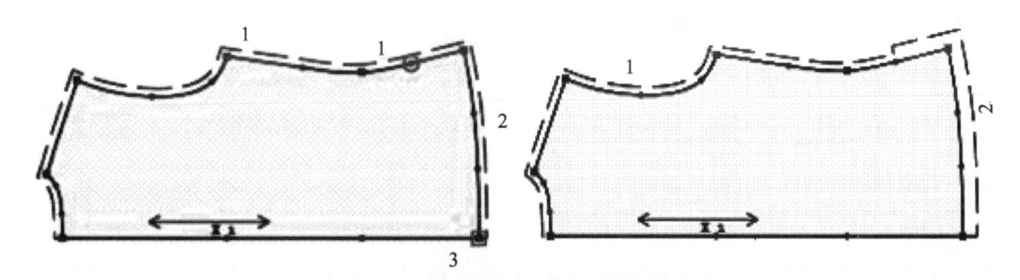

图 3–70　选边线点加（修改）缝份量

⑥改单个角的缝份切角，用该工具在需要修改的点上击右键，会弹出【拐角缝份类型】对话框，选择恰当的切角，点击【确定】即可（图 3–71）。

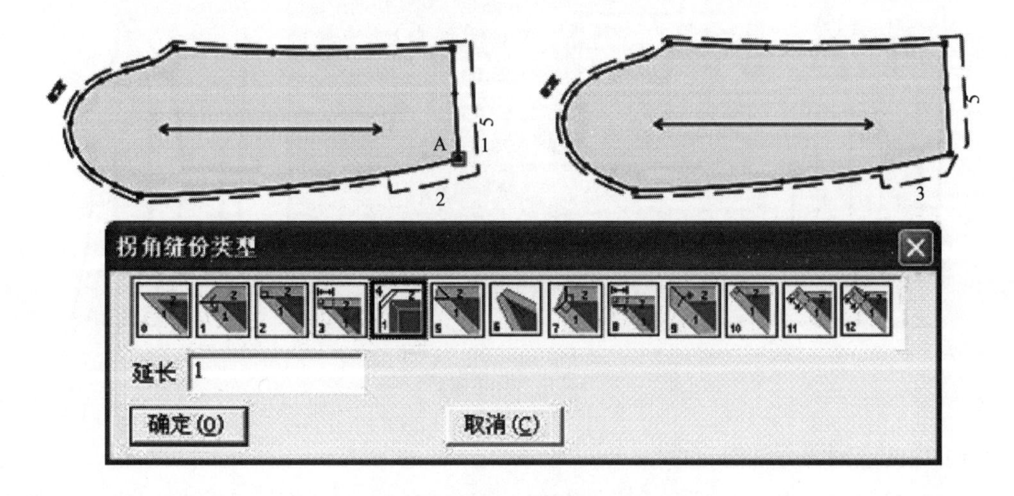

图 3–71　改单个角的缝份切角

⑦改两边线等长的切角，选中该工具的状态下按【Shift】键，分别在靠近切角的两边上单击即可（图 3–72）。

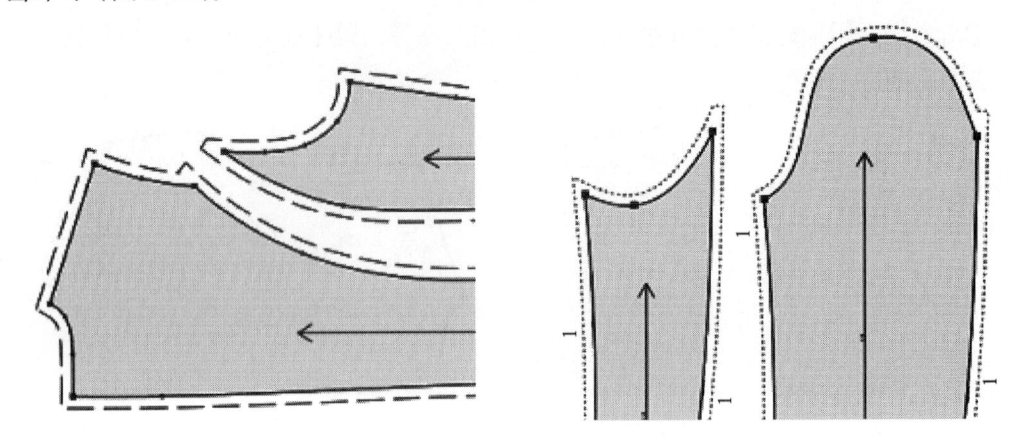

图 3–72　改两边线等长的切角

3. 剪口

（1）在控制点上加剪口

用该工具在控制点上单击即可。

（2）在一条线上加剪口

用该工具单击线或框选线，弹出【剪口】对话框，选择适当的选项，输入合适的数值，点击【确定】即可（图 3–73）。

（3）在多条线上同时等距加等距剪口

用该工具在需加剪口的线上框选后再击右键，弹出【剪口】对话框，选择适当的选项，输入合适的数值，点击【确定】即可。

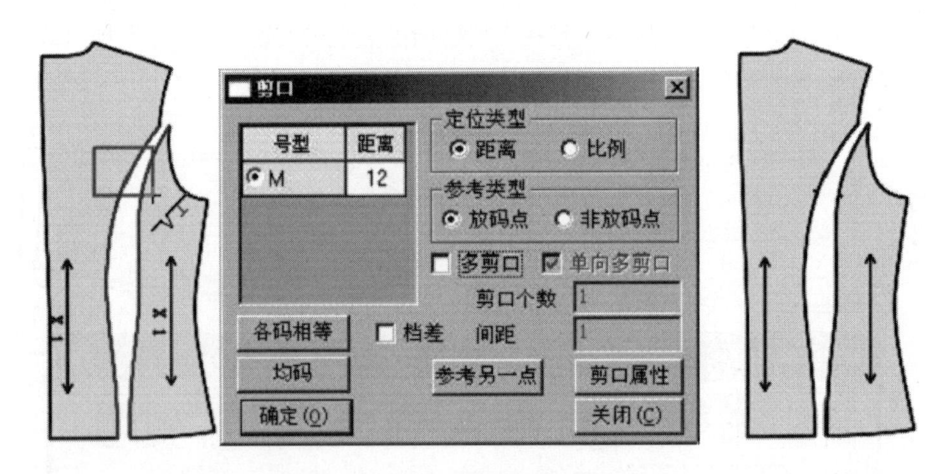

图 3–73　纸样加剪口

（4）在两点间等分加剪口

用该工具拖选两个点，弹出【比例剪口，等分剪口】对话框，选择等分剪口，输入等分数目，点击【确定】即可在选中线段上平均加剪口（图 3–74）。

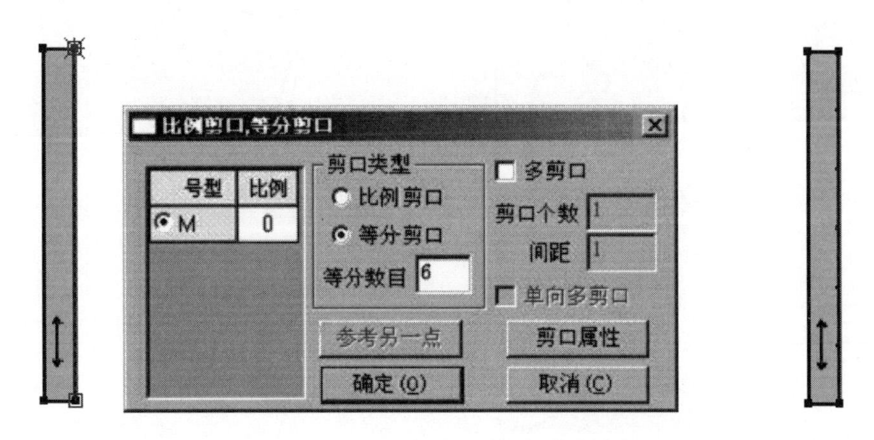

图 3–74　比例剪口、等分剪口

（5）拐角剪口

①用【Shift】键把光标切换为拐角光标，单击纸样上的拐角点，在弹出的对话框中输入正常缝份量，点击【确定】后，缝份不等于正常缝份量的拐角处都统一加上拐角剪口。

②框选拐角点，即可在拐角点处加上拐角剪口，可同时在多个拐角处加拐角剪口（图 3–75）。

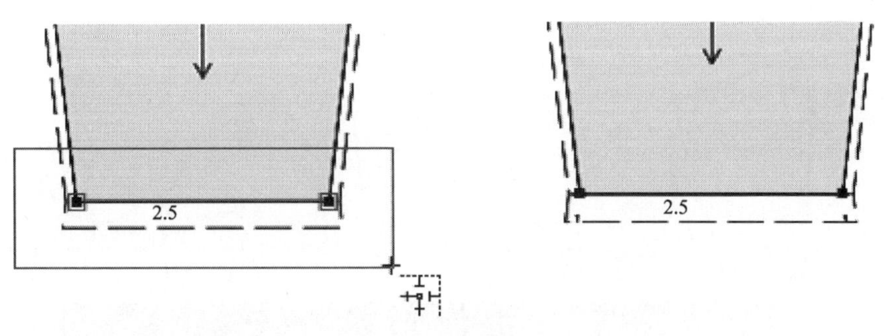

图 3–75　拐角剪口

③框选或单击线的中部，在线的两端自动添加剪口；如果框选或单击线的一端，则在线的一端添加剪口（图 3–76）。

4. 袖对刀（图 3–77）

①依次选前袖窿线、前袖山线、后袖窿线、后袖山线。

②用该工具在靠近 A、C 的位置依次单击或框选前袖窿线 AB、CD，单击右键。

③再在靠近 $A1$、$C1$ 的位置依次单击或框选前袖山线 $A1B1$、$C1D1$，单击右键。

④同样在靠近 E、G 的位置依次单击或框选后袖窿线 EF、GH，单击右键。

⑤再在靠近 $A1$、$F1$ 的位置依次单击或框选后袖山线 $A1E1$、$F1D1$，单击右键，弹出【袖对刀】对话框。

⑥输入需要的数据，单击【确定】即可。

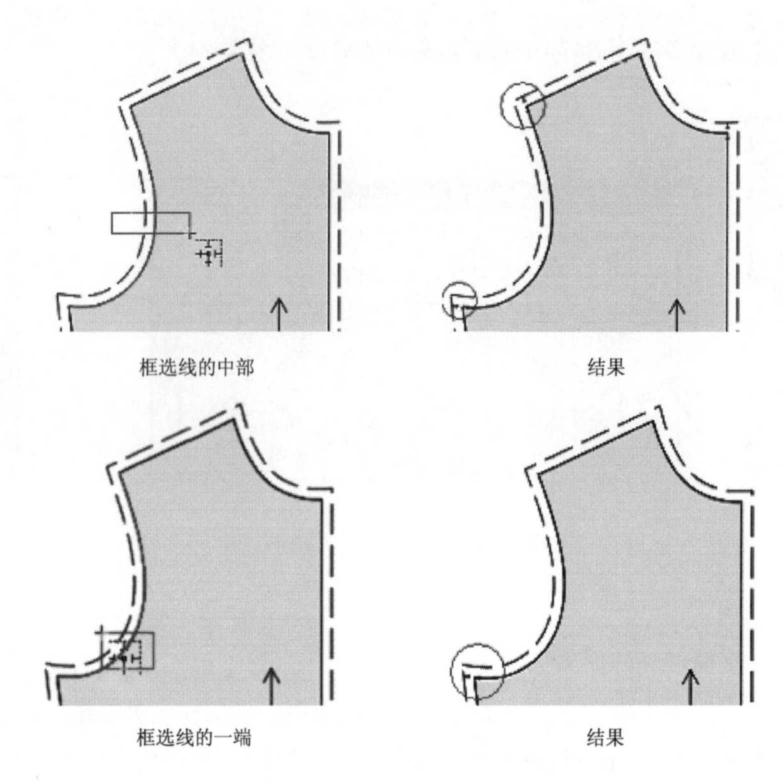

图 3-76　两端自动添加剪口

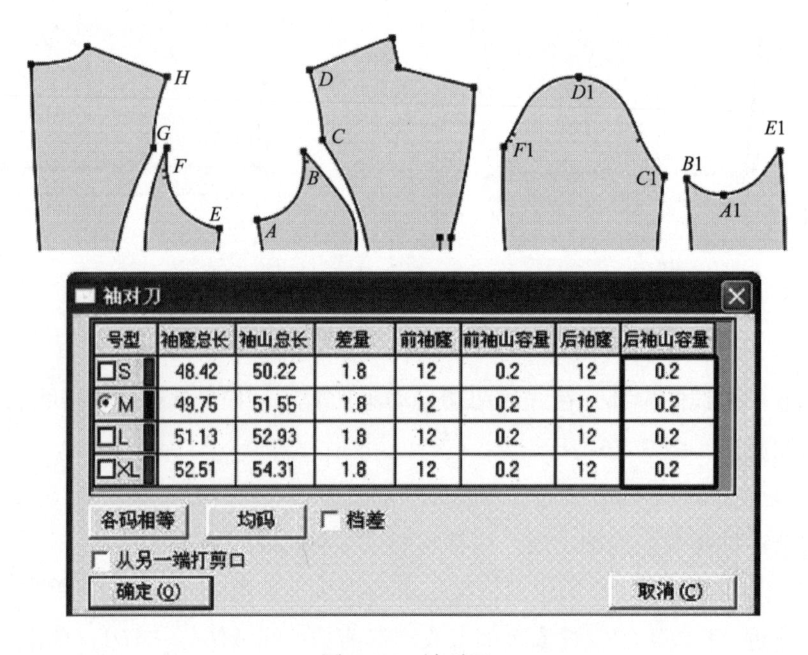

号型	袖窿总长	袖山总长	差量	前袖窿	前袖山容量	后袖窿	后袖山容量
S	48.42	50.22	1.8	12	0.2	12	0.2
M	49.75	51.55	1.8	12	0.2	12	0.2
L	51.13	52.93	1.8	12	0.2	12	0.2
XL	52.51	54.31	1.8	12	0.2	12	0.2

图 3-77　袖对刀

5. 眼位

（1）衣片上加眼位

根据眼位的个数和距离，系统自动画出眼位的位置。用该工具单击前领深点，弹出【眼位】对话框，输入偏移量、个数及间距，点击【确定】即可（图 3–78）。

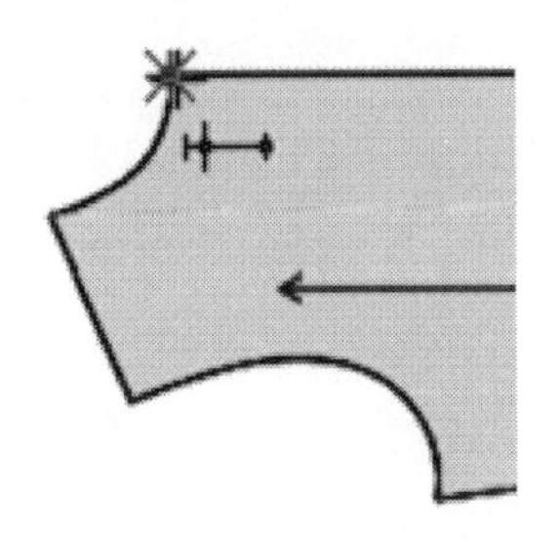

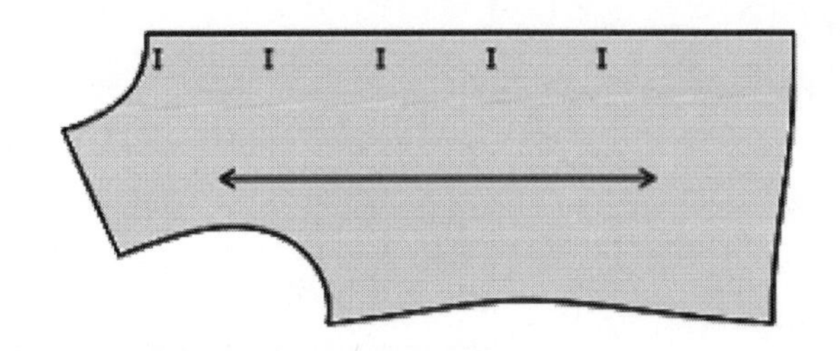

图 3–78　衣片上加眼位

（2）在线上加扣眼

放码时只放辅助线的首尾点即可（操作参考钻孔）。

（3）在不同码加扣眼

在不同的码上，加数量不等的扣眼（操作参考钻孔）。

（4）按鼠标移动的方向确定扣眼角度

用该工具选中参考点按住左键拖线，再松手会弹出【加扣眼】对话框（图 3–79）。

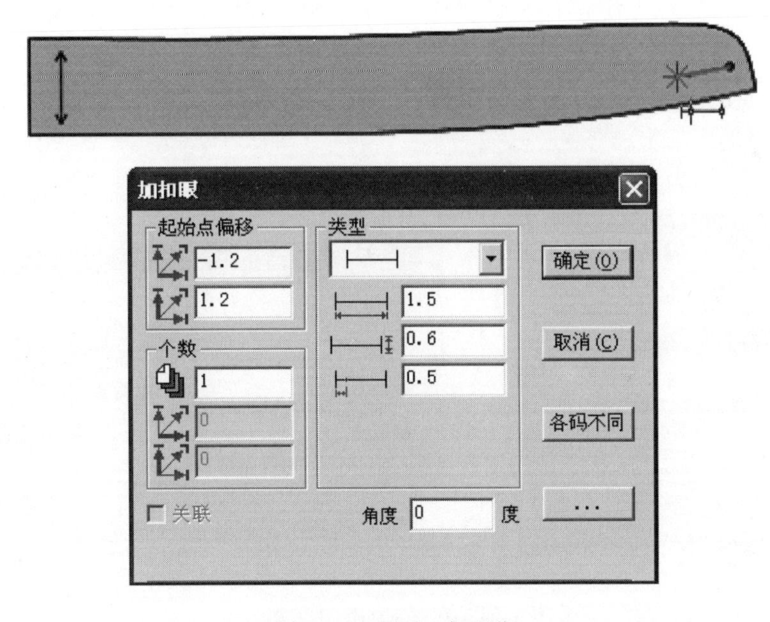

图 3–79　领子上加眼位

（5）修改眼位

用该工具在眼位上击右键，即可弹出【加扣眼】对话框。

6. 钻孔

（1）衣片上加纽扣位

①用该工具单击前领深点，弹出【钻孔】对话框。

②输入偏移量、个数及间距，点击【确定】即可（图 3–80）。根据钻孔 / 扣位的个数和距离，系统自动画出钻孔 / 扣位的位置。

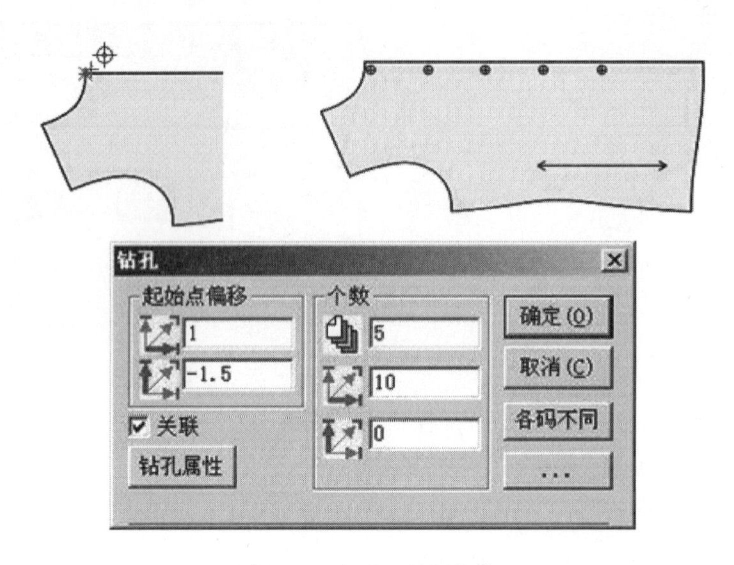

图 3–80　衣片上加纽扣位

（2）在线上加钻孔（扣位）

①用钻孔工具在线上单击，弹出【钻孔】对话框。

②输入钻孔的个数及距首尾点的距离，点击【确定】即可（图 3–81）。放码时只放辅助线的首尾点即可。

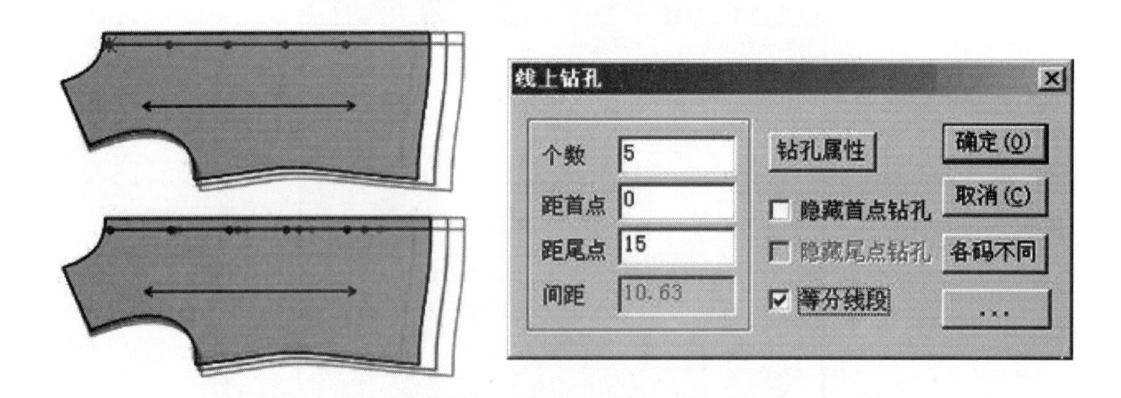

图 3–81　在线上加钻孔（扣位）

（3）在不同的码上，加数量不等的钻孔（扣位）

有在线上加与不在线上加两种情况，下面以在线上加数量不等的扣位为例，如在前三个码上加 3 个扣位，最后一个码上加 4 个扣位（图 3–82）。

①用加钻孔工具，在辅助线上单击，弹出【线上钻孔】对话框。

②在输入扣位的个数中输入 3，单击【各码不同】，弹出【各号型】对话框。

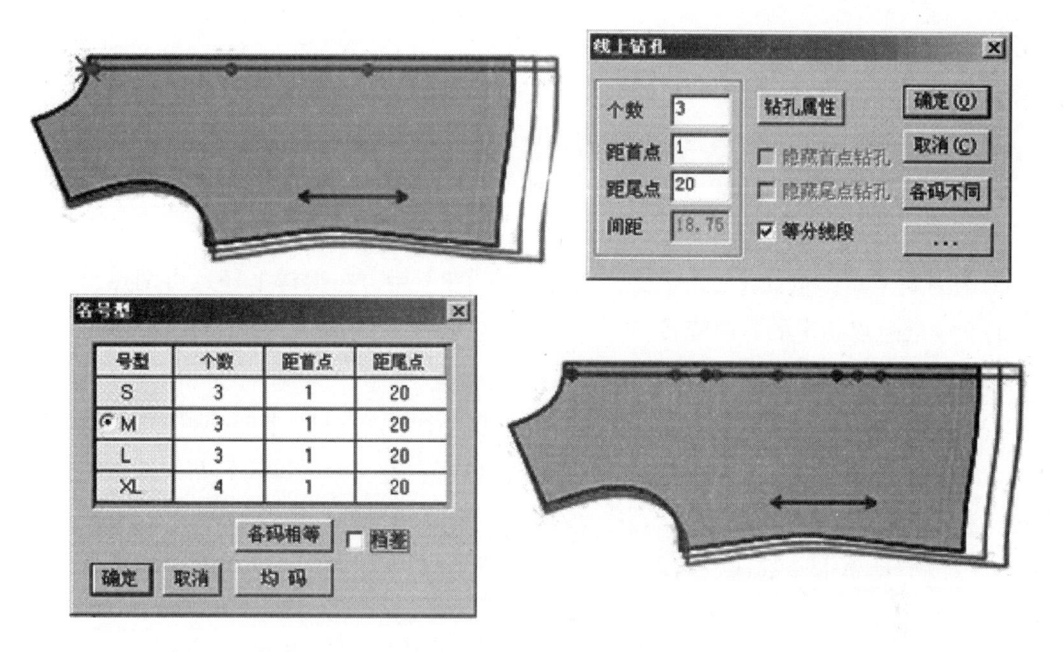

图 3-82　在不同的码上，加数量不等的钻孔（扣位）

③在 XL 码的个数中输入【4】，点击【确定】，返回【线上钻孔】对话框。

④再次单击【确定】即可。

（4）修改钻孔（扣位）的属性

用该工具在扣位上单击右键，即可弹出【属性】对话框（图 3-83）。

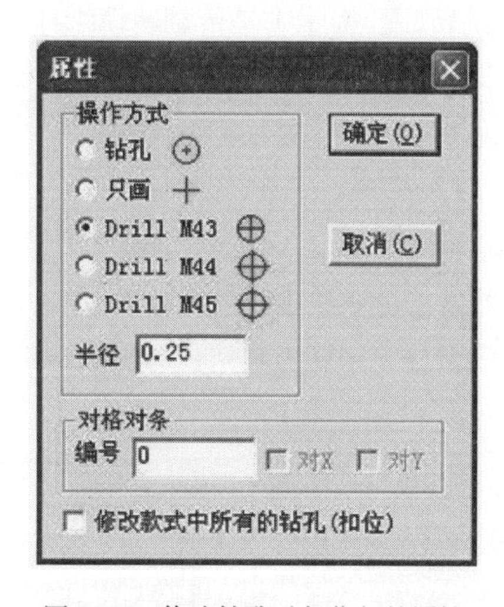

图 3-83　修改钻孔（扣位）的属性

7. 布纹线

①用该工具以左键单击纸样上的两点，布纹线与指定两点平行。

②用该工具在纸样上单击右键，布纹线以 45° 旋转。

③用该工具在纸样（不是布纹线）上先单击左键，再单击右键，可任意旋转布纹线的

角度。

④用该工具在布纹线的中间位置，单击左键，拖动鼠标可平移布纹线。

⑤选中该工具，把光标移在布纹线的端点上，再拖动鼠标可调整布纹线的长度。

⑥选中该工具，按住【Shift】键，光标变成【T】后单击右键，布纹线上下的文字信息旋转90°。

⑦选中该工具，按住【Shift】键，光标变成【T】后，在纸样上任意点两点，布纹线上下的文字信息以指定的方向旋转。

8. 旋转衣片

①如果布纹线是水平或垂直的，用该工具在纸样上单击右键，纸样按顺时针90° 旋转。如果布纹线不是水平或垂直，用该工具在纸样上单击右键，纸样旋转到布纹线水平或垂直方向。

②用该工具单击左键选中两点，移动鼠标，纸样以选中的两点在水平或垂直方向上旋转。

③按住【Ctrl】键，用左键在纸样上单击两点，移动鼠标，纸样可任意旋转。

④按住【Ctrl】键，在纸样上单击右键，可按指定角度旋转纸样。

注意：旋转纸样时，布纹线与纸样在同步旋转。

9. 水平垂直翻转

①水平翻转与垂直翻转之间用【Shift】键切换。

②用该工具在纸样上直接单击左键即可。

③纸样设置了左或右，翻转时会提示【是否翻转该纸样？】，如果真的需要翻转，单击【是】即可。

10. 纸样对称（图3-84）

（1）关联对称纸样

①按【Shift】键，使光标切换为。

②单击对称轴（前中心线）或分别单击点A、点B。

③如果需再返回成原来的纸样，用该工具按住对称轴不松手，单击【Delete】键即可。

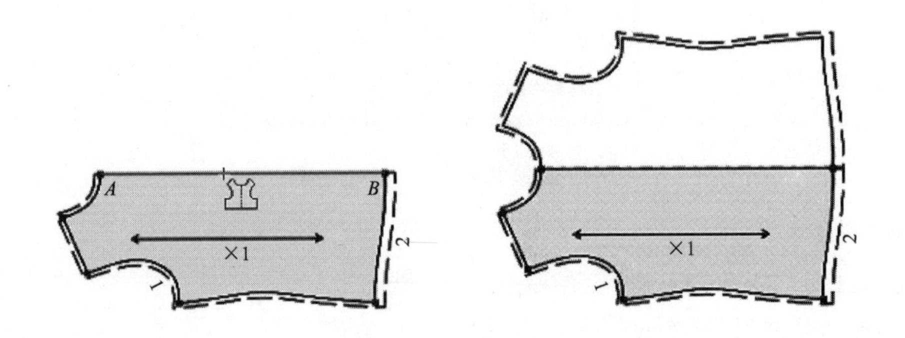

图3-84 关联对称纸样

（2）不关联对称纸样（图 3-85）

①按【Shift】键，使光标切换为图标。

②单击对称轴（前中心线）或分别单击点 *A*、点 *B*。

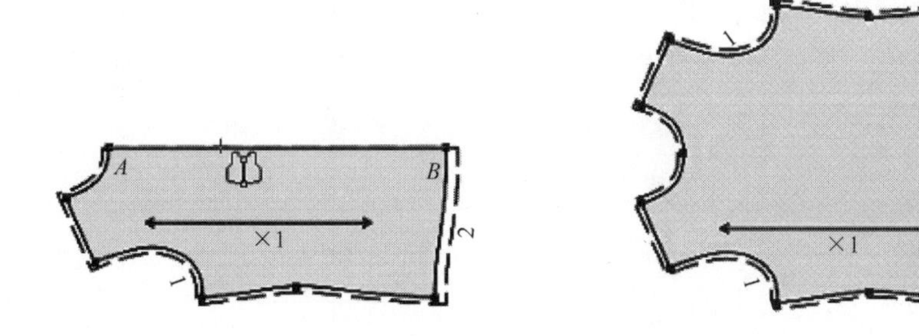

图 3-85　不关联对称纸样

第四节　制板与放码快速入门

一、建立纸样库

在计算机桌面上双击“我的电脑”，打开后再双击准备存放文件的磁盘，如本地磁盘 (D:)，在空白处击右键新建文件夹，把新建文件夹改名为平常用的文件名，如“春夏装”、“秋冬装”、“男装”、“女装”等。也可以按照客户名称来划分，此后保存文件时可以分门别类地放在各自的位置。

二、女衬衫制板

1. 女衬衫款式效果图（图 3-86）

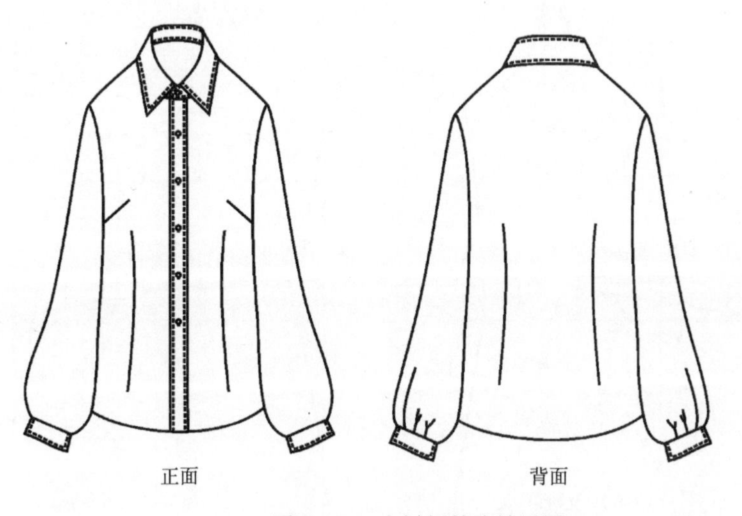

图 3-86　女衬衫款式效果图

2. 女衬衫规格尺寸表（表 3–27）

表 3–27 女衬衫规格尺寸表 单位：cm

部位 \ 号型	155/64A	160/68A	165/72A	170/76A	档差
衣长	54	56	58	60	2
肩宽	37.5	38.5	39.5	40.5	1
领围	35	36	37	38	1
胸围	88	92	96	100	4
腰围	72	76	80	84	4
摆围	91	95	99	103	4
袖长	54.5	56	57.5	59	1.5
袖肥	30.4	32	33.6	35.2	1.6
袖口	17	18	19	20	1
袖窿弧长	41	43	45	47	2

3. 女衬衫 CAD 制板步骤

女衬衫结构示意图，如图 3–87 所示。

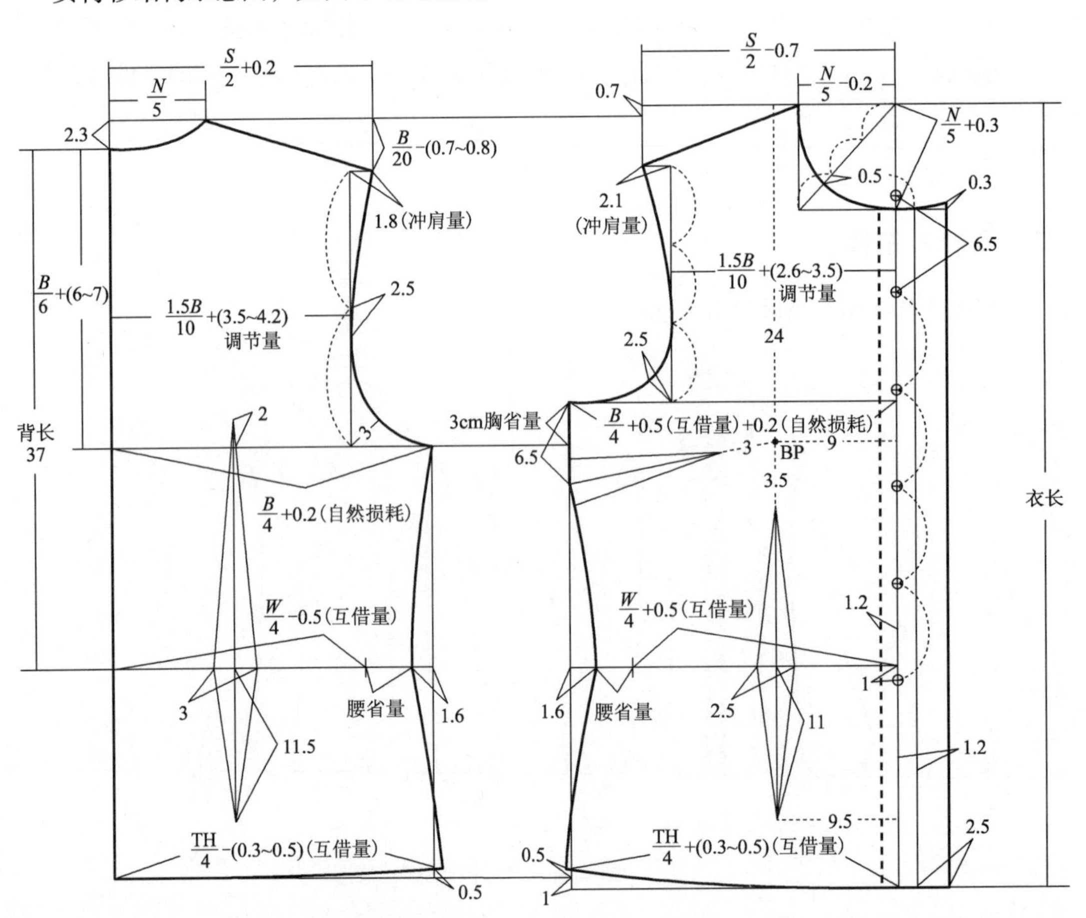

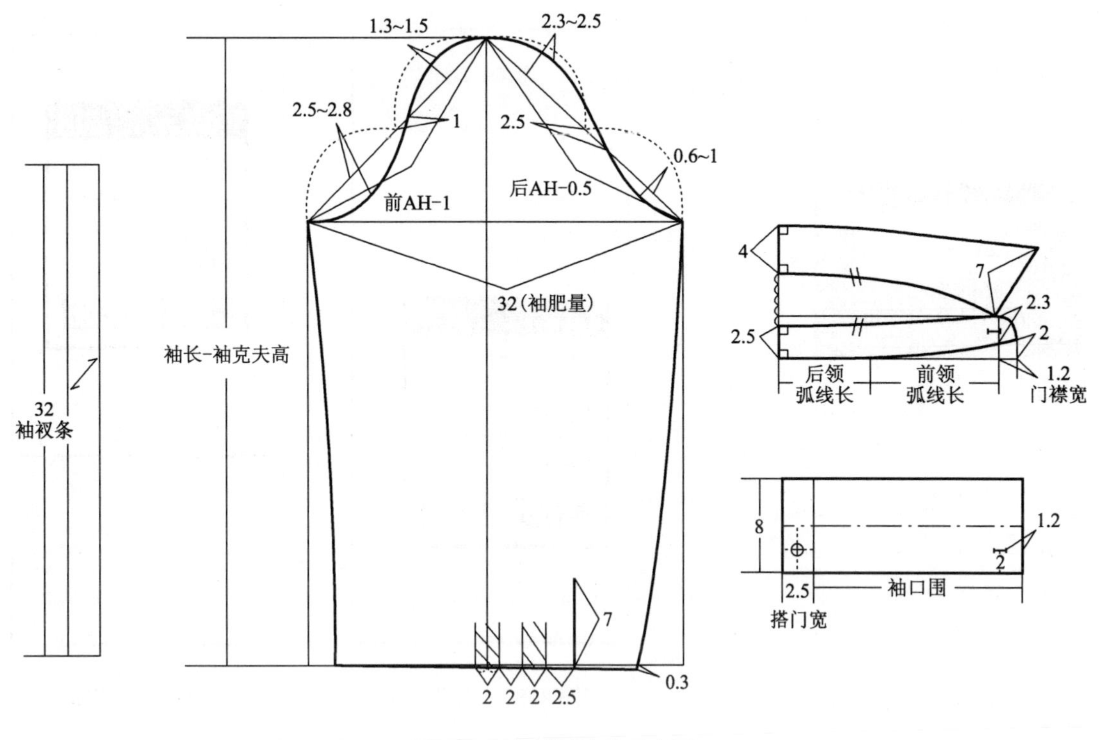

图 3-87　女衬衫结构示意图

（1）画前片矩形（图 3-88）

选择智能笔工具在空白处拖出长为 56cm、宽为 23.5cm 的矩形（计算公式：胸围 92/4+0.5）。

（2）画平行线（图 3-89）

选择智能笔工具，按住【Shift】键，进入【平行线】功能，输入前片肩斜量 4.3cm（计算公式：胸围 92/20-0.3），前片袖窿深 17cm（计算公式：胸围 92/5-1.5）。

（3）画腰围线（图 3-90）

选择智能笔工具，按住【Shift】键，进入【平行线】功能，输入前腰节长 40cm。

（4）复制前片基础框架线（图 3-91）

选择移动工具，将前片基础框架线复制作为后片基础框架线。

（5）调整后片围度（图 3-92）

后片胸围是 23cm（计算公式：胸围 92/4），因为后胸围比前胸围小 0.5cm，所以要在前片胸围基础上减少 0.5cm。选择调整工具框选要偏移的线段，然后按【Enter】键出现对话框，输入偏移量即可。

（6）调整后片上平线（图 3-93）

因为人体（指女性）前片有胸凸量，一般前腰节比后腰节长 0.7cm。选择调整工具框选要偏移的线段，然后按【Enter】键出现对话框，输入偏移量 -0.7cm 即可。

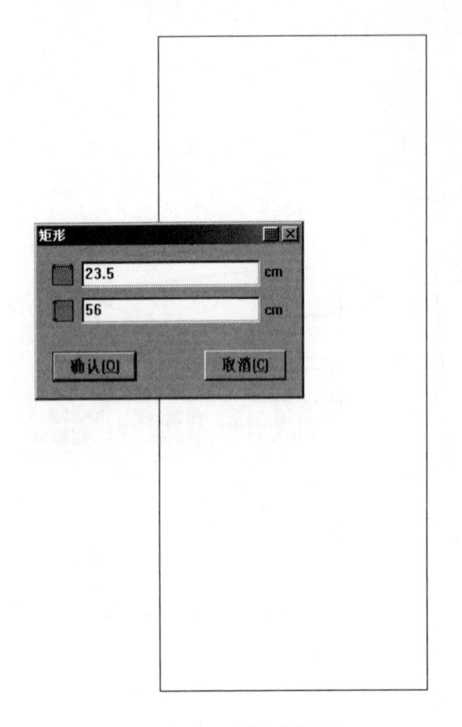

图 3-88　画前片矩形

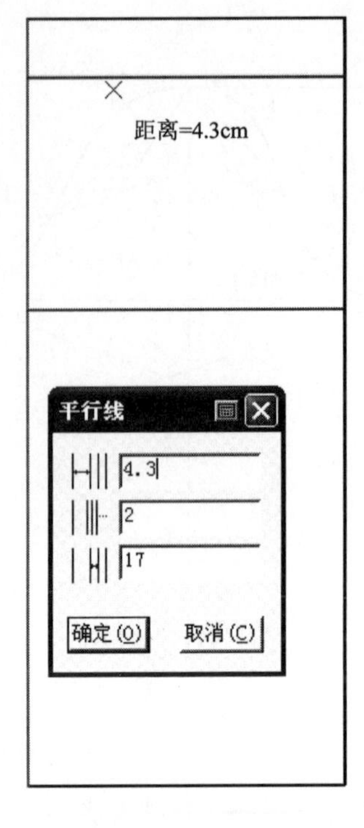

图 3-89　画平行线

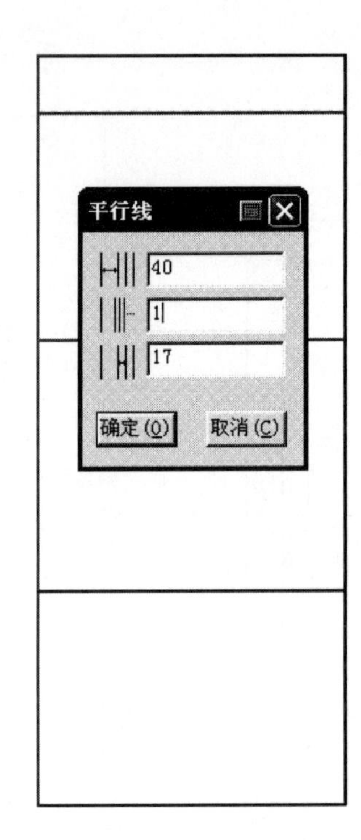

图 3-90　画腰围线

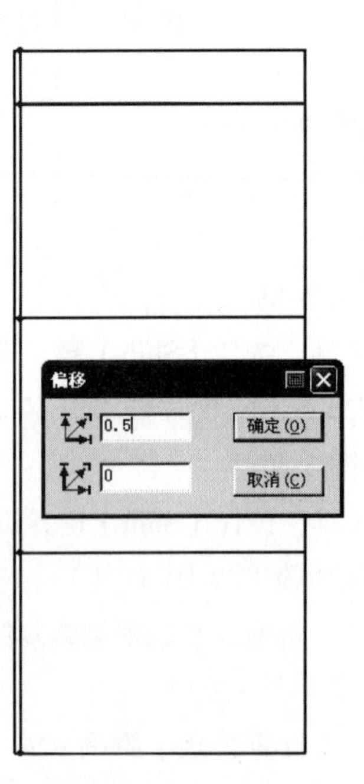

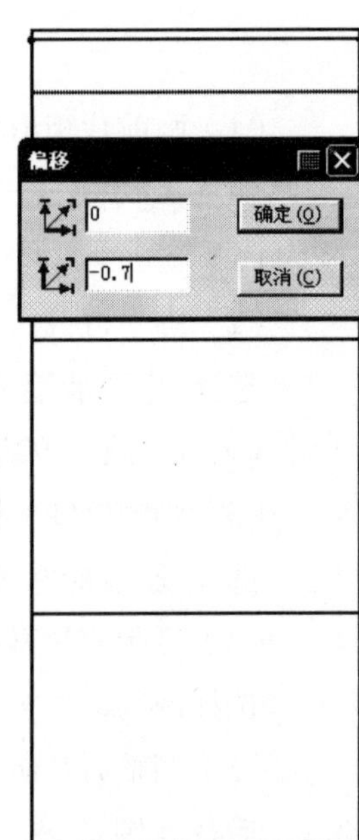

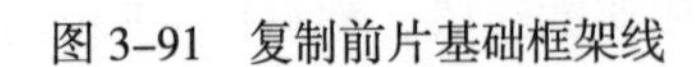

图 3-91　复制前片基础框架线

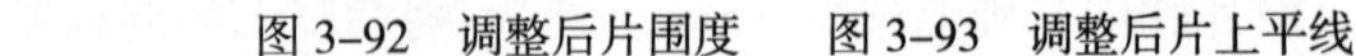

图 3-92　调整后片围度　　图 3-93　调整后片上平线

（7）调整后片肩部水平线（图 3-94）

后片肩斜量为 3.8cm（计算公式：胸围 92/20-0.8）。因为前片肩斜量是 4.3cm，复制前片基础框架线用为后片基础框架线时，将后片上平线下降 0.7cm，后片肩斜基础线还需下降 0.2cm［计算公式：3.8-（4.3-0.7）=0.2］。选择调整工具框选要偏移的线段，然后按【Enter】键出现对话框，输入偏移量 -0.2cm 即可。

（8）调整后片胸围线（图 3-95）

因为前片有胸量 3cm，所以后片胸围线要下降 3cm。选择调整工具框选要偏移的线段，然后按【Enter】键出现对话框，输入偏移量 -3cm 即可。

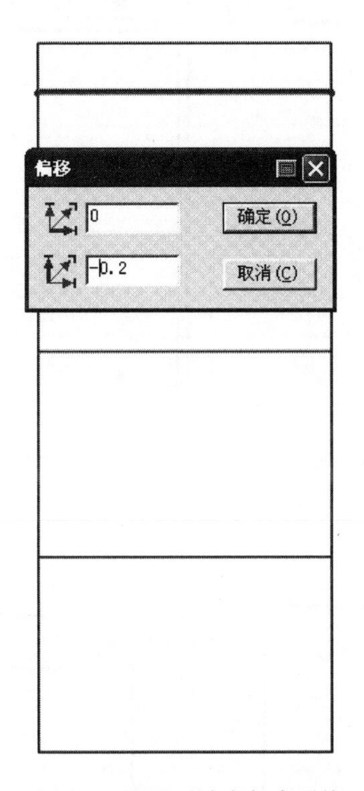

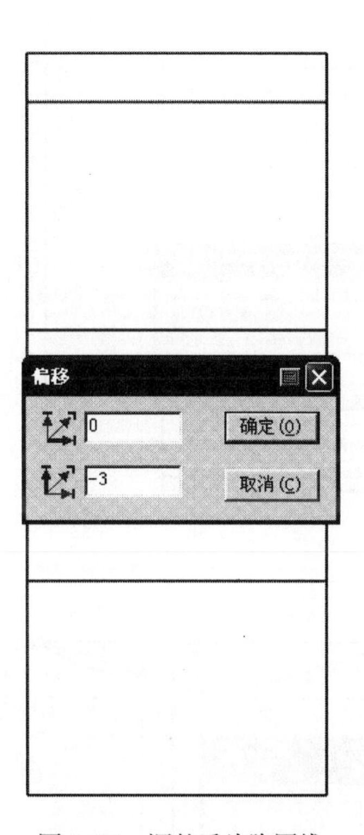

图 3-94　调整后片肩部水平线　　图 3-95　调整后片胸围线

（9）调整后片下摆线（图 3-96）

因为人体（指女性）前片有胸凸量，一般前片比后片长 1.7cm。1.7cm 减去前片上平线已高出后片上平线的 0.7cm，所以后片下摆基础线要上提 1cm。选择调整工具框选要偏移的线段，然后按【Enter】键出现对话框，输入偏移量 1cm 即可。

（10）画后片肩斜线（图 3-97）

选择智能笔工具在后片上平线上取后片横开领 7.2cm（计算公式：领围 36/5），继续用智能笔工具在后片肩斜水平线上取后片肩宽 19.45cm（计算公式：肩宽 38.5/2+0.2）。

（11）画后领弧线（图 3-98）

选择智能笔工具从后片上平线向下取后片直开领 2.2cm，然后用调整工具调顺后片领窝弧线。用对称调整工具检查整个领窝弧线是否顺畅。

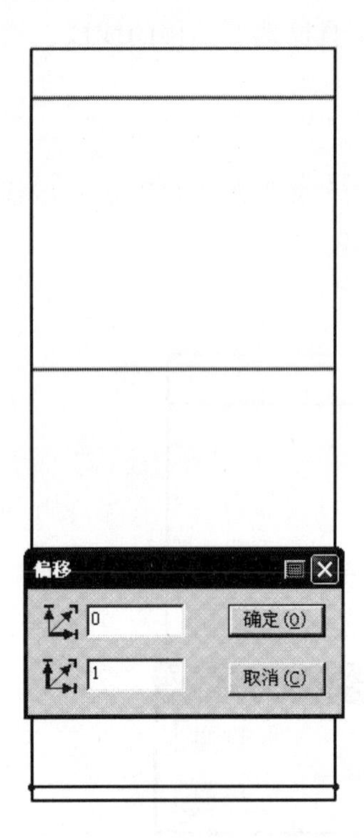

图3-96　调整后片下摆线

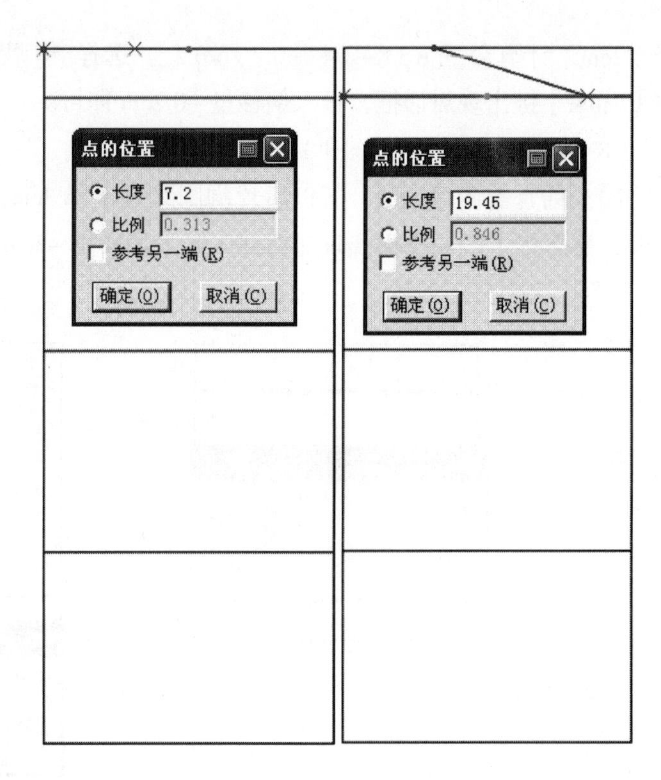

图3-97　画后片肩斜线

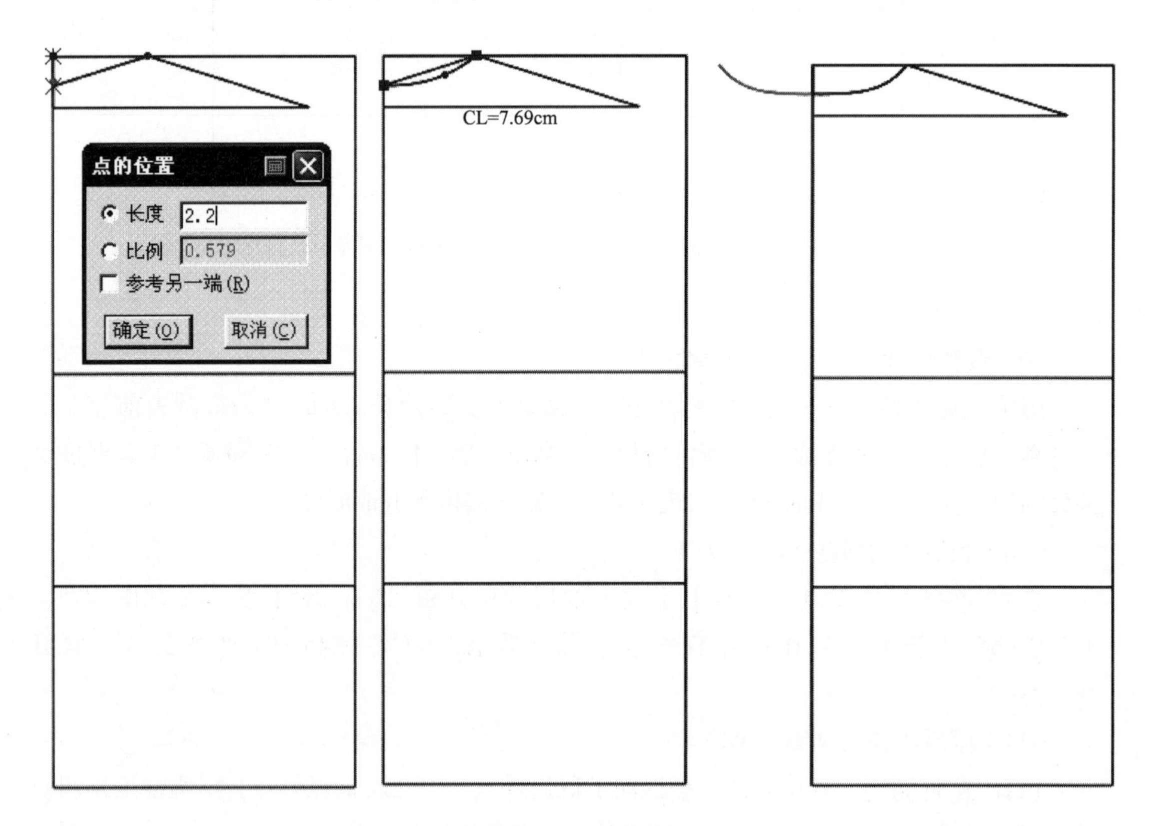

图3-98　画后领弧线

（12）画后袖窿弧线（图 3-99）

选择智能笔工具在后片肩斜水平线上取后片冲肩量 1.8cm，然后用智能笔工具将后片肩端点与袖窿深端点相连，并用调整工具调顺后片袖窿弧线。

（13）画后侧缝线（图 3-100）

选择智能笔工具在后片腰围线侧缝处收一个侧缝省 1.5cm，然后继续用智能笔工具在下摆线后中端点上取后下摆的围度 23.5cm（计算公式：摆围 95/4-0.25），并且向上偏移 0.5cm，画好后片下摆弧线，并调顺后片下摆弧线。

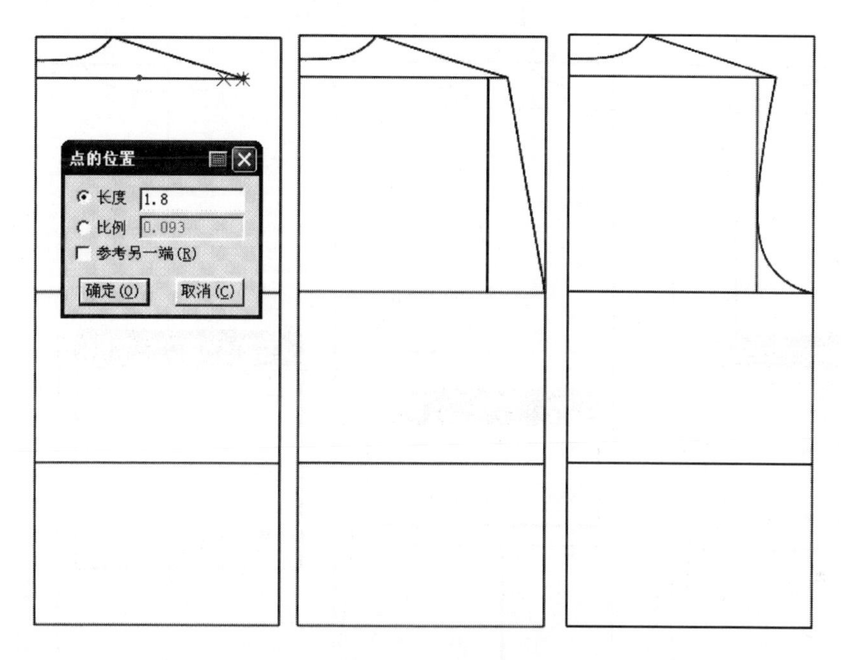

图 3-99 画后袖窿弧线

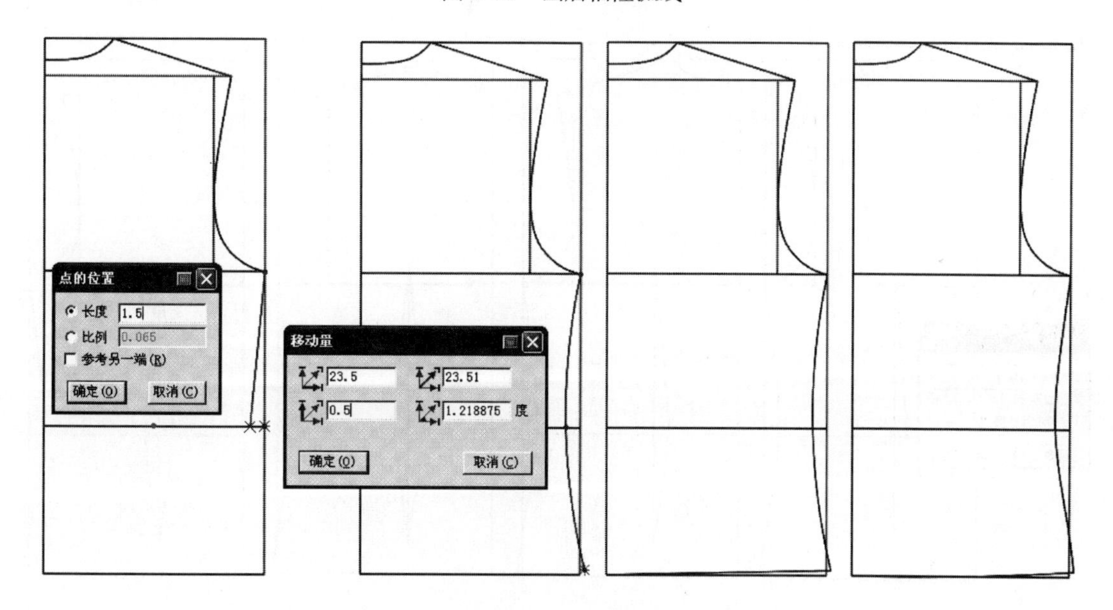

图 3-100 画后侧缝线

（14）画后腰省（图 3-101）

①选择智能笔工具在后片腰围线 9cm 处向下延长 11.5cm。

②继续用智能笔工具，按住【Shift】键，进入【调整曲线长度】功能，用鼠标右键去选择要延长的线段，输入延长的线段量 17.5cm。

③选择智能笔工具在后片腰围线上取后腰省肥量的一半 1.5cm。

④然后用对称工具做好整个后片腰省。

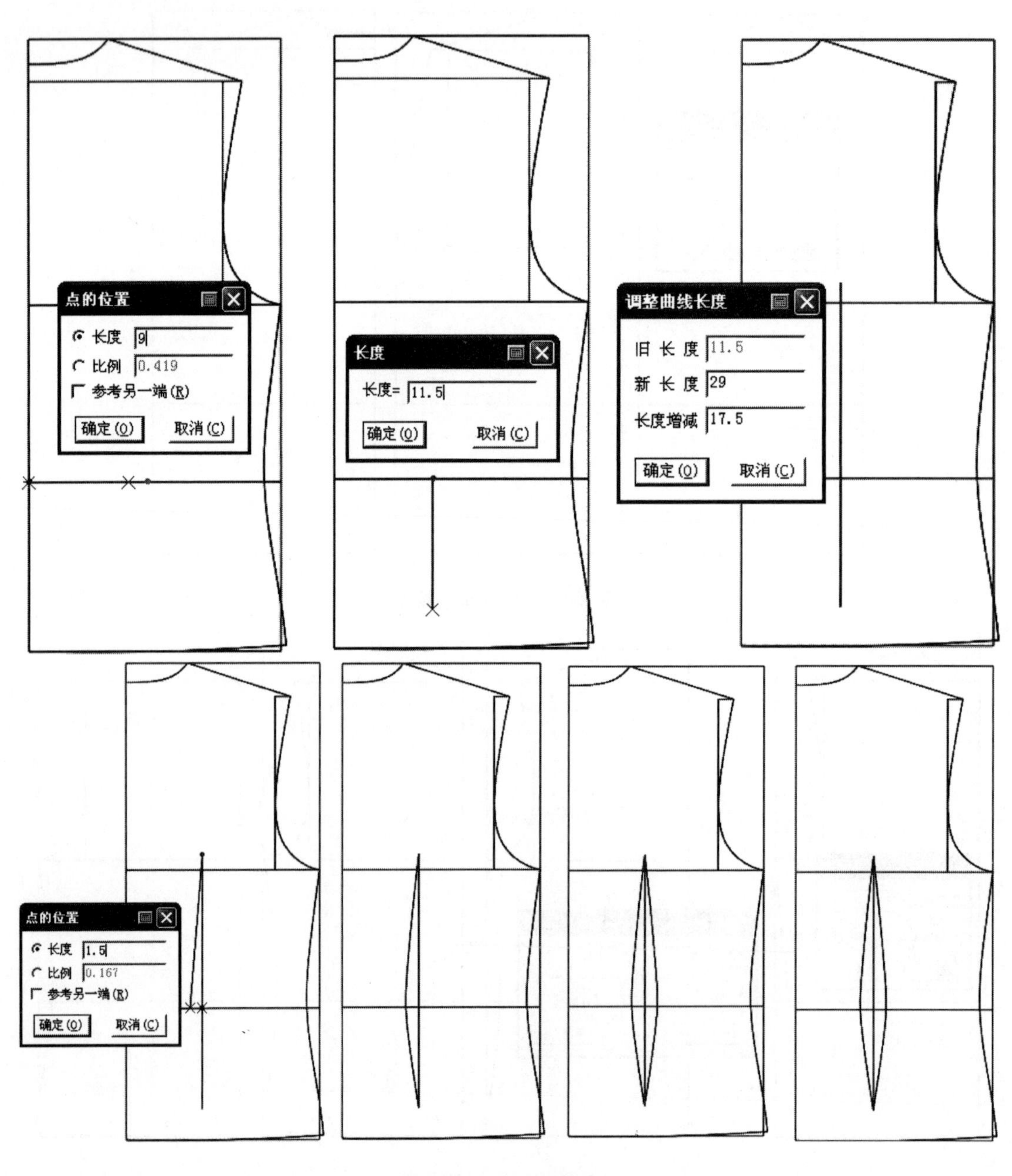

图 3-101　画后腰省

（15）对称复制后片纸样（图 3–102）

选择 工具，按住【Shift】键，复制后片的另一半，并删除不需要的基础线。用 对称工具将后片对称复制成一个完整的后衣片。

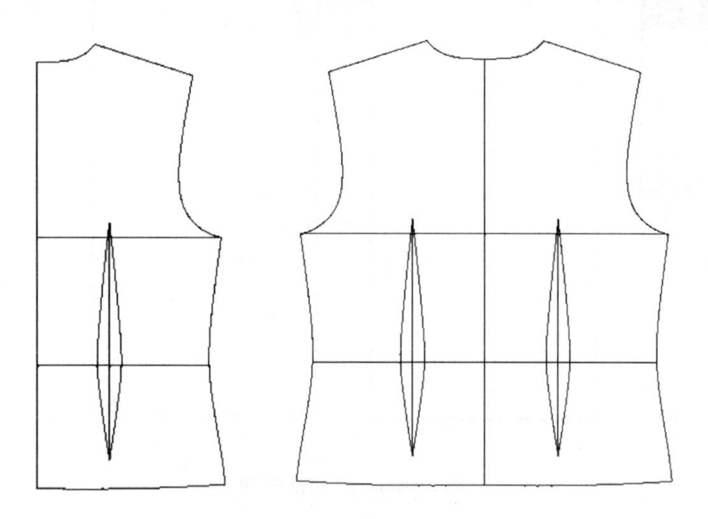

图 3–102　对称复制后片纸样

（16）画前片肩斜线（图 3–103）

选择 智能笔工具在前片上平线上取前片横开领 7cm（计算公式：领围 36/5–0.2），继续用 智能笔工具在前片肩斜平行线上取前片肩宽 18.4cm（计算公式：肩宽 38.5/2–0.8），再用 智能笔工具框选肩斜平行线相交线，单击右键结束，删除不要的线段。

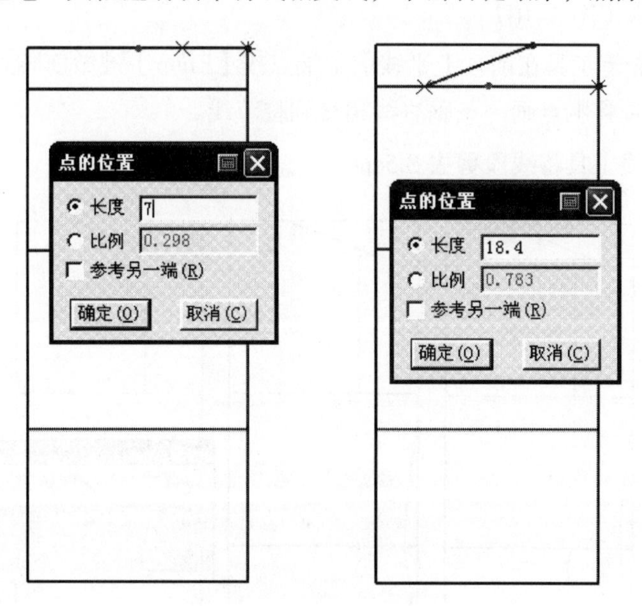

图 3–103　画前片肩斜线

（17）画前袖窿线（图 3–104）

选择 智能笔工具在前片肩斜平行线上取前片冲肩量 2.2cm，继续用 智能笔工具

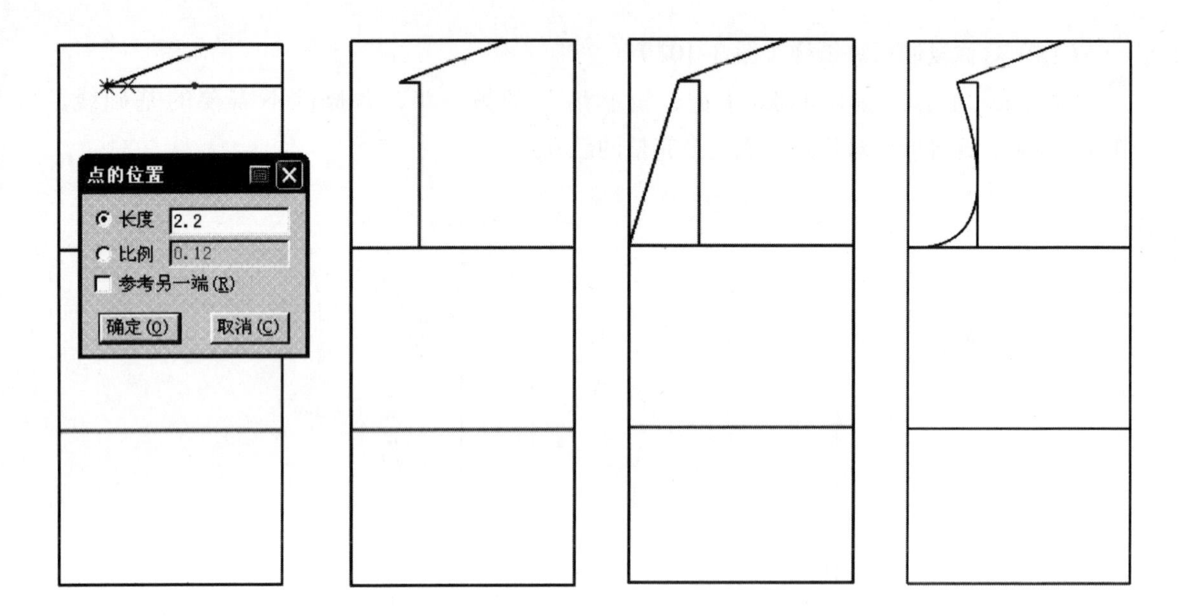

图 3-104　画前袖窿线

将前片肩端点和前片袖窿端点相连，并用调整工具调顺前片袖窿弧线。

（18）画前片侧缝线和下摆线（图 3-105、图 3-106）

将后片的侧缝线复制到前片侧缝处，选择智能笔工具连接前片下摆线，再用调整工具调顺前片下摆弧线。选择智能笔工具在前片上平线前中端点按【Enter】键做前胸点定位（胸高：24cm，胸距/2：9cm）。选择智能笔工具画好腋下省线。

（19）画前腰省（图 3-107）

①选择智能笔工具在前片上平线前中端点按【Enter】键做前胸点定位（同上）。继续用智能笔工具将胸点画一条垂直线相交到腰节线。

②选择剪线工具将线段剪去 3.5cm。

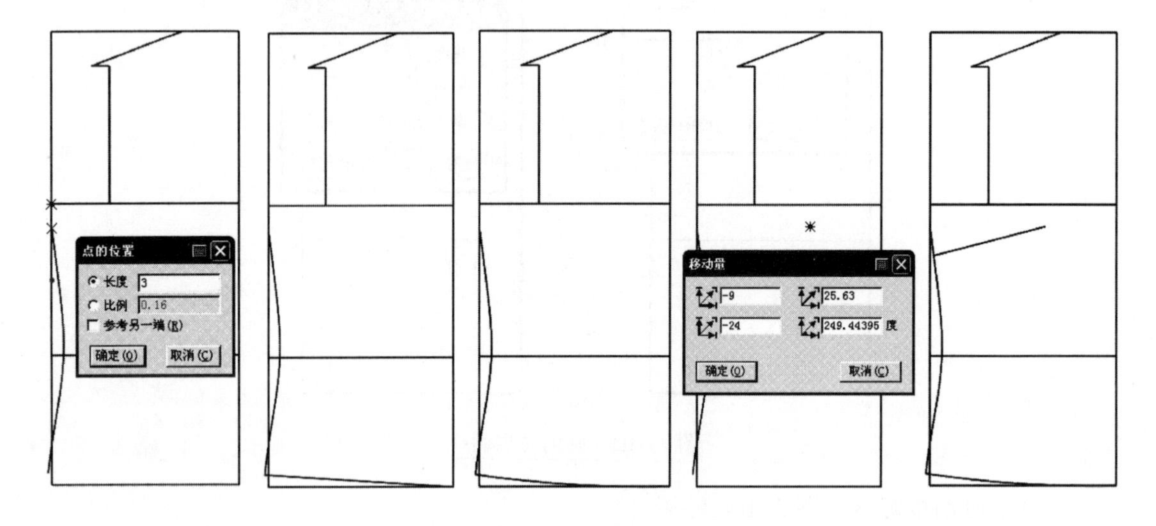

图 3-105　画前片侧缝线

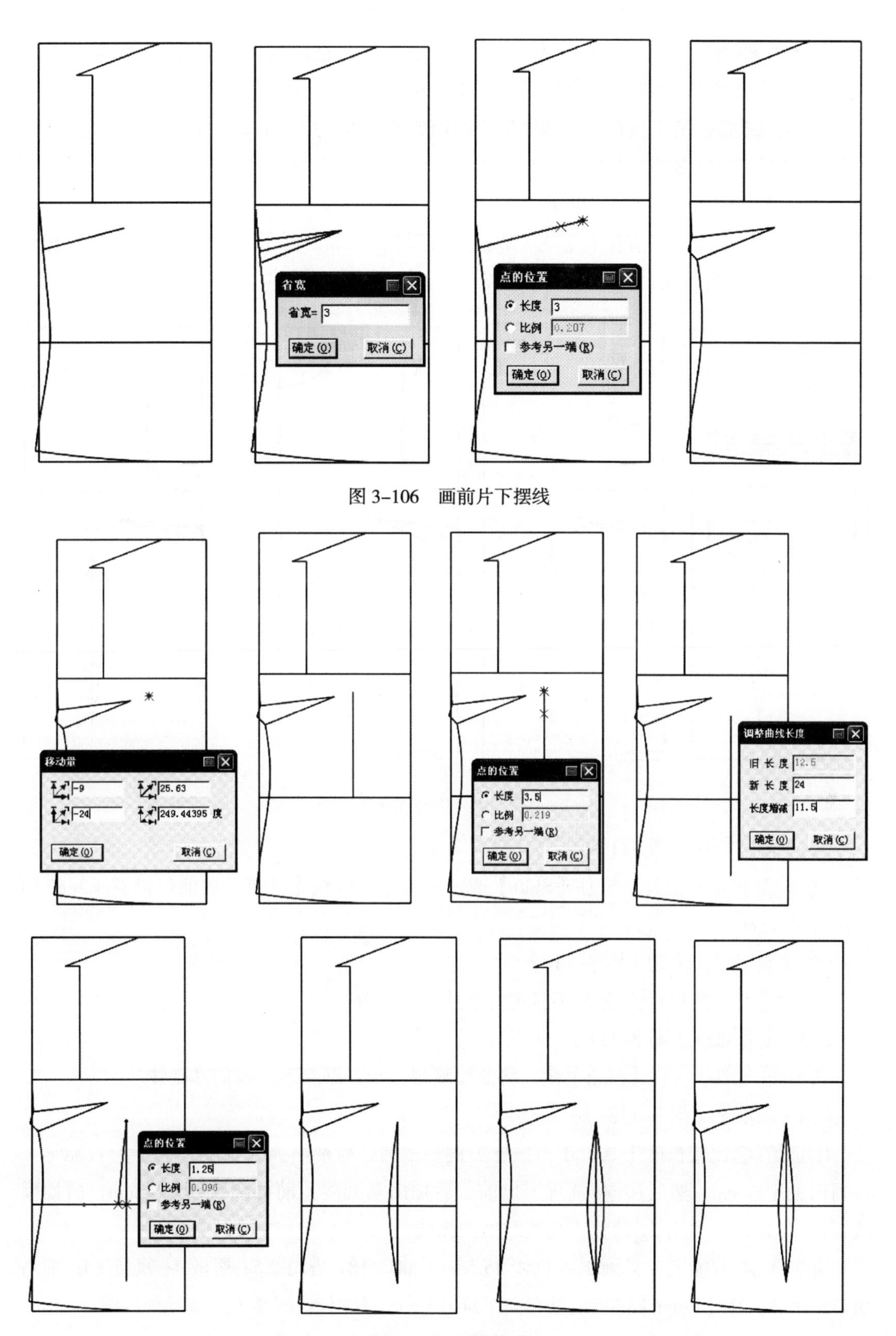

图 3-106　画前片下摆线

图 3-107　画前腰省

③选择智能笔工具，按住【Shift】键，进入【调整曲线长度】功能，用鼠标右键去选择要延长的线段，输入延长的线段量11.5cm。

④选择智能笔工具在前片腰围线上取前腰省量/2为1.25cm。

⑤然后用对称工具做好整个前片腰省。

（20）画前领弧线（图3–108）

用智能笔工具在前片上平线上取前片直开领7.6cm，再用调整工具和对称调整工具调顺前领窝弧线。

图3–108 画前领弧线

（21）画门襟线（图3–109）

选择智能笔工具，按住【Shift】键，进入【平行线】功能，做前门襟宽1.2cm，门襟贴边量2.5cm。

（22）确定纽扣位置（图3–110）

选择点工具和等分规工具定好前片纽扣位置。

（23）前片纸样（图3–111）

选择工具，按住【Shift】键，将前片复制一个，删除不需要的基础线。

（24）画袖子（图3–112~图3–114）

①选择比较长度工具，单击鼠标右键显示前、后袖窿弧线长度，再用智能笔工具画出袖肥32cm。然后用圆规定出前、后袖山基础线（前袖窿弧线长–1cm，后袖窿弧线长–0.5cm）。并用调整工具调顺袖山弧线。

②选择智能笔工具画出袖口线25.5cm（袖口18+搭门2.5+褶量4+衩量1），前后袖口量平分。按【Enter】键将后袖口向下降0.5 cm，并用调整工具调顺袖口线。

③用智能笔工具按【Enter】键做移动量，画好褶量位置和开衩位置。

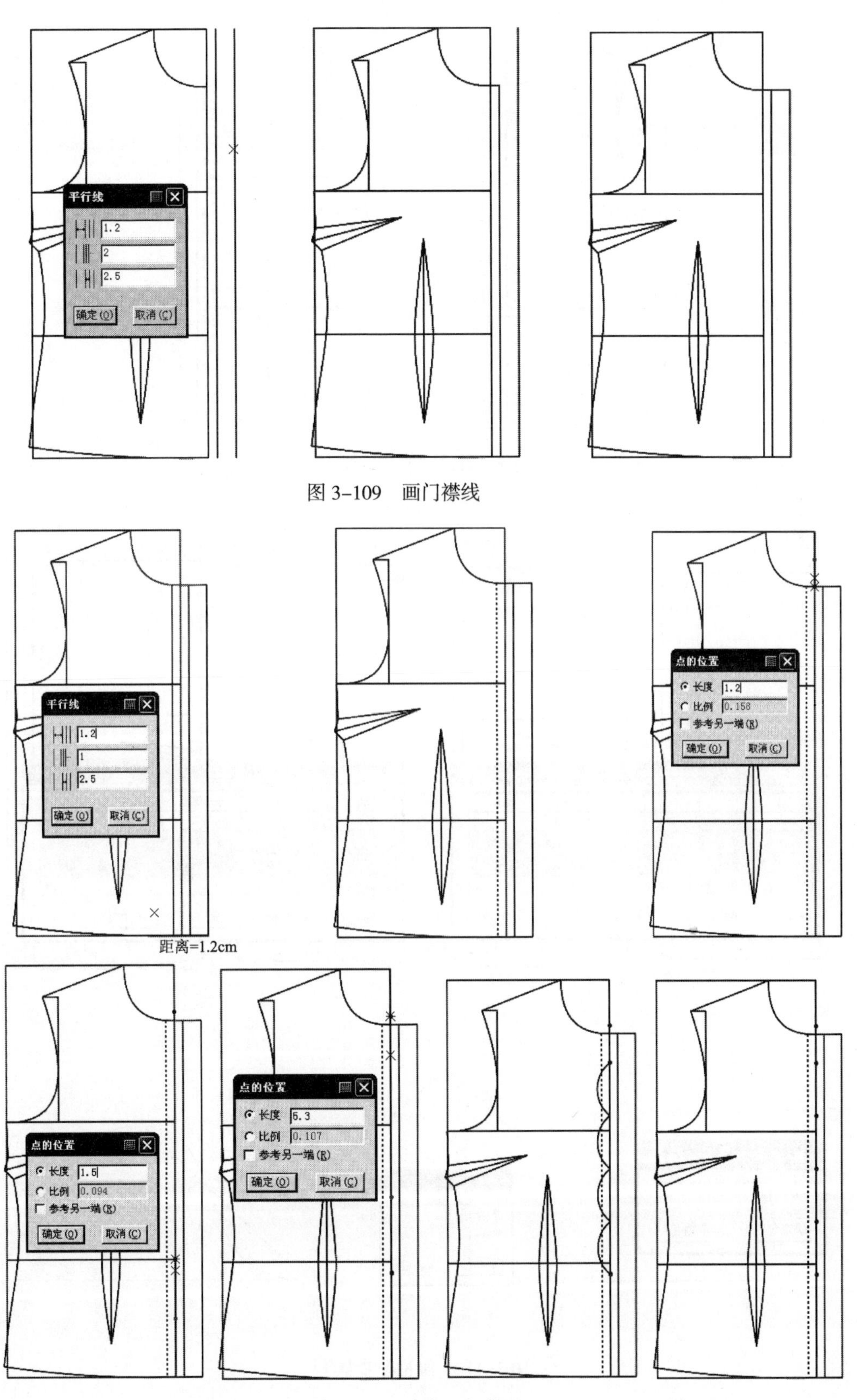

图 3-109　画门襟线

图 3-110　确定纽扣位置

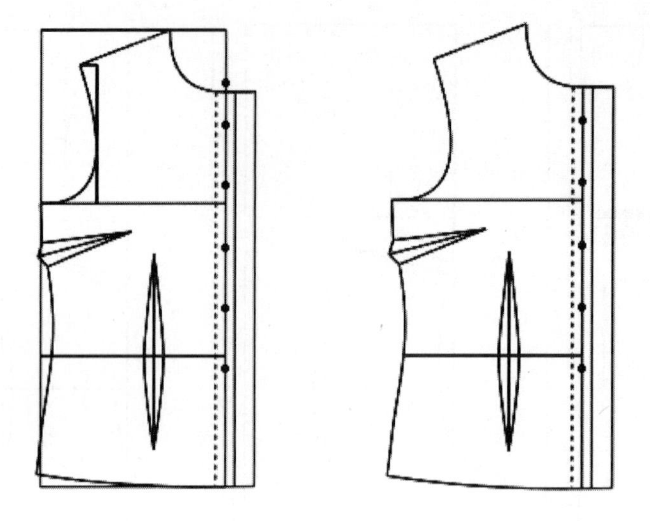

图 3-111　前片纸样

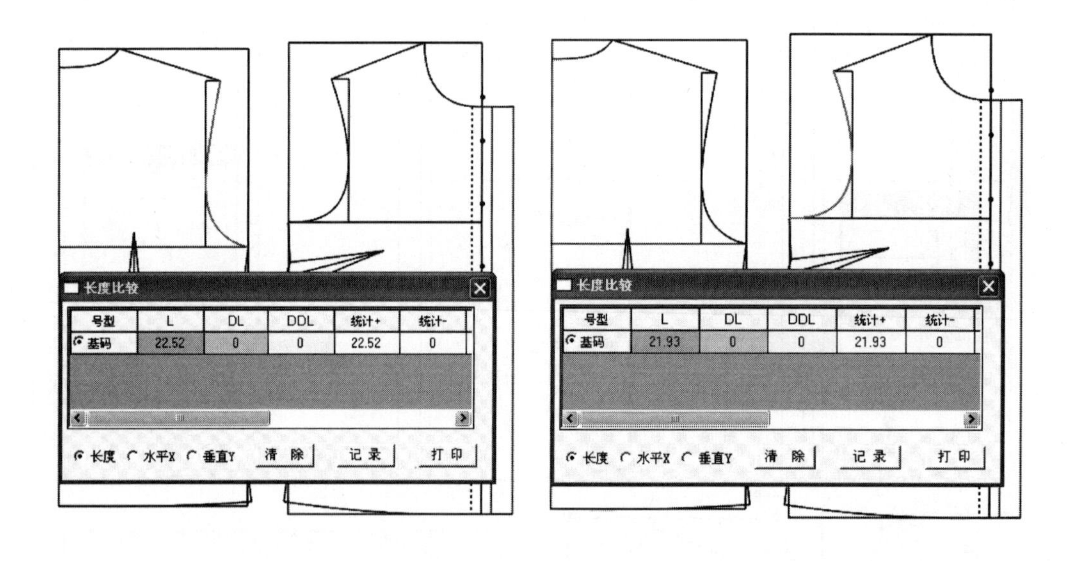

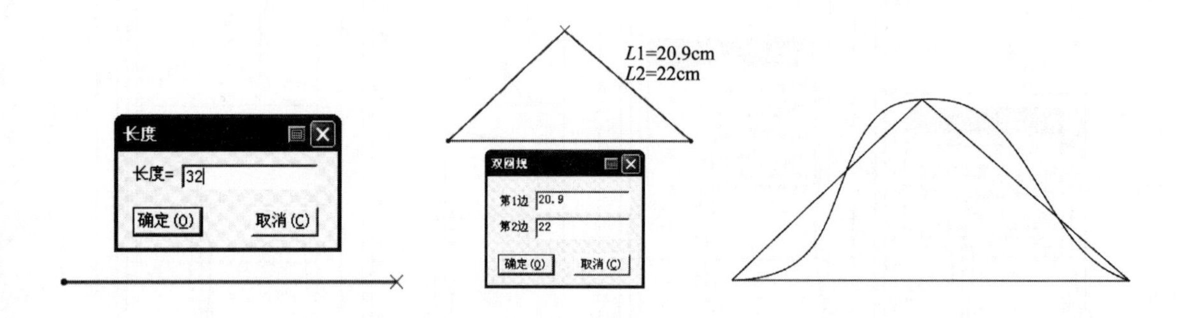

图 3-112　画袖子步骤①

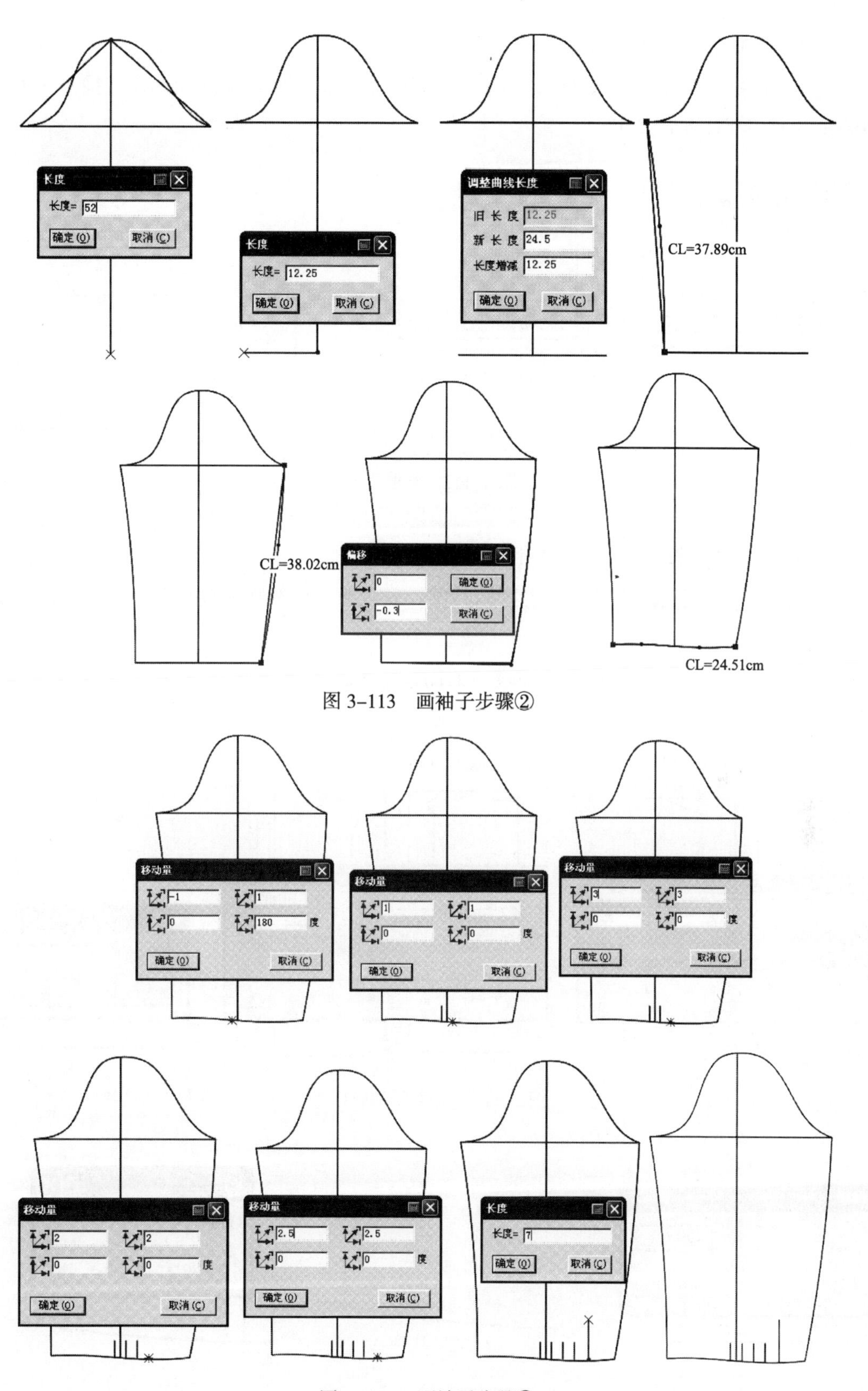

图 3-113　画袖子步骤②

图 3-114　画袖子步骤③

（25）画袖克夫（图 3–115）

选择智能笔工具画袖克夫，由于袖克夫是双折，所以宽度为 8cm，袖克夫长为 20.5cm（袖口 18+ 搭门 2.5）。

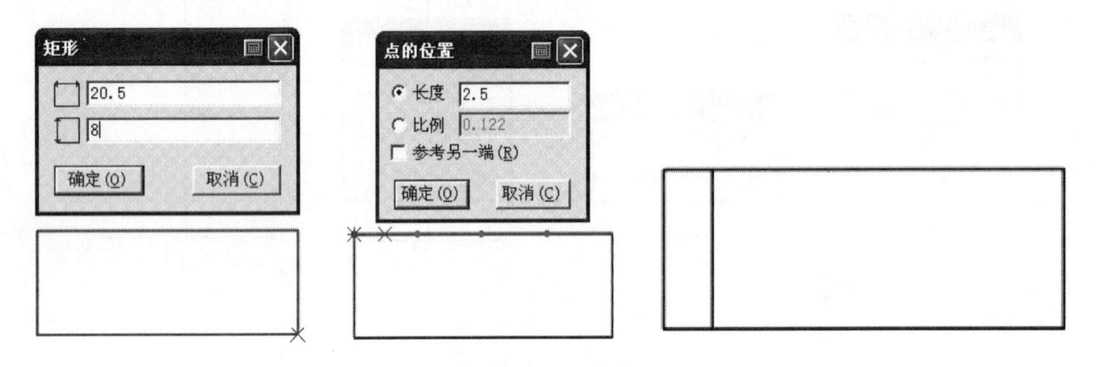

图 3–115　画袖克夫

（26）画领子（图 3–116~ 图 3–119）

①选择长度比较工具，单击鼠标右键，显示前、后领窝弧线长度，然后用智能笔工具画出底领基础线。

②选择调整工具将底领基础线向上偏移 2cm，调顺底领下口弧线，并在领座后中高取 2.5cm。

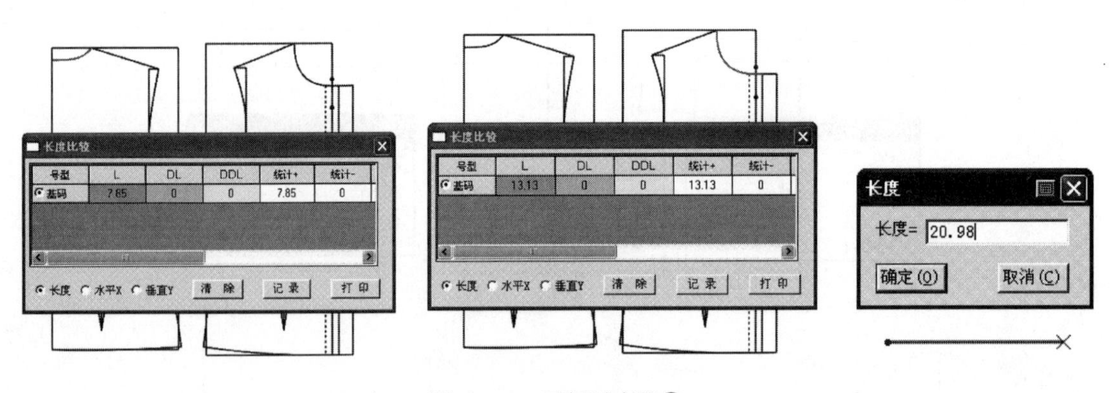

图 3–116　画领子步骤①

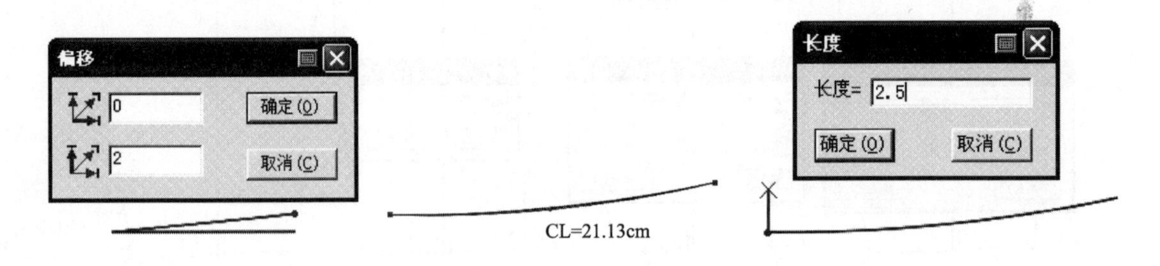

图 3–117　画领子步骤②

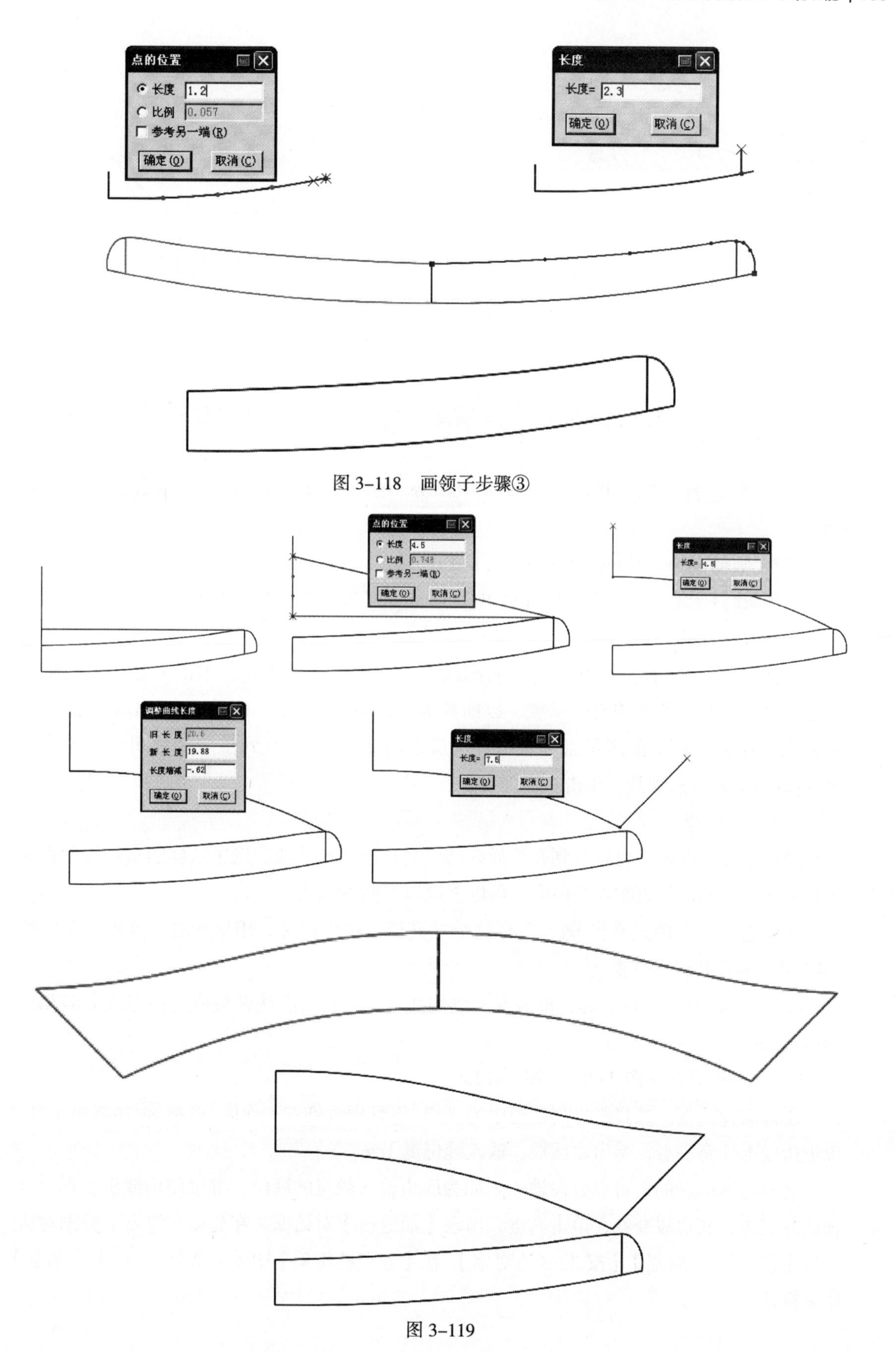

图 3-118　画领子步骤③

图 3-119

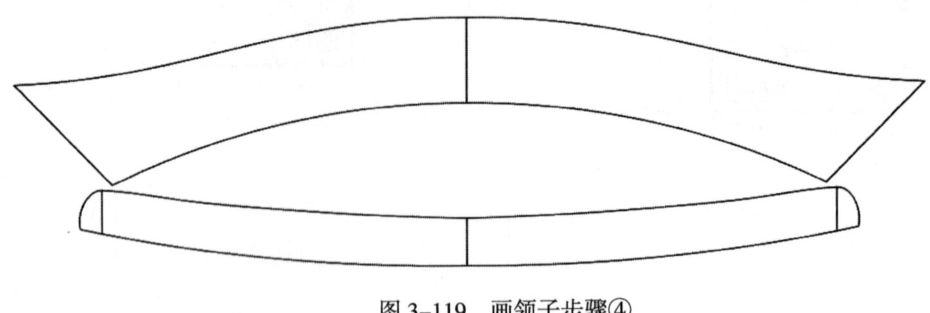

图 3-119　画领子步骤④

③选择智能笔工具画出领座的领嘴高为 2.3cm，然后用调整工具调顺底领上口弧线。

④选择智能笔工具画出翻领后中凹势，继续用智能笔工具画出翻领后中高 4.5cm。

（27）画袖衩条（又称捆条）（图 3-120）

选择智能笔工具，在空白处拖出长 32cm、宽 3cm 为袖衩条的矩形。

（28）拾取裁片（图 3-121）

选择剪刀工具拾取纸样的外轮廓线及对应纸样的省中线，单击右键切换成拾取衣片辅助线工具，拾取内部辅助线。以前片为例，用剪刀工具顺时针点击前颈点、前领弧线上任意一点、前侧颈点（直线直接点击两点即可），直到整个裁片闭合。也可以用剪刀工具框选衣片，单击右键即可。

（29）布纹线

完成纸样拾取后，可以看到在纸样内部已自动生成布纹线。选中纸样的布纹线颜色为蓝色来区分。如需修改布纹线角度，可以采取以下两种方法：

①用布纹线和两点平行，选择这个工具后，选中样片，用鼠标右键点击，布纹线将以 45° 的倍角进行变换。

②选择两点平行工具，单击参考线的两端，可将布纹线调整成与参考线方向相同的形式。

（30）毛样制作（图 3-122、图 3-123）

①以后片为例。选择纸样列表框中的纸样，将纸样放到右工作区，选择加缝份工具，单击边线上任意一点，弹出对话框，输入缝份量 1cm。

②有特殊缝份的，可以分段输入。如为底边输入较宽的缝份，继续使用缝份工具，框选前片底边，底边线变红，单击右键，出现【加缝份】对话框。在起点和终点上分别对应选择【按 1、2 边对幅】、【按 2、3 边对幅】，在【起点缝份量】中输入 2.5cm，点击【确定】结束操作。

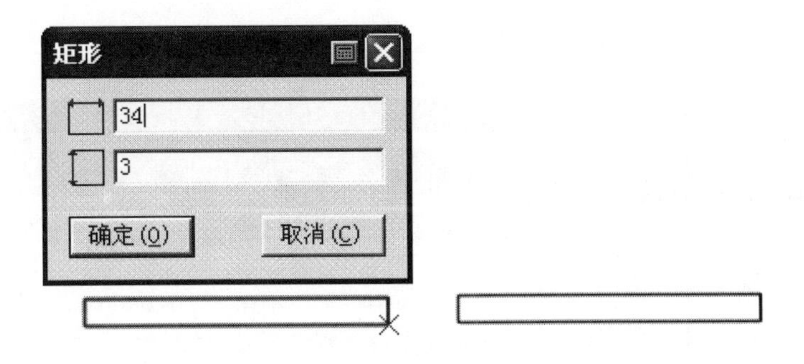

图 3-120　画袖衩条

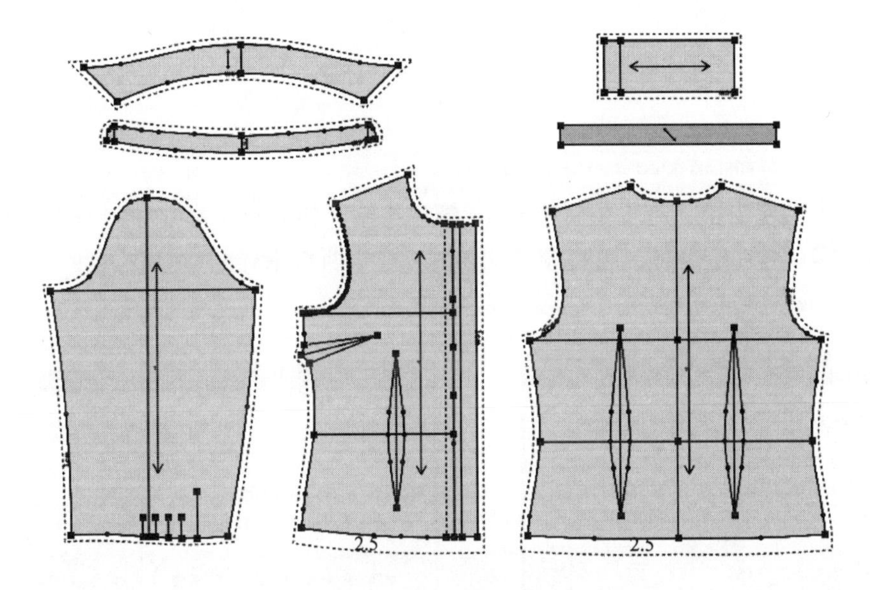

图 3-121　拾取裁片

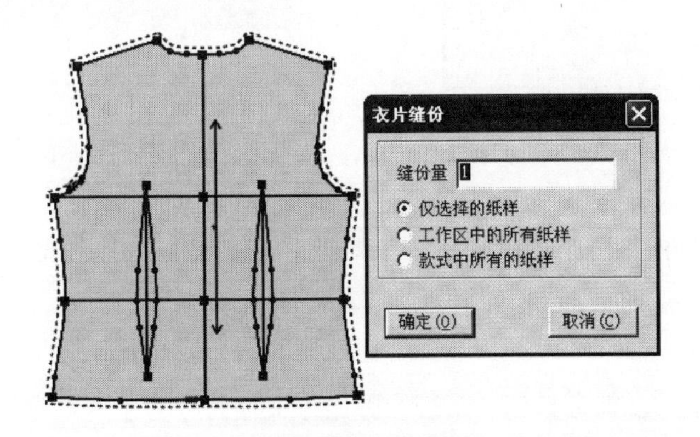

图 3-122　加缝份

（31）加剪口

在需要加剪口的位置直接点击加剪口工具即可，直接用此工具可调整方向。系统里存储多种剪口类型，可以根据需要进行选择，还可以设置剪口的深度、宽度。

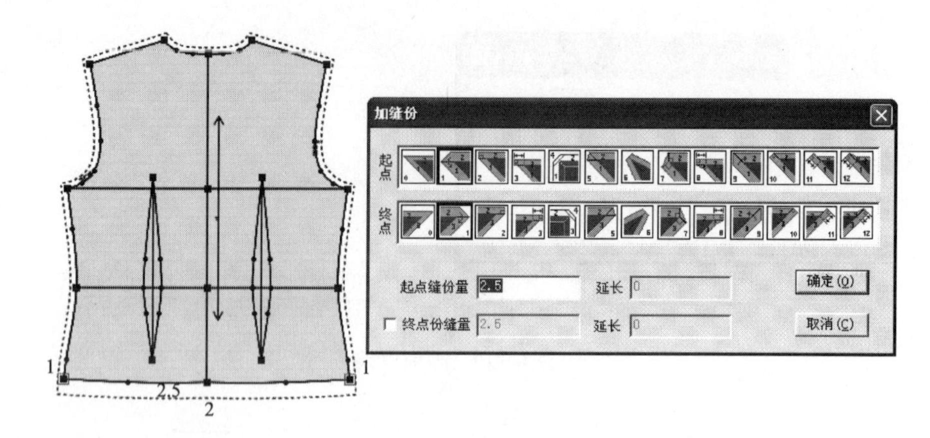

图 3-123 修改缝份量

（32）输入纸样信息（图 3-124、图 3-125）

①单击【纸样】菜单→【款式资料】，弹出【款式信息框】对话框，在此对话框中设定款式名、客户名、定单号、布料颜色，并统一设定所有纸样的布纹线方向。

图 3-124 输入纸样信息

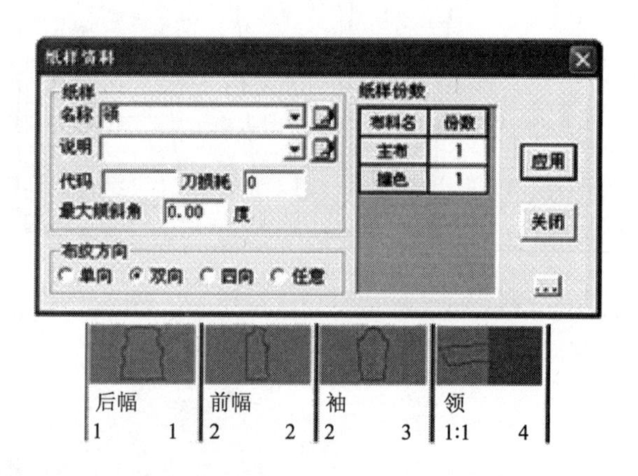

图 3-125 输入纸样资料信息

②在纸样列表框的纸样上或工作区的纸样上双击左键，弹出【纸样资料】对话框，为各个纸样输入纸样的名称、布料名及份数。

（33）保存文档

每新做一款点击 保存按钮，系统会弹出【文档另存为】对话框，选择合适的路径，存储文档，再次保存时单击 即可。此操作可以在完成一些步骤后就保存，养成随时保存文档的好习惯。

（34）放码

①编辑号型规格表，单击【号型】菜单→【号型编辑】，增加需要的号型并设置好各号型的颜色（图 3-126）。

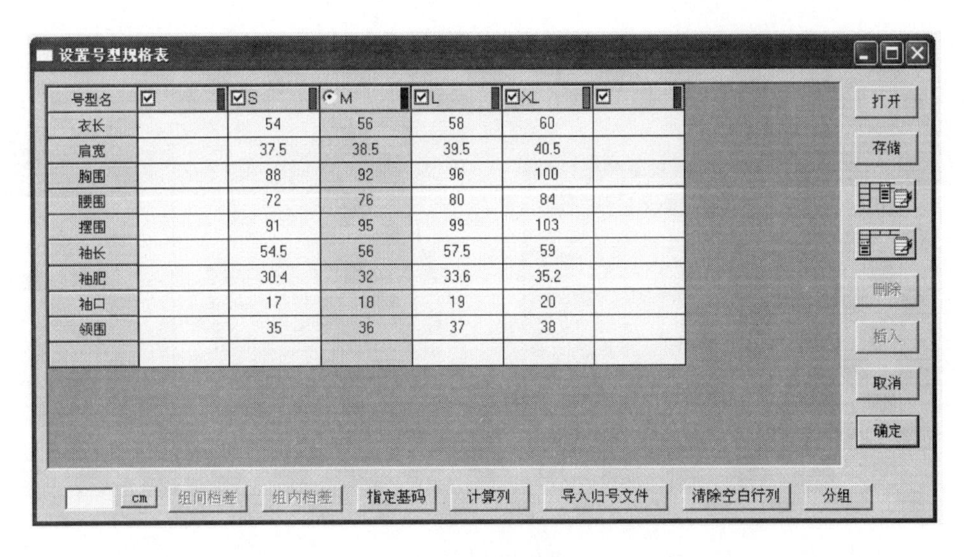

号型名	☑	☑S	◉M	☑L	☑XL	☑
衣长		54	56	58	60	
肩宽		37.5	38.5	39.5	40.5	
胸围		88	92	96	100	
腰围		72	76	80	84	
摆围		91	95	99	103	
袖长		54.5	56	57.5	59	
袖肥		30.4	32	33.6	35.2	
袖口		17	18	19	20	
领围		35	36	37	38	

图 3-126　号型规格表

②选择工具，同时框选前片、后片的肩端点，进行横向放缩 0.5cm（图 3-127）。

③选择工具，同时框选前片、后片的横开领端点，进行横向放缩 0.2cm（图 3-128）。

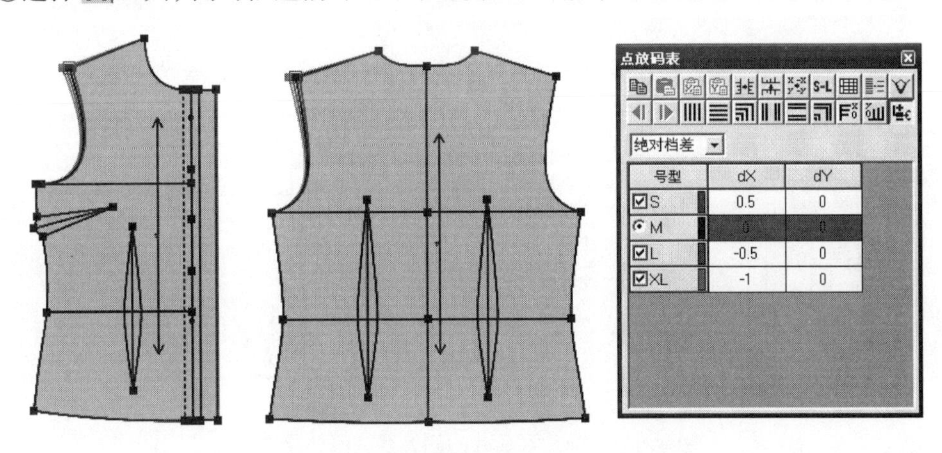

图 3-127　前片和后片的肩端点放码效果图

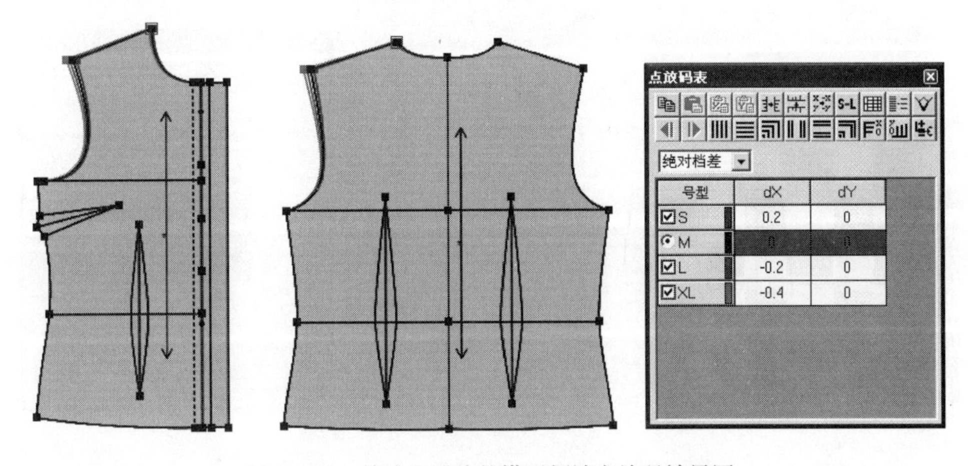

图 3-128　前片和后片的横开领端点放码效果图

④选择工具，框选后片的横开领端点，进行横向放缩 -0.2cm（图 3-129）。

⑤选择工具，框选后片的肩端点，进行横向放缩 -0.5cm（图 3-130）。

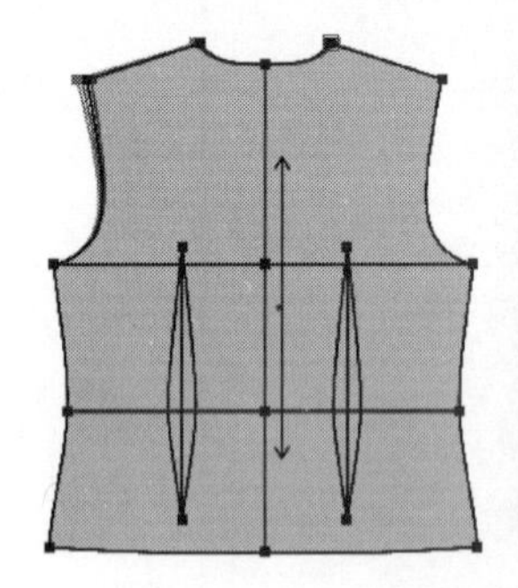
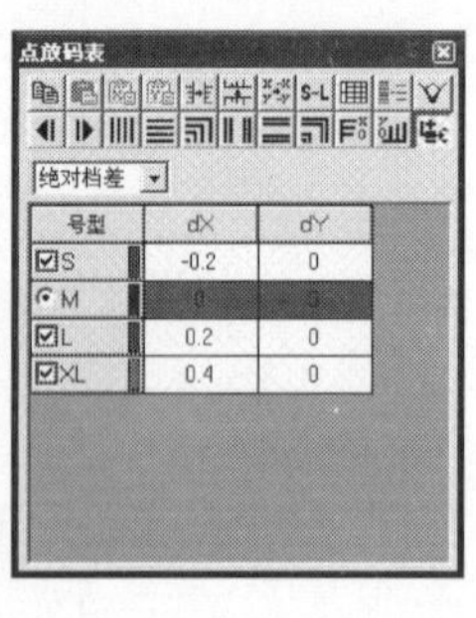

图 3-129　后片的横开领端点放码效果图

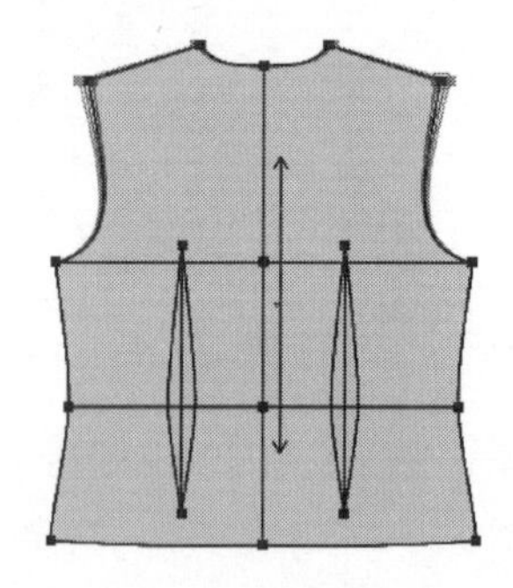
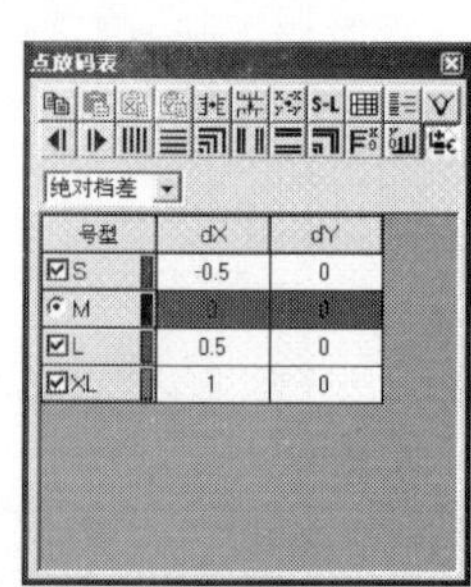

图 3-130　后片的肩端点放码效果图

⑥选择工具，同时框选前片、后片的侧缝线，进行横向放缩 1cm（图 3-131）。

⑦选择工具，同时框选前片、后片的肩端点，进行纵向放缩 0.1cm（图 3-132）。

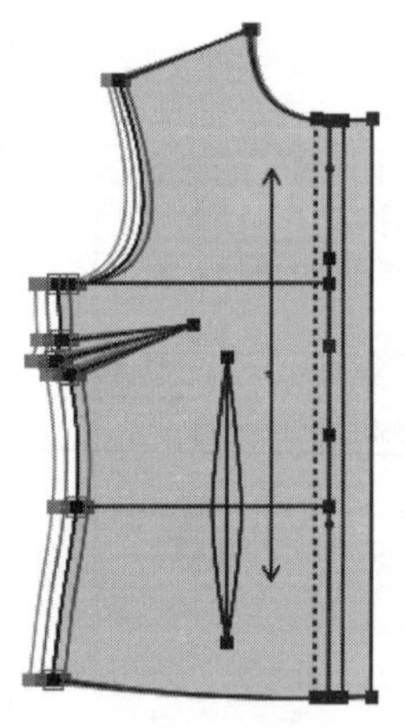
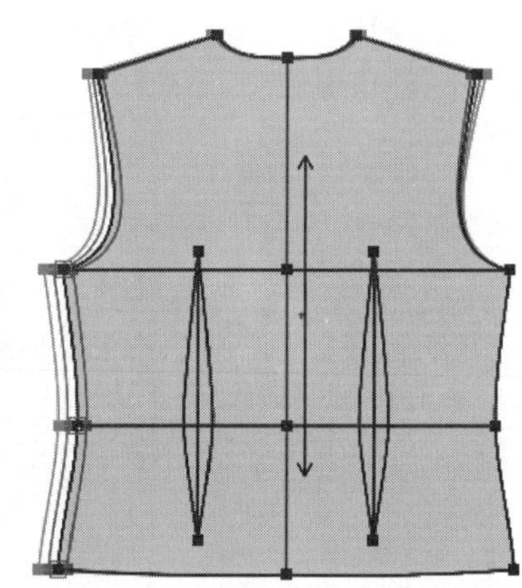
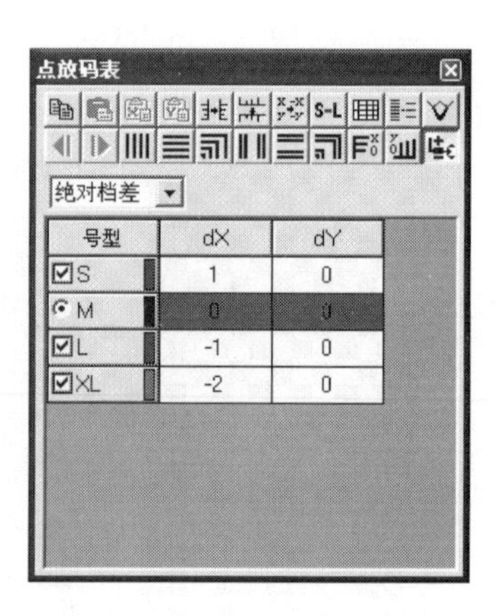

图 3-131　前片和后片的侧缝线放码效果图

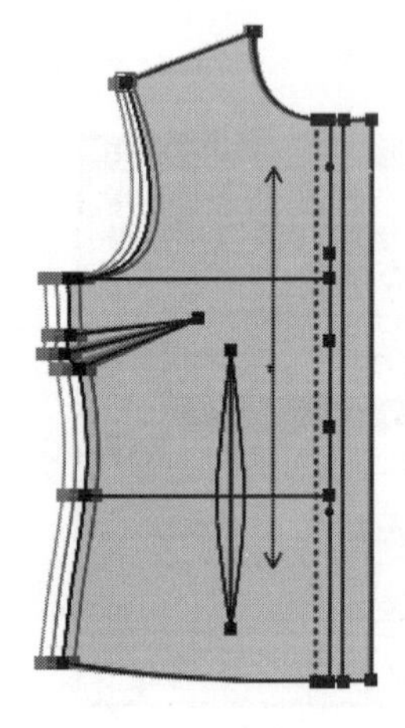
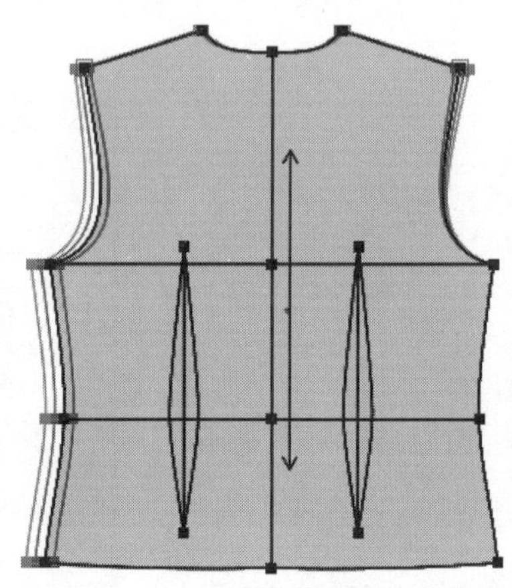
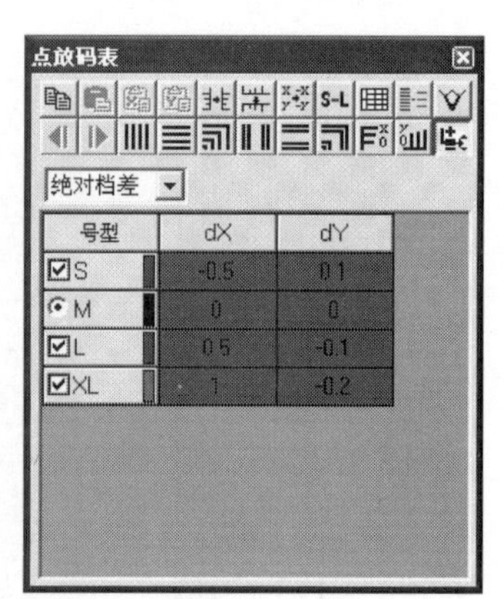

图 3-132　前片和后片的肩端点放码效果图

⑧选择 工具，同时框选前片、后片的胸围线和腰省省尖、胸省省尖，进行纵向放缩 0.6cm（图 3–133）。

⑨选择 工具，同时框选前片、后片的腰围线，进行纵向放缩 1cm（图 3–134）。

⑩选择 工具，同时框选前片、后片的摆围线，进行纵向放缩 2cm（图 3–135）。

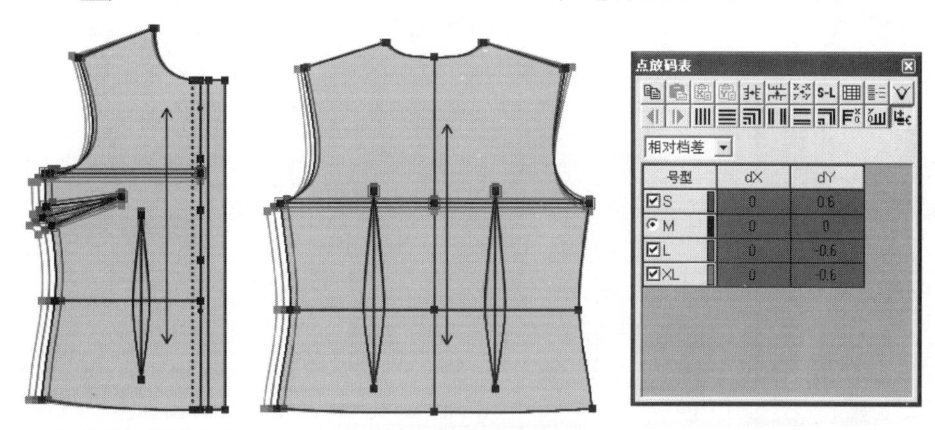

图 3–133　前片、后片的胸围线和腰省省尖、胸省省尖放码效果图

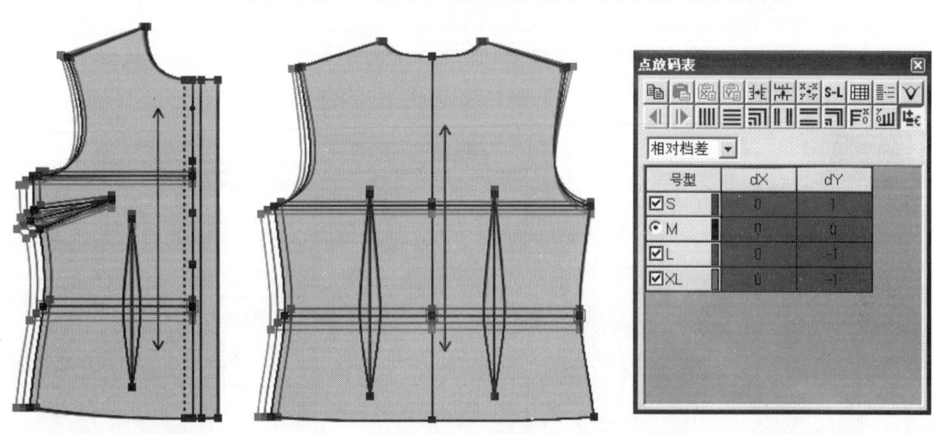

图 3–134　前片和后片的腰围线放码效果图

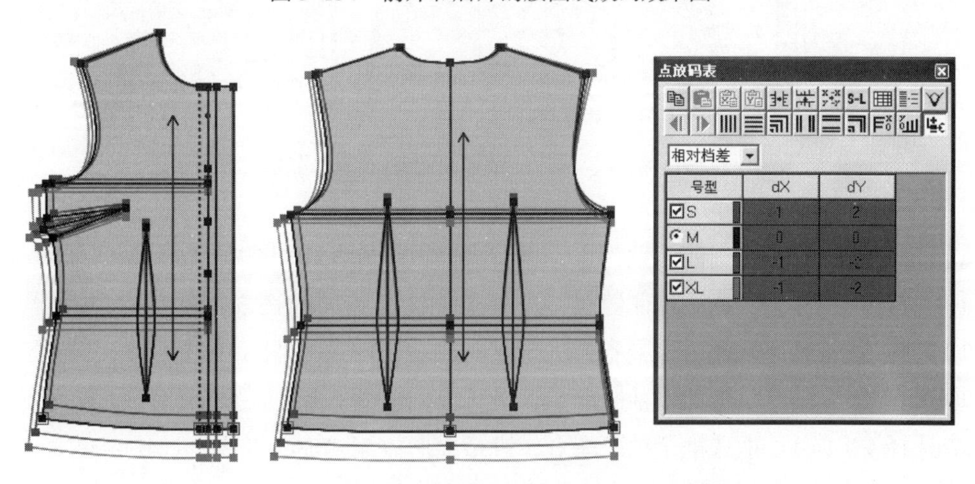

图 3–135　前片和后片的摆围线放码效果图

⑪ 选择工具，同时框选前片、后片的腰省省尖，进行纵向放缩 1.3cm（图 3–136）。

⑫ 选择工具，同时框选前片、后片的腰省和胸省省尖，进行横向放缩 0.5cm（图 3–137）。

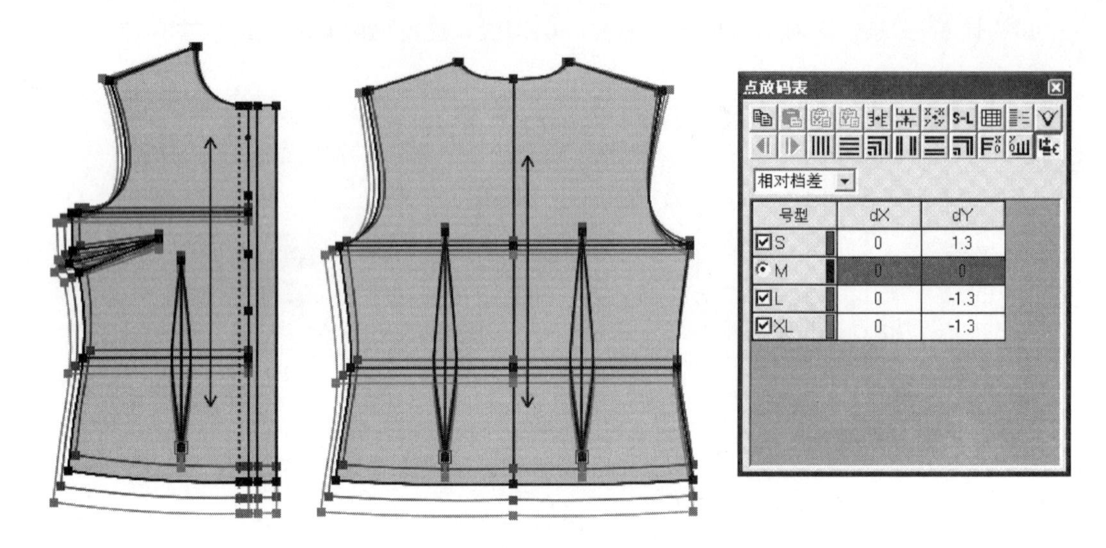

图 3–136 前片和后片的腰省省尖放码效果图

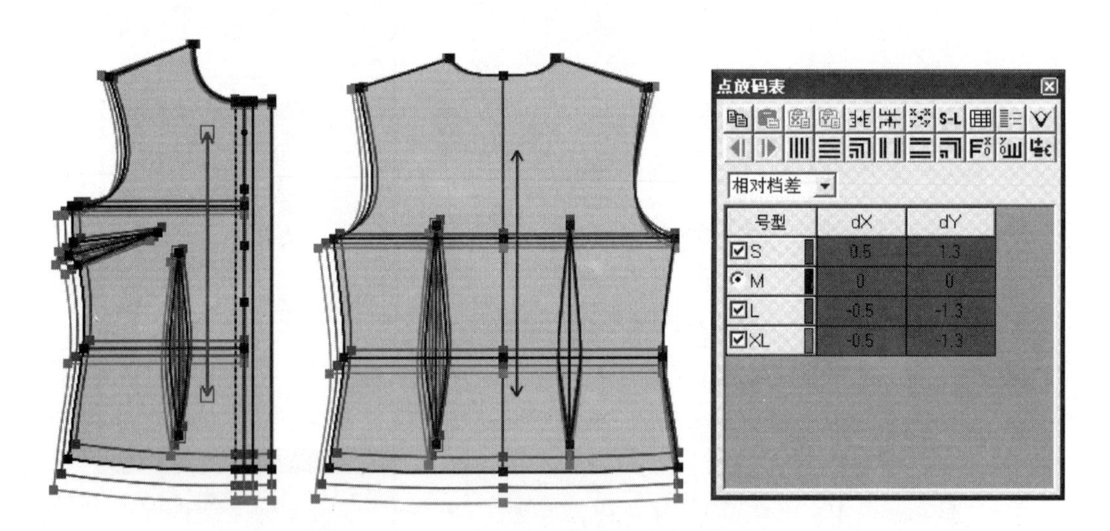

图 3–137 前片、后片的腰省和胸省省尖放码效果图

⑬ 选择工具，框选前片领深点，进行纵向放缩 0.2cm（图 3–138）。

⑭ 选择工具，框选后片侧缝线，进行横向放缩 –1cm（图 3–139）。

⑮ 选择工具，框选后片腰省，进行横向放缩 –0.5cm（图 3–140）。

⑯ 选择工具，框选袖子袖肥端点，进行横向放缩 0.8cm（图 3–141）。

⑰ 选择工具，框选袖子袖肥端点，进行横向放缩 –0.8cm（图 3–142）。

⑱ 选择工具，框选袖子袖山点，进行纵向放缩 0.4cm（图 3–143）。

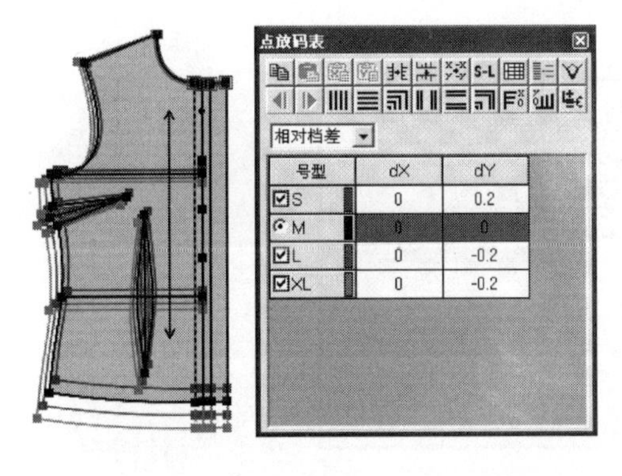

图 3-138 前片领深点放码效果图

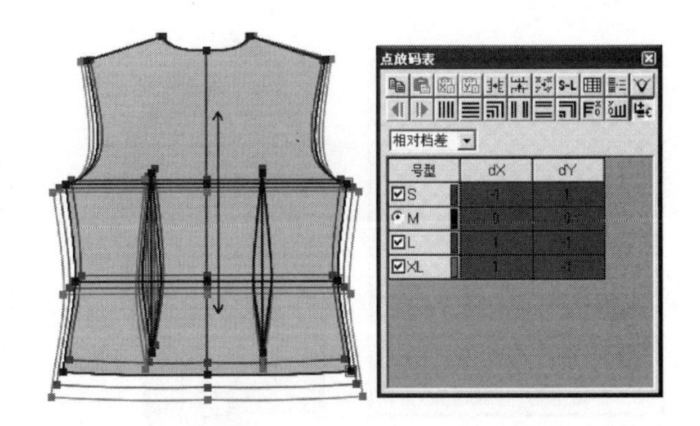

图 3-139 后片侧缝线放码效果图

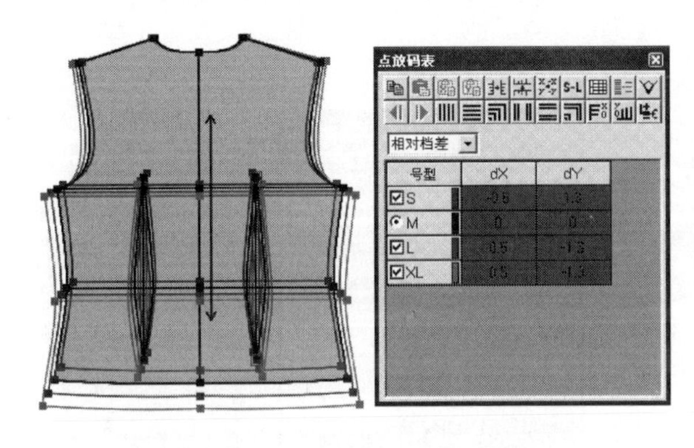

图 3-140 后片腰省放码效果图

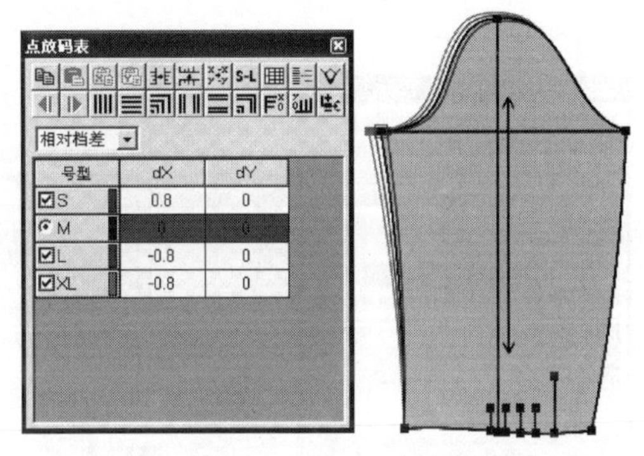

图 3-141 袖肥端点放码效果图

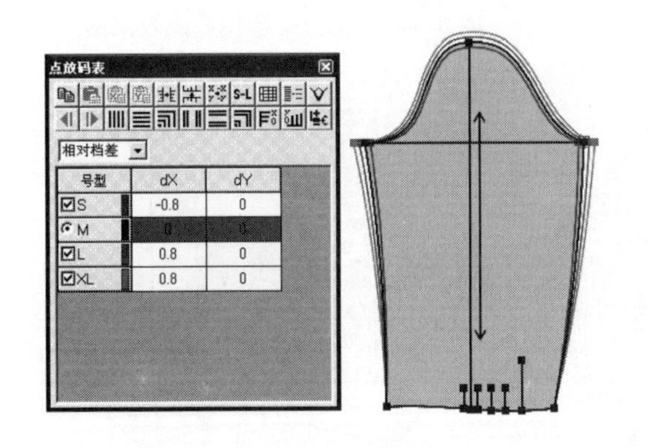

图 3-142 袖肥端点放码效果图

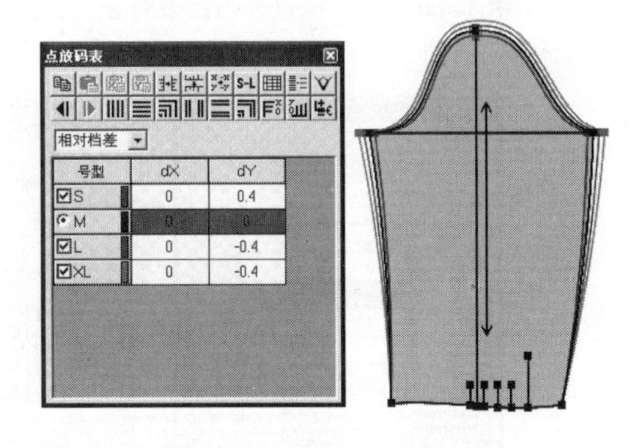

图 3-143 袖山点放码效果图

⑲ 选择工具，框选袖子袖口线，进行纵向放缩 1.1cm（图 3-144）。

⑳ 选择工具，框选袖子袖口端点，进行横向放缩 0.5cm（图 3-145）。

㉑ 选择工具，框选袖子袖口端点，进行横向放缩 -0.5cm（图 3-146）。

㉒ 选择工具，框选袖子第二个褶位，进行横向放缩 -0.15cm（图 3-147）。

㉓ 选择工具，框选袖子开衩位，进行横向放缩 -0.3cm（图 3-148）。

㉔ 选择工具，同时框选底领和翻领的一端，进行横向放缩 0.5cm（图 3-149）。

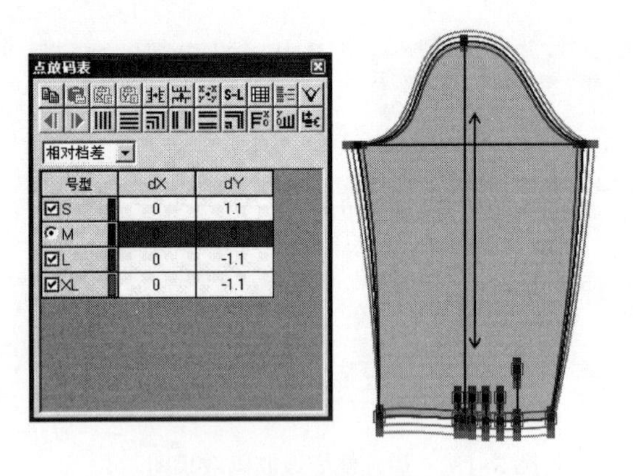

图 3-144 袖口线放码效果图

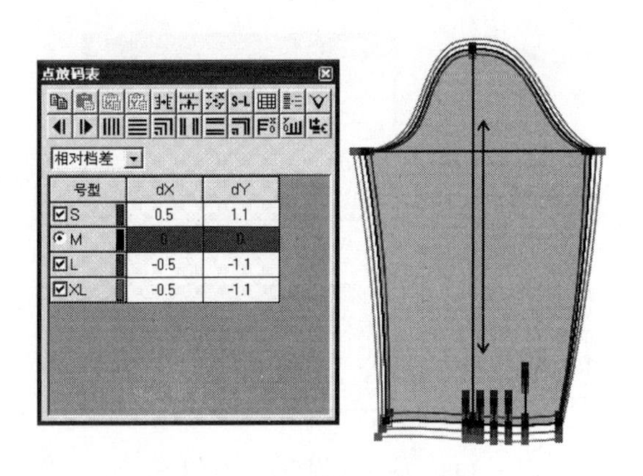

图 3-145 袖口端点放码效果图 1

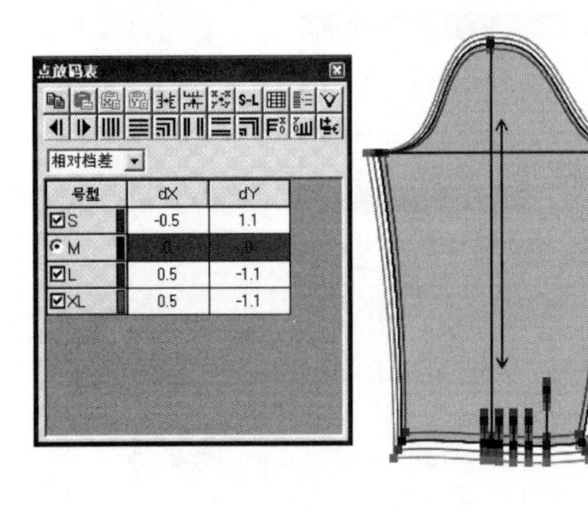

图 3-146 袖口端点放码效果图 2

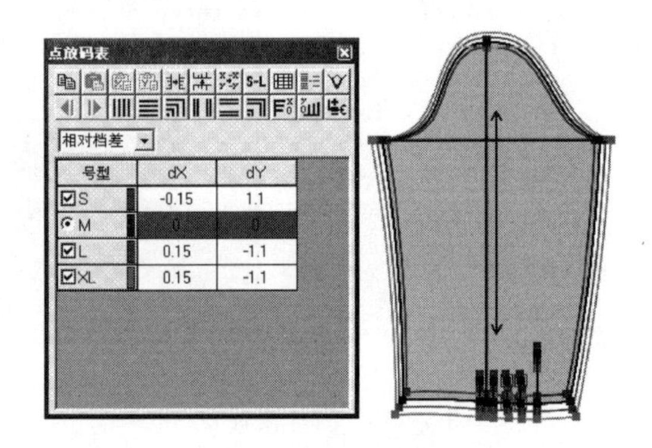

图 3-147 第二个褶位放码效果图

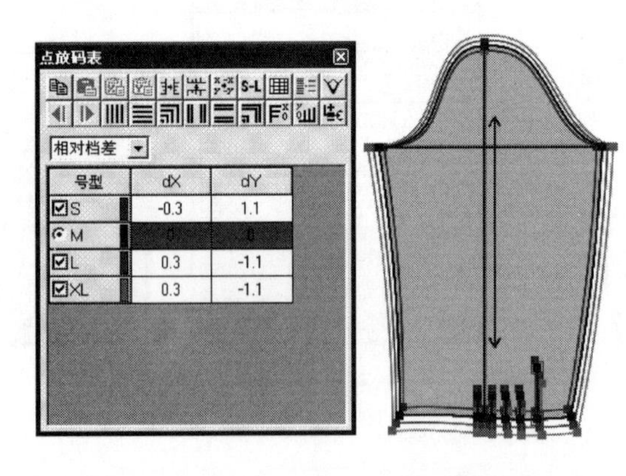

图 3-148 开衩位放码效果图

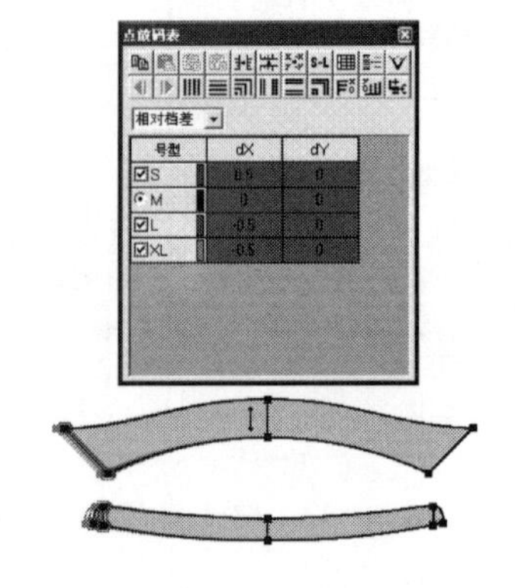

图 3-149 领子放码效果图 1

㉕ 选择工具，同时框选底领和翻领的一端，进行横向放缩 -0.5cm（图 3-150）。

㉖ 选择工具，框选袖头的一端，进行横向放缩 -1cm（图 3-151）。

㉗ 前片扣位间距放码，用腰节以上部分放缩量 1cm- 领深放缩量 0.2cm=0.8cm；前 0.8cm 平分四等份放码（第一位与前领深放码量一样）。

㉘ 放码完成图（图 3-152）。

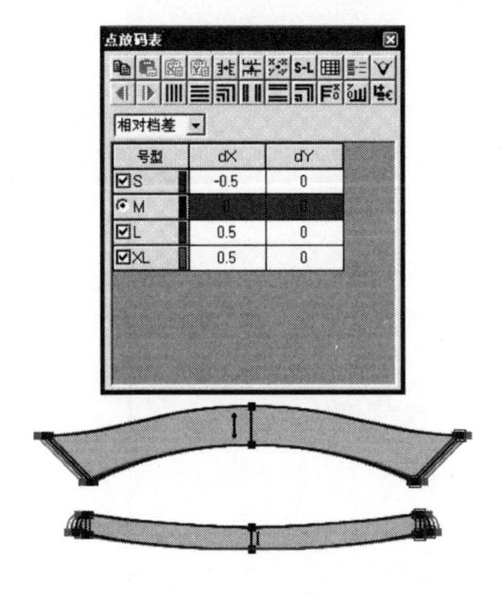

图 3–150　领子放码效果图 2

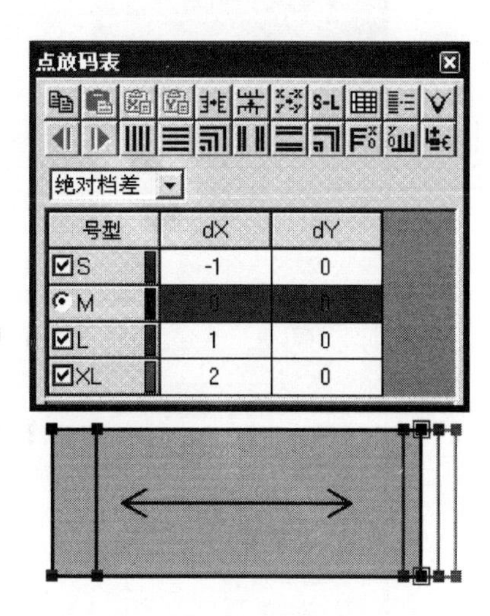

图 3–151　袖头放码效果图

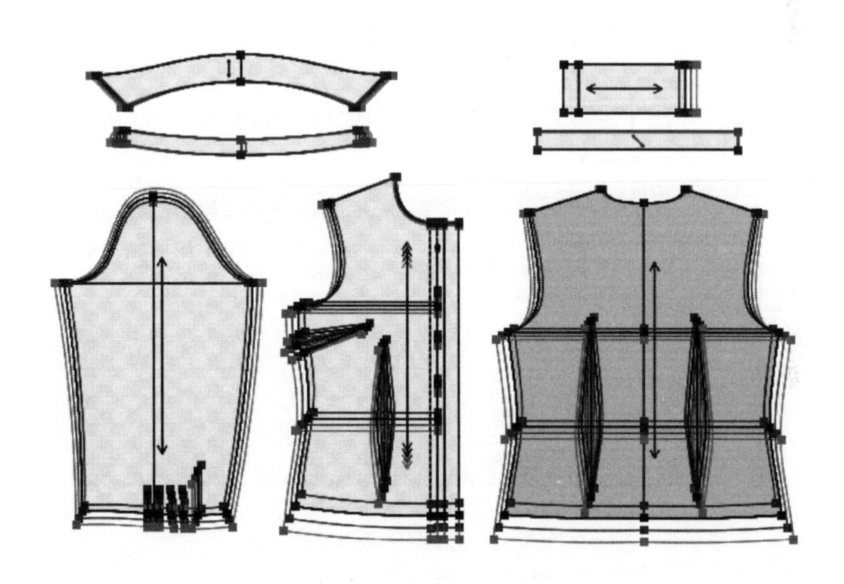

图 3–152　放码完成图

第五节　排料快速入门

一、排料

①单击新建，弹出【唛架设定】对话框，设定幅宽（唛架宽度根据实际情况来定）及大约唛架长，最好略多一些，唛架边界可以根据实际自行设定（图 3–153）。

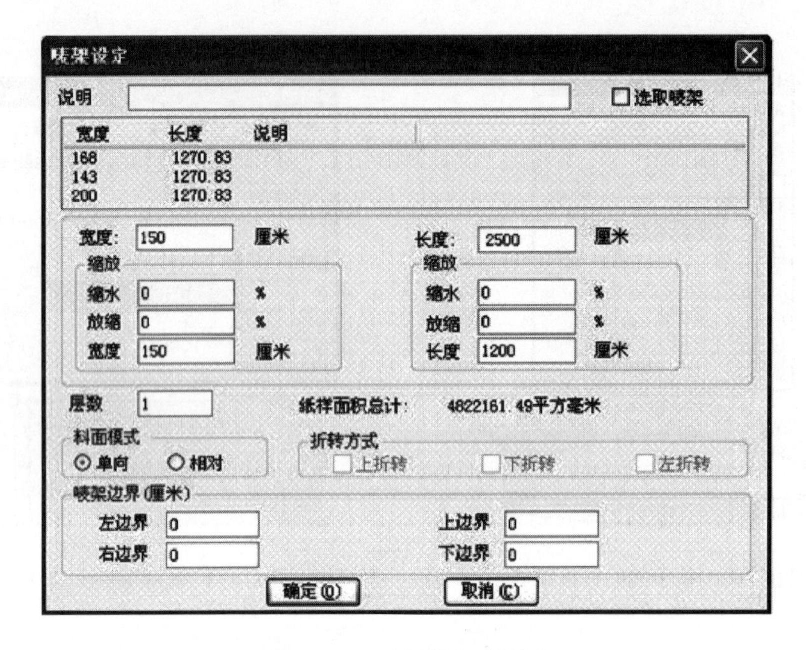

图 3–153　唛架设定对话框

②单击【确定】，弹出【选取款式】对话框（图 3–154）。

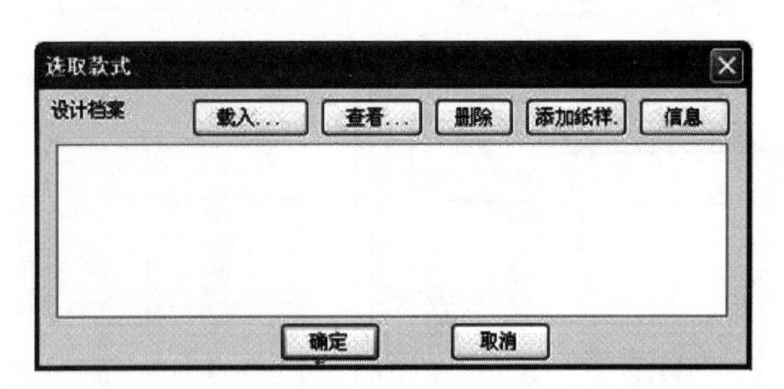

图 3–154　选取款式对话框

③单击【载入】，弹出【选取款式】对话框，单击文件类型文本框旁的三角按钮，可以选取文件类型是 DGS、PTN、PDS 或 PDF 的文件（图 3–155）。

④单击【打开】，弹出【纸样制单】对话框。根据实际需要，可通过单击要修改的文本框进行补充输入或修改（图 3–156）。

⑤检查各纸样的裁片数，并在【号型套数】栏，输入各码所排套数。

⑥单击【确定】，回到【选取款式】对话框（图 3–157）。

⑦再单击【确定】，即可看到纸样列表框内显示纸样，号型列表框内显示各号型纸样数量。

⑧这时需要对纸样的显示与打印进行参数的设定。单击【选项】→【在唛架上显示纸样】，弹出【显示唛架纸样】对话框，单击【在布纹线上】和【在布纹线下】右边的三角

图 3–155　选取款式对话框

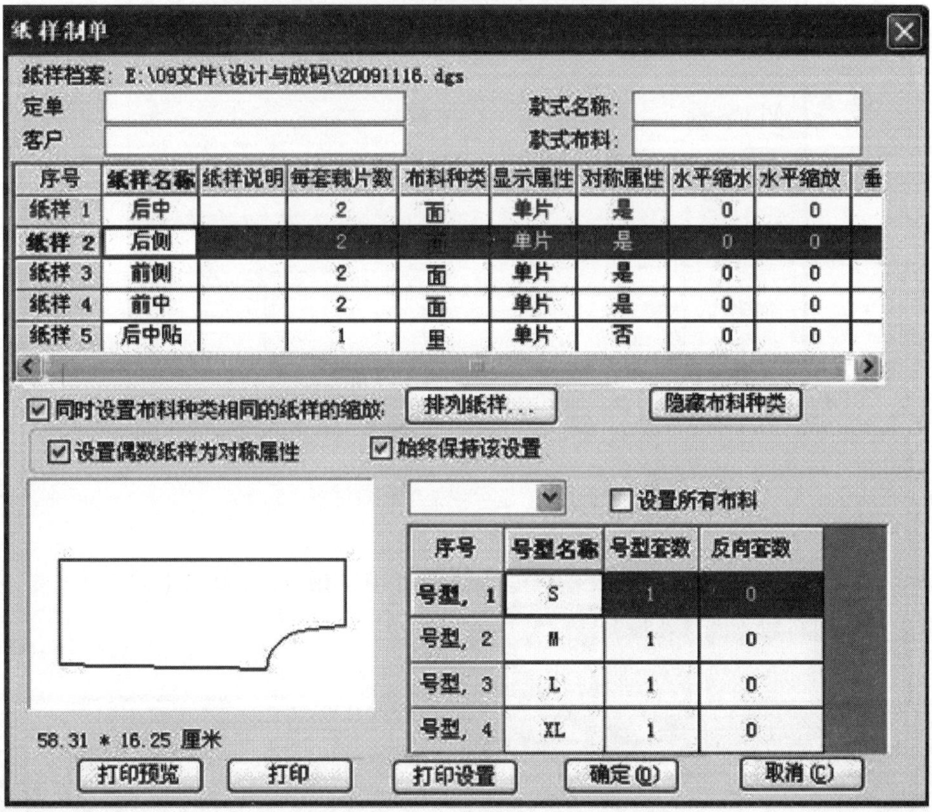

图 3–156　纸样制单对话框

箭头，勾选【纸样名称】等所需在布纹线上下显示的内容（图 3–158）。

⑨运用手动排料、自动排料或超级排料等，排至利用率最高最省料。根据实际情况也可以用键盘上方向键微调纸样使其重叠，或用【1】键或【3】键旋转纸样（如果纸样呈未填充颜色状态，则表示纸样有重叠部分）。

图 3-157　选取款式对话框

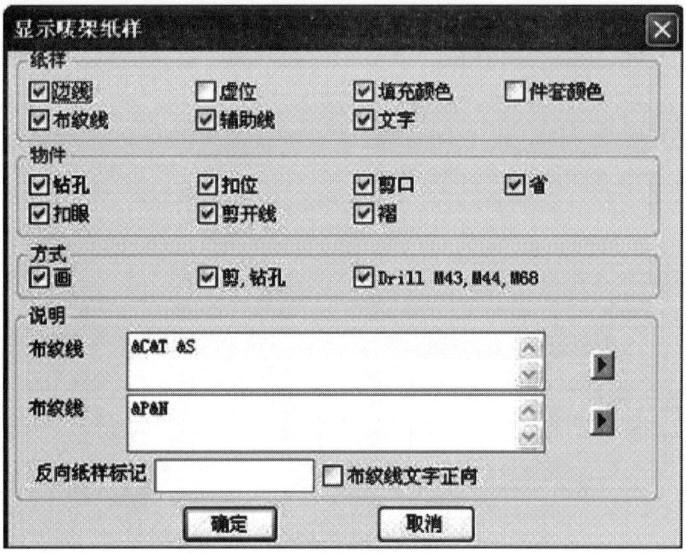

图 3-158　显示唛架纸样对话框

⑩唛架即显示在屏幕上，在状态栏里还可查看排料相关的信息，【幅长】一栏显示的数字即是实际用料数（图 3-159）。

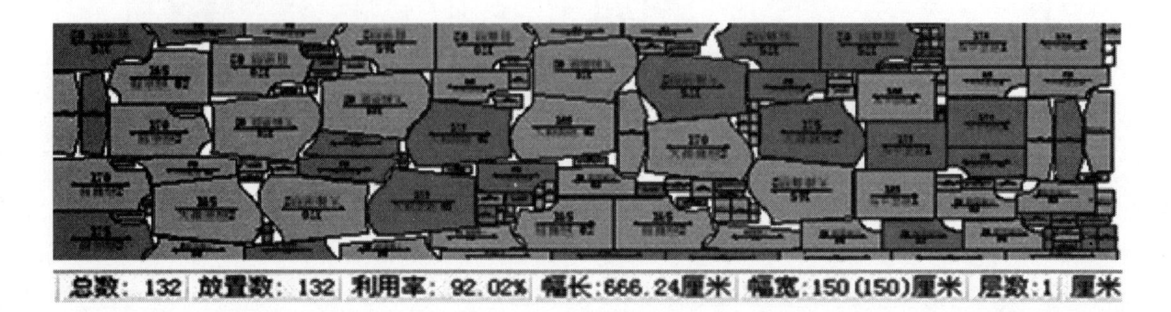

图 3-159　显示唛架

⑪ 单击【文档】→【另存】，弹出【另存为】对话框，保存唛架。

二、对格对条

对条格前，首先需要在对条格的位置上打上剪口或钻孔标志。如图 3-160 所示，要求前后幅的腰线对在垂直方向上，袋盖上的钻孔对在前左幅下边的钻孔上。

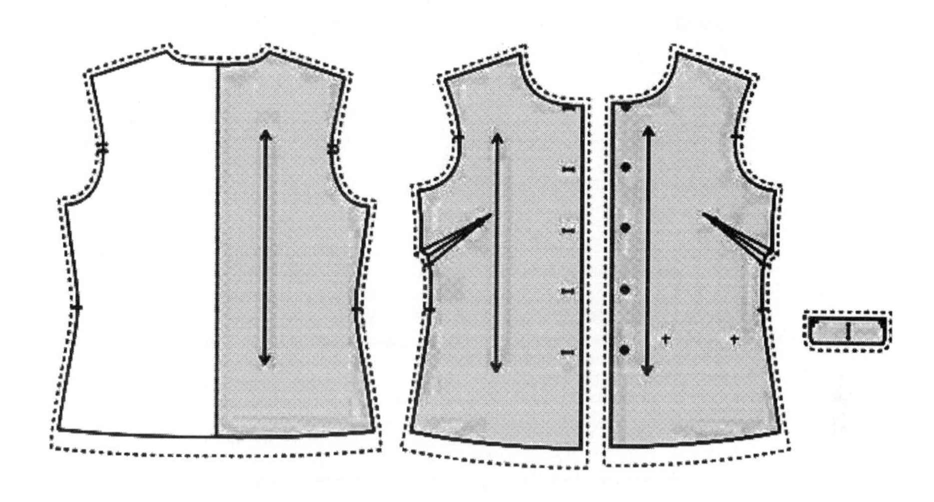

图 3-160　打剪口或钻孔标志的纸样

①单击工具，根据对话框提示，新建一个唛架→浏览→打开→载入一个文件。

②单击【选项】，勾选【对格对条】。

③单击【选项】，勾选【显示条格】。

④单击【唛架】→【定义对条对格】，弹出【对格对条】对话框（图 3-161）。

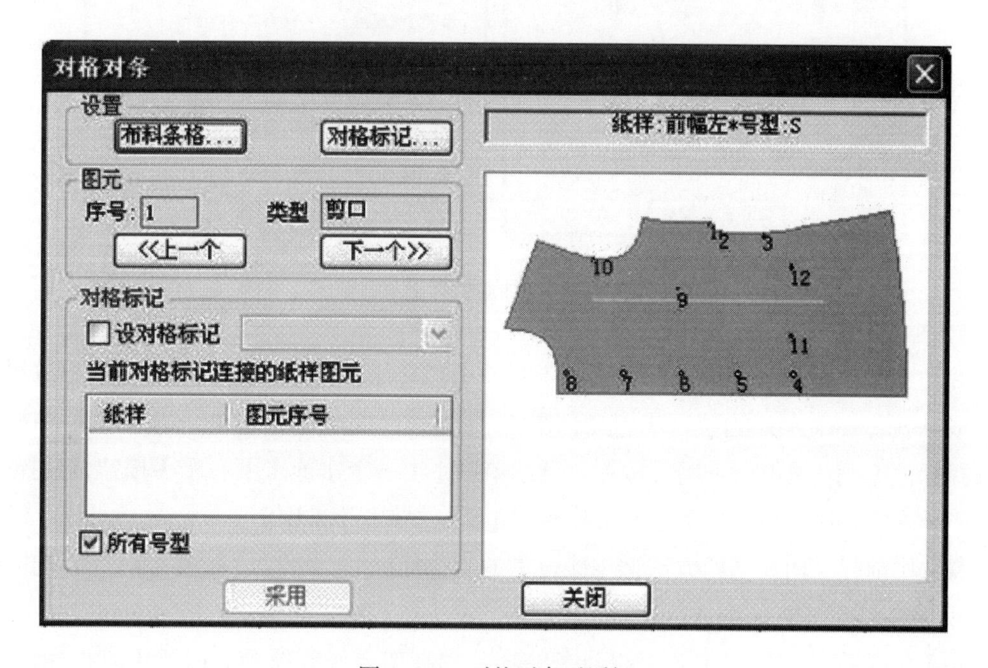

图 3-161　对格对条对话框

⑤首先单击【布料条格】，弹出【条格设定】对话框，根据面料情况进行条格参数设定。设定好面料单击【确定】，回到【对格对条】对话框（图3–162）。

⑥单击【对格标记】，弹出【对格标记】对话框（图3–163）。

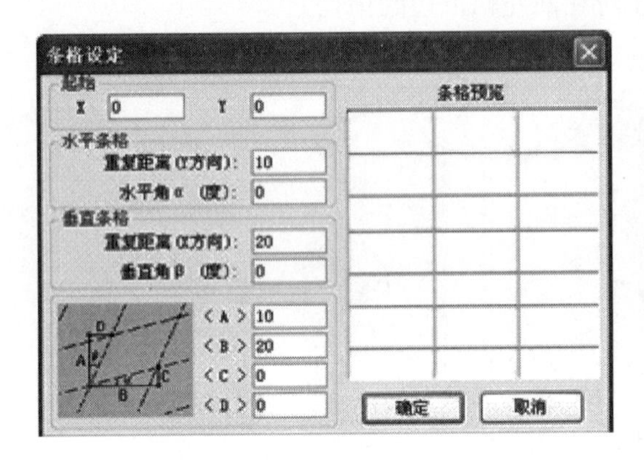

图3–162　条格设定对话框

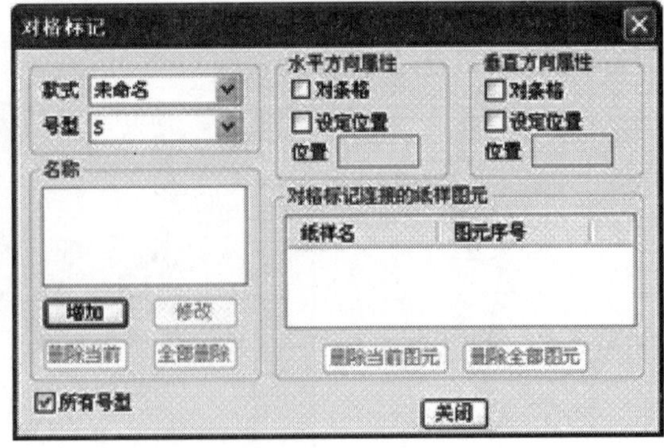

图3–163　对格标记对话框

⑦在【对格标记】对话框内单击【增加】，弹出【增加对格标记】对话框，在【名称】一栏设置一个名称，如a对腰位，单击【确定】回到【对格标记】对话框，继续单击【增加】，设置名称，如b对袋位，设置完之后单击【关闭】，回到【对格对条】对话框（图3–164）。

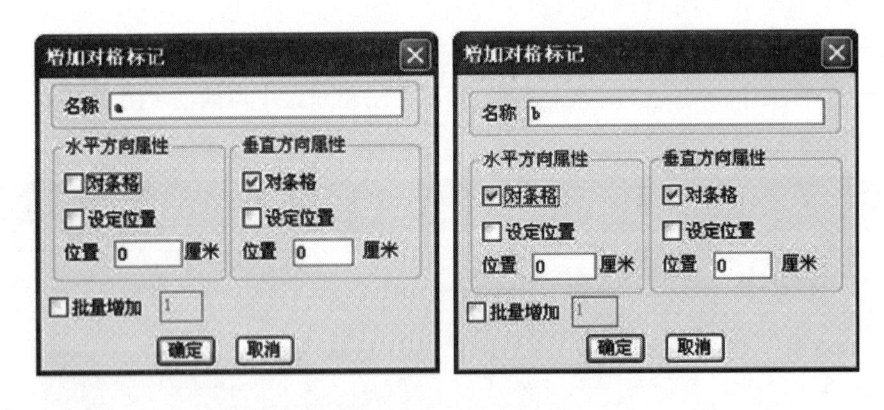

图3–164　增加对格标记对话框

⑧在【对格对条】对话框内单击【上一个】或【下一个】，直至选中对格对条的标记剪口或钻孔，如前左片的剪口3，在【对格标记】中勾选【设对格标记】，并在下拉菜单下选择标记【a】，单击“采用”按钮。继续单击【上一个】或【下一个】按钮，选择标记11，用相同的方法，在下拉菜单下选择标记【b】并单击【采用】。

⑨选中前幅，用相同的方法选中腰位上的对位标记，选中对位标记【a】，并单击【采用】，同样对袋盖设置（图3–165）。

⑩单击并拖动纸样窗中要对格对条的样片到唛架上释放鼠标。由于【对格标记】中

没有勾选【设定位置】，后面放在工作区的纸样是根据先前放在工作区的纸样对位的（图3–166）。

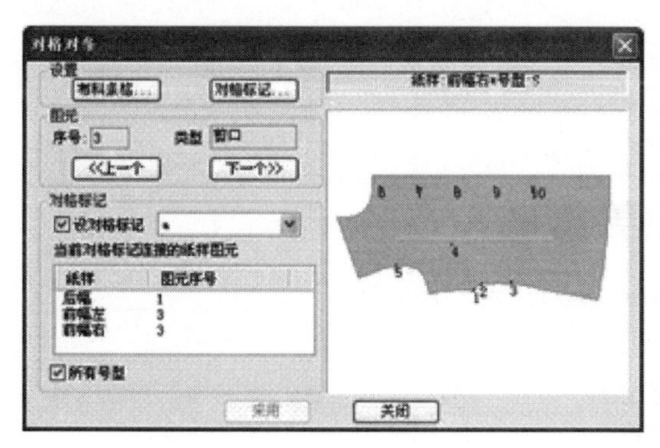

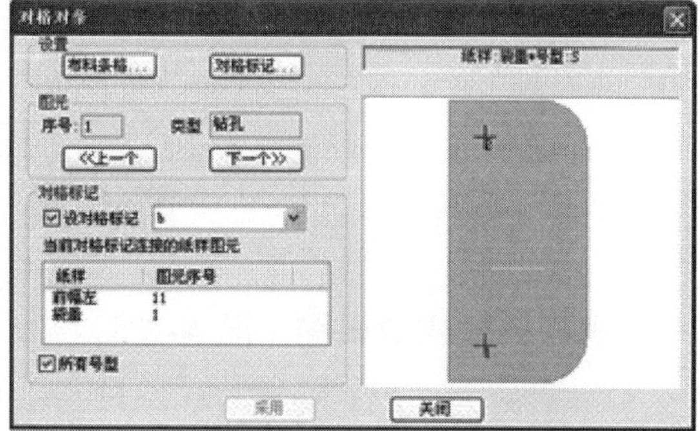

图3–165　对格对条操作

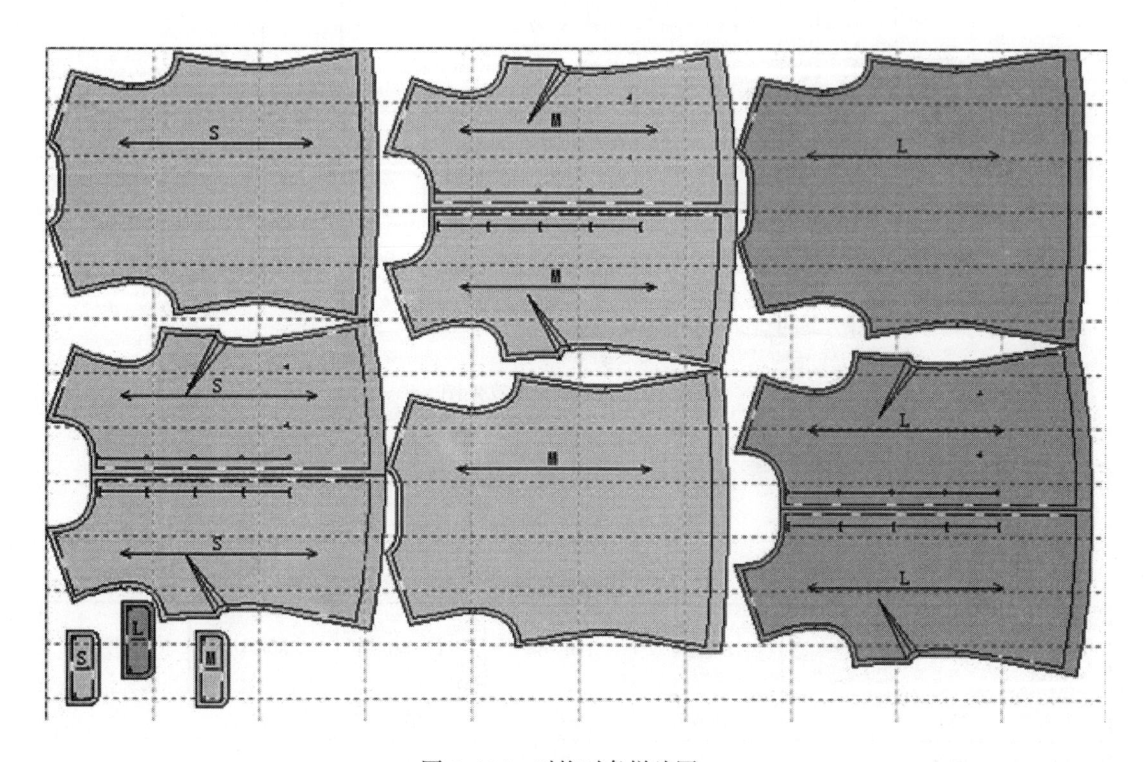

图3–166　对格对条样片图

第四章　男裤 CAD 制板

第一节　男西裤

一、男西裤款式效果图（图 4-1）

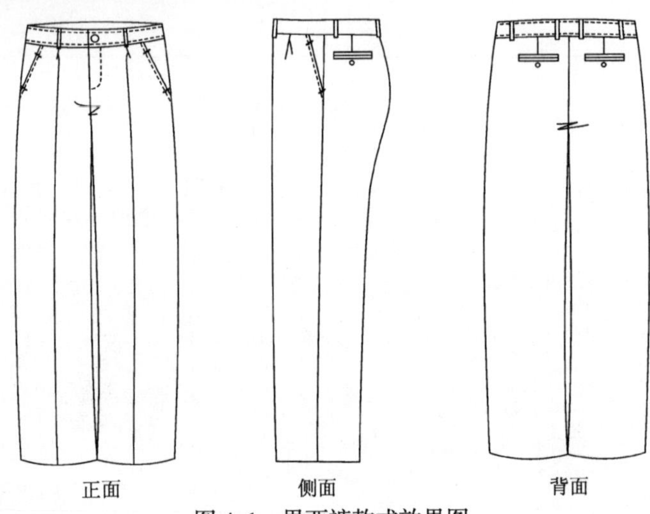

图 4-1　男西裤款式效果图

二、男西裤规格尺寸表（表 4-1）

表 4-1　男西裤规格尺寸表　　单位：cm

部位 \ 号型	165/72A	170/76A	175/80A	180/84A	档差
裤长	101	104	107	110	3
腰围	72	76	80	84	4
臀围	92	96	100	104	4
膝围	46	48	50	52	2
裤口	44	46	48	50	2
立裆（上裆，不含腰头）	25.3	26	26.7	27.4	0.7
前浪（前裆弧长，不含腰头）	26.6	27.5	28.4	29.3	0.9
后浪（后裆弧长，不含腰头）	36	37	38	39	1
横裆宽	63.5	66	68.5	71	2.5

三、男西裤 CAD 制板步骤

1. **设置号型规格**（图 4–2）

单击【号型】菜单→【号型编辑】，在【设置号型规格表】对话框中输入所需尺寸（此操作可有可无）。

设置号型规格表

号型名	☑	☑S	◉M	☑L	☑XL	☑
裤长		101	104	107	110	
腰围		72	76	80	84	
臀围		92	96	100	104	
膝围		46	48	50	52	
裤口		44	46	48	50	
上裆		25.3	26	26.7	27.4	
前浪		26.6	27.5	28.4	29.3	
后浪		34.5	37	39.5	42	
横裆宽		0	66	0	0	

打开　存储　删除　插入　取消　确定

cm　组间档差　组内档差　指定基码　计算列　导入归号文件　清除空白行列　分组

图 4–2　设置号型规格表

2. **男西裤前、后片各部位结构示意图**（图 4–3）

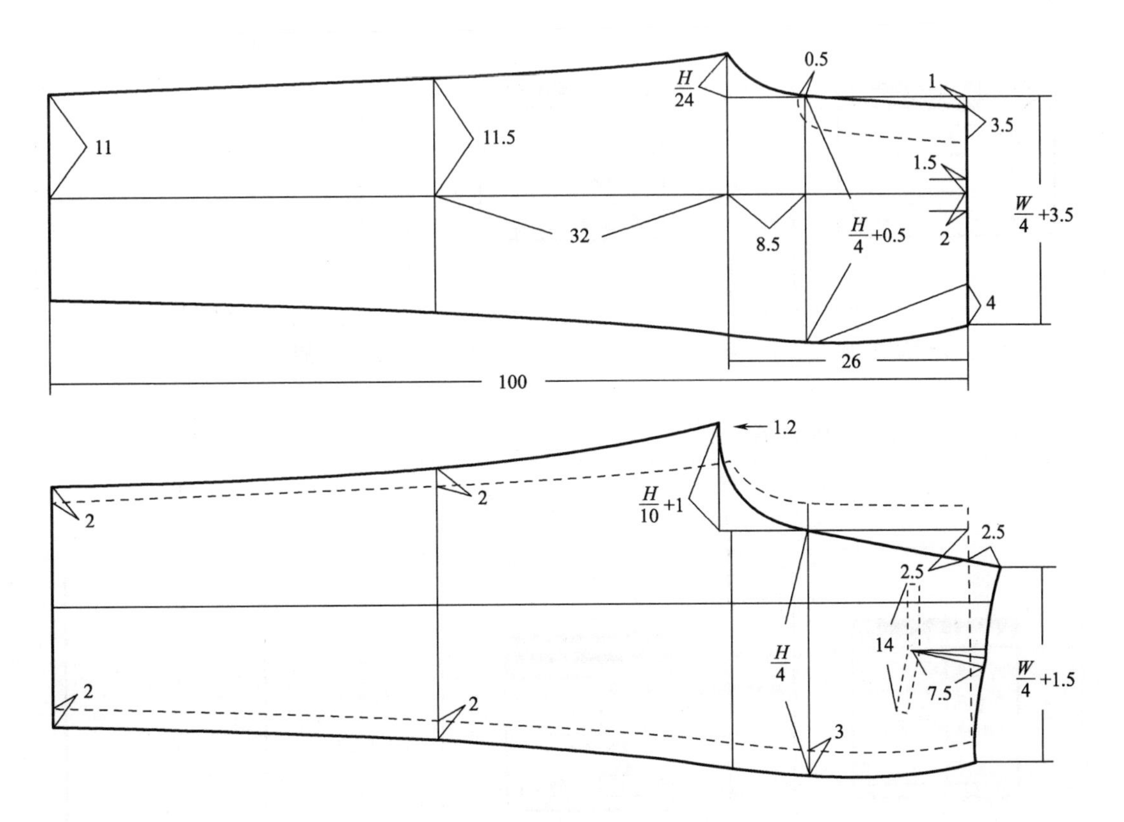

图 4–3

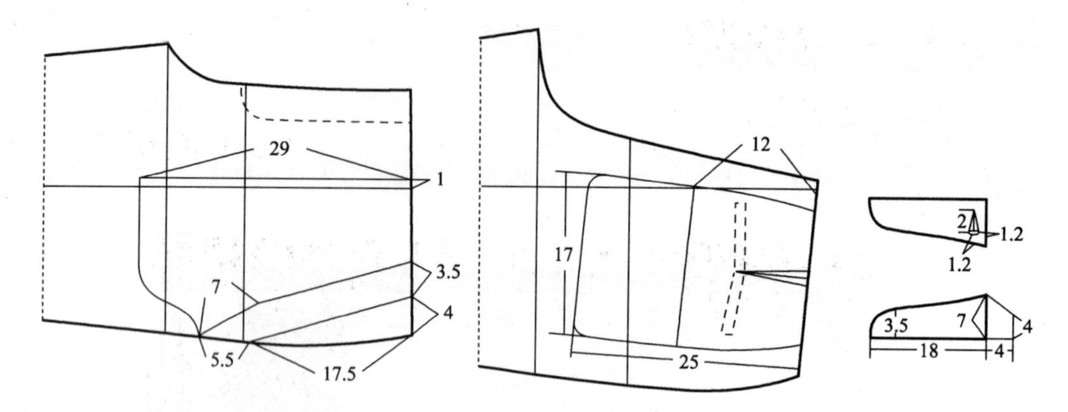

图 4-3 男西裤结构示意图

3. 画前片矩形（图 4-4）

选择智能笔工具，在空白处拖出长为上裆尺寸 26cm，宽度前臀围 25cm（计算公式：臀围 96cm/4+0.5）的矩形。

4. 画前片臀围线（图 4-5）

选择智能笔工具在 8.5cm 处画前片臀围线。

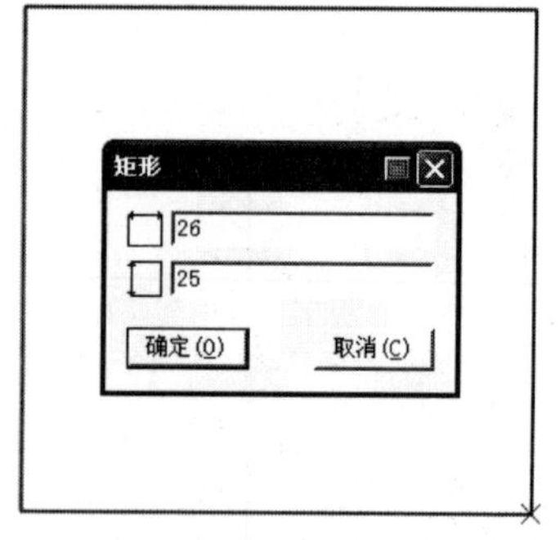

图 4-4 画前片矩形

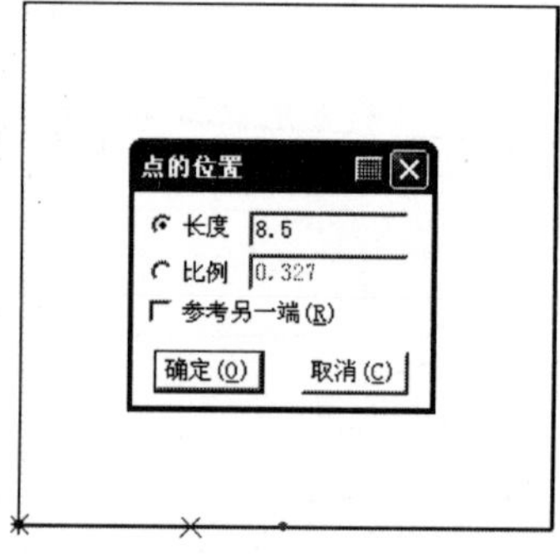

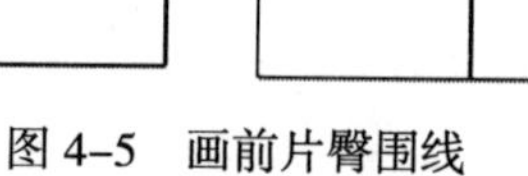

图 4-5 画前片臀围线

5. 画前片横裆线（图 4-6）

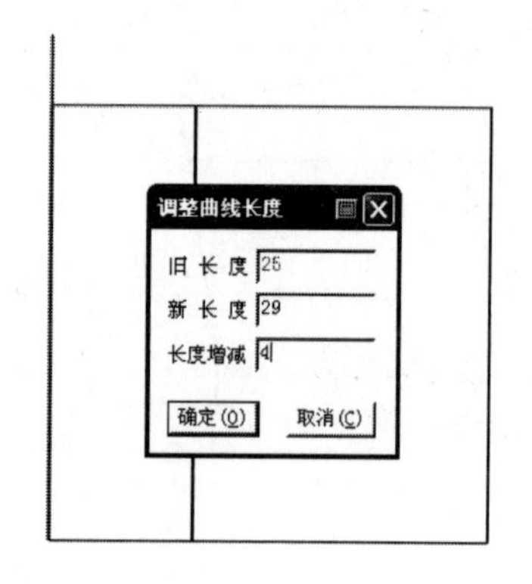

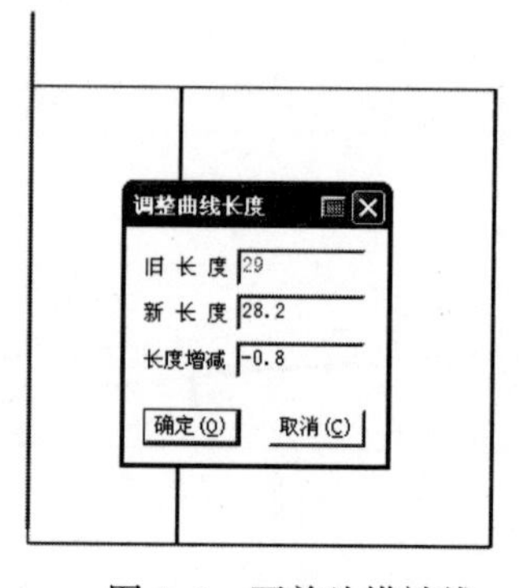

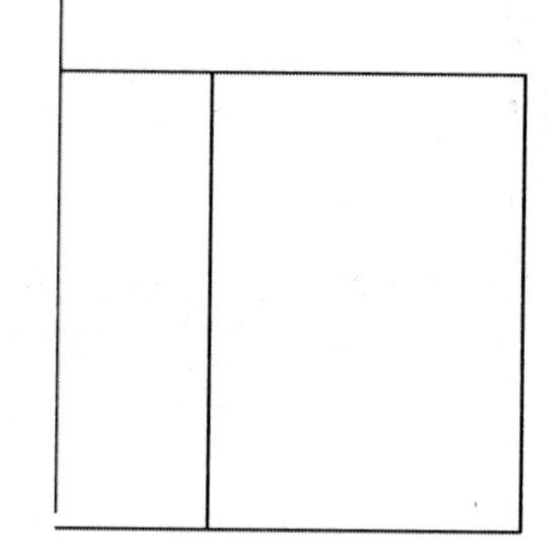

图 4-6 画前片横裆线

①选择智能笔工具，按住【Shift】键，右键点击横裆基础线前中部分，进入【调整曲线长度】功能，输入增长量4cm（计算公式：臀围96cm/24）。

②选择智能笔工具，按住【Shift】键，右键点击横裆基础线侧缝部分，进入【调整曲线长度】功能，输入增长量–0.8cm（0.8cm为侧缝劈势量）。

6. 画前片烫迹线（图4–7）

①选择等分规工具，将横裆线平分为两等份。然后用智能笔工具，切换成丁字尺状态，从横裆线中心处连接到腰口基础线。

②选择智能笔工具，按住【Shift】键，右键点击烫迹基础线上半部分，进入【调整曲线长度】功能，输入新长度100cm（计算公式：裤长104cm–腰头宽4cm）。

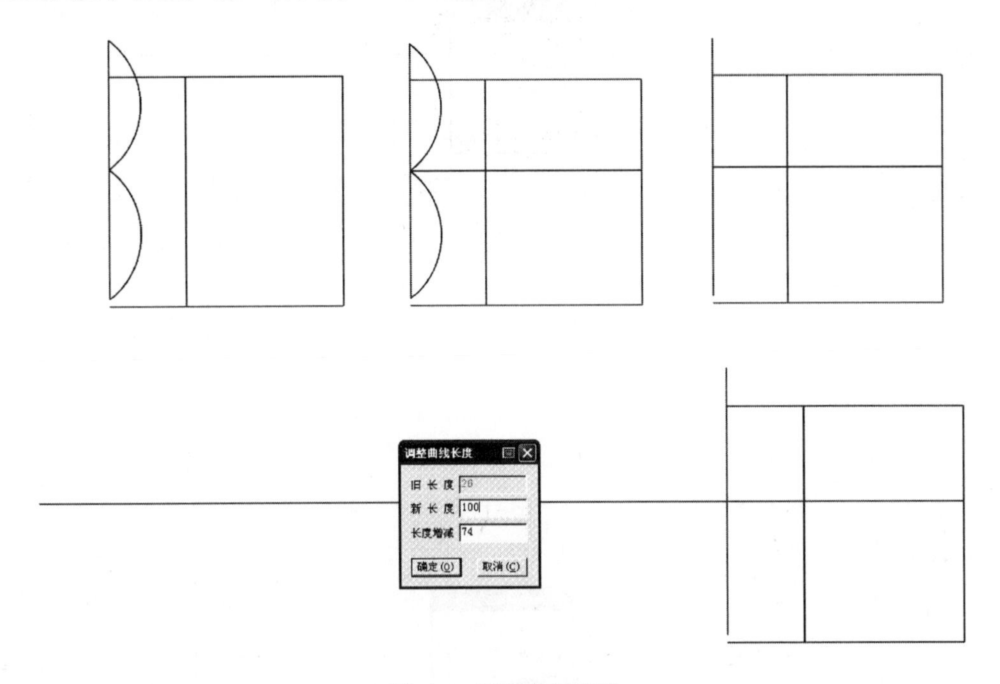

图4–7　画前片烫迹线

7. 画前片裤口线（图4–8）

选择智能笔工具切换成丁字尺状态，画前片裤口线11cm［计算公式：（裤口46cm/2–1）/2］。

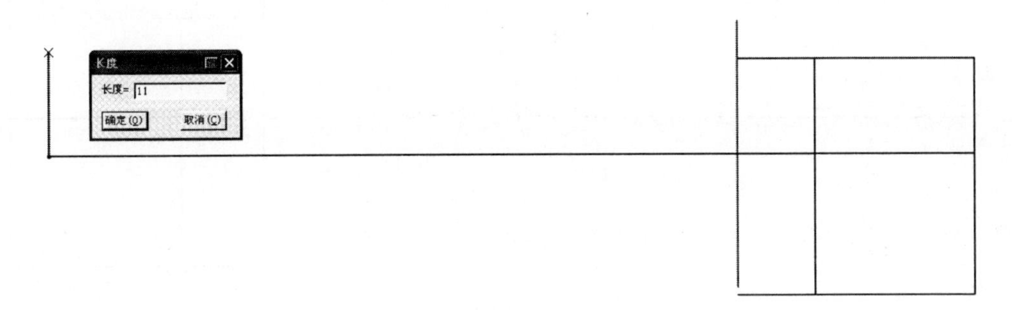

图4–8　画前片裤口线

8. 画前片膝围线（图 4–9）

①选择智能笔工具，按住【Shift】键，进入【平行线】功能，从横裆线向下 32cm 定膝围线。

②选择智能笔工具将膝围线单向靠齐。用智能笔工具，按住【Shift】键，右键点击膝围线，进入【调整曲线长度】功能，输入新长度 11.5cm［计算公式：膝围（48cm/2–1）/2］。

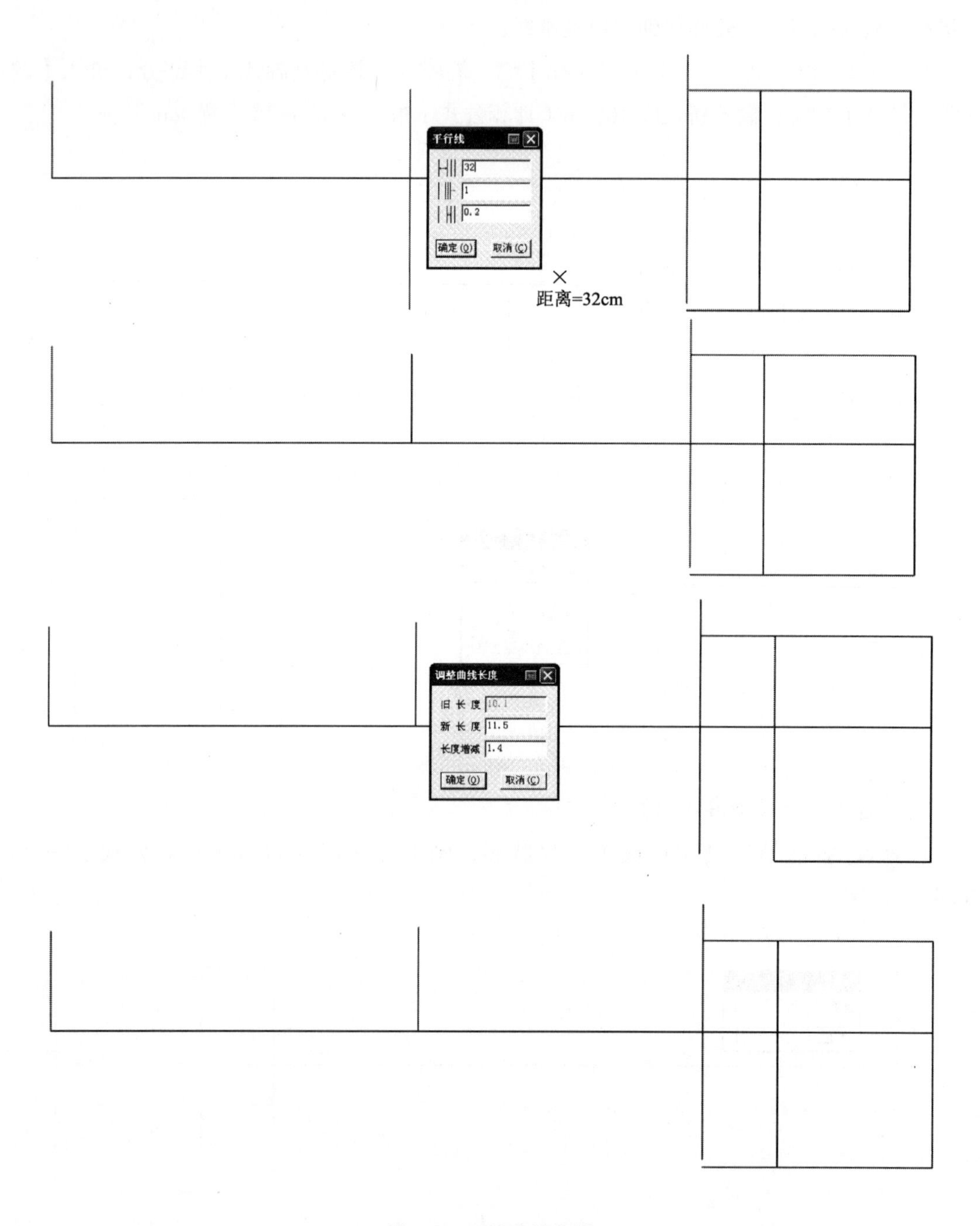

图 4–9　画前片膝围线

9. 画前片内侧缝线（图 4–10）

选择 智能笔工具，将裤口端点经膝围端点与横裆端点相连，并用 调整工具将侧缝线调顺。

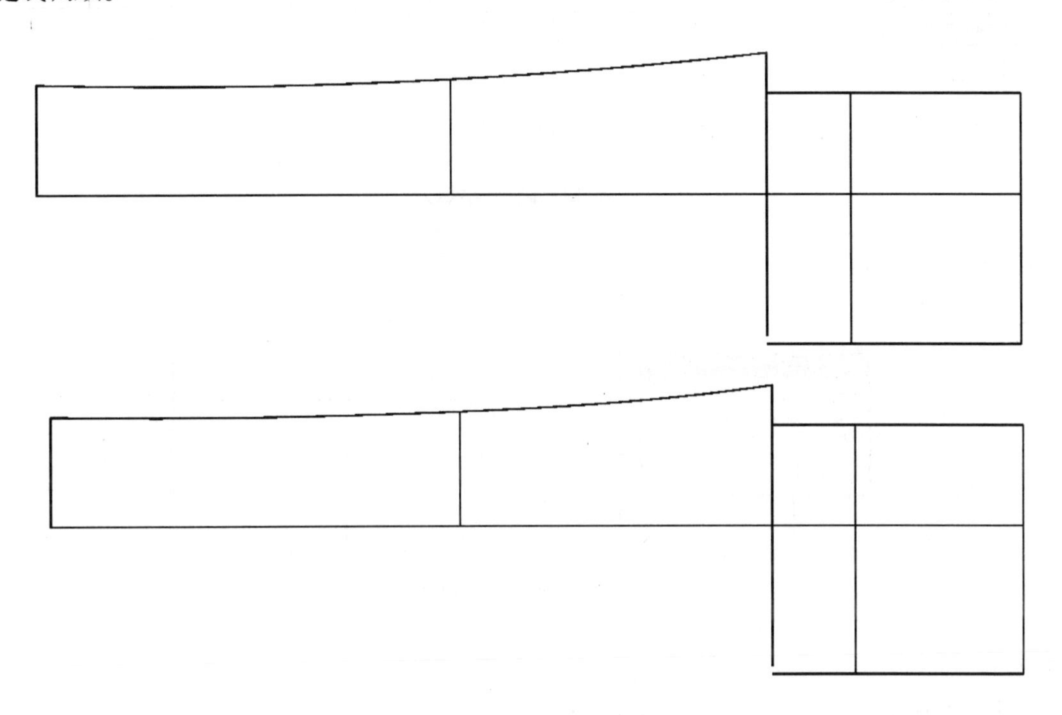

图 4–10　画前片内侧缝线

10. 对称复制前片内侧缝线（图 4–11）

选择 对称工具，按住【Shift】键，进入【对称复制】功能，将侧缝线对称复制。

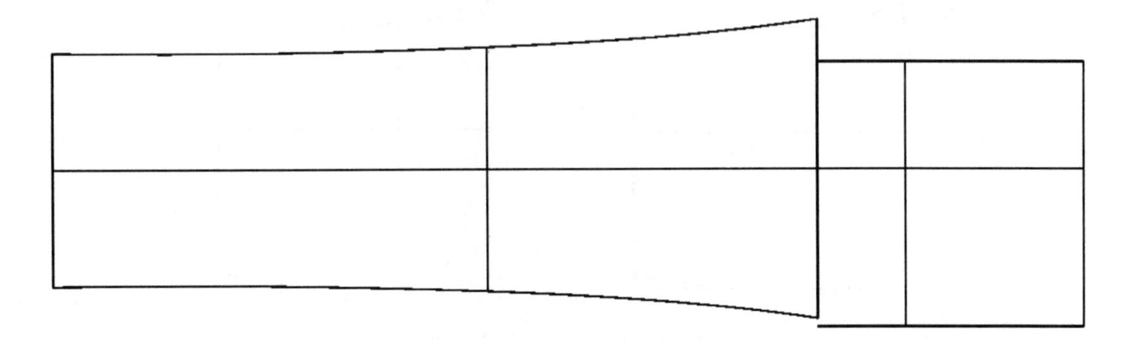

图 4–11　画对称复制侧缝线

11. 画前裆弧线（图 4–12）

选择 智能笔工具，从横裆线端点经臀围线端点，在腰口线上取 1cm 相连，再用 调整工具调顺前裆弧线。

12. 画前片腰口线（图 4–13）

选择 智能笔工具，在腰口线前中端点按【Enter】键，输入纵向起翘量 0.5cm，横向

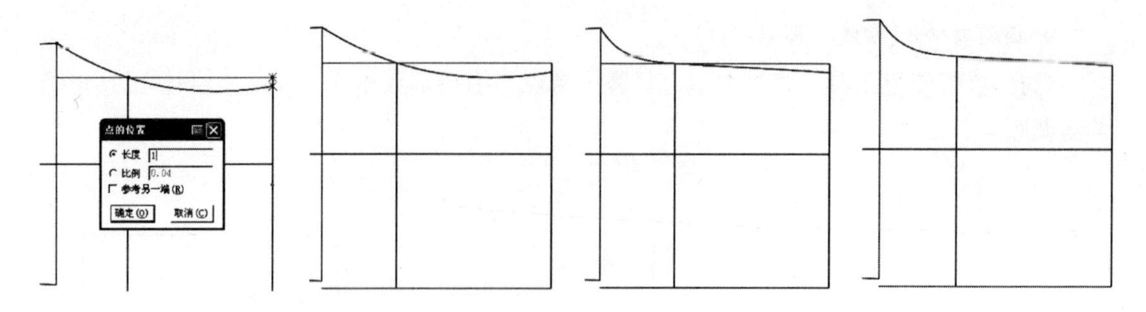

图 4-12　画前裆弧线

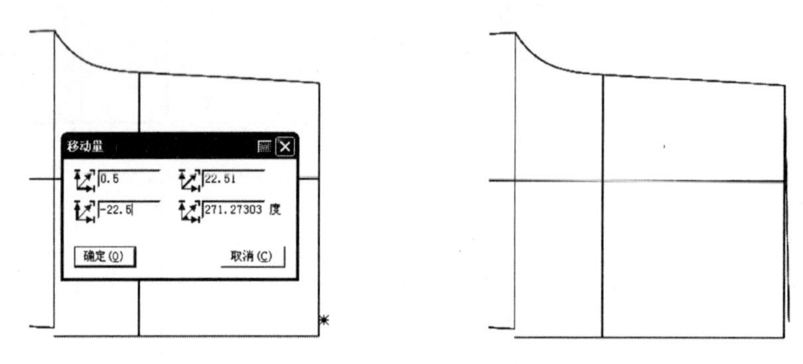

图 4-13　画前片腰口线

偏移量 -22.5cm（计算公式：腰围 76cm/4+ 裥褶量 3.5cm）。

13. **画前片侧缝线上裆部分**（图 4-14）

选择智能笔工具，从腰口线侧缝端点经臀围线侧缝端点与横裆线侧缝端点相连画一条线为前片侧缝线上裆部分。选择调整工具调顺前片侧缝线上裆部分。

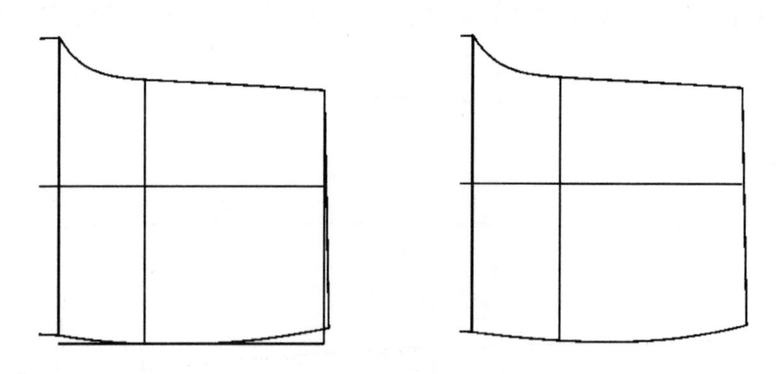

图 4-14　画前片侧缝线上裆部分

14. **连接前片侧缝线**（图 4-15）

选择剪断线工具分别点击前片侧缝线横裆线以下部分和前片侧缝线上裆部分。右键结束将二段接成一条线。

15. **画前片袋口线**（图 4-16）

选择智能笔工具在腰口线上取侧袋宽 4cm，在侧缝线上取侧袋深 17.5cm，并连接袋口线。

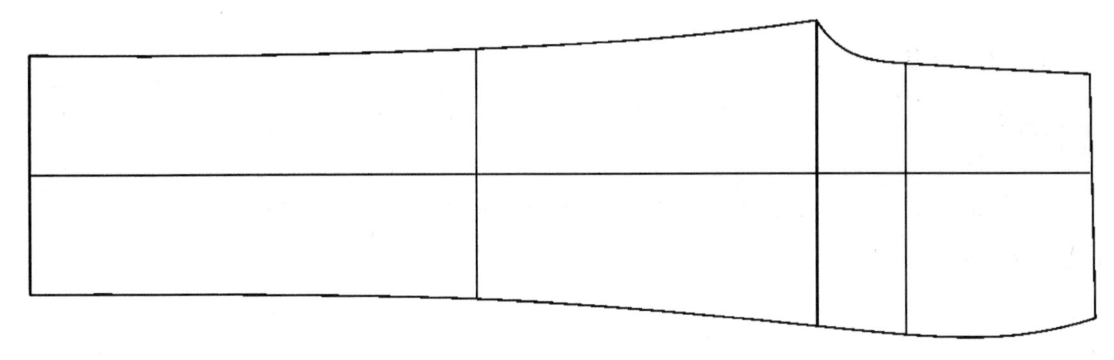

图 4-15　连接前片侧缝线

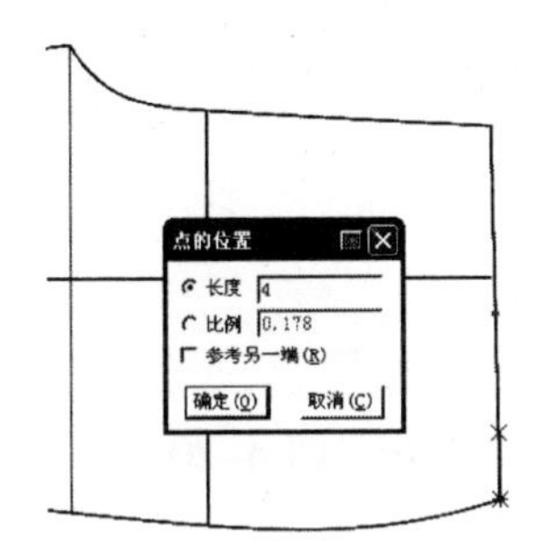

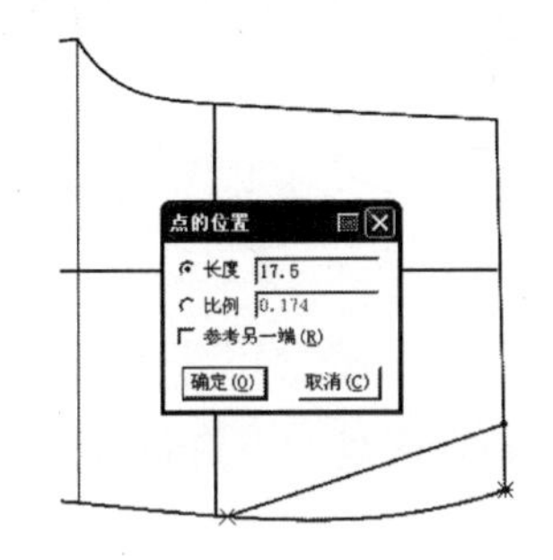

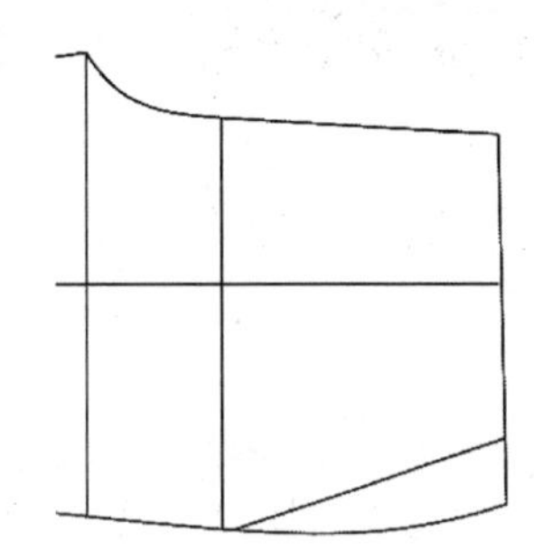

图 4-16　画前片袋口线

16. **画前片袋贴线**（图 4-17）

选择智能笔工具，按住【Shift】键，进入【平行线】功能。输入袋口贴宽度 3.5cm，并用智能笔工具画好袋口贴。

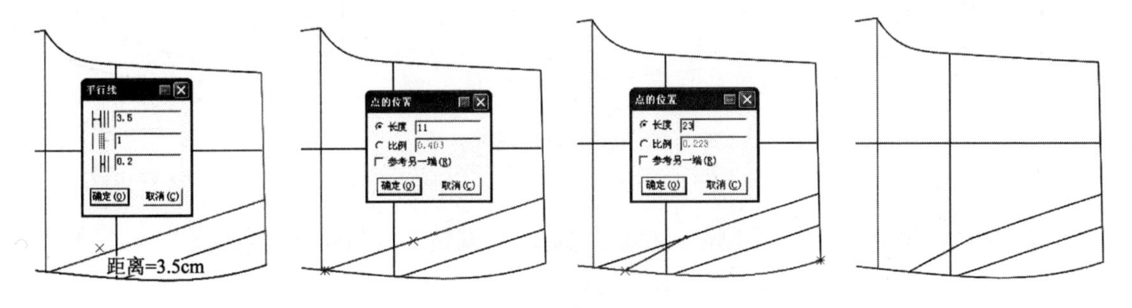

图 4-17　画前片袋贴线

17. **画前片袋布**（图 4-18）

选择智能笔工具绘制袋布，并用调整工具将袋布下口弧线调顺畅。

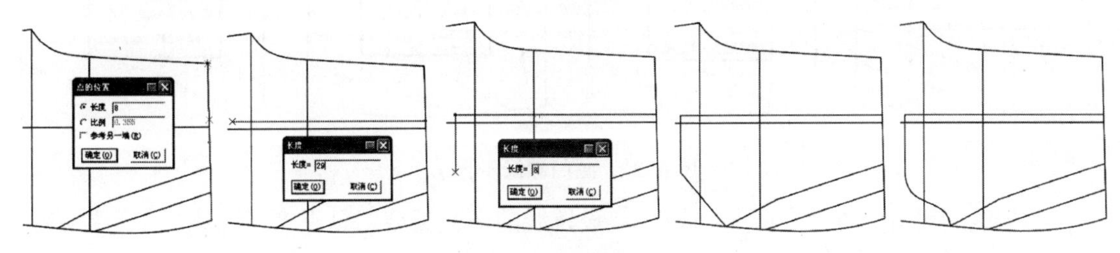

图 4-18　画前片袋布

18. 画裥褶位

①选择智能笔工具在腰围线与烫迹线交叉点按【Enter】键，输入横向偏移量 1.5cm；裥褶位长 4cm。

②选择智能笔工具在腰围线与烫迹线交叉点按【Enter】键，输入横向偏移量 -2cm；裥褶位长 4cm（图 4–19）。

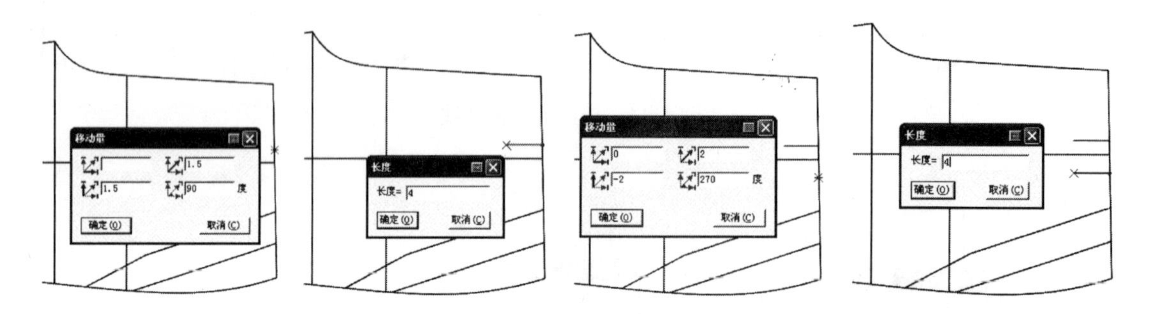

图 4–19　画褶裥位步骤①、②

③选择调整工具分别将二条裥褶线的下口各自向内偏移 0.1cm（图 4–20）。

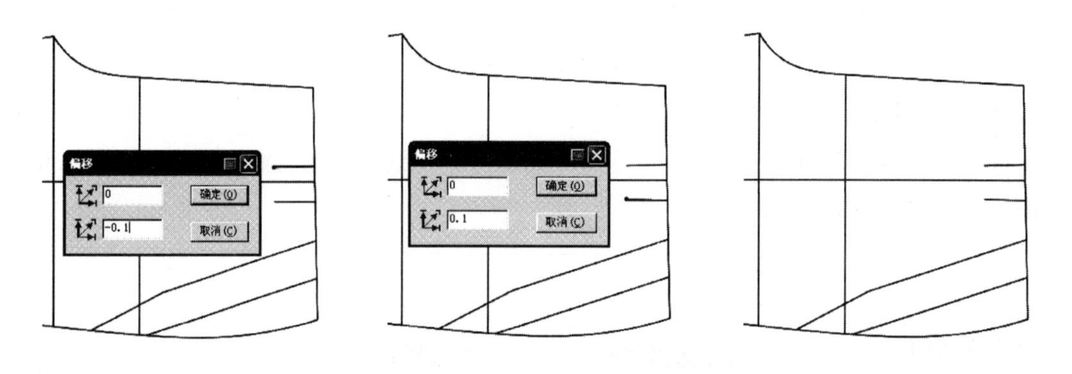

图 4–20　画褶裥位步骤③～⑥

19. 画门襟线

①选择智能笔工具，绘制前门襟线。选择调整工具调顺前门襟线（图 4–21）。

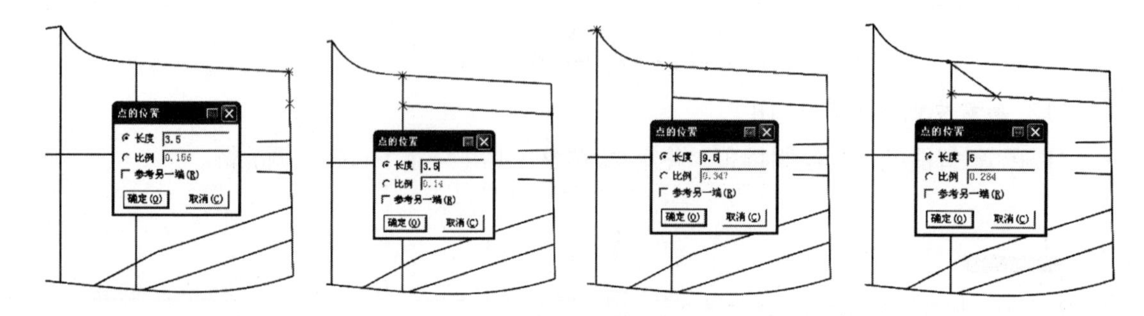

图 4–21　画门襟线步骤①

②把线型设置为虚线，选择设置线的颜色类型工具点击门襟线。使门襟线变为虚线（图 4–22）。

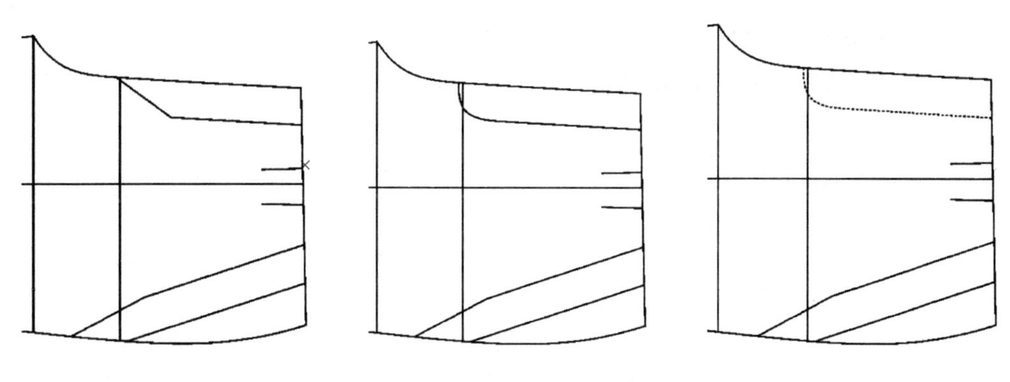

图 4-22　画门襟线步骤②

20. 复制前片基础线（图 4-23）

选择移动工具，按住【Shift】键，进入【复制】功能。将前片结构线复制在空白处。然后把线型设置为虚线，选择设置线的颜色类型工具点击线段。使前片结构线改为虚线。

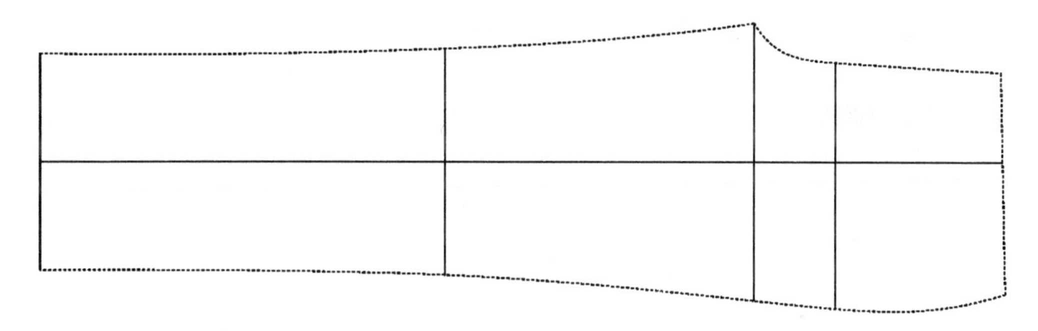

图 4-23　复制前片结构线

21. 画后片臀围线（图 4-24）

①选择智能笔工具，按住【Shift】键，右键点击臀围线靠前中部分，进入【调整曲线长度】功能。输入增长量 -3cm。

②选择智能笔工具，按住【Shift】键，右键点击臀围线靠侧缝部分，进入【调整曲线长度】功能。输入增长量 3cm。

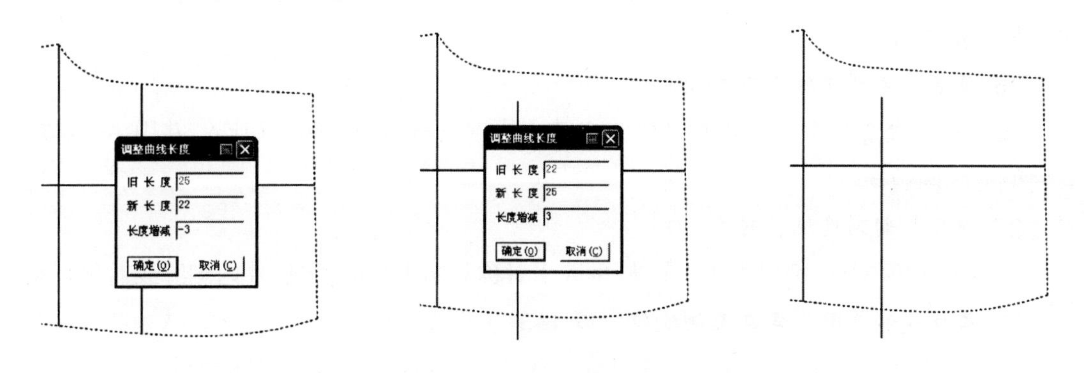

图 4-24　画后片臀围线

22. 画相关基础线（图 4–25）

选择智能笔工具画好相关基础线。

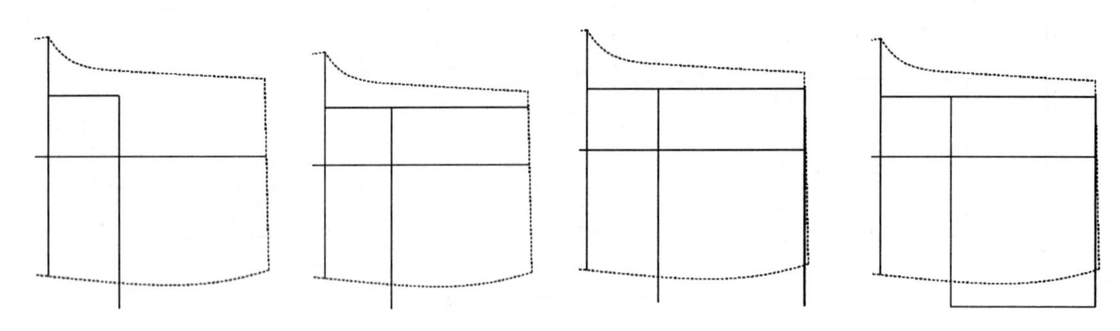

图 4–25　画相关基础线

23. 画后片横裆线（图 4–26）

选择智能笔画后小裆线长 10.6cm（计算公式：臀围 96cm/10+1cm），落裆量为 1.2cm。

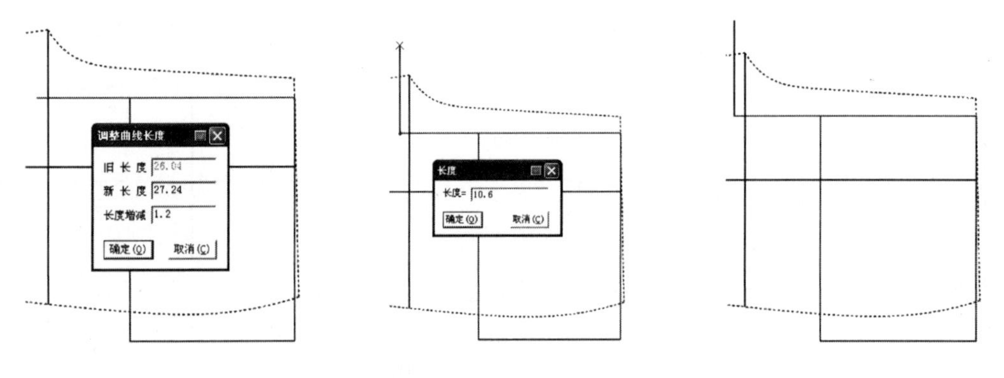

图 4–26　画后片横裆线

24. 画后片膝围线（图 4–27）

选择智能笔工具，按住【Shift】键，右键点击膝围线，进入【调整曲线长度】功能，输入增长量 2cm。

25. 画后片裤口线（图 4–28）

选择智能笔工具，按住【Shift】键，右键点击裤口线，进入【调整曲线长度】功能，输入增长量 2cm。

26. 画后片内侧缝线（图 4–29）

选择智能笔工具，将裤口线端点经膝围线端点与横裆线端点相连，并用调整工具将侧缝线调顺畅。

27. 对称复制侧缝线（图 4–30）

选择对称工具，按住【Shift】键，进入【对称复制】功能，将后片内侧缝线对称复制。

28. 裤口线和膝围线靠边至侧缝线（图 4–31）

选择智能笔工具中的【靠边】功能，将膝围线和裤口线靠边至侧缝线。

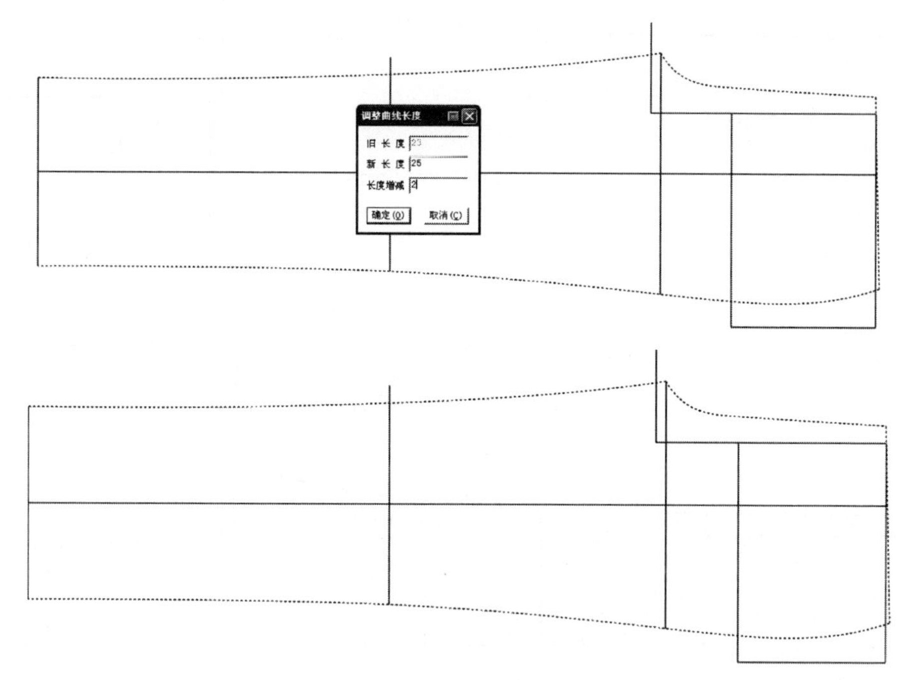

图 4-27　画后片膝围线

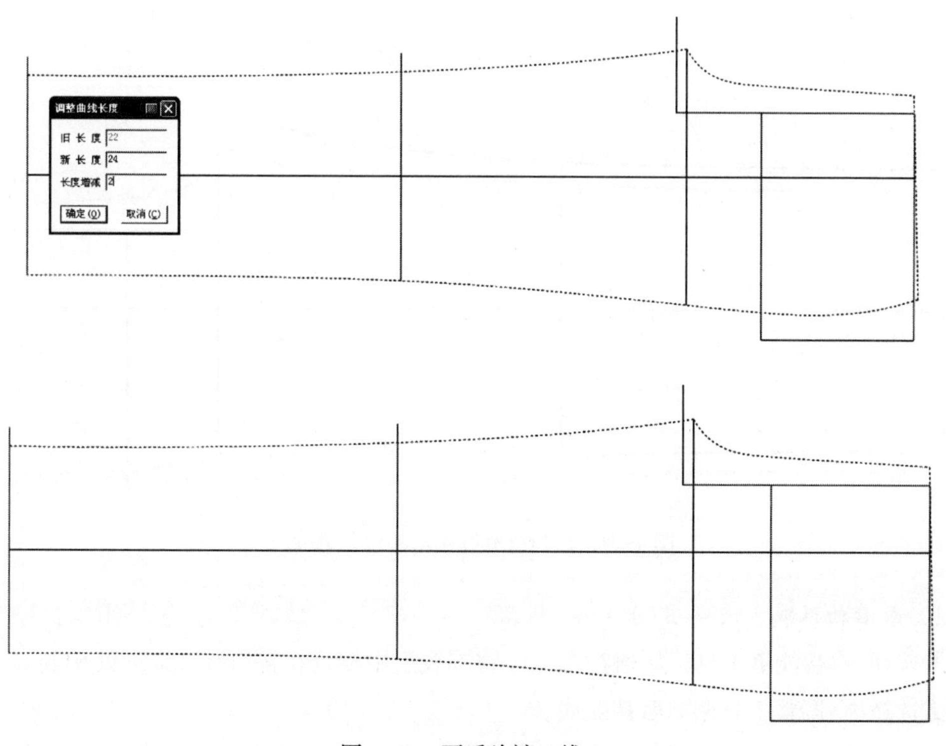

图 4-28　画后片裤口线

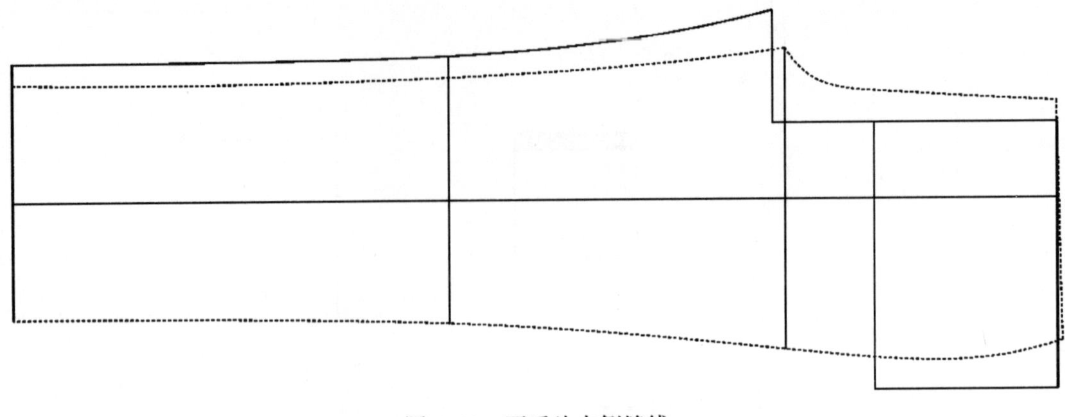

图 4–29 画后片内侧缝线

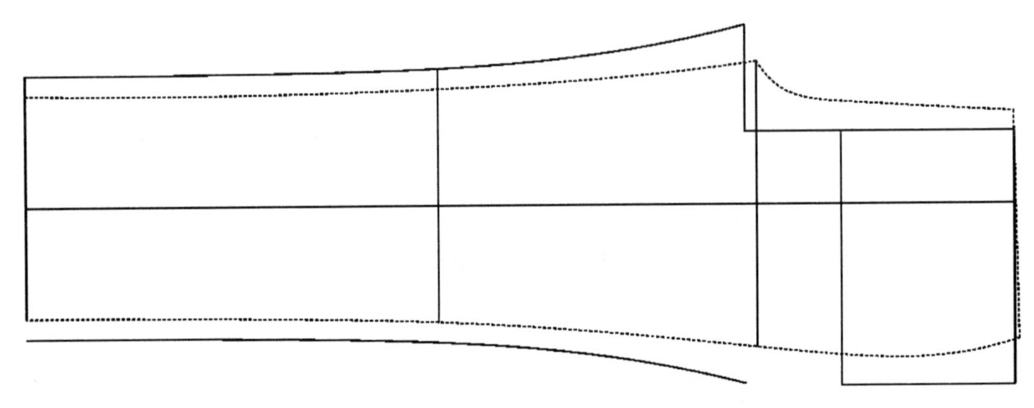

图 4–30 对称复制侧缝线

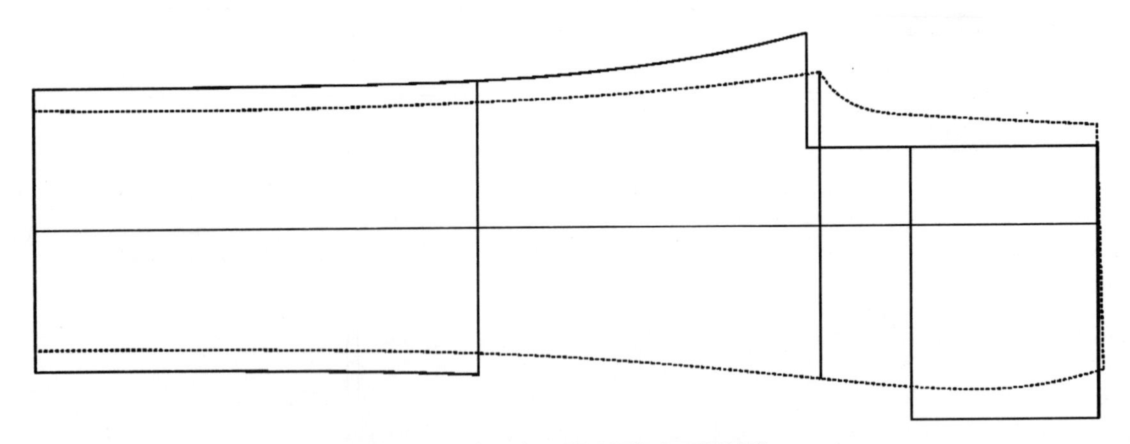

图 4–31 裤口线和膝围线靠边至侧缝线

29. 画后裆弧线（图 4–32）

①选择智能笔工具，从横裆端点经臀围线后中端点在腰口线 2.5cm 处相连。

②选择调整工具调顺后裆弧线。

③选择智能笔工具，按住【Shift】键，右键点击后裆弧线靠腰围线部分，进入【调整曲线长度】功能，输入增长量 2.5cm。

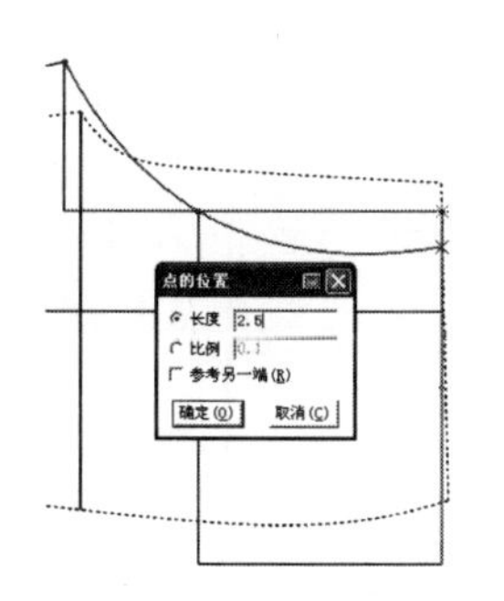

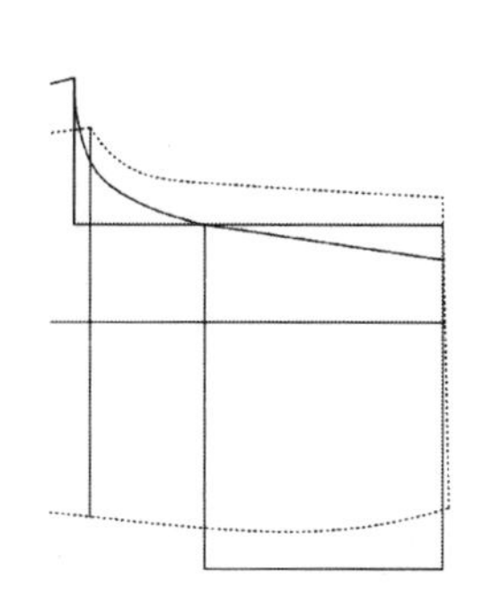
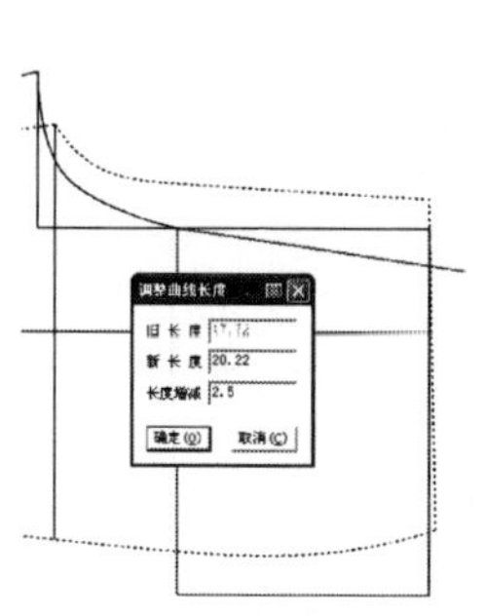

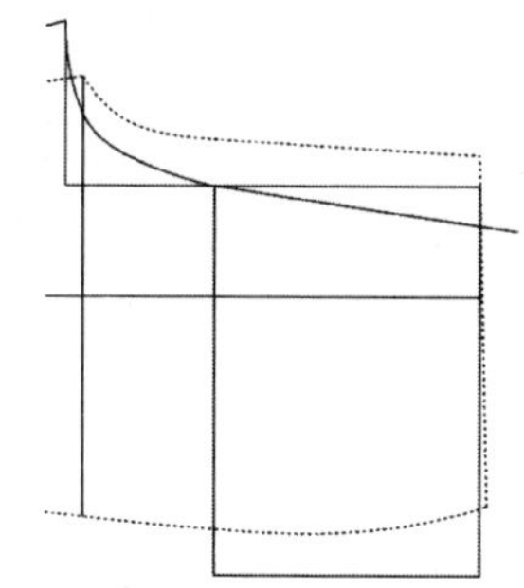

图 4–32　画后裆弧线

30. **画后片腰口线**（图 4–33）

选择智能笔工具，在后裆弧线腰口端点按【Enter】键，输入横向偏移量 –20.5cm（计算公式：腰围 76/4+ 省量 1.5cm）；输入纵向偏移量 –2cm。用智能笔工具画好后腰口线；并用智能笔工具把侧缝线的上部画好。

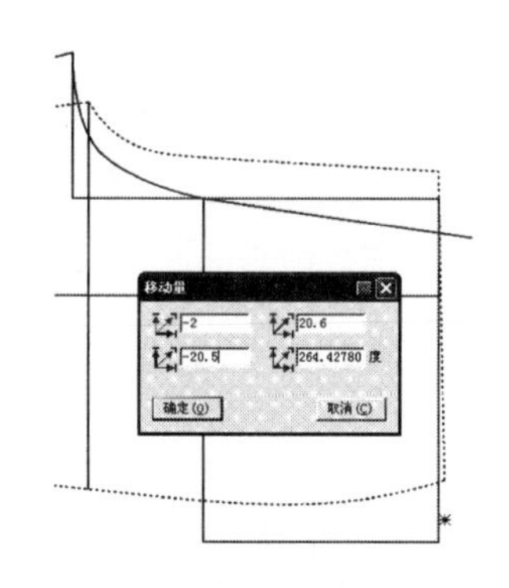

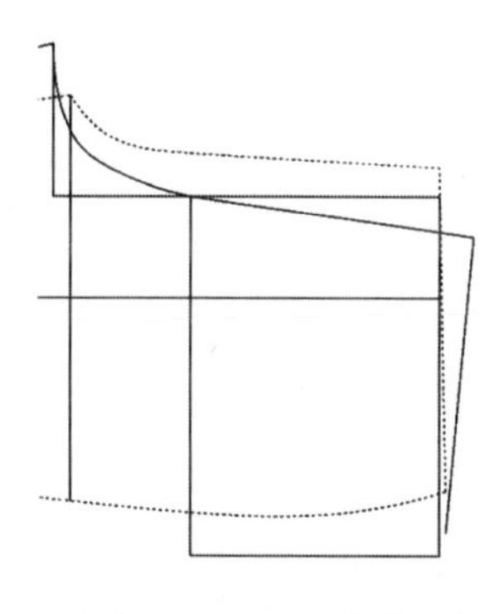
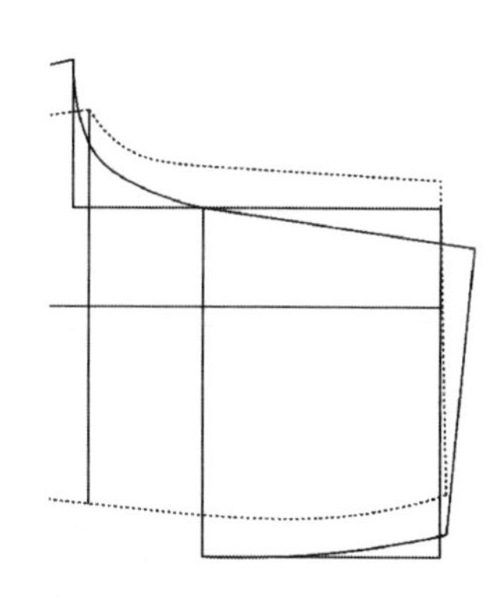

图 4–33　画后片腰口线

31. **连接侧缝线**（图 4–34）

①选择智能笔工具从后片臀围线侧缝端点画一条线与膝围线侧缝端点相连。

②选择剪断线工具，分别点击侧缝线的三段线，按右键结束，将三段侧缝线连成一条线。然后用调整工具调顺侧缝线。

32. **画后腰省**（图 4–35）

①选择智能笔工具，按住【Shift】键，进入【三角板】功能，左键点击腰口线后中端点拖到侧缝端点，在中点处确定第一个省长 7.5cm。

②选择智能笔工具，按住【Shift】键，右键框选腰口线，点击开省线，出现【省宽】对话框，输入 1.5cm 省量，确认后击右键调顺腰围线，单击右键结束。

33. **画后袋位**（图 4–36）

选择智能笔工具，按住【Shift】键，进入【三角板】功能，画好后袋位。

34. **调整前后裆弧线**（图 4–37）

选择合并调整工具，前后裆弧线为同边时，则勾选此选项再选线，线会自动翻转。选中【手动保形】，调顺前后裆弧线。

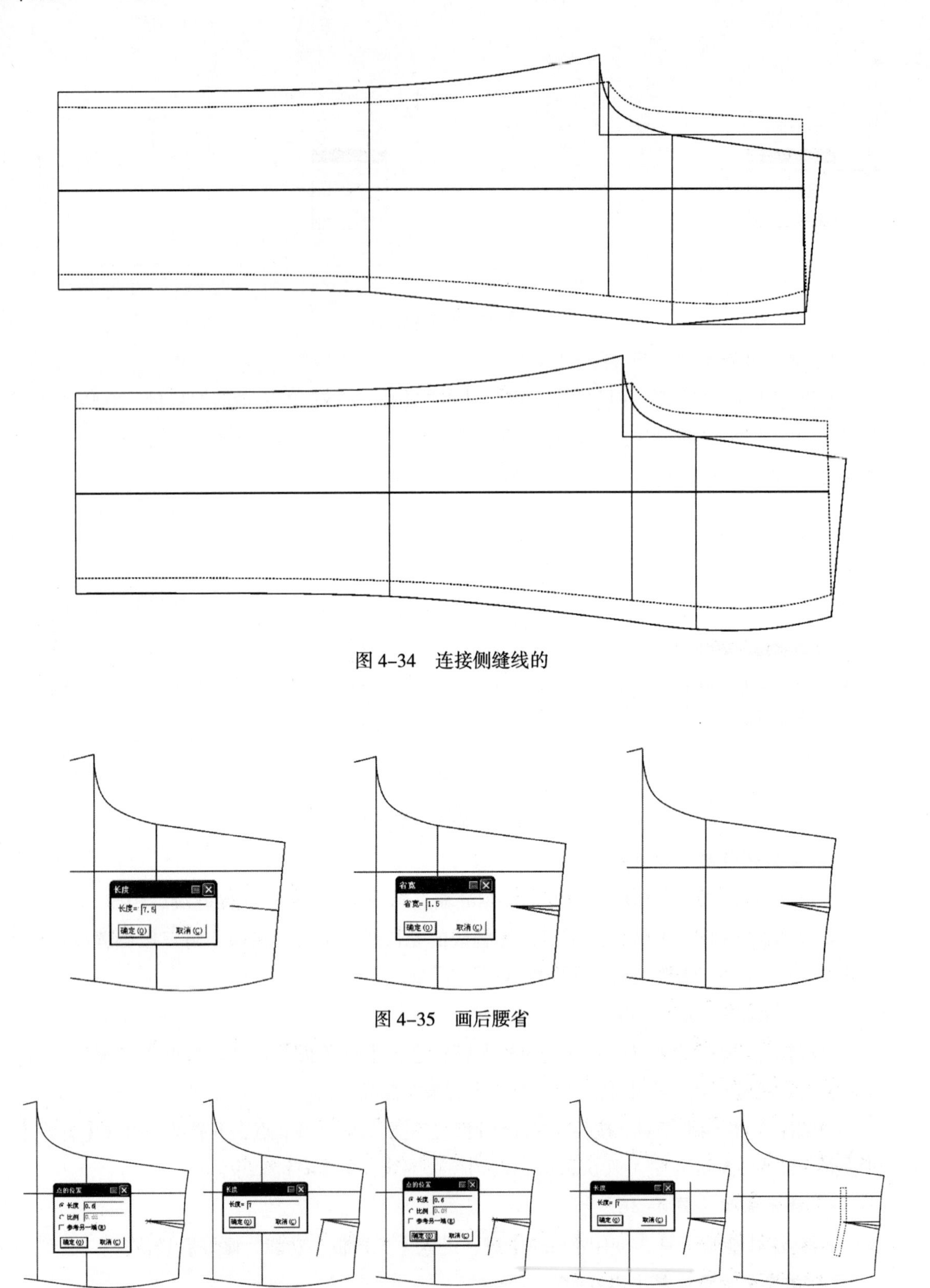

图 4-34　连接侧缝线的

图 4-35　画后腰省

图 4-36　画后袋位

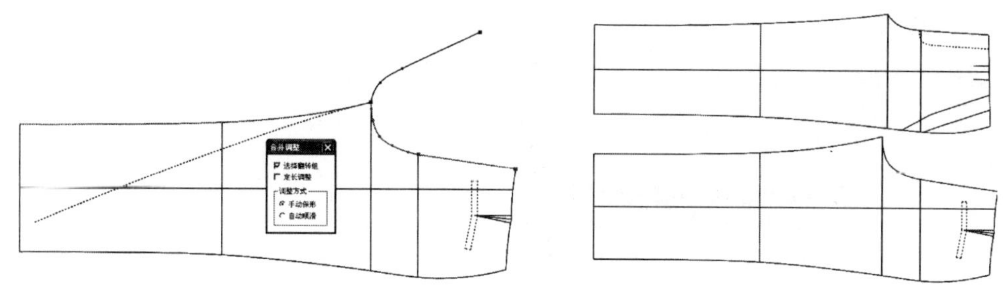

图 4–37 调整前后裆弧线

35. **画后袋布**（图 4–38）

①选择智能笔工具，按住【Shift】键，进入【三角板】功能，在腰口线 2cm 处垂直画一条 25cm 长的直线。

②选择智能笔工具，按住【Shift】键，进入【三角板】功能，画一条 17cm 长的垂直线。

③选择智能笔工具，按住【Shift】键，进入【三角板】功能，画好后袋布，并用圆角工具把后袋布下角处理圆顺。

④选择智能笔工具，按住【Shift】键，进入【平行线】功能，输入 12cm 做后袋垫布。

⑤选择移动工具，按住【Shift】键，进入【复制】功能，把后袋布复制到空白处。

⑥选择调整工具，分别框选后袋布上口两边端点，然后按【Enter】键，将后袋布上口两端分别调小 0.5cm。

图 4–38 画后袋布

36. 画嵌线（图 4–39）

选择智能笔工具在空白处拖出长度 14cm、宽度 2cm 的嵌线。

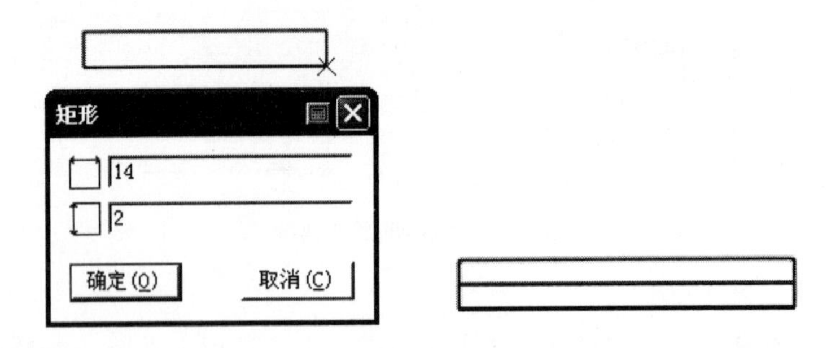

图 4–39　画嵌线

37. 前袋布、前袋贴边（图 4–40）

①选择移动工具，按住【Shift】键，进入【复制】功能，把前袋布复制到空白处，并用橡皮擦工具将不要的线段删除。

②选择对称工具，按住【Shift】键，切换为【对称复制】功能，将前袋布对称复制。

③选择移动工具，按住【Shift】键，进入【复制】功能，将前袋贴布复制。

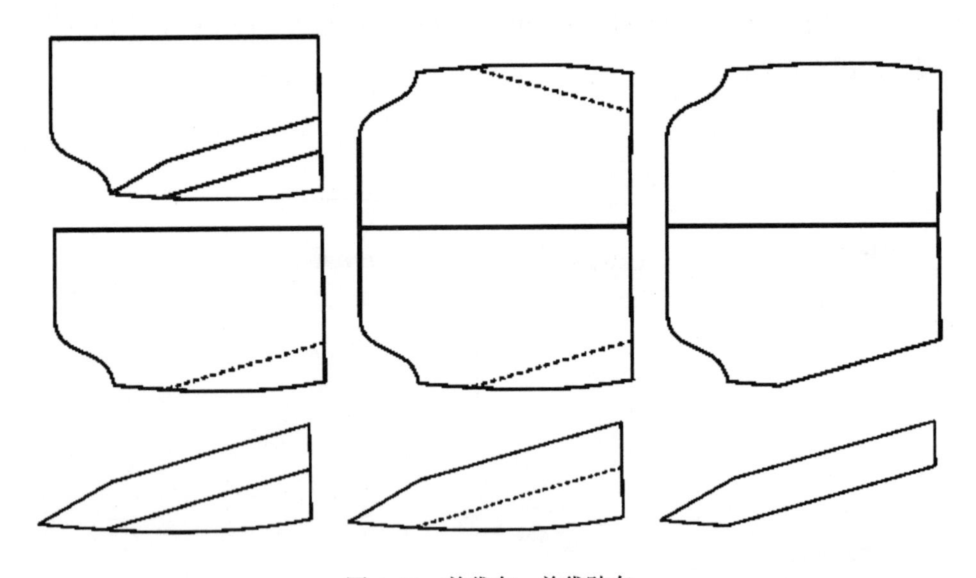

图 4–40　前袋布、前袋贴布

38. 画腰里布（图 4–41）

39. 画裆三角（图 4–42）

40. 腰头与串带位（图 4–43）

41. 裤绸里处理（图 4–44）

42. 拾取纸样（图 4–45）

选择剪刀工具拾取纸样的外轮廓线，单击右键切换成拾取衣片辅助线工具，拾取内部辅助线，并用布纹线工具将布纹线调整好。

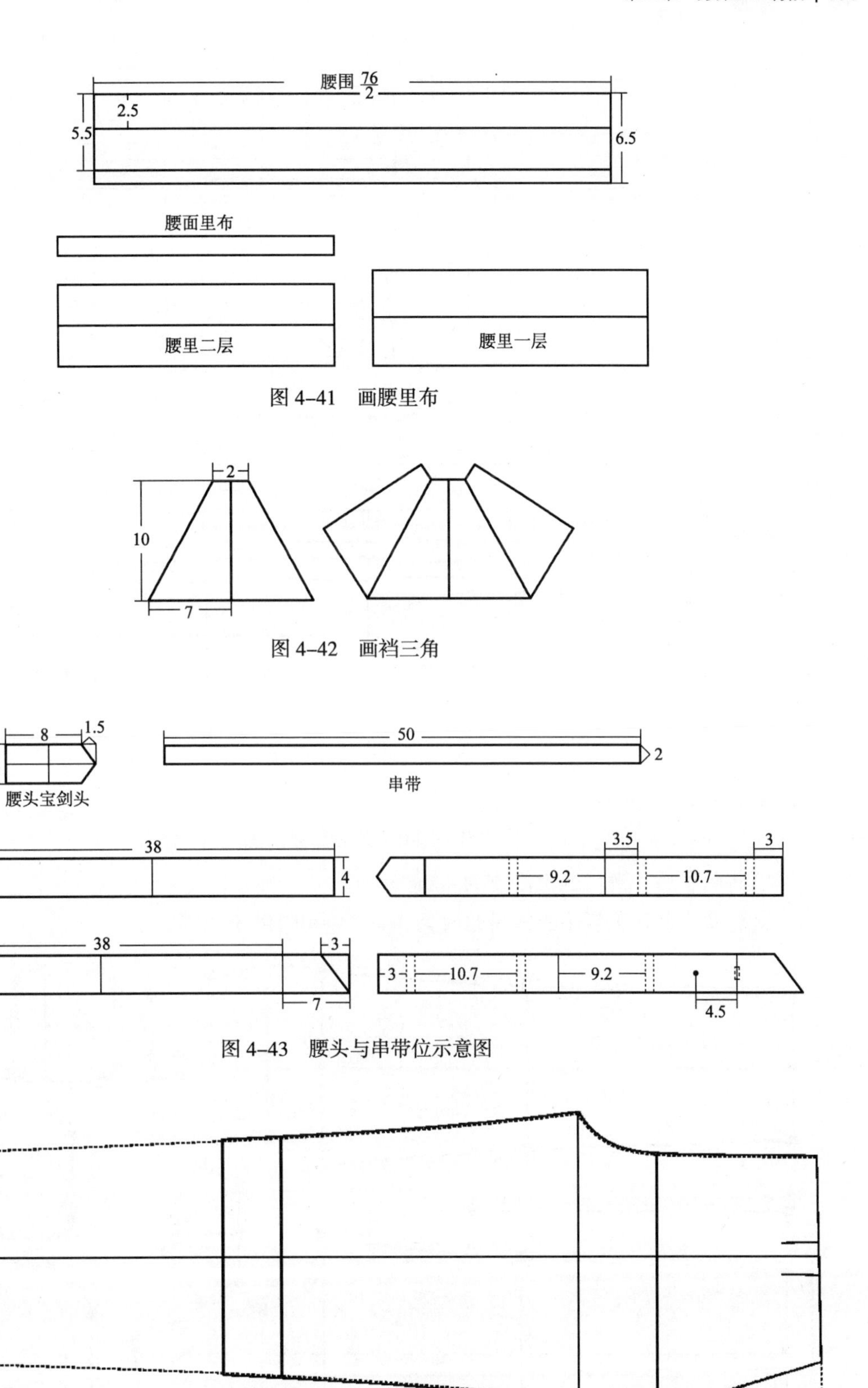

图 4–41　画腰里布

图 4–42　画裆三角

图 4–43　腰头与串带位示意图

图 4–44　裤绸里处理

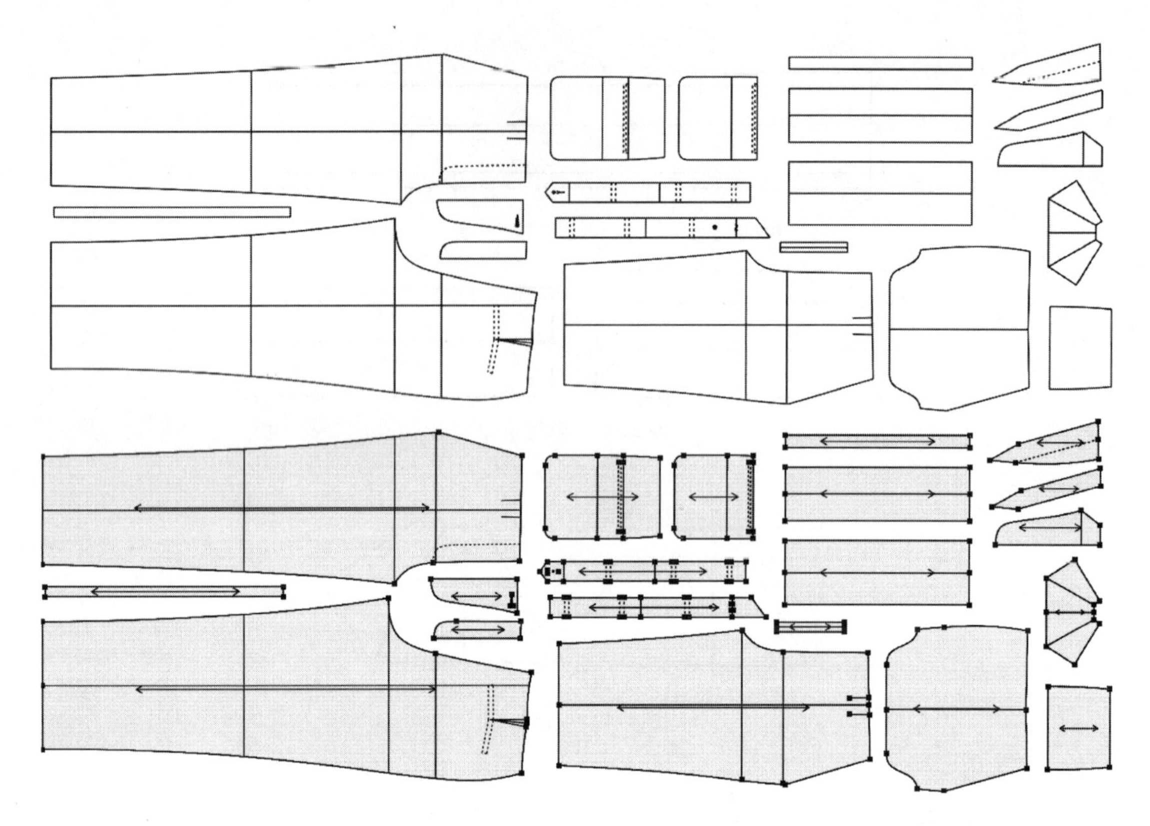

图 4-45 拾取纸样

43. 加缝份（图 4-46）

①选择加缝份工具，将工作区的所有纸样统一加 1cm 缝份。

②将前、后片裤口缝份修改为 4cm。

③将左、右腰头后中缝缝份修改为 3cm，将串带缝份归零。

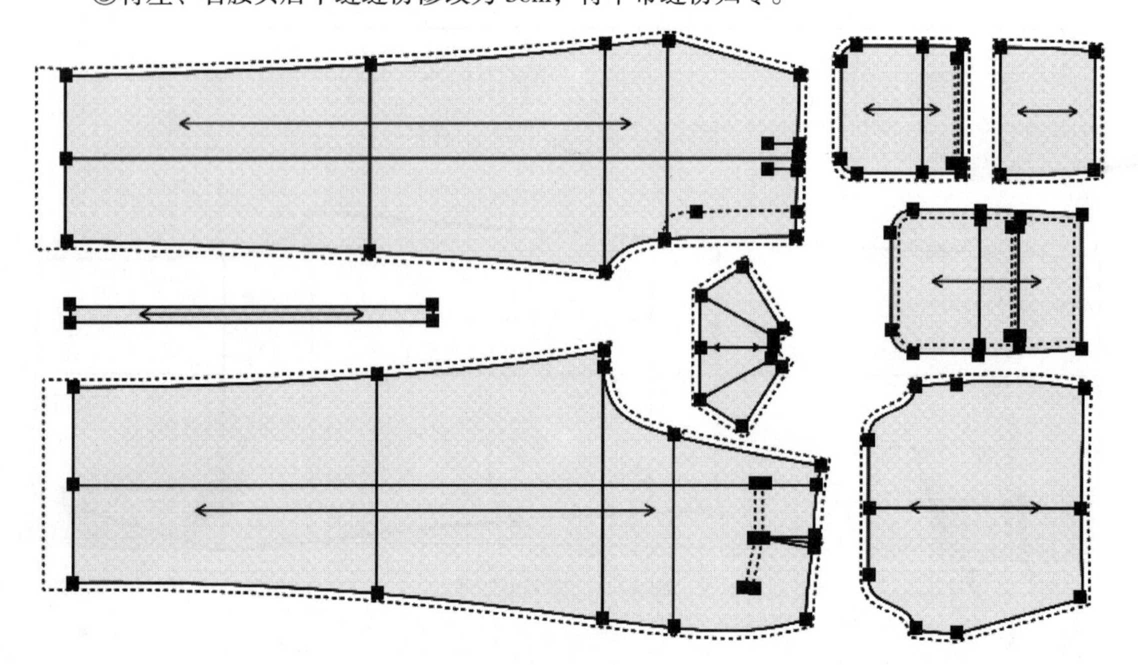

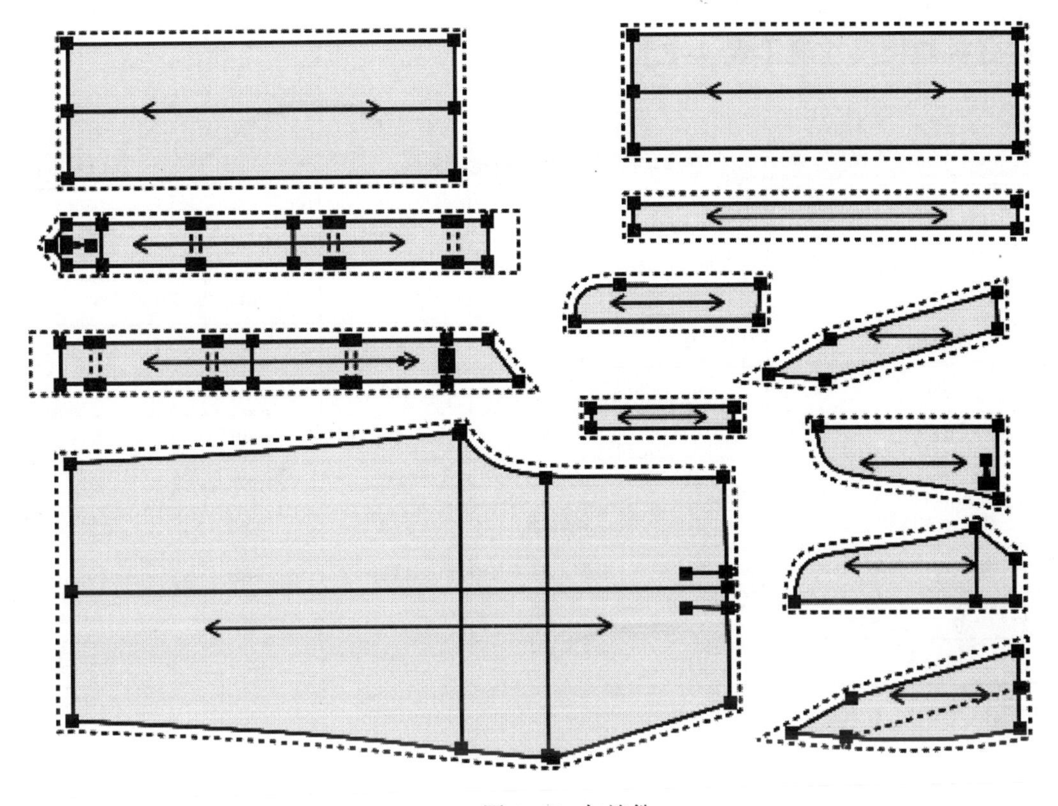

图 4-46　加缝份

第二节　牛仔裤

一、牛仔裤款式效果图（图 4-47）

图 4-47　牛仔裤款式效果图

二、牛仔裤规格尺寸表（表 4–2）

表 4–2　牛仔裤规格尺寸表　　单位：cm

号型 / 部位	165/72A	170/76A	175/80A	180/84A	档差
裤长	99	102	105	108	3
腰围	74	78	82	86	4
臀围	92	96	100	104	4
膝围	43	45	47	49	2
裤口	41	43	45	47	2
上裆长（不含腰头）	20.8	21.5	22.2	22.9	0.7
前裆弧长（不含腰头）	22.1	23	23.9	24.8	0.9
后裆弧长（不含腰头）	32	33	34	35	1
横裆宽	57	59.5	62	64.5	2.5

三、牛仔裤 CAD 制板步骤

1. **设置号型规格**（图 4–48）

单击【号型】菜单→【号型编辑】，在【设置号型规格表】对话框中输入所需尺寸（此操作可有可无）。

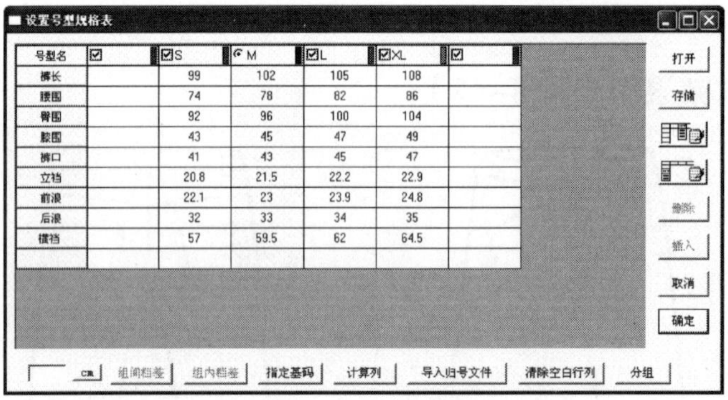

设置号型规格表

号型名	☑	☑S	M	☑L	☑XL	☑
裤长		99	102	105	108	
腰围		74	78	82	86	
臀围		92	96	100	104	
膝围		43	45	47	49	
裤口		41	43	45	47	
立裆		20.8	21.5	22.2	22.9	
前浪		22.1	23	23.9	24.8	
后浪		32	33	34	35	
横裆		57	59.5	62	64.5	

打开　存储　删除　插入　取消　确定

cm　组间档差　组内档差　指定基码　计算列　导入归号文件　清除空白行列　分组

图 4–48　设置号型规格表

2. **牛仔裤前、后片各部位结构示意图**（图 4–49）

3. **画前片结构图**（图 4–50）

运用本章第一节所学的男西裤 CAD 制板知识，结合图 4–49 所示各部位计算方法，用富怡 CAD 绘制前裤片结构图。

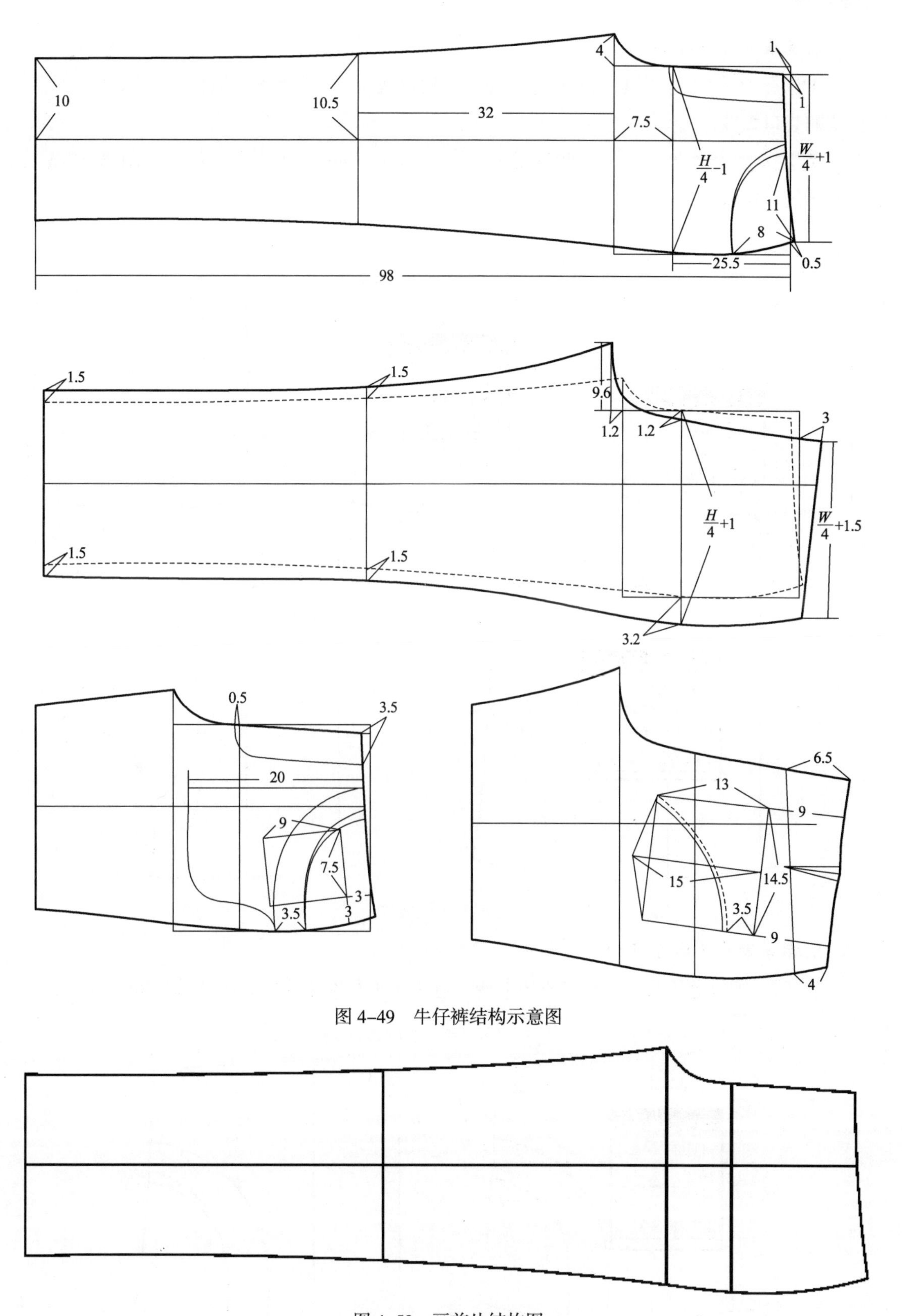

图 4-49　牛仔裤结构示意图

图 4-50　画前片结构图

4. 画袋位（图 4–51）

①选择智能笔工具，将侧缝线 8cm 与腰口线 11cm 处相连画袋位，再用调整工具调顺袋口弧线。

②选择智能笔工具，将侧缝线 8cm 与腰口线 12cm 处相连画袋位，再用调整工具调顺袋口弧线。

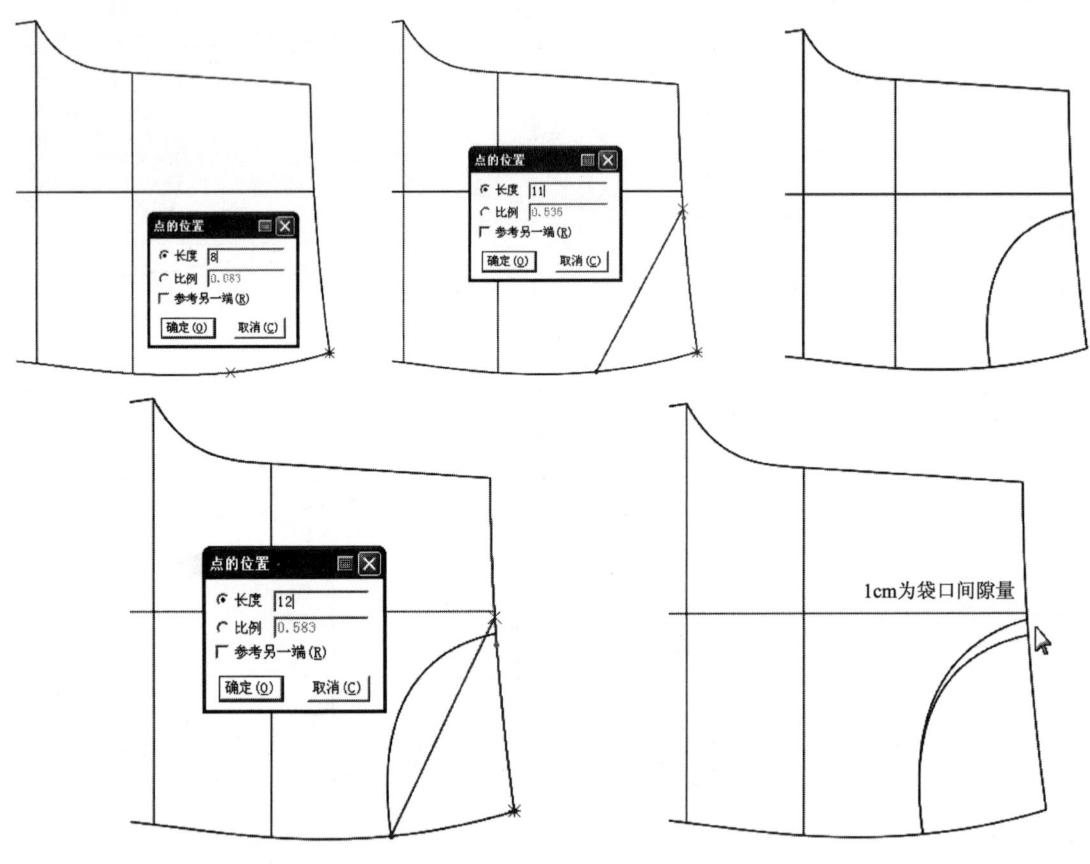

图 4–51　画袋位

5. 画袋贴布（图 4–52）

选择智能笔工具，按住【Shift】键，进入【平行线】功能，输入袋贴布宽 3.5cm。

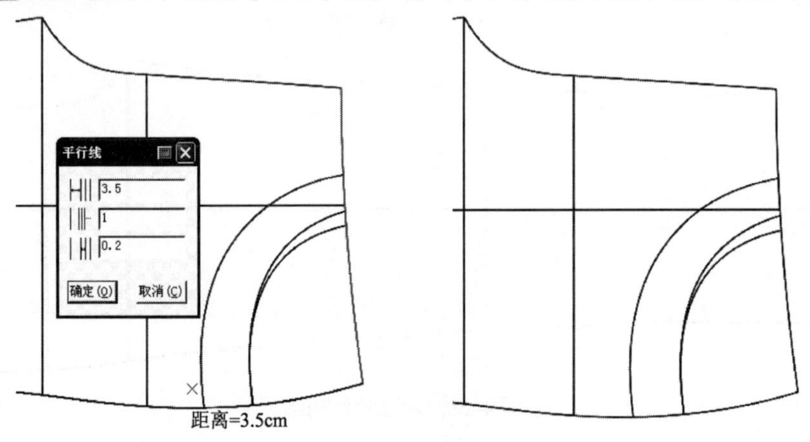

图 4–52　画袋贴布

6. 画袋布和袋贴布

①选择智能笔工具画好袋布，再用调整工具调顺袋布弧线（图 4–53）。

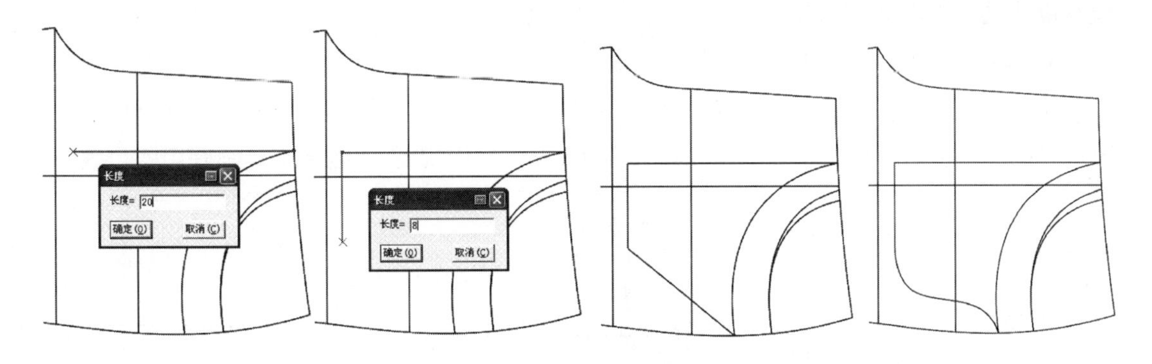

图 4–53　画袋布

②选择移动工具，按住【Shift】键，进入【复制】功能，将袋布复制到空白处。

③选择对称工具，将袋布对称复制，用橡皮擦工具删除不要的线段（图 4–54）。

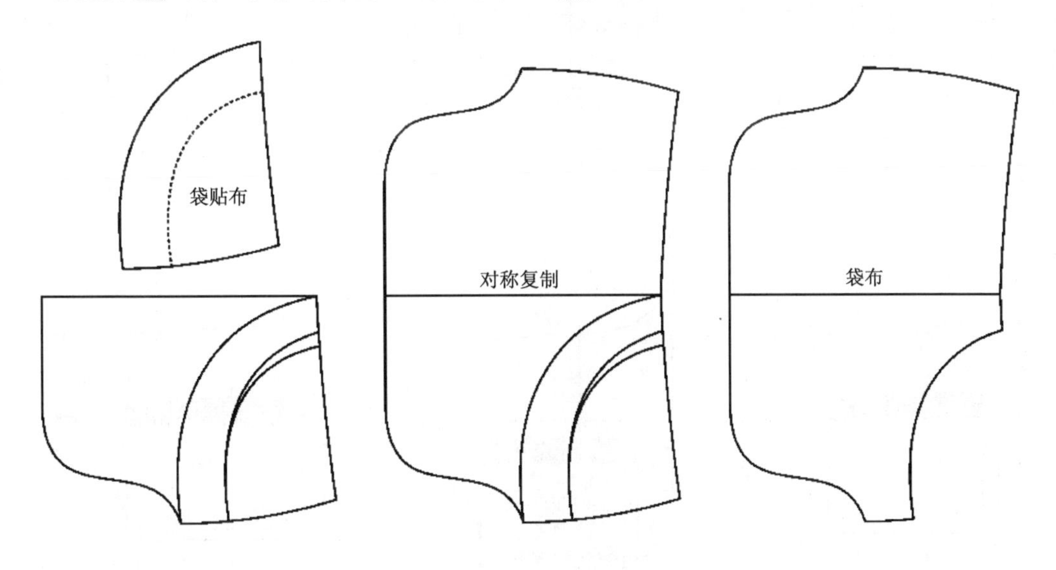

图 4–54　袋布和袋贴布

7. 画表袋

选择智能笔工具，如图 4–55 所示画表袋。

8. 画门襟（图 4–56）

9. 复制前片结构线画后片（图 4–57）

10. 画内侧缝线（图 4–58）

选择智能笔工具，从裤口端点经膝围线端点与横裆线端点相连，再用调整工具调顺内侧缝线。

11. 画后裆弧线（图 4–59）

①选择智能笔工具从 A 点经 B 点与腰口线 2.5cm 处的 C 点相连，再用调整工

具调顺后裆弧线。

②选择智能笔工具，按住【Shift】键，右键点击后裆弧线 *BC* 线段，进入【调整曲线长度】功能，输入增长量 3cm。

12. **画腰口线**（图 4–60）

选择智能笔工具，在 *D* 点按【Enter】键，输入横向偏移量 –20.5cm（计算公式：腰围 78/4+ 袋位间隙量 1cm），纵向偏移量 –2.5cm，然后用智能笔工具画好后腰口线。

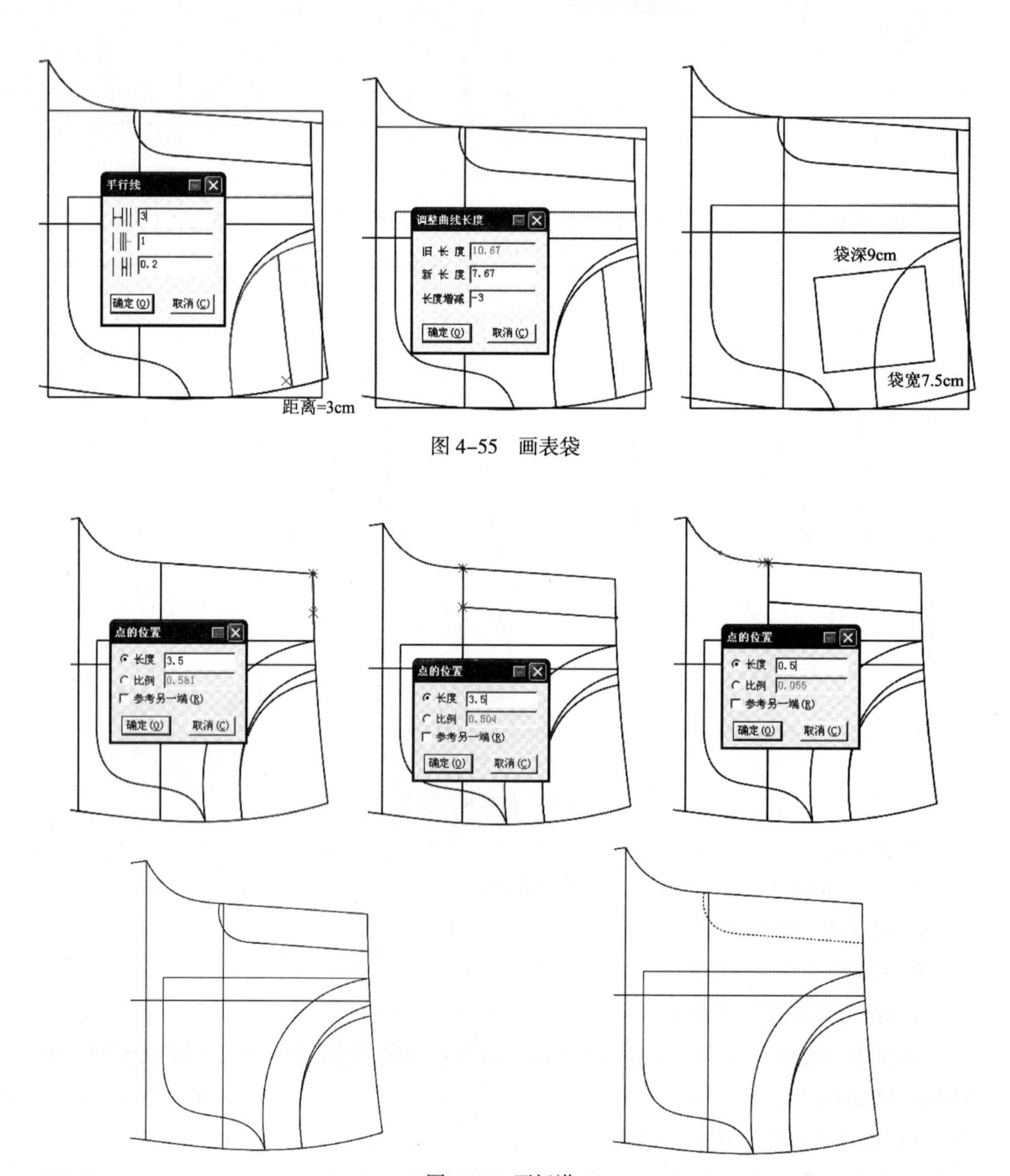

图 4–55　画表袋

图 4–56　画门襟

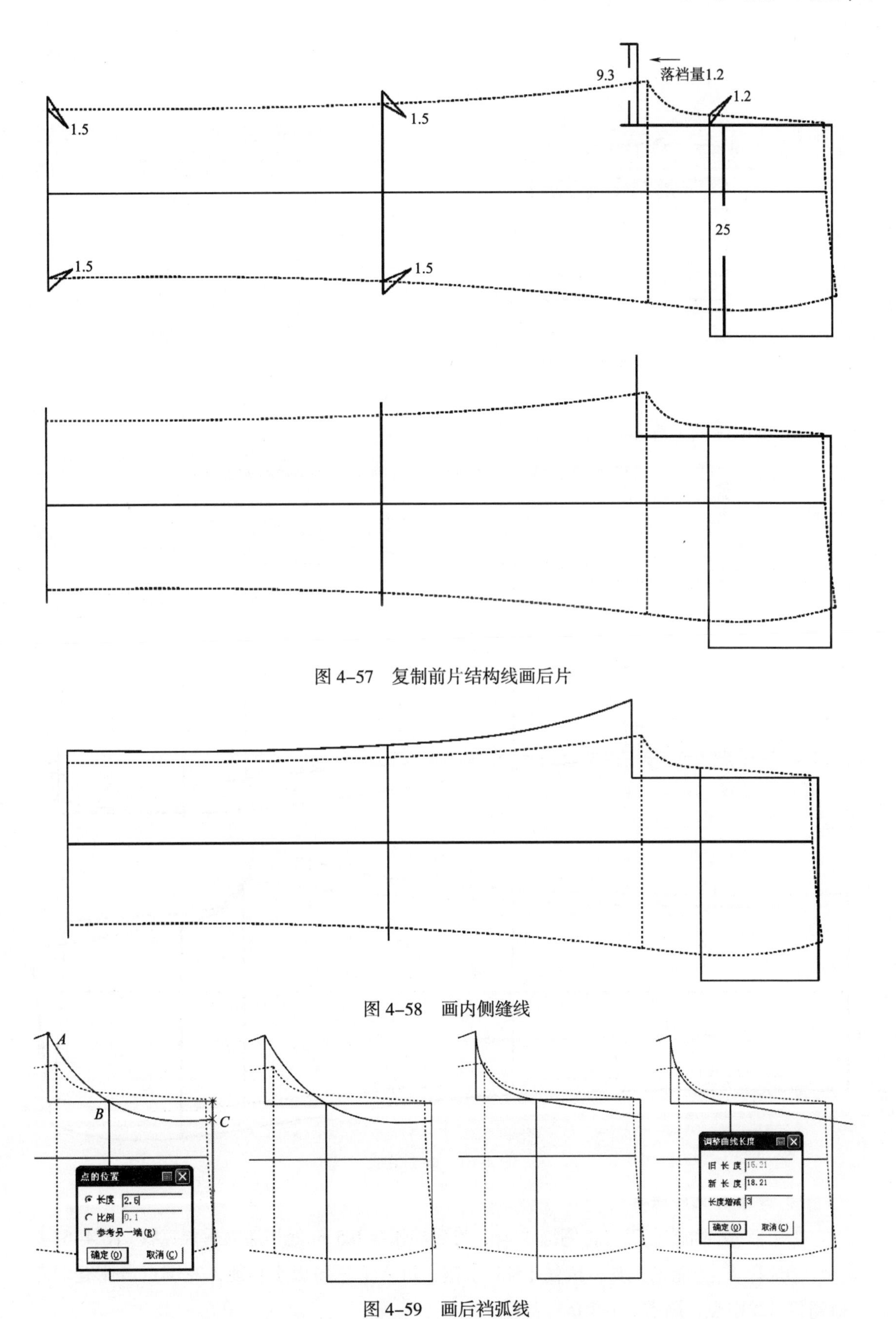

图 4-57　复制前片结构线画后片

图 4-58　画内侧缝线

图 4-59　画后裆弧线

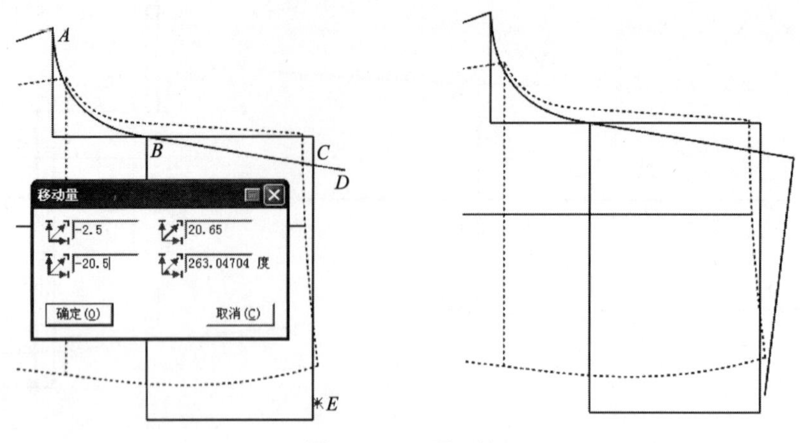

图 4-60　画腰口线

13. 画侧缝线（图 4-61）

选择智能笔工具将侧缝线连好，然后用调整工具调顺侧缝线。

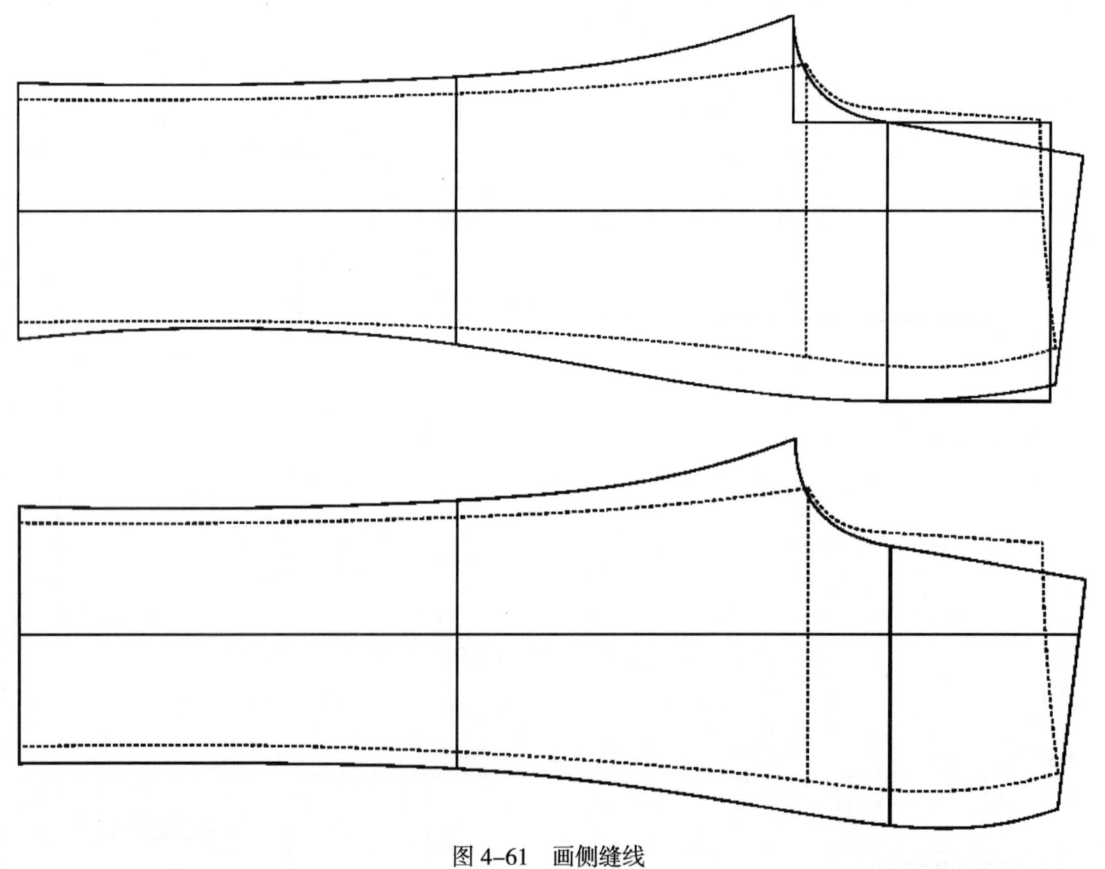

图 4-61　画侧缝线

14. 画后育克和腰省

①选择智能笔工具，将侧缝线 4cm 与后裆弧线 6.5cm 处相连为后育克线（图 4-62）。

②选择智能笔工具，按住【Shift】键，进入【三角板】功能，左键点击侧缝端点拖到腰口线中点，画省长 6.5cm。

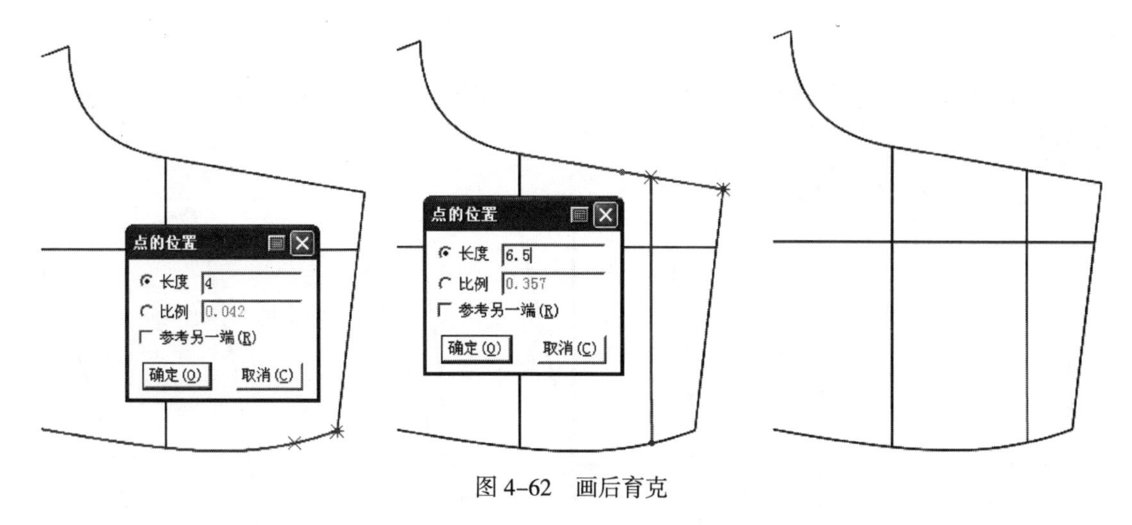

图4-62 画后育克

③选择智能笔工具，按住【Shift】键，右键框选腰口线，点击开省线，出现【省宽】对话框，输入1.5cm省量，确认后点击右键，调顺腰口线，单击右键结束（图4-63）。

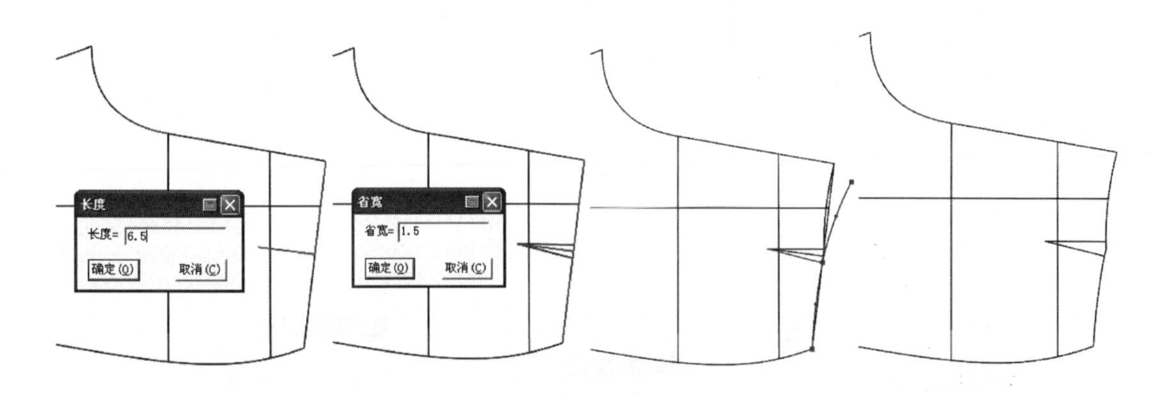

图4-63 画腰省

④选择移动工具，按住【Shift】键，进入【复制】功能，把袋布复制到空白处。

⑤选择剪断线工具，将腰口线从省线处剪断，用橡皮擦工具将不要的线段删除。

⑥选择旋转工具，按住【Shift】键，进入【旋转】功能，将省量合并。用调整工具调顺后育克弧线（图4-64）。

15. **画后贴袋**（图4-65）

①选择智能笔工具，按住【Shift】键，进入【平行线】功能，以腰口线（先将腰口线两端相连成一条直线）为基准画一条间距9cm的平行线。

②选择智能笔工具，按住【Shift】键，进入【三角板】功能，左键点击平行线端点拖到平行线中点画袋中心线15cm。

③选择智能笔工具，按住【Shift】键，进入【三角板】功能，左键点击袋中心线端点拖到袋中心线2cm处画袋底宽7cm。

④选择智能笔工具将袋布线画好，然后选择对称工具，按住【Shift】键，进入【对

称复制】功能，将袋布对称复制。

⑤选择智能笔工具画袋布分割线，然后用调整工具调整袋布分割线，以达到设计效果。

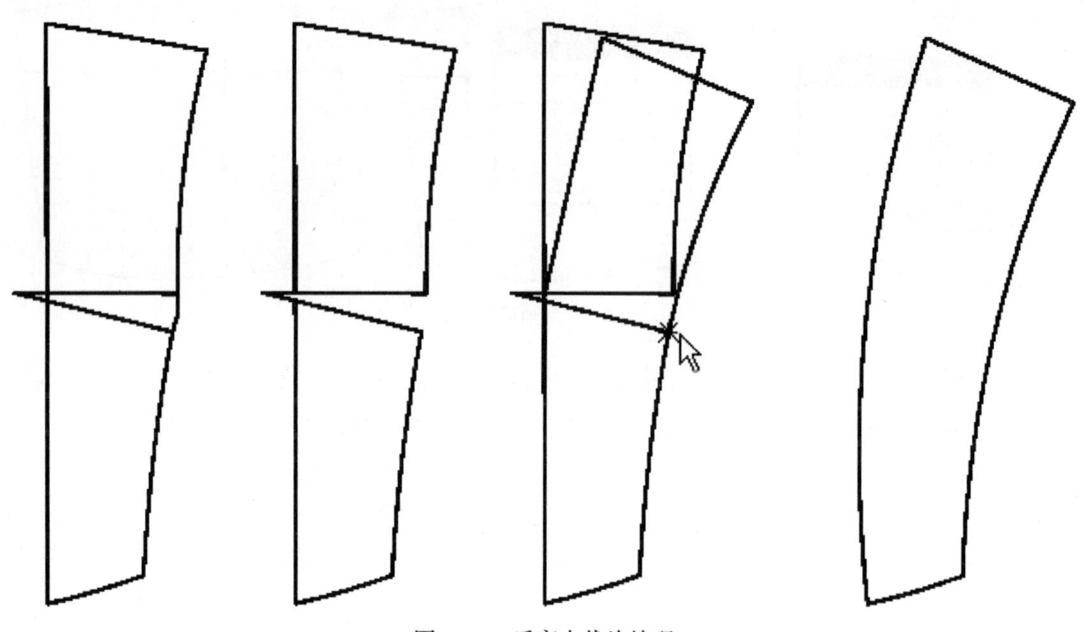

图 4-64　后育克裁片处理

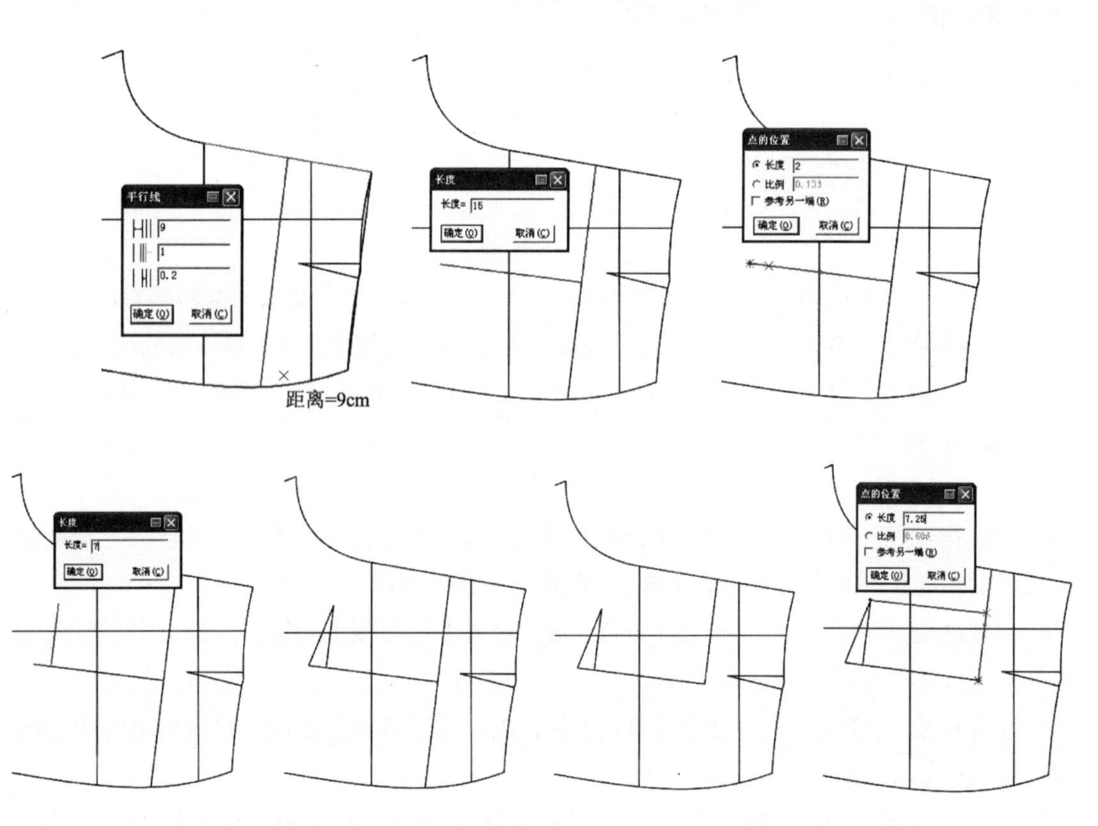

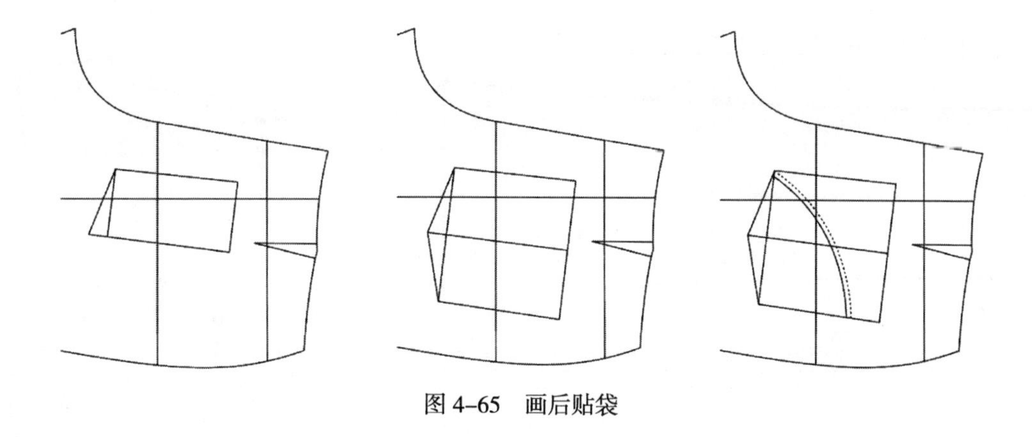

图 4–65　画后贴袋

16. 腰头与串带位（图 4–66）

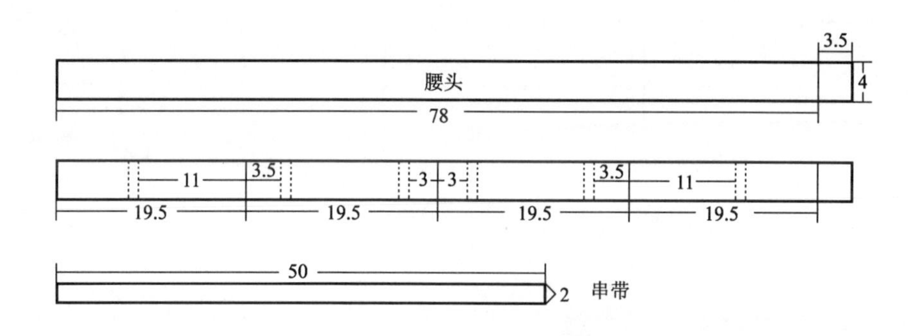

图 4–66　腰头与串带位示意图

17. 画门襟和里襟（图 4–67）

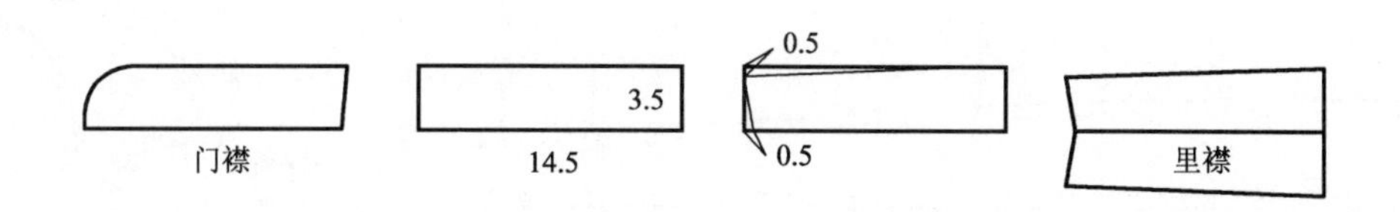

图 4–67　画门襟和里襟

18. 拾取纸样（图 4–68）

选择剪刀工具拾取纸样的外轮廓线，单击右键切换成拾取衣片辅助线工具，拾取内部辅助线，并用布纹线工具将布纹线调整好。

19. 加缝份（图 4–69）

①选择加缝份工具，将工作区的所有纸样统一加 1cm 缝份。

②将前片、后片裤口和后贴袋上口缝份修改为 3cm。

③将串带缝份归零。

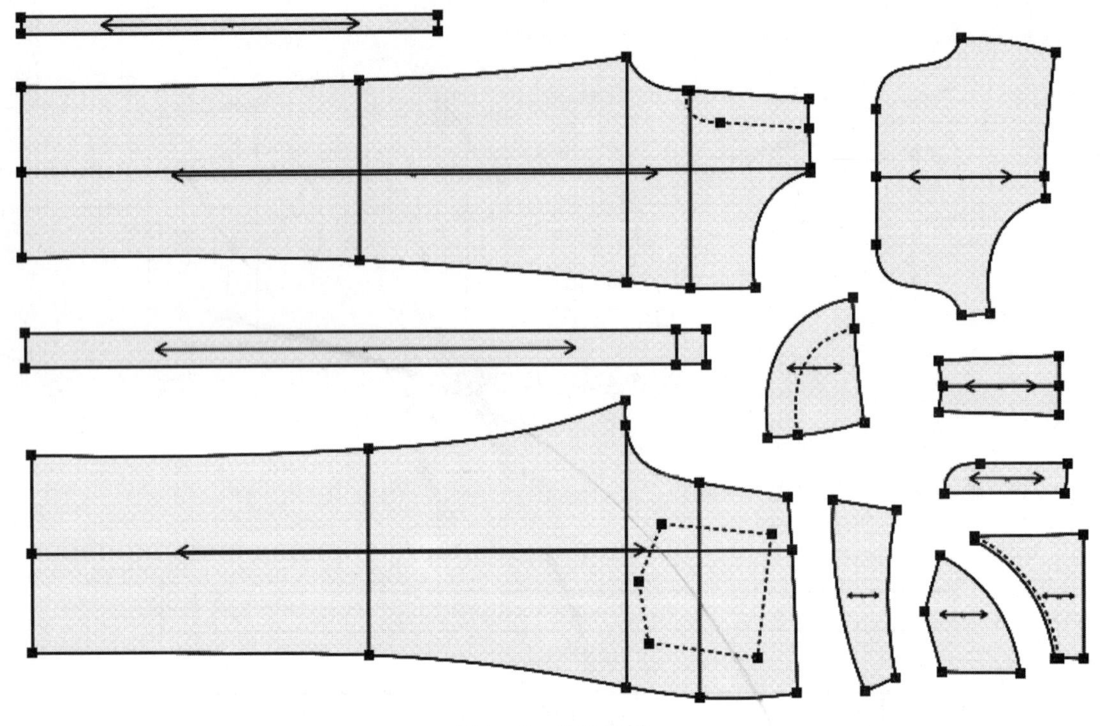

图 4–68　拾取纸样

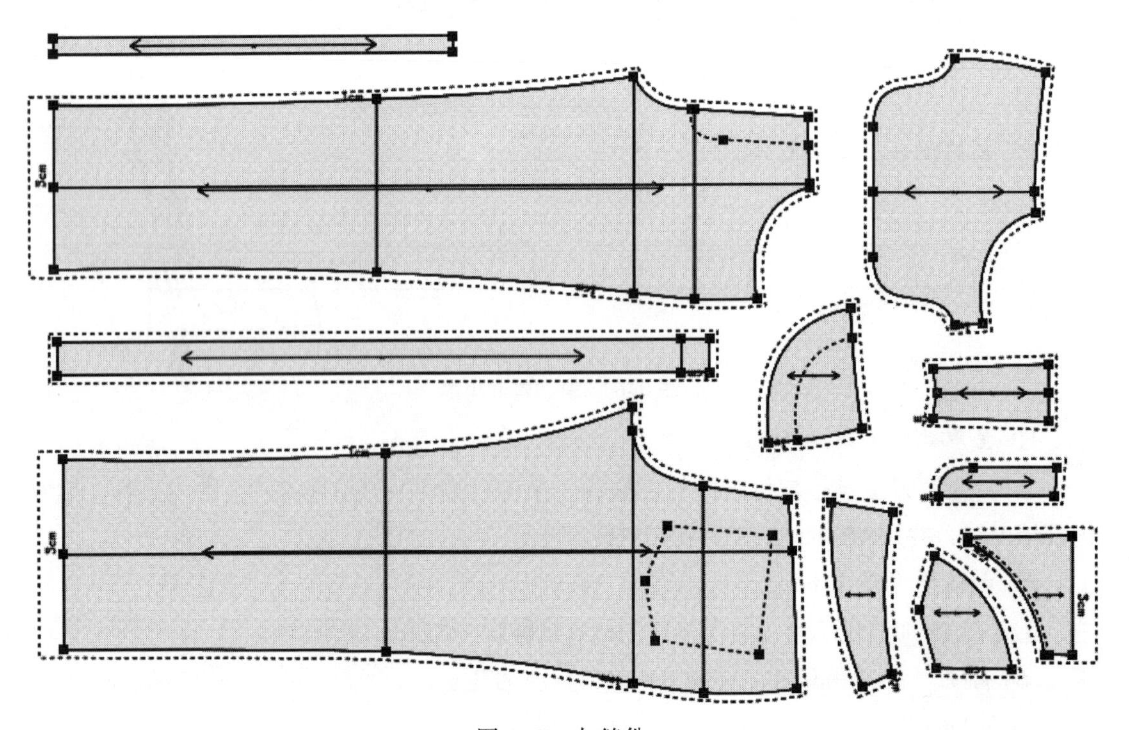

图 4–69　加缝份

第三节　休闲裤

一、休闲裤款式效果图（图 4–70）

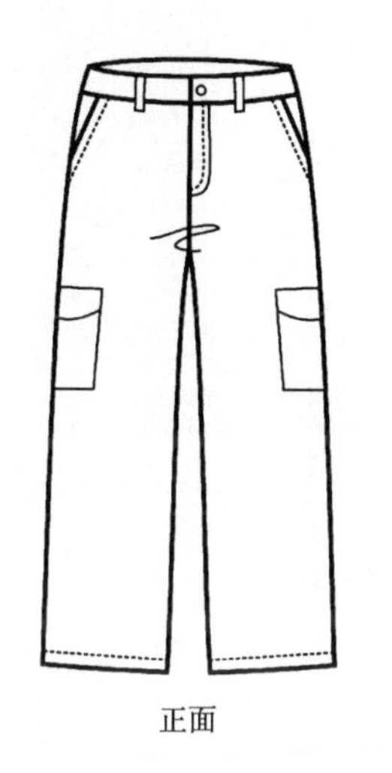

正面

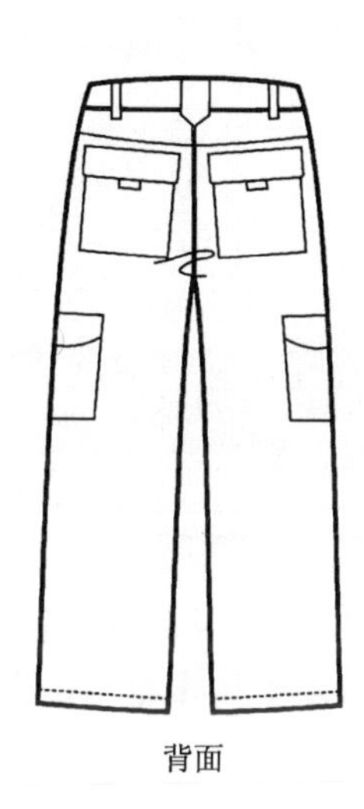

背面

图 4–70　休闲裤款式效果图

二、休闲裤规格尺寸表（表 4–3）

表 4–3　休闲裤规格尺寸表

单位：cm

部位 \ 号型	165/72A	170/76A	175/80A	180/84A	档差
裤长	101	104	107	110	3
腰围	74	78	82	86	4
臀围	94	98	102	106	4
膝围	51	53	55	57	2
裤口	49	51	53	55	2
上裆（不含腰头）	25.8	26.5	27.2	27.9	0.7
前裆弧长（不含腰头）	23.1	24	24.9	25.8	0.9
后裆弧长（不含腰头）	32.6	33.6	34.6	35.6	1
横裆宽	58.5	61	63.5	66	2.5

三、休闲裤 CAD 制板步骤

1. 设置号型规格（图 4–71）

单击【号型】菜单→【号型编辑】，在【设置号型规格表】对话框中输入所需尺寸（此操作可有可无）。

设置号型规格表

号型名	☑	☑S	◉M	☑L	☑XL	☑
裤长		101	104	107	110	
腰围		74	78	82	86	
臀围		94	98	102	106	
膝围		51	53	55	57	
裤口		49	51	53	55	
立裆		25.8	26.5	27.2	27.9	
前浪		23.1	24	24.9	25.8	
后浪		32.6	33.6	34.6	35.6	
横裆		58.5	61	63.5	66	

图 4–71　设置号型规格表

2. 休闲裤前片、后片各部位结构示意图（图 4–72）

3. 画前片、后片结构图（图 4–73）

运用本章第一节所学的男西裤 CAD 制板知识，并结合图 4–72 所示各部位计算方法，用富怡 CAD 绘制前、后片结构图。

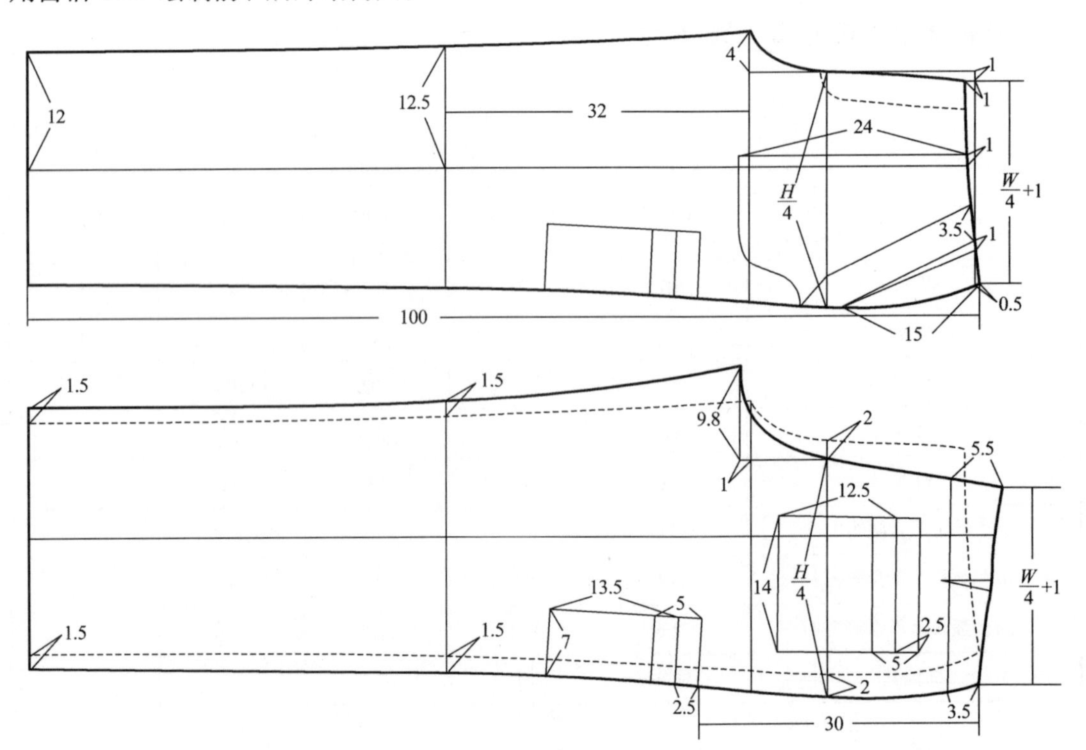

图 4–72　休闲裤结构示意图

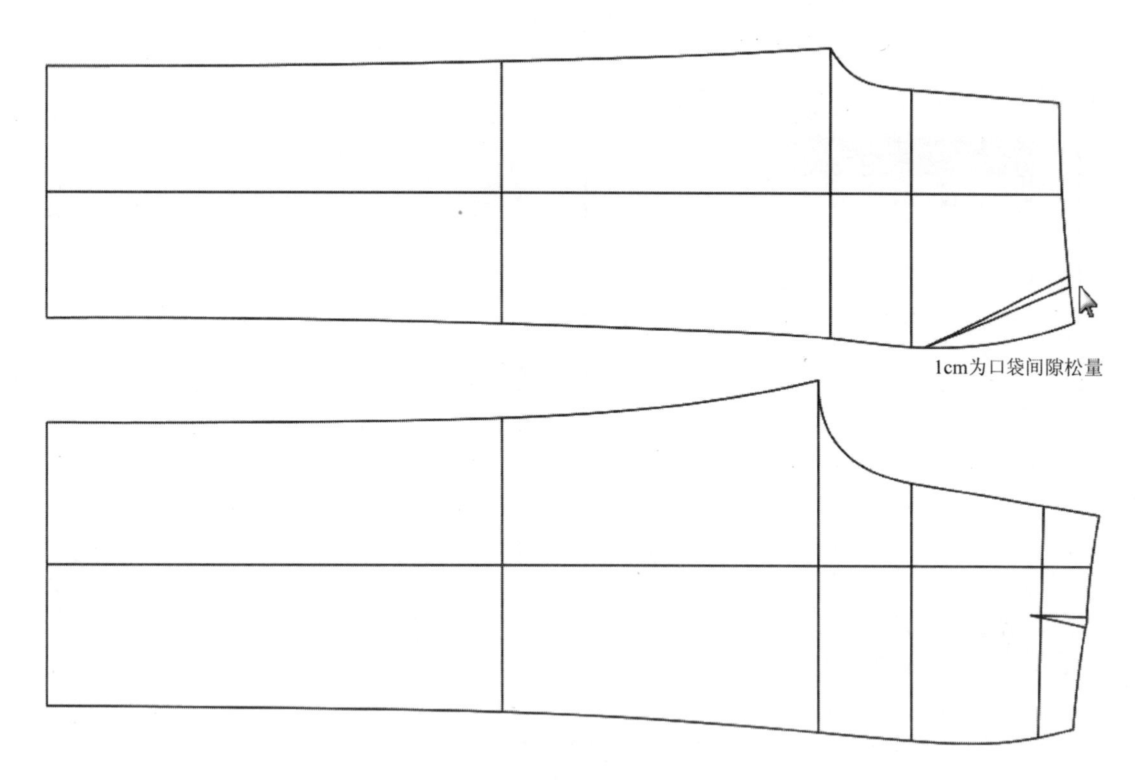

图 4-73　画前片、后片结构图

4. **画袋布和袋贴布**（图 4-74 ~ 图 4-76）

①选择智能笔工具，在腰口线上取侧袋位 3.5cm，在侧缝线上取侧袋深 15cm，并连接袋口线。

②选择智能笔工具，按住【Shift】键，进入【平行线】功能，输入袋贴布宽度 3.5cm，并用智能笔工具画好袋贴布。

③选择智能笔工具画好袋布，再用调整工具调顺袋布弧线。

④选择移动工具，按住【Shift】键，进入【复制】功能，将袋布复制到空白处。

⑤选择对称工具，按住【Shift】键，进入【对称复制】功能，将袋布对称复制，用橡皮擦工具删除不要的线段。

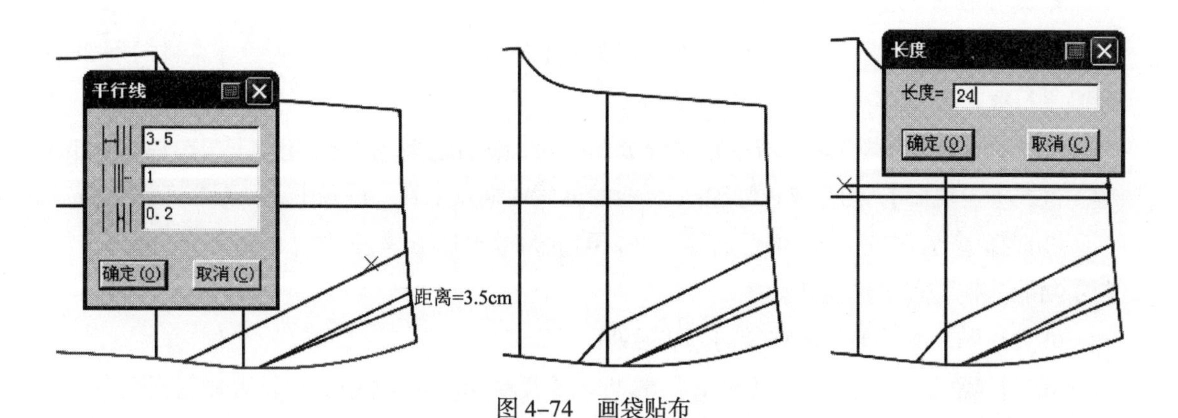

图 4-74　画袋贴布

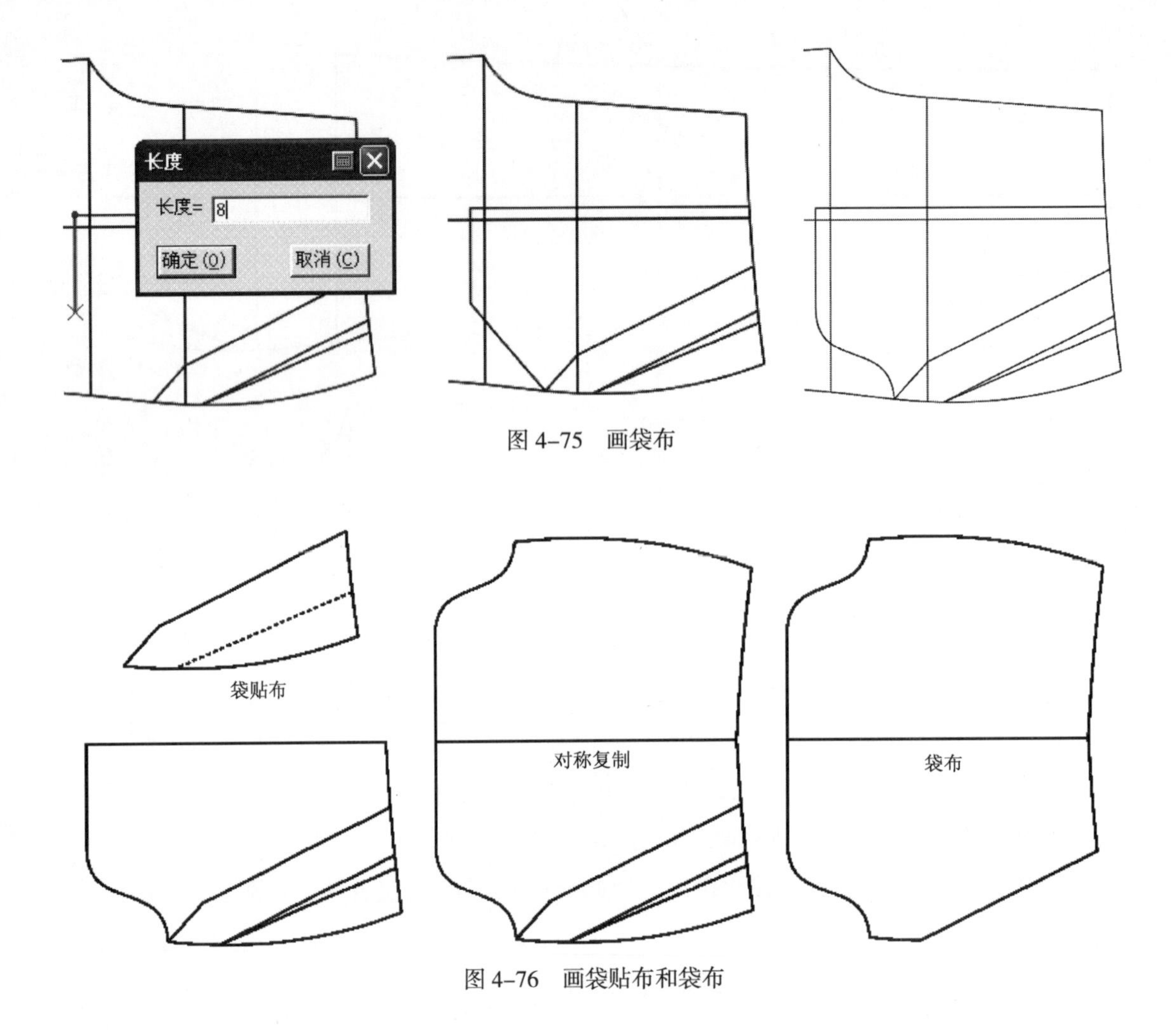

图 4–75　画袋布

图 4–76　画袋贴布和袋布

5. 画侧贴袋（图 4–77、图 4–78）

①选择智能笔工具在 *B* 点画前片侧贴袋的宽度 7cm，*A* 点至 *B* 点的距离为 30cm。

②选择智能笔工具画侧贴袋高度 16cm，侧贴袋盖高 5cm。

③选择移动工具，按住【Shift】键，进入【复制】功能，将贴袋和袋盖复制到空白处。

6. 画后贴袋（图 4–79 ~ 图 4–81）

①选择智能笔工具，按住【Shift】键，进入【平行线】功能，从后育克线向下 3cm 处画平行线。

②选择等分规工具，将平行线分成两等份，然后选择智能笔工具，按住【Shift】键，进入【三角板】功能，左键点击平行线靠近后中端点拖到平行线中点，画袋布深 15cm。

③选择智能笔工具，把后贴袋画好，再选择对称工具，按住【Shift】键，进入【复制】功能，把袋布对称复制。

④后片贴袋参照前片侧贴袋的方法绘制。

⑤选择移动工具，按住【Shift】键，进入【复制】功能，将贴袋和袋盖复制到空白处。

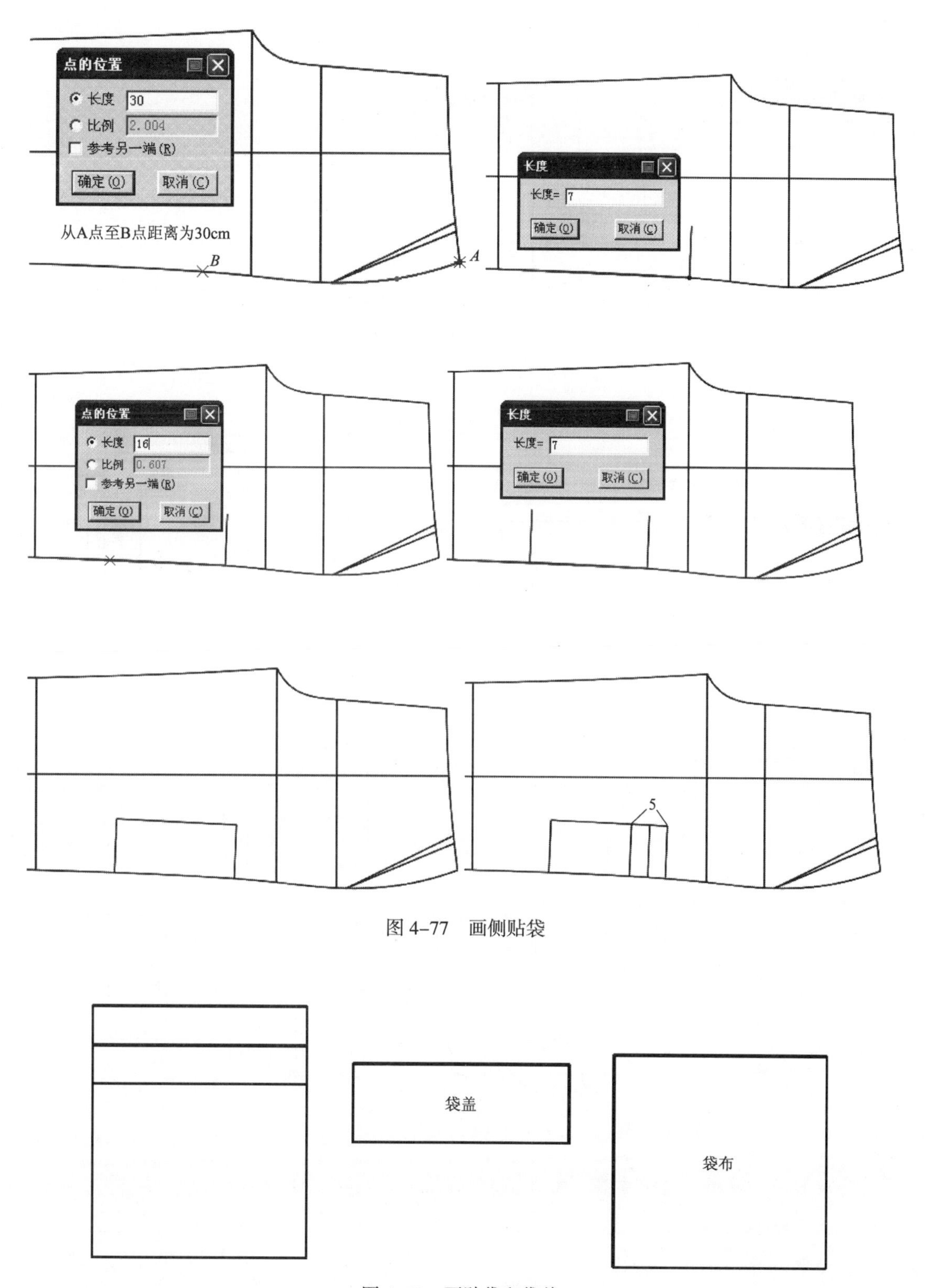

图 4-77　画侧贴袋

图 4-78　画贴袋和袋盖

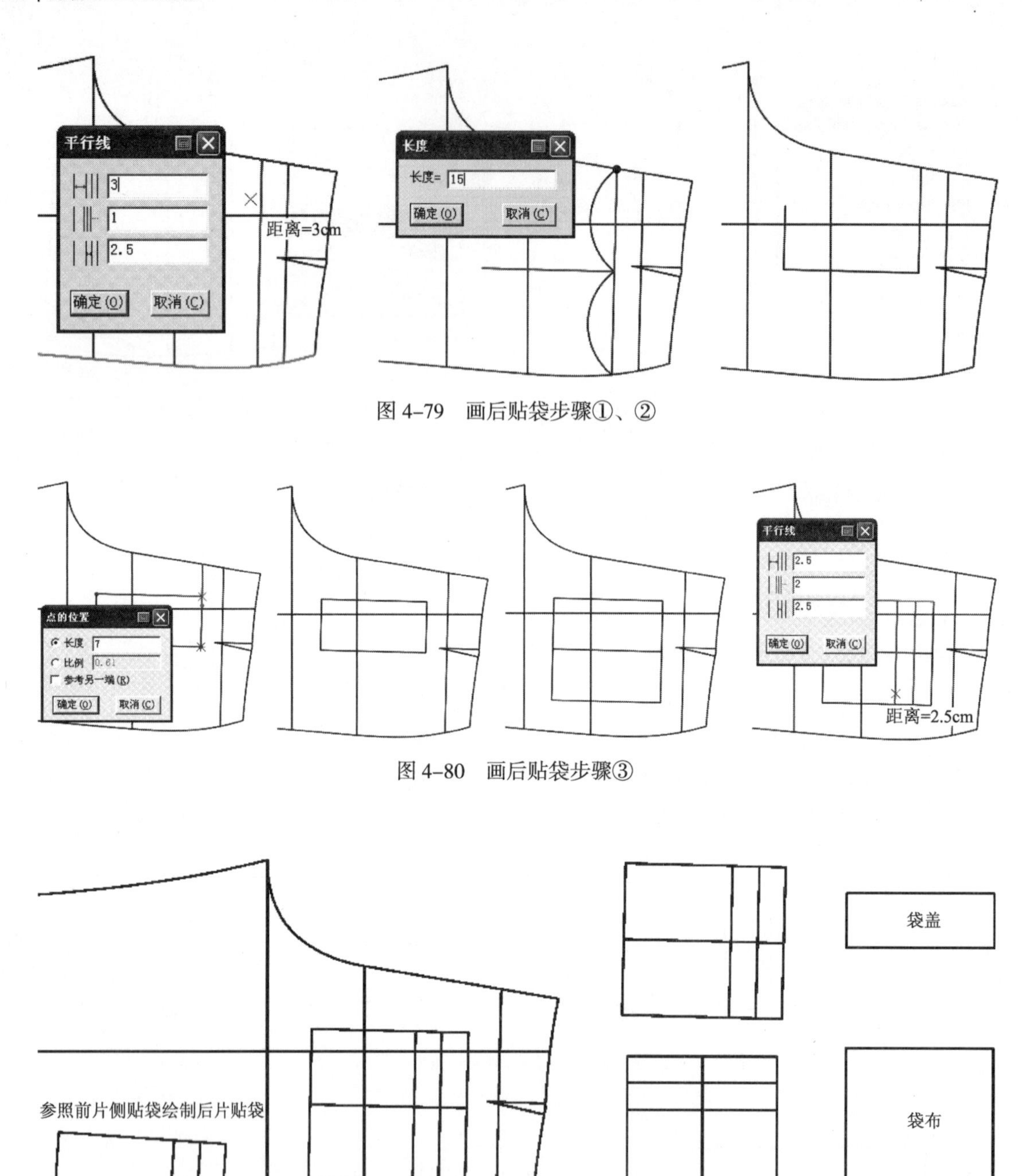

图 4–79　画后贴袋步骤①、②

图 4–80　画后贴袋步骤③

图 4–81　画后贴袋和袋盖

7. 画腰头、串带、后中串带（图 4–82）

8. 画门襟和里襟（图 4–83）

9. 拾取纸样（图 4–84）

选择剪刀工具，拾取纸样的外轮廓线，单击右键切换成拾取衣片辅助线工具，拾取内部辅助线，并用布纹线工具将布纹线调整好。

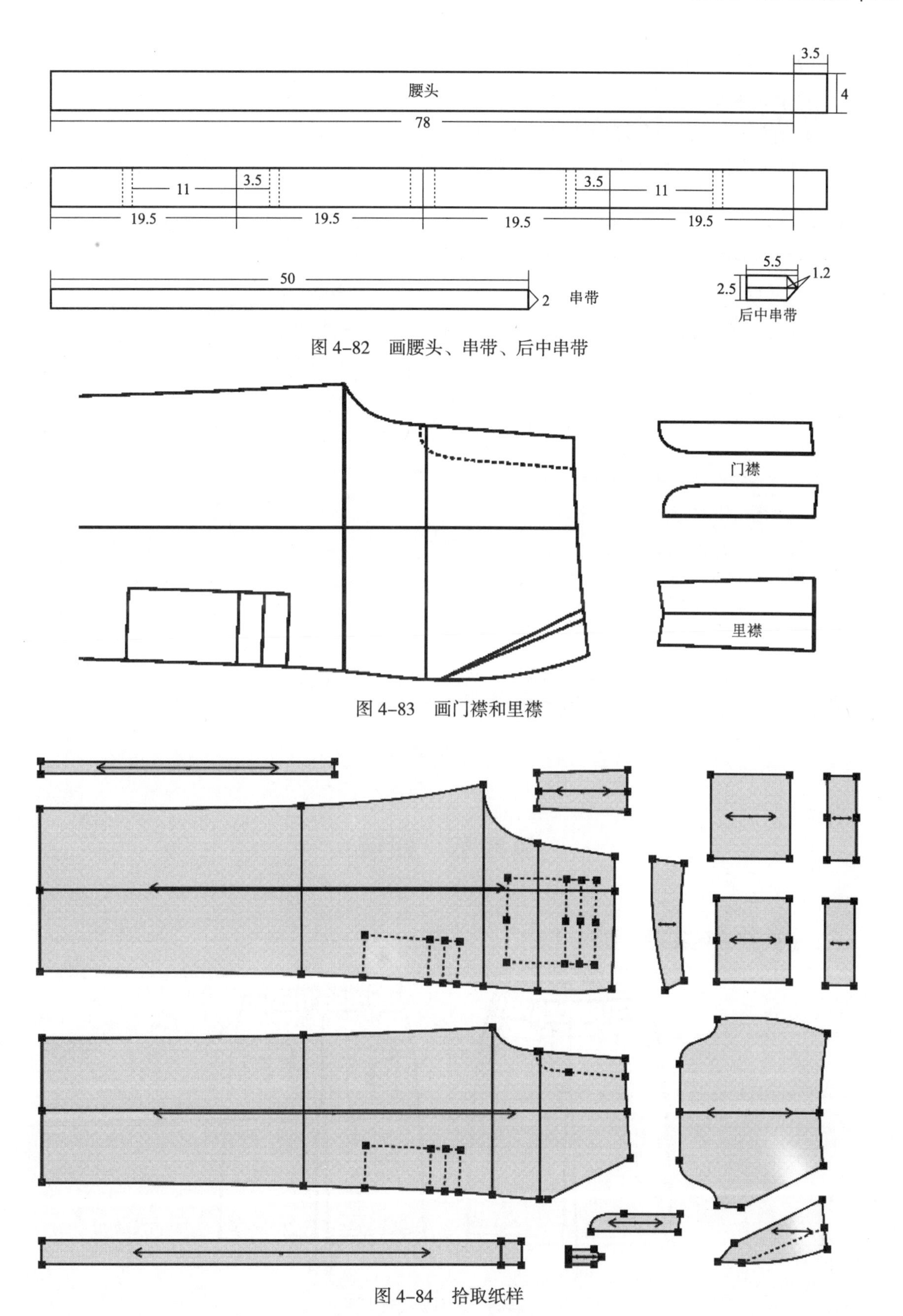

图 4-82 画腰头、串带、后中串带

图 4-83 画门襟和里襟

图 4-84 拾取纸样

10. 加缝份（图 4-85）

①选择 加缝份工具，将工作区的所有纸样统一加 1cm 缝份。

②将前片、后片裤口缝份修改为 3.5cm。

③将前片和后片贴袋上口缝份修改为 3cm。

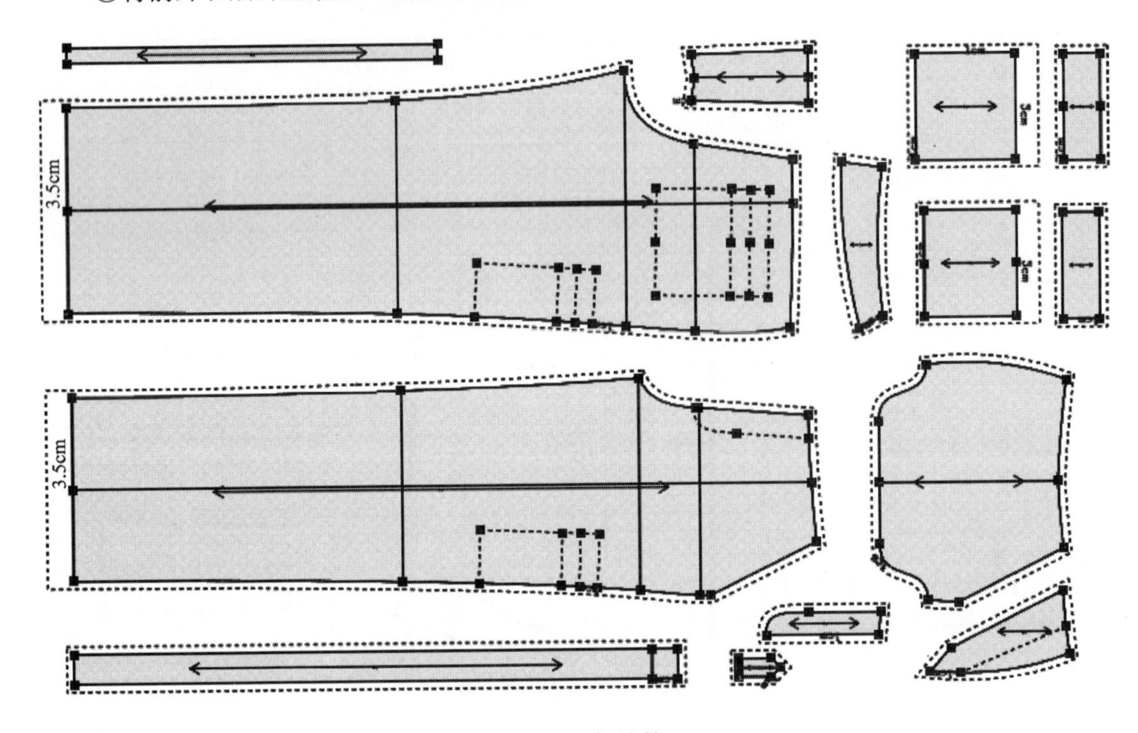

图 4-85　加缝份

第四节　短裤

一、短裤款式效果图（图 4-86）

图 4-86　短裤款式效果图

二、短裤规格尺寸表（表 4–4）

表 4–4　短裤规格尺寸表　　单位：cm

部位 ＼ 号型	165/72A	170/76A	175/80A	180/84A	档差
裤长	49	51	53	55	2
腰围	74	78	82	86	4
腰围（拉开）	102	106	110	114	4
臀围	106	110	114	118	4
裤口	58	60	62	64	2
上裆（不含腰头）	25.3	26	26.7	27.4	0.7
前裆弧长（不含腰头）	26.6	27.5	28.4	29.3	0.9
后裆弧长（不含腰头）	35.5	36.5	37.5	38.5	1
横裆宽	67.5	70	72.5	75	2.5

三、短裤 CAD 制板步骤

1. 设置号型规格（图 4–87）

单击【号型】菜单→【号型编辑】, 在【设置号型规格表】对话框中输入所需尺寸（此操作可有可无）。

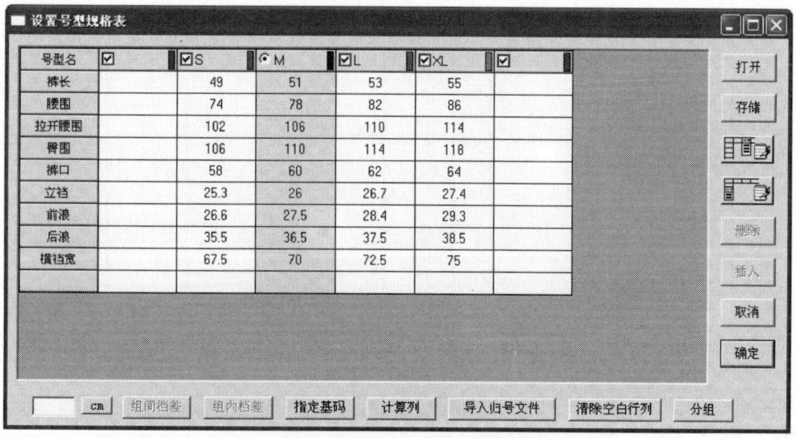

设置号型规格表

号型名	☑	☑S	M	☑L	☑XL	☑
裤长		49	51	53	55	
腰围		74	78	82	86	
拉开腰围		102	106	110	114	
臀围		106	110	114	118	
裤口		58	60	62	64	
立裆		25.3	26	26.7	27.4	
前浪		26.6	27.5	28.4	29.3	
后浪		35.5	36.5	37.5	38.5	
横裆宽		67.5	70	72.5	75	

打开　存储　删除　插入　取消　确定

cm　组间档差　组内档差　指定基码　计算列　导入归号文件　清除空白行列　分组

图 4–87　设置号型规格表

2. 短裤前片、后片各部位结构示意图（图 4–88）

3. 画前片、后片基本结构图（图 4–89）

运用本章第一节所学的男西裤 CAD 制板知识，并结合图 4–88 所示各部位计算方法，用富怡 CAD 绘制前片、后片结构图。

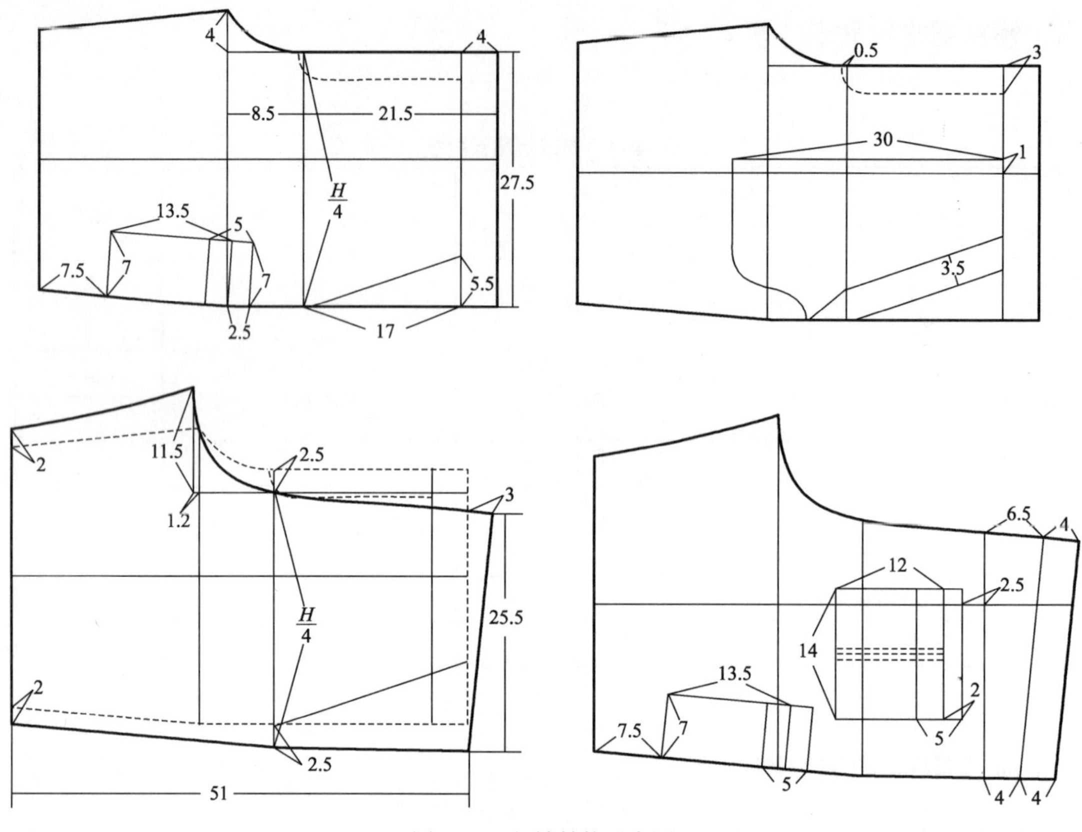

图 4-88 短裤结构示意图

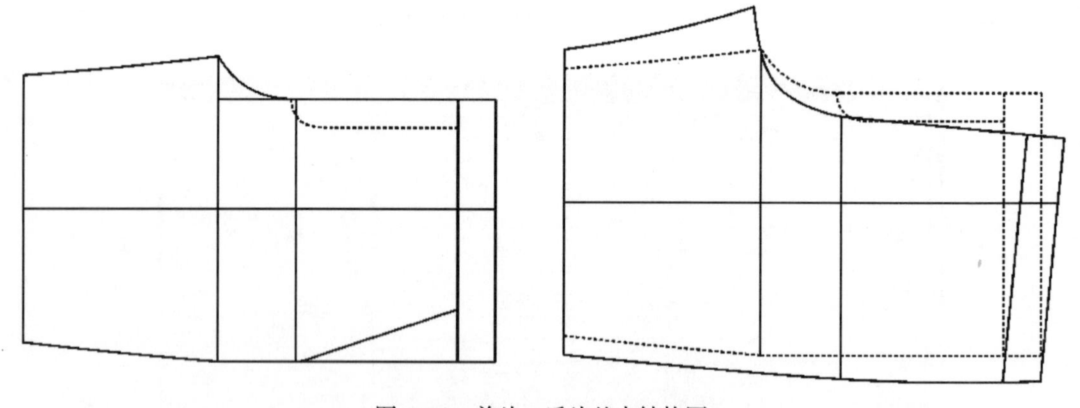

图 4-89 前片、后片基本结构图

4. 画侧袋（图 4-90 ~图 4-92）

①选择智能笔工具，在腰口线上取侧袋位 5.5cm，在侧缝线上取侧袋深 17cm，并连接袋口线。

②选择智能笔工具，按住【Shift】键，进入【平行线】功能，输入袋贴布宽度 3.5cm，并用智能笔工具画好袋贴布。

③选择智能笔工具画好袋布，再用调整工具调顺袋布弧线。

④选择移动工具，按住【Shift】键，进入【复制】功能，将袋布复制到空白处。

⑤选择对称工具，按住【Shift】键，进入【复制】功能，将袋布对称复制后用橡皮擦工具删除不要的线段。

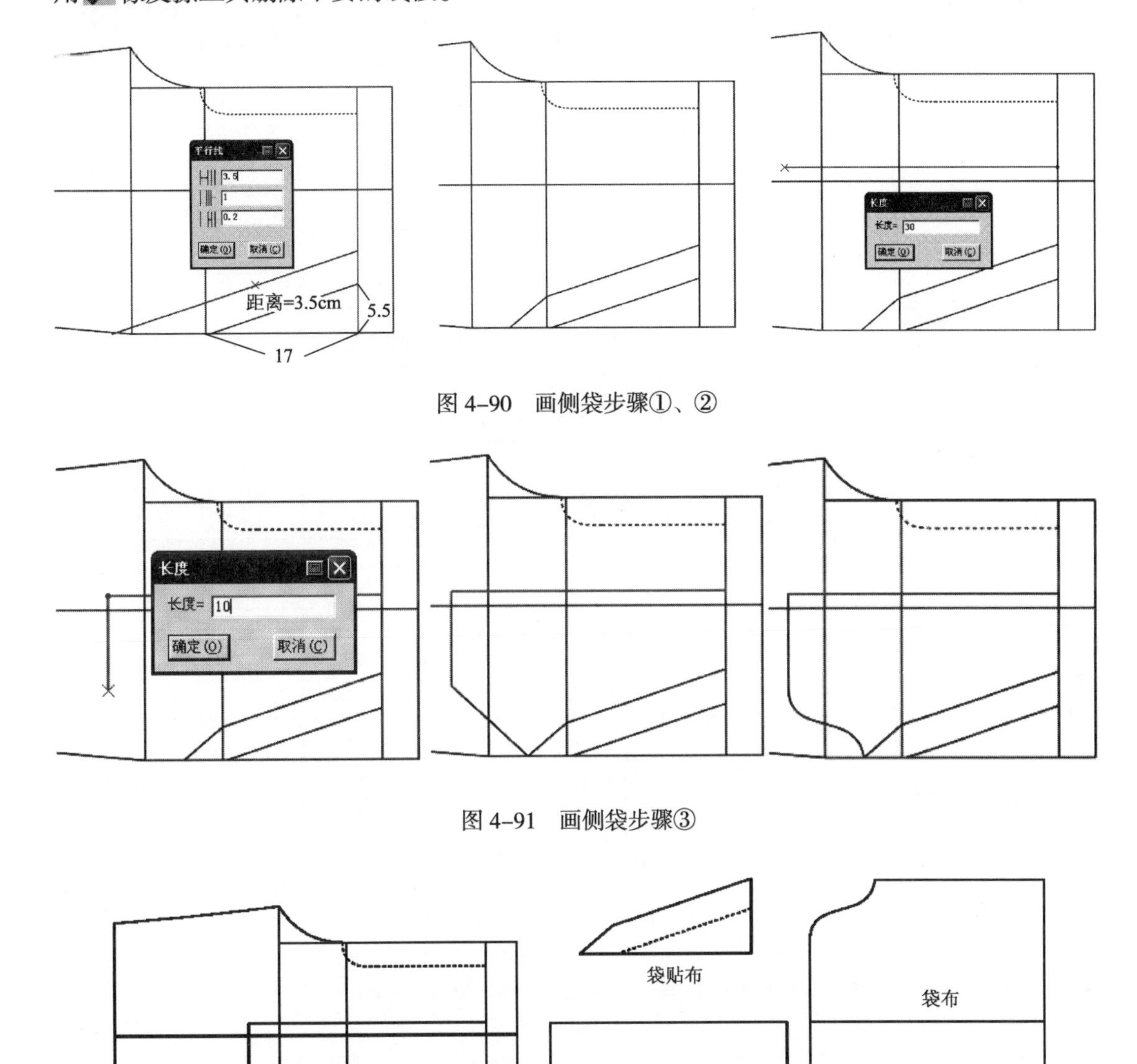

图 4-90　画侧袋步骤①、②

图 4-91　画侧袋步骤③

图 4-92　袋布和袋贴布

5. **确定贴袋位置**（图 4-93）

①选择智能笔工具，按住【Shift】键，进入【平行线】功能，在侧缝线 7.5cm 处画一条长 7cm 的垂直线。

②选择智能笔工具，画贴袋高 16cm、侧贴袋盖高 5cm，贴袋与袋盖之间的距离为 2.5cm。

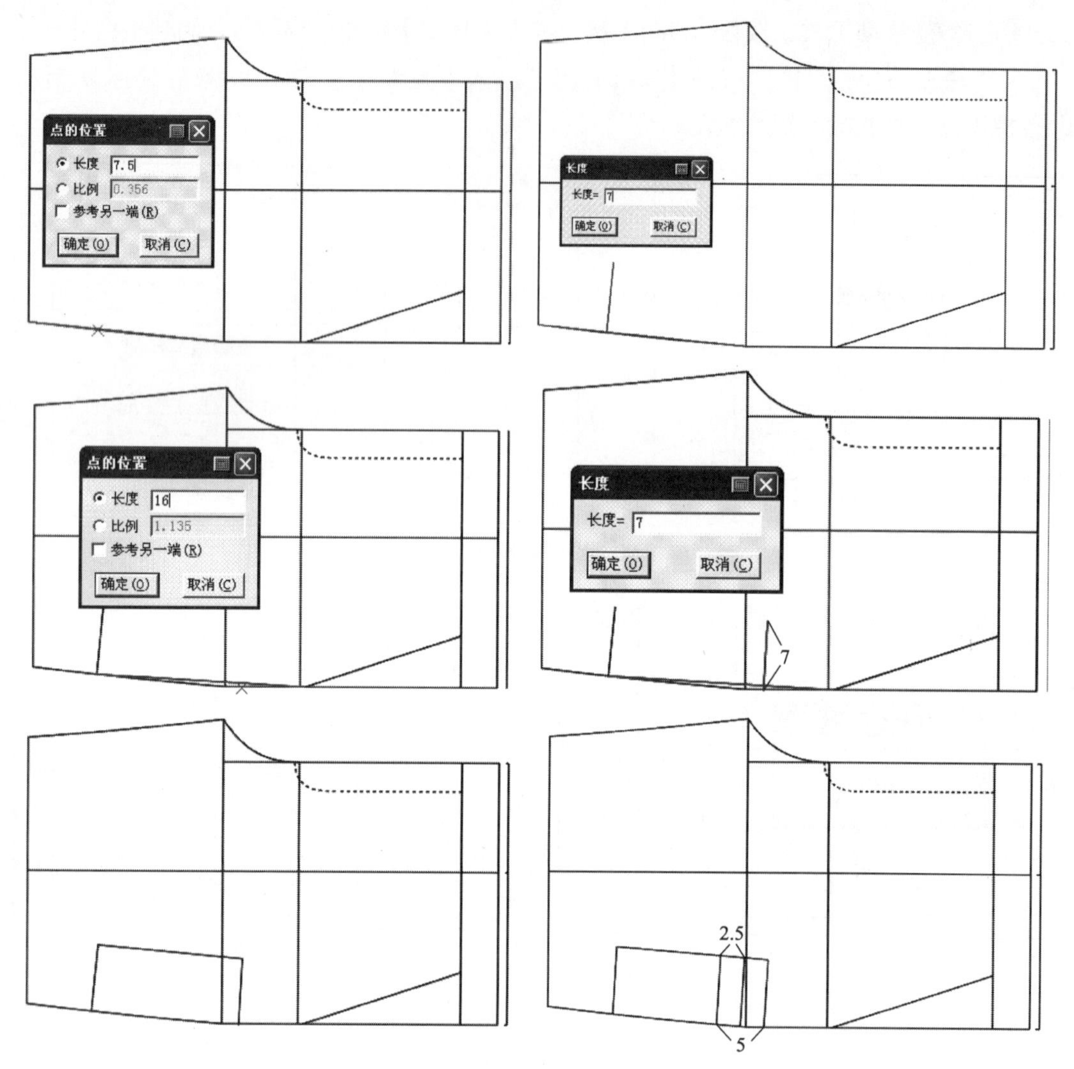

图 4-93 确定贴袋位置

6. 画侧贴袋和袋盖、后贴袋和袋盖、门襟、里襟（图 4-94）

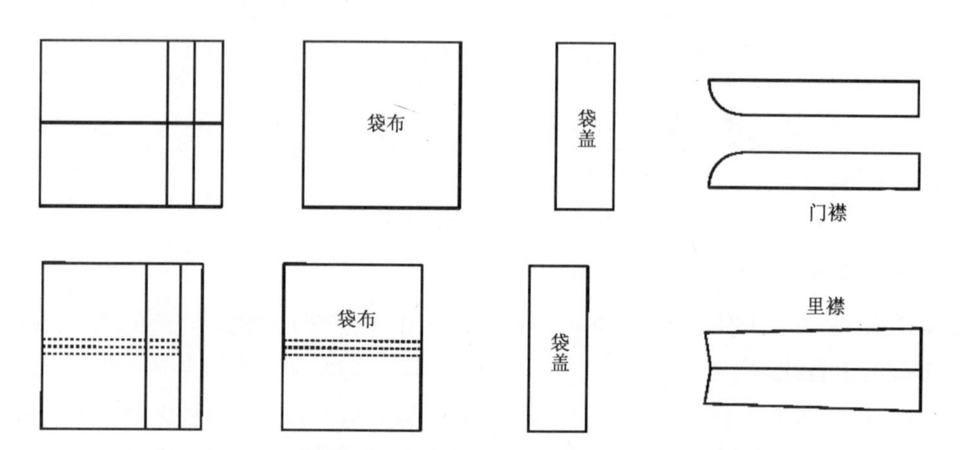

图 4-94 侧贴袋和袋盖、后贴袋和袋盖、门襟、里襟

7. 画腰头和串带（图 4–95）

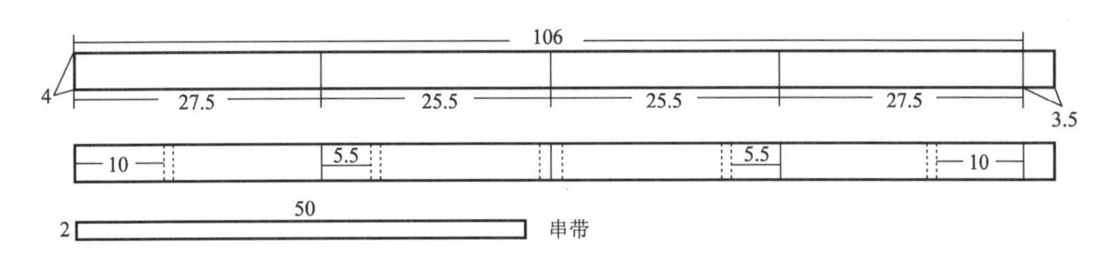

图 4–95　画腰头和串带

8. 拾取纸样（图 4–96）

选择剪刀工具，拾取纸样的外轮廓线，单击右键切换成拾取衣片辅助线工具，拾取内部辅助线，并用布纹线工具将布纹线调整好。

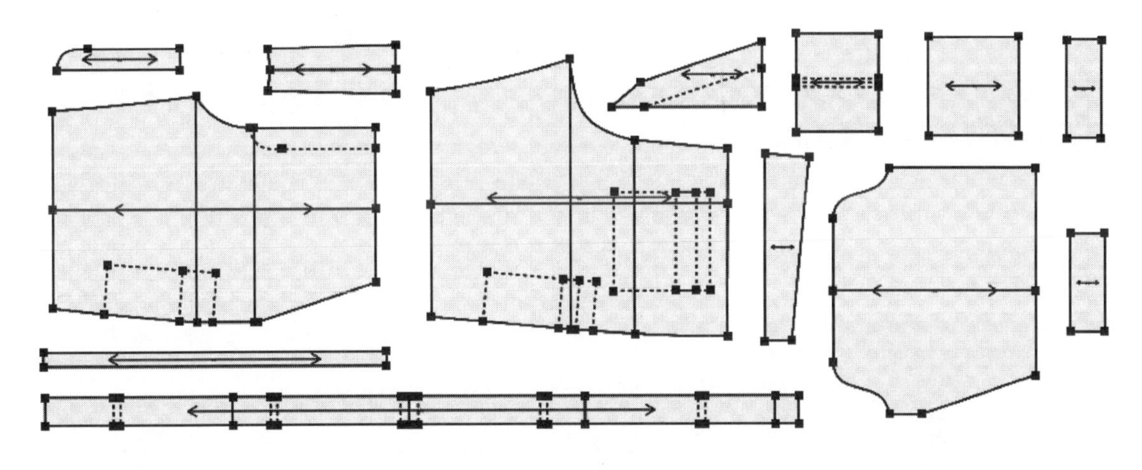

图 4–96　拾取纸样

9. 加缝份（图 4–97）

①选择加缝份工具，将工作区的所有纸样统一加 1cm 缝份。

②将前片和后片裤口、前片和后片贴袋上口缝份修改为 3cm。

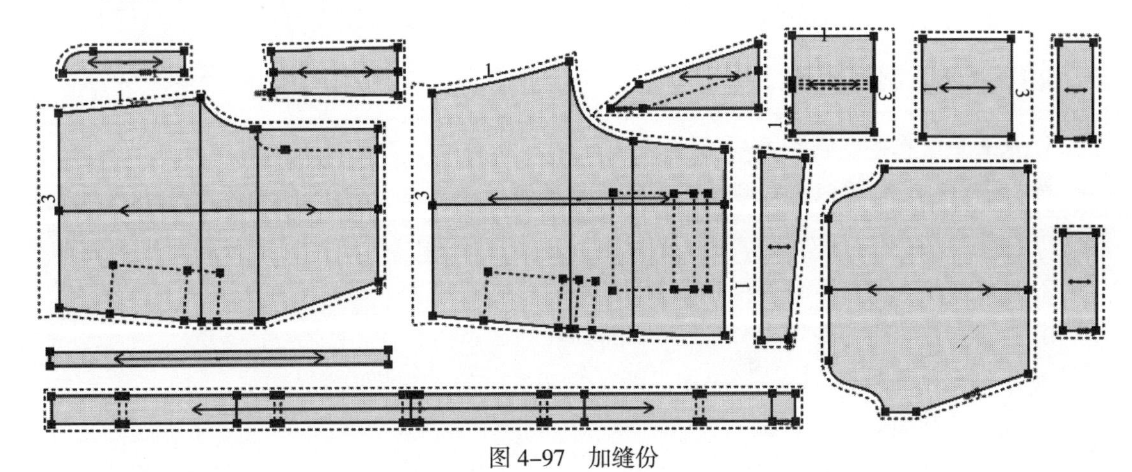

图 4–97　加缝份

第五节　内裤

一、内裤款式效果图（图 4–98）

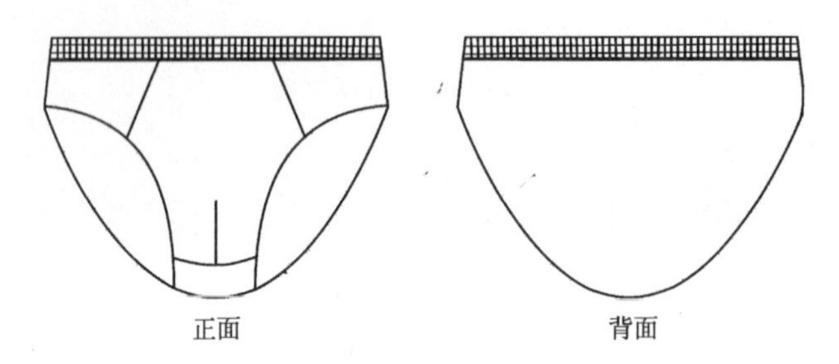

图 4–98　内裤款式效果图

二、内裤规格尺寸表（表 4–5）

表 4–5　内裤规格尺寸表　　单位：cm

号型 部位	165/72A	170/76A	175/80A	180/84A	档差
后中长	29	30	31	32	1
腰围	63	65	67	69	2
后宽	15	16	17	18	1
前中长	24	25	26	27	1
底裆长	9	9	9	9	0
侧缝长	5.5	6	6.5	7	0.5

三、内裤 CAD 制板步骤

1. 设置号型规格（图 4–99）

单击【号型】菜单→【号型编辑】, 在【设置号型规格表】对话框中输入所需尺寸（此操作可有可无）。

2. 内裤前片、后片各部位结构示意图（图 4–100）

3. 画后中基础线（图 4–101）

选择智能笔工具，画一条 30cm 的 *AB* 线段为后中基础线。

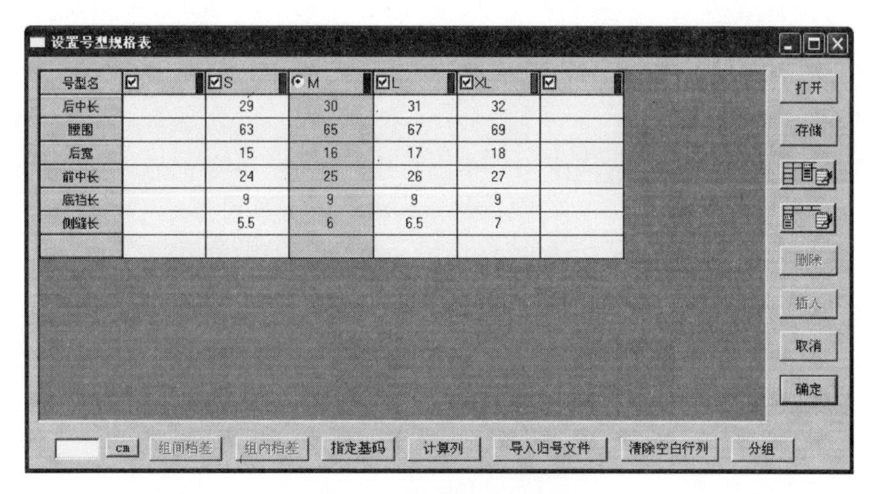

号型名		S	M	L	XL	
后中长		29	30	31	32	
腰围		63	65	67	69	
后宽		15	16	17	18	
前中长		24	25	26	27	
底裆长		9	9	9	9	
侧缝长		5.5	6	6.5	7	

图 4-99　设置号型规格表

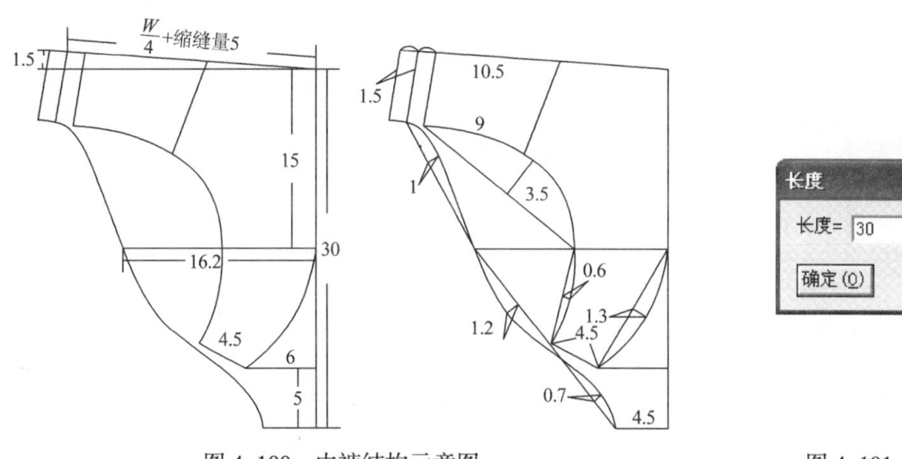

图 4-100　内裤结构示意图

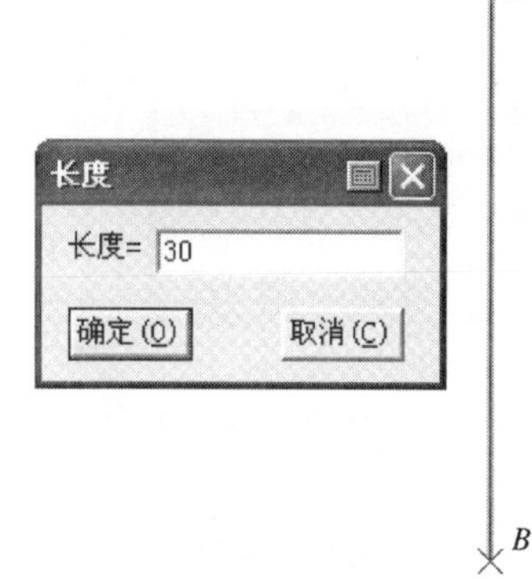

图 4-101　画后中基础线

4. 画腰围基础线（图 4-102）

选择 智能笔工具，从 *A* 点画一条 21.25cm 的线段至 *C* 点（计算方法：腰围 65/4+缩缝量 5）。

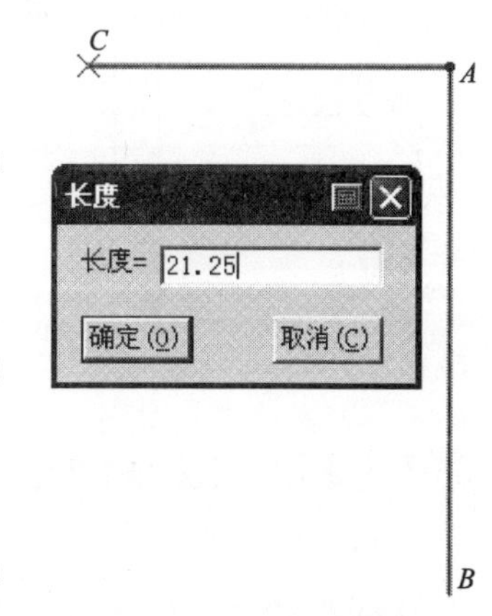

图 4-102　画腰围基础线

5. 画后宽基础线（图 4-103）

选择 智能笔工具，在 *AB* 线段 15cm 处画一条 16.2cm 的线段至 *E* 点（计算方法：后宽 16+ 缩量 0.2）。

6. 画裆底线（图 4-104）

选择 智能笔工具在 *AB* 线段的 *B* 点画一条 4.5cm 的线段至 *F* 点。

7. 画前片裆底基础线（图 4-105）

选择 智能笔工具，在 *AB* 线段的 5cm *G* 点处画一条 6cm 的线段至 *H* 点。

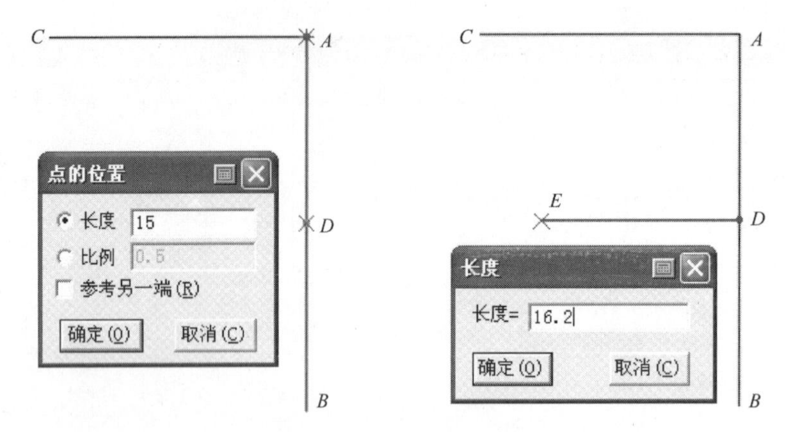

图 4-103　画后宽基础线

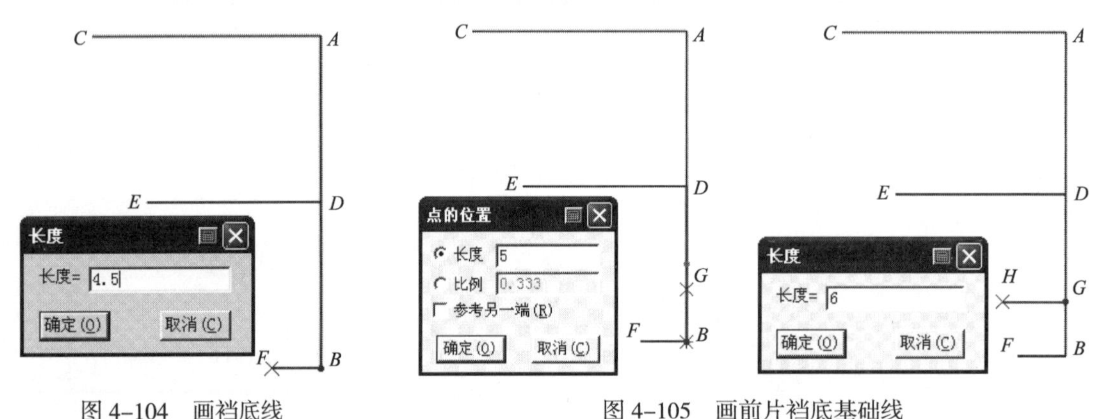

图 4-104　画裆底线　　　　图 4-105　画前片裆底基础线

8. **画腰围线**（图 4-106）

选择智能笔工具，把光标放在 *C* 点上，单击键盘上的【Enter】键，出现【移动量】对话框，输入纵向偏移量 1.5cm，然后连接 *AI* 线段。

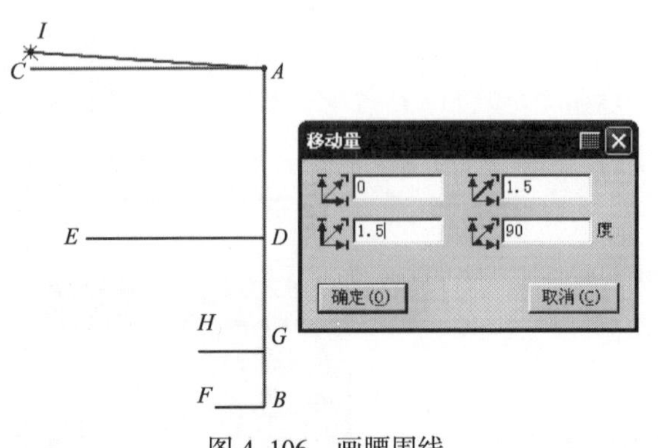

图 4-106　画腰围线

9. **画侧缝基础线**（图 4-107）

选择智能笔工具，从 *I* 点垂直画 6cm 的一条线至 *J* 点，然后把光标放在 *C* 点上，单击键盘上的【Enter】键，出现【偏移】对话框，输入纵向偏移量 -1cm。

10. **画 *KL* 线段**（图 4-108）

选择智能笔工具画 *KL* 线段。

11. **画侧缝平行线**（图 4-109）

选择智能笔工具，按住【Shift】键，进入【平行线】功能，依侧缝基础线画互借量 1.5cm 的平行线。

12. **画 *JE* 线段**（图 4-110）

选择智能笔工具画 *JE* 线段。

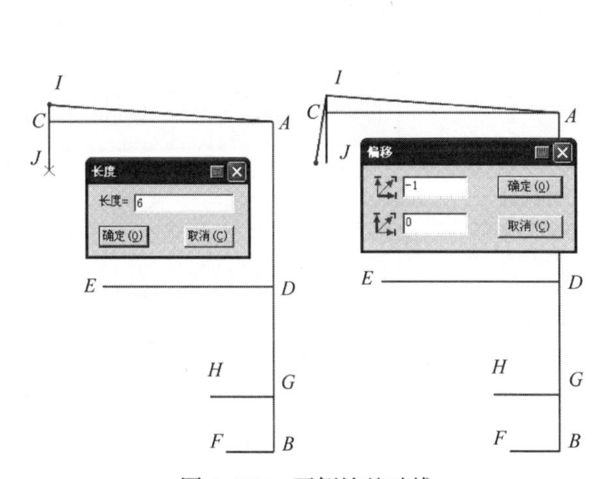

图 4–107　画侧缝基础线

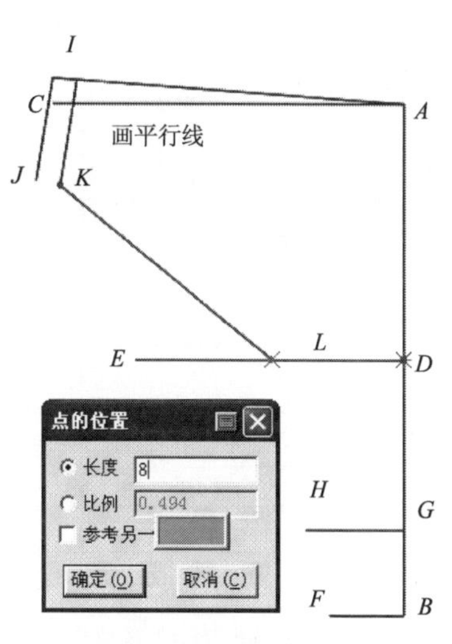

图 4–108　画 *KL* 线段

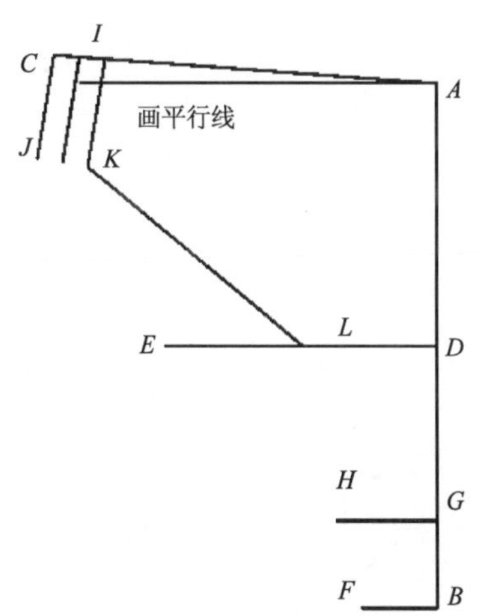

图 4–109　画侧缝平行线

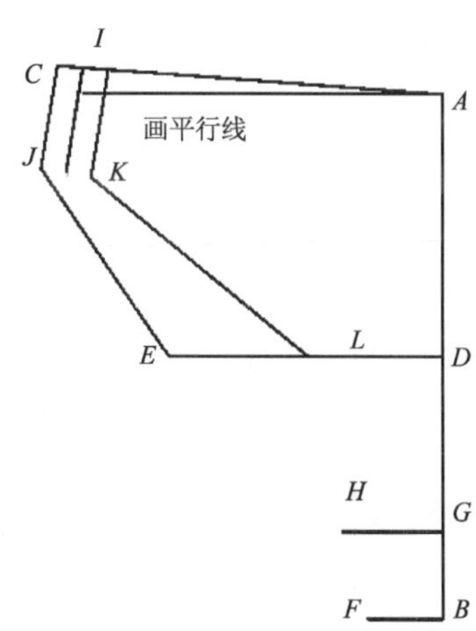

图 4–110　画 *JE* 线段

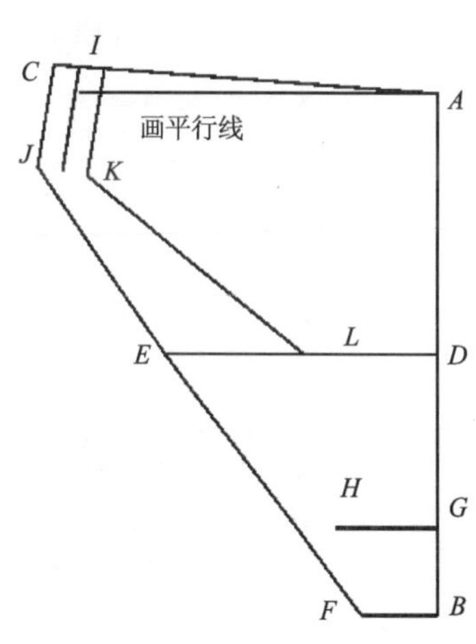

图 4–111　画 *EF* 线段

13. 画 *EF* 线段（图 4–111）

选择智能笔工具画 *EF* 线段。

14. 画 *HM* 线段（图 4–112）

选择智能笔工具画 *HM* 线段。

15. 画 *ML* 线段（图 4–113）

选择智能笔工具画 *ML* 线段。

16. 调顺 *KLM* 线段（图 4–114）

选择调整工具调顺 *KLM* 线段。

17. 调顺 *JEF* 线段（图 4–115）

选择调整工具调顺 *JEF* 线段。

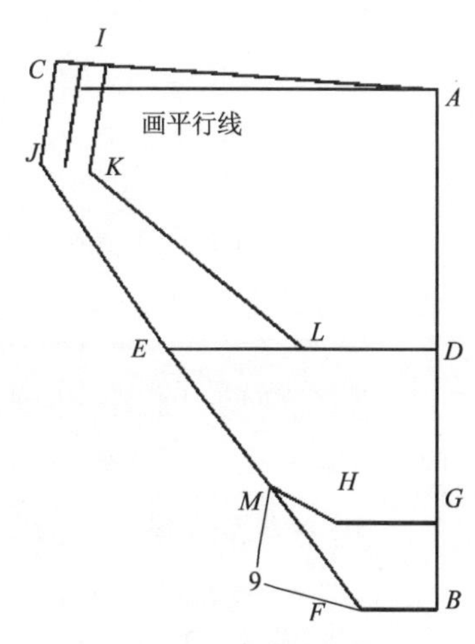

图 4–112　画 *HM* 线段

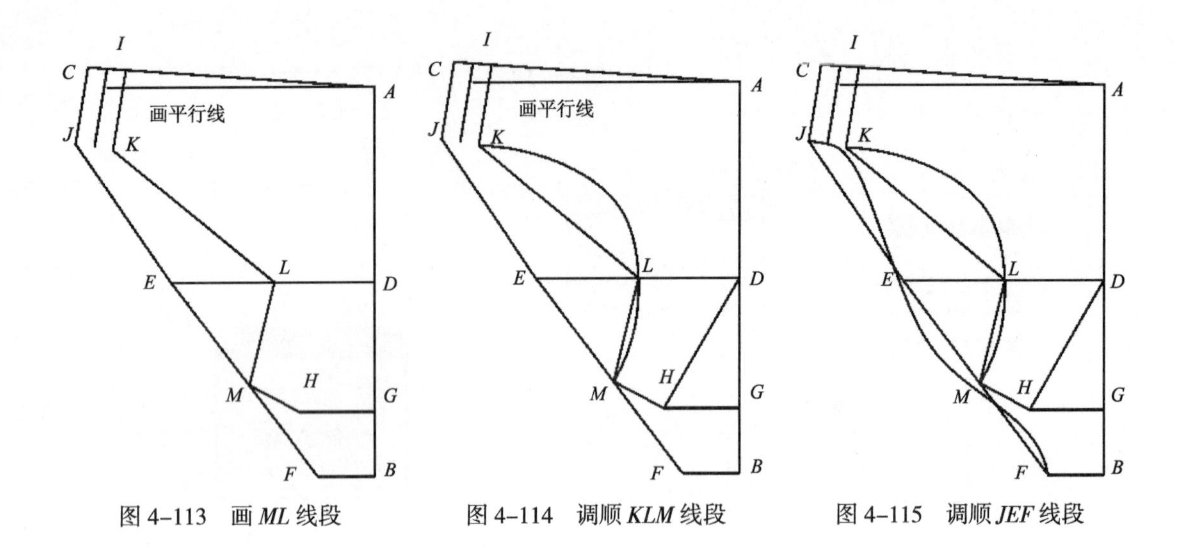

图 4–113　画 *ML* 线段　　图 4–114　调顺 *KLM* 线段　　图 4–115　调顺 *JEF* 线段

18. 调顺 *HD* 线段（图 4–116）

选择调整工具调顺 *HD* 线段。

19. 画 *NO* 线段（图 4–117）

选择智能笔工具画 *NO* 线段。

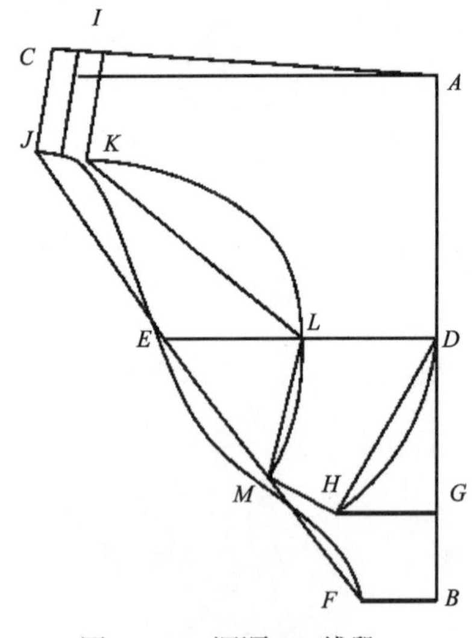

图 4–116　调顺 *HD* 线段

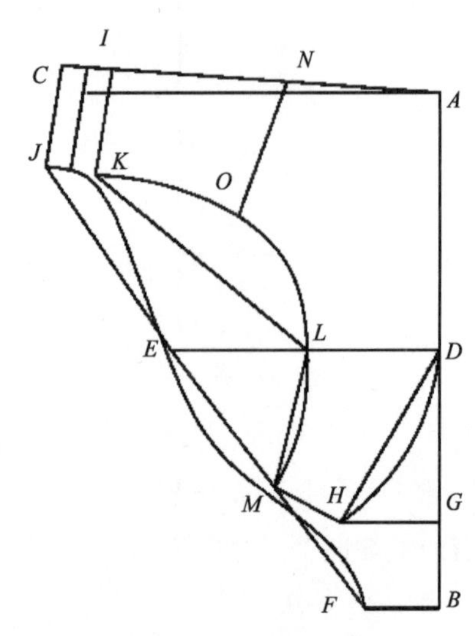

图 4–117　画 *NO* 线段

20. 拾取纸样（图 4–118）

选择剪刀工具，拾取纸样的外轮廓线，单击右键切换成拾取衣片辅助线工具，拾取内部辅助线，并用布纹线工具将布纹线调整好。

21. 加缝份（图 4–119）

①选择加缝份工具，将工作区的所有纸样统一加 0.6cm 缝份。

②将前片、后片、侧片腰口线缝份修改为 2.5cm。

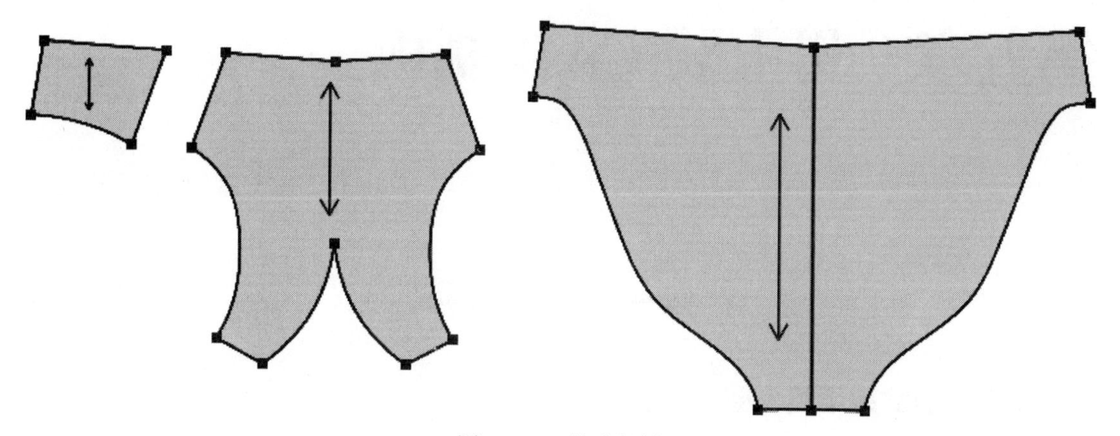

图 4-118 拾取纸样

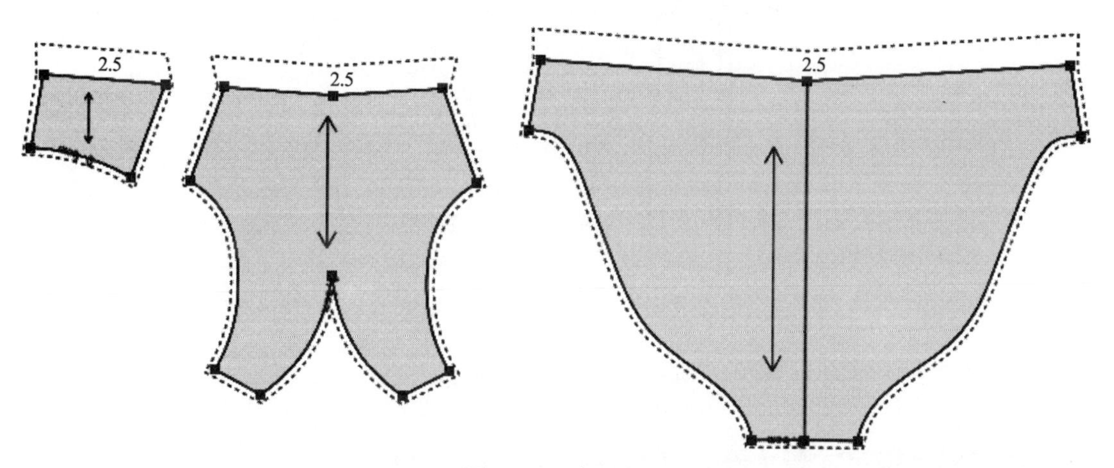

图 4-119 加缝份

第五章　男上装 CAD 制板

第一节　男衬衫

一、男衬衫款式效果图（图 5-1）

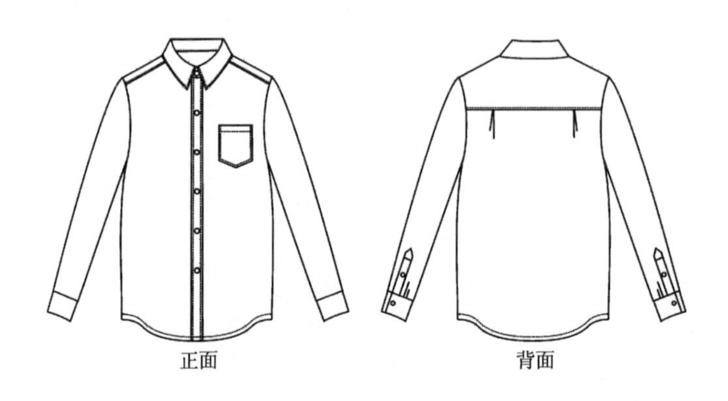

图 5-1　男衬衫款式效果图

二、男衬衫规格尺寸表（表 5-1）

表 5-1　男衬衫规格尺寸表　　单位：cm

部位＼号型	165/86A	170/90A	175/94A	180/98A	档差
衣长	73.5	75	76.5	78	1.5
肩宽	47	48	49	50	1
胸围	108	112	116	120	4
腰围	102	106	110	114	4
摆围	112	116	120	124	4
袖长	56.5	58	59.5	61	1.5
袖肥	42.4	44	45.6	47.2	1.6
袖口	21	22	23	24	1
领围	39	40	41	42	1

三、男衬衫 CAD 制板步骤

1. **设置规格尺寸**（图 5–2）

单击【号型】菜单→【号型编辑】，在【设置号型规格表】对话框中输入所需尺寸（此操作可有可无）。

设置号型规格表

号型名	☑	☑S	⦿M	☑L	☑XL	☑
衣长		73.5	75	76.5	78	
肩宽		47	48	49	50	
胸围		108	112	116	120	
腰围		102	106	110	114	
摆围		112	116	120	124	
袖长		56.5	58	59.5	61	
袖肥		42.4	44	45.6	47.2	
袖口		21	22	23	24	
领围		39	40	41	42	

打开　存储　删除　插入　取消　确定

cm　组间档差　组内档差　指定基码　计算列　导入归号文件　清除空白行列　分组

图 5–2　设置号型规格表

2. **男衬衫前片、后片、袖子、领子各部位结构示意图**（图 5–3）

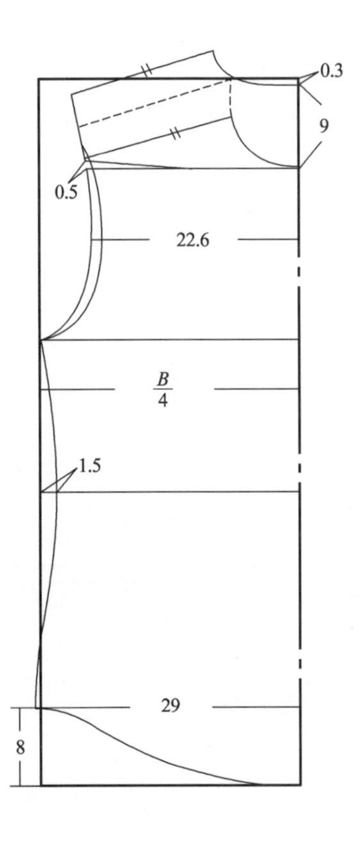

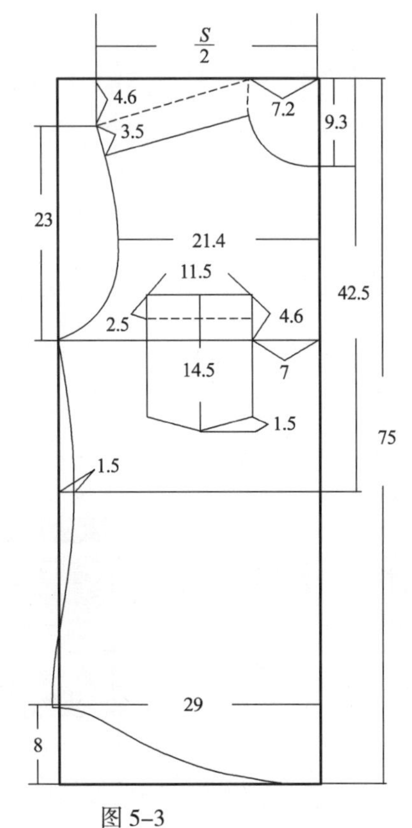

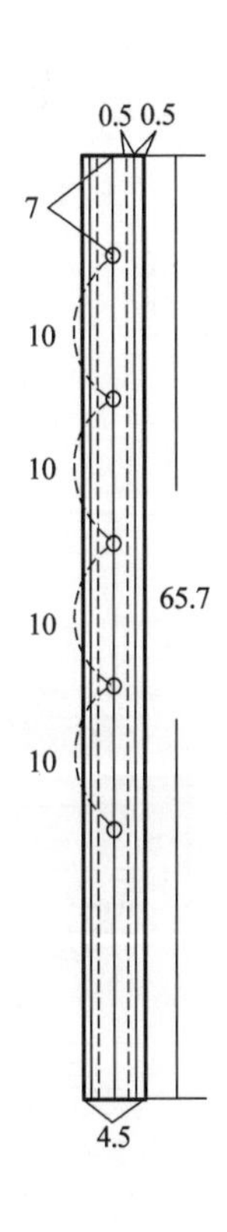

图 5–3

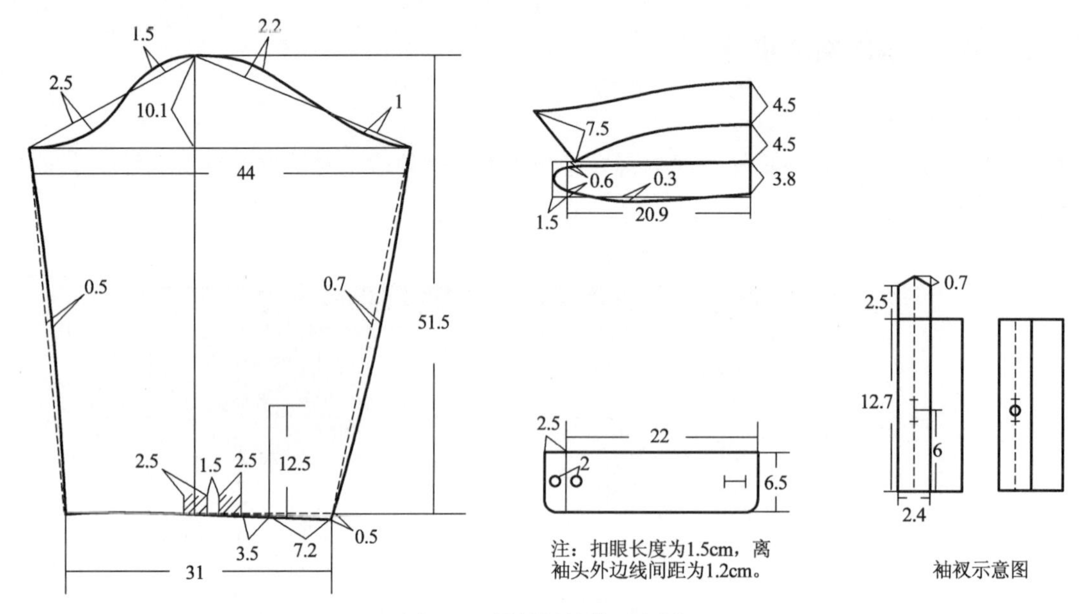

图 5-3　男衬衫结构示意图

3. 画前片矩形（图 5-4）

选择智能笔工具在空白处拖出长 75cm、宽 28cm 的矩形（计算公式：胸围 112cm/4）。

4. 画前落肩线和袖窿深线（图 5-5）

选择智能笔工具，按住【Shift】键，进入【平行线】功能，输入第一条平行线距离 4.6cm（计算公式：胸围 112cm/20-1），第二条平行线距离 23cm（计算公式：胸围 112cm/5+0.6）。

5. 画腰围线（图 5-6）

选择智能笔工具，按住【Shift】键，进入【平行线】功能，输入平行线距离 42.5cm（腰节高）。

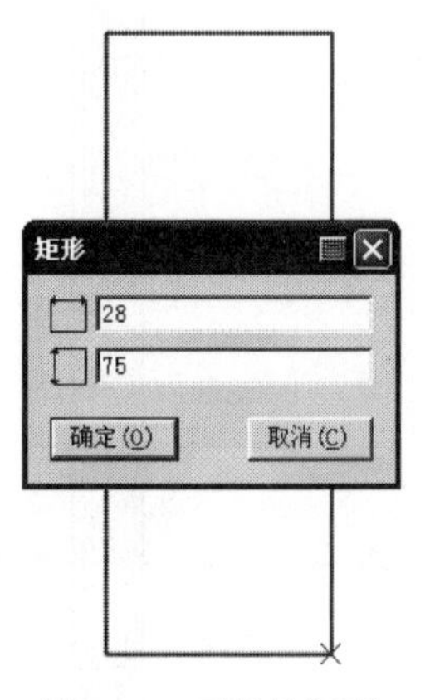

图 5-4　画前片矩形

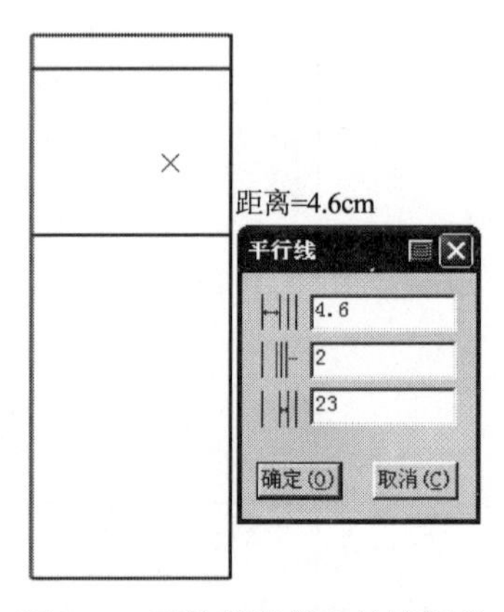

图 5-5　画前落肩线和袖窿深线

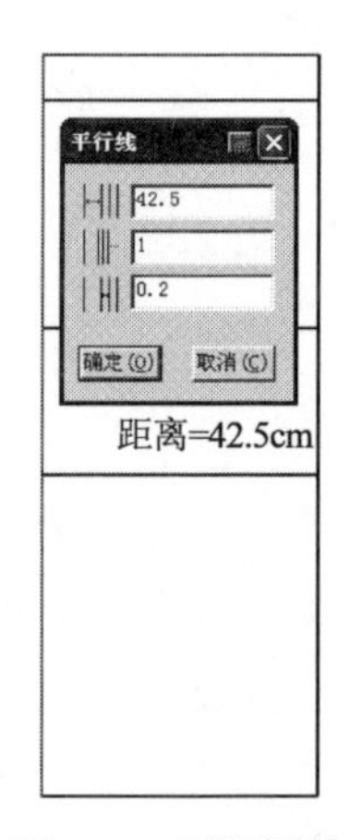

图 5-6　画腰围线

6. 画前片肩斜线（图 5–7）

选择智能笔工具在上平线 7.2cm 处（计算公式：领围 40cm/5–0.8）与落肩线 24cm 处画一条直线（计算公式：肩宽 48cm/2）。

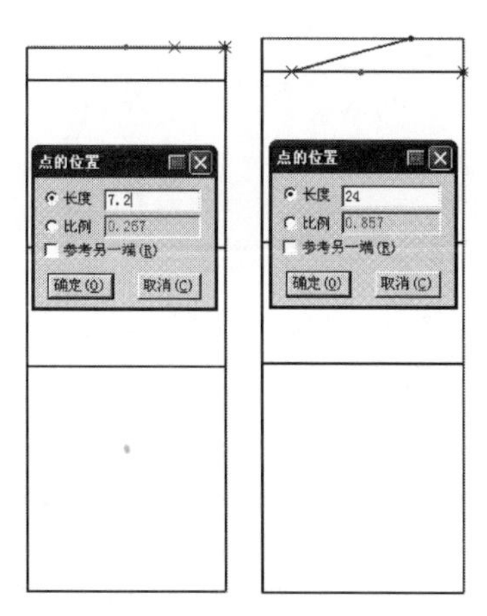

图 5–7　画前片肩斜线

7. 画胸宽线（图 5–8）

选择智能笔工具，按住【Shift】键，进入【平行线】功能，输入平行线距离 21.4cm（计算公式：胸围 112cm/5–1）。

8. 画前袖窿弧线（图 5–9）

选择智能笔工具，将肩端点与袖窿深线端点用直线相连接，然后用调整工具调顺前袖窿弧线。

9. 画前领口弧线（图 5–10）

选择智能笔工具，将前片领宽点与前中线 9.3cm（计算公式：领围 40cm/5+1.3）处用直线相连接，然后用调整工具调顺前领口弧线。

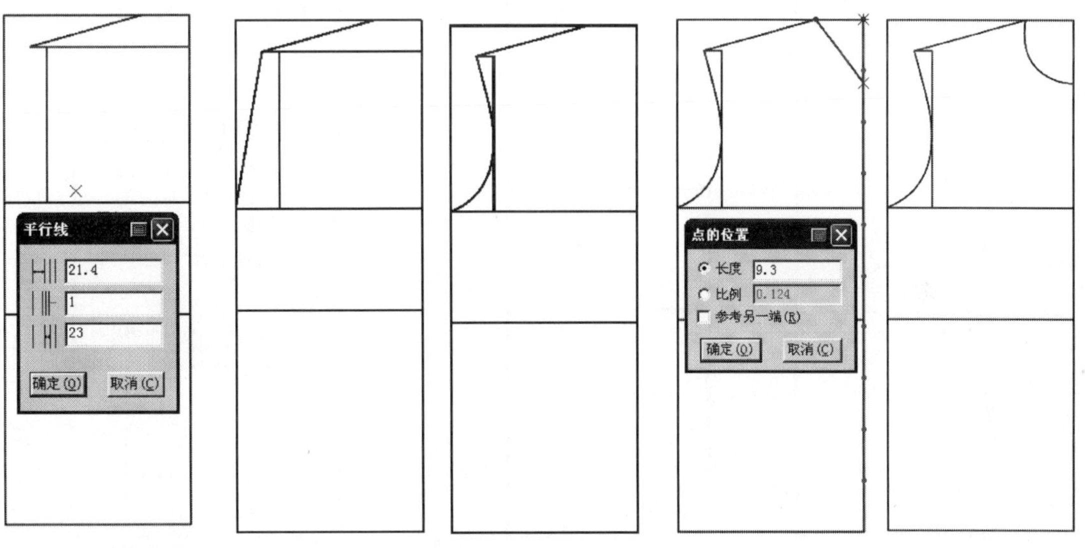

图 5–8　画胸宽线　　图 5–9　画前袖窿弧线　　图 5–10　画前领口弧线

10. 画侧缝线（图 5–11）

选择智能笔工具，从袖窿深端点经腰围线 1.5cm 处在下摆线前中端点按【Enter】键，输入纵向偏移量 8cm（燕尾起翘量），横向偏移量 –29cm（计算公式：摆围 116cm/4），然后用直线相连接。

11. 画下摆线（图 5–12）

选择智能笔工具将下摆线连接，然后用调整工具调顺侧缝线和下摆线。

12. 画过肩平行线（图 5–13）

选择智能笔工具，按住【Shift】键，进入【平行线】功能，输入平行线距离 3.5cm（过

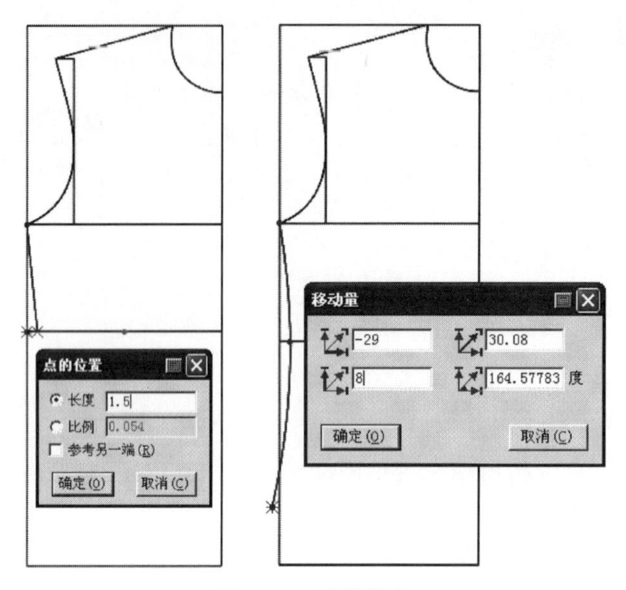

图 5-11 画侧缝线

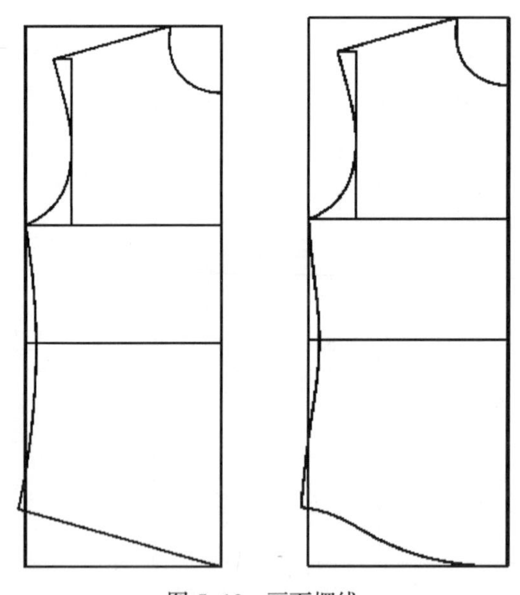

图 5-12 画下摆线

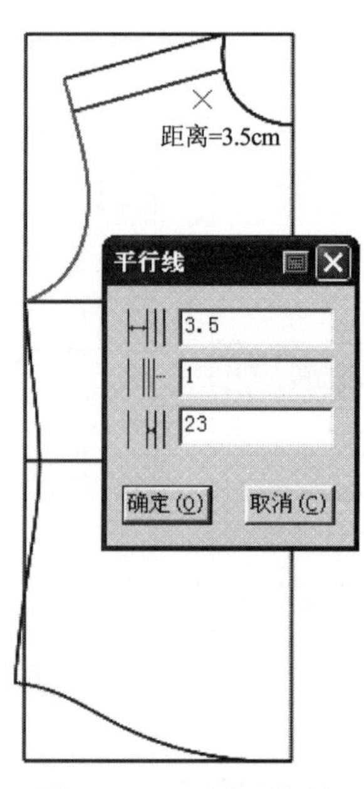

图 5-13 画过肩平行线

肩量)。

13. **对称复制过肩平行线**(图 5-14)

选择 对称工具，按住【Shift】键，进入【对称复制】功能，将过肩线对称复制。

14. **画背宽线**(图 5-15)

选择 智能笔工具，按住【Shift】键，进入【平行线】功能，输入平行线距离 22.6cm(计算公式：胸围 112cm/5+0.2)。

15. **画后袖窿弧线**(图 5-16)

选择 智能笔工具，将后肩端点与袖窿深线端点用直线相连接，然后用 调整工具

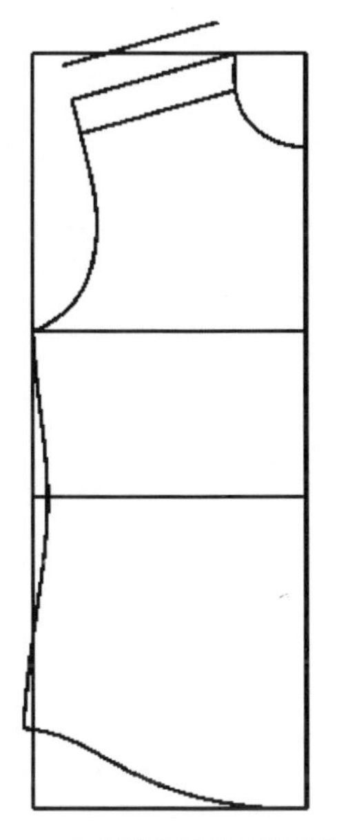

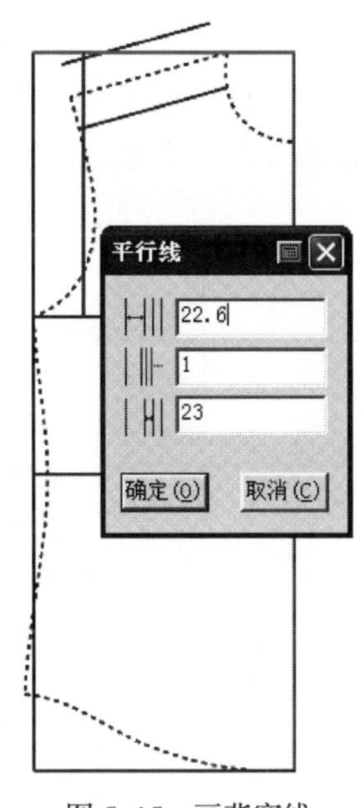

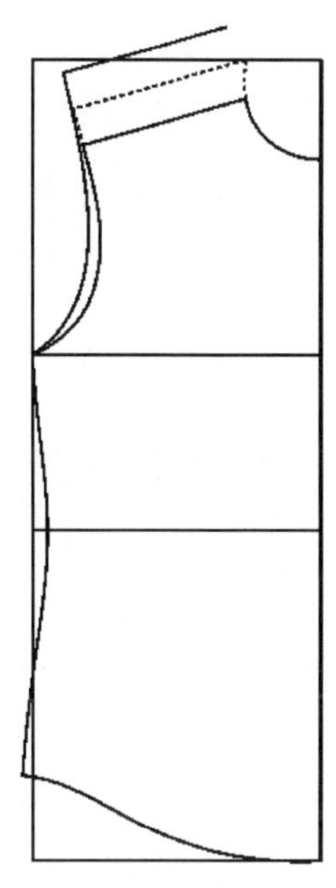

图 5-14　对称复制过肩平行线

图 5-15　画背宽线

图 5-16　画后袖窿弧线

调顺后袖窿弧线。

16. **画后领口弧线**（图 5-17）

①选择智能笔工具，将后片领宽点与后中线 0.3cm 处用直线相连接（注：经过笔者多次成衣效果试验，后领深在借肩之前 0.3cm 为最佳值）。

②选择对称调整工具，调顺后领口弧线，调顺后按右键结束。

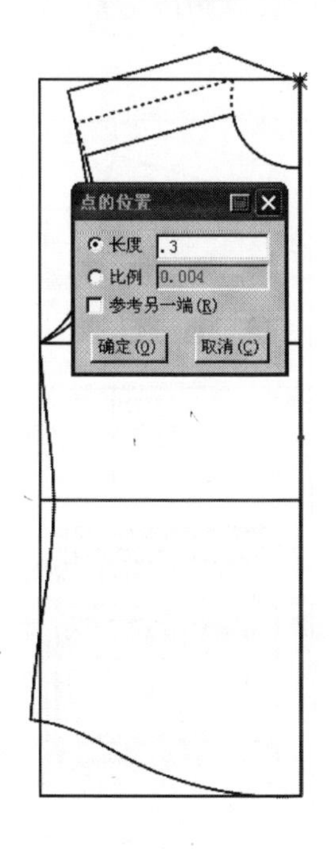

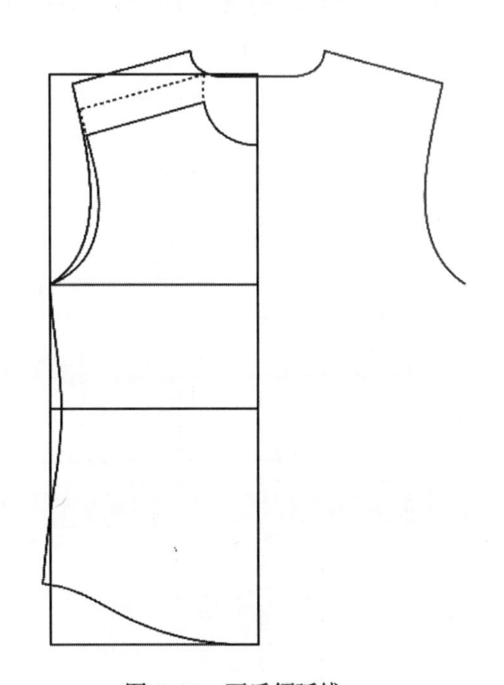

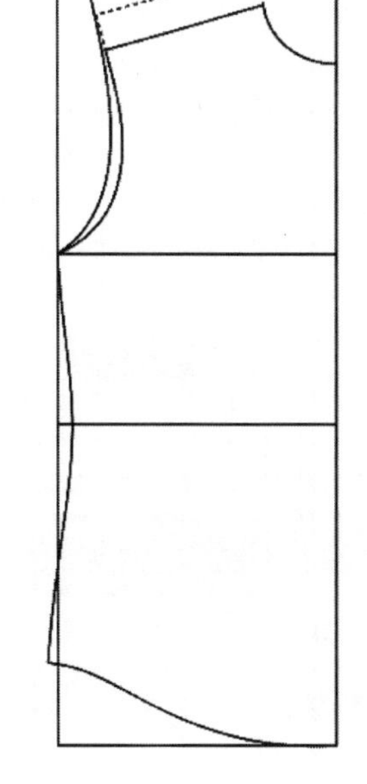

图 5-17　画后领弧线

17. 画后育克（图 5–18）

①选择 智能笔工具，在后中心线 9cm 处作一条垂直线，并与袖窿弧线相交。

②选择 智能笔工具在袖窿线上收一个 0.6cm 的袖窿省。

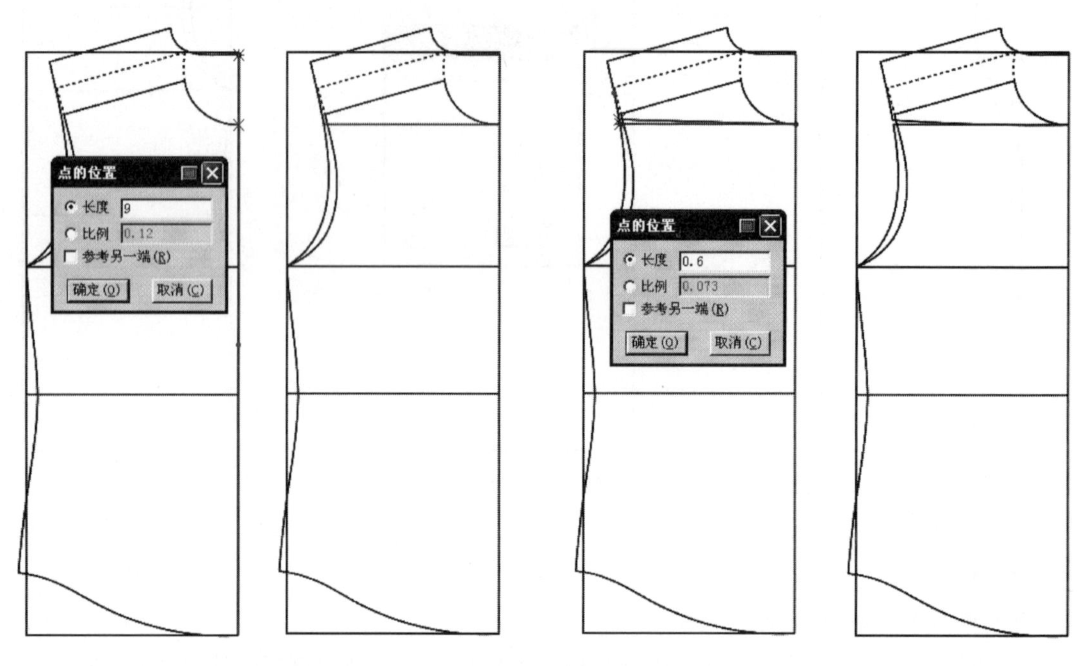

图 5–18　画后育克

18. 画前片袋位（图 5–19、图 5–20）

①选择 智能笔工具，按住【Shift】键，进入【平行线】功能，输入平行线距离 7cm（袋位距前中线的距离）。

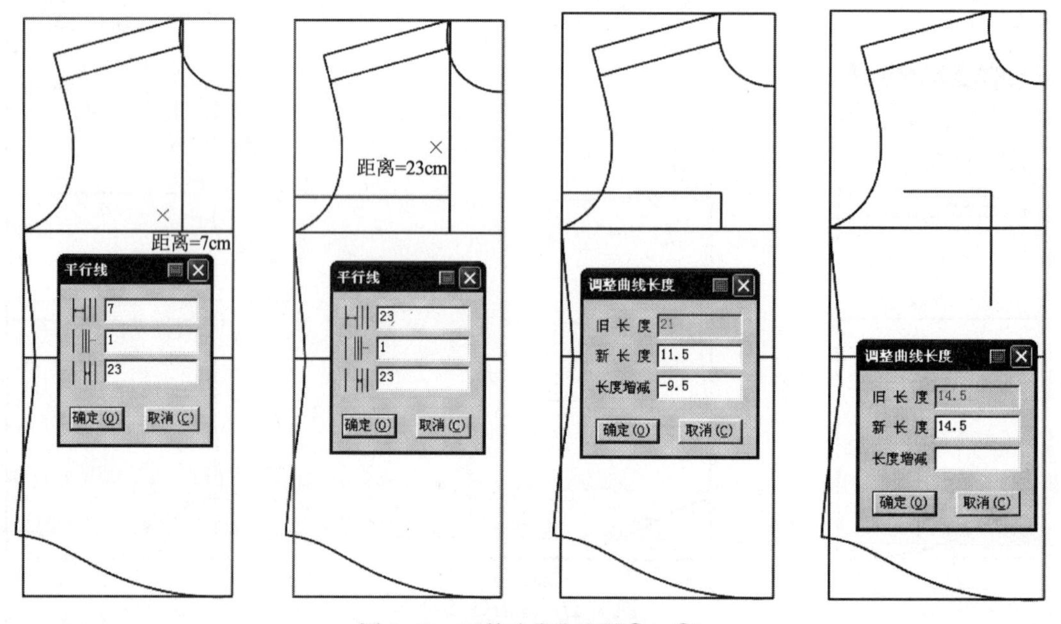

图 5–19　画前片袋位步骤①～④

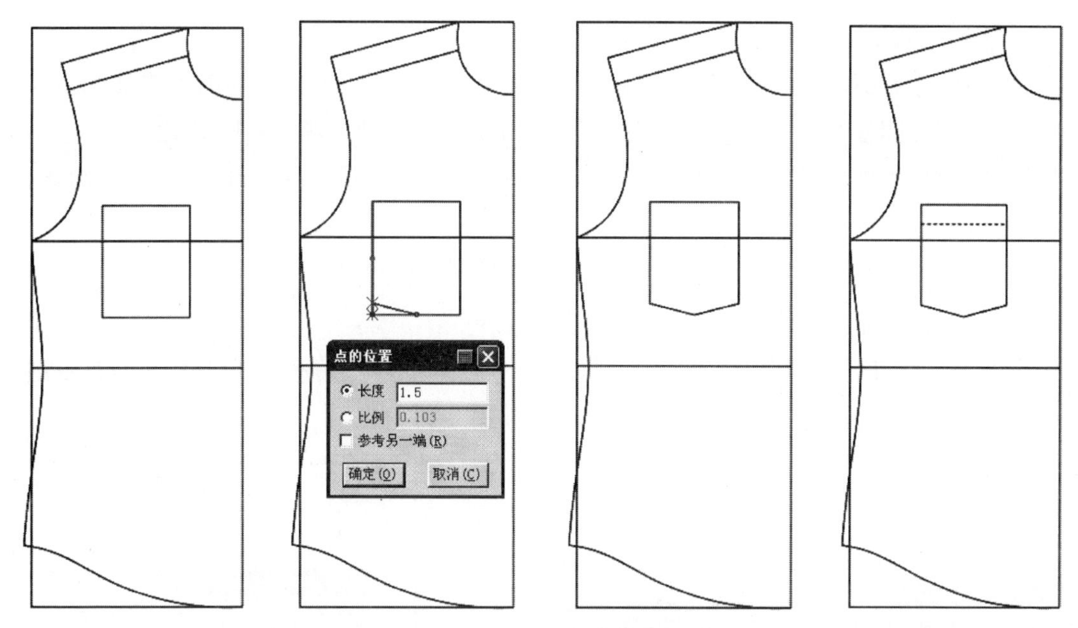

图 5-20　画前片袋位步骤⑤～⑧

②选择智能笔工具，按住【Shift】键，进入【平行线】功能，输入平行线距离 23cm（袋位距上平线的距离）。

③选择智能笔工具，按住【Shift】键，右键点击袋口线在袖窿线的部分，进入【调整曲线长度】功能，输入新长度 11.5cm（袋口宽）。

④选择智能笔工具，按住【Shift】键，右键点击袋布线，进入【调整曲线长度】功能，输入新长度 14.5cm（袋布长度）。

⑤选择智能笔工具将袋位相连。

⑥选择智能笔工具，在袋布下口中点与袋布外口线 1.5cm 处相连。

⑦选择对称工具，按住【Shift】键，进入【对称复制】功能，将袋布下口尖角对称复制。用智能笔工具中的连角功能删除多余的线段，不能连角删除的线段用橡皮擦工具删除。

⑧选择智能笔工具，按住【Shift】键，进入【平行线】功能，输入平行线距离 2.5cm。然后把线型改变为虚线，选择设置线的颜色类型工具点击线段，使前片线条变为虚线。

19. 后育克处理（图 5-21）

①选择移动工具，按住【Shift】键，进入【复制】功能，把后育克复制到空白处。

②选择对称工具，按住【Shift】键，进入【对称复制】功能，将后育克对称复制。

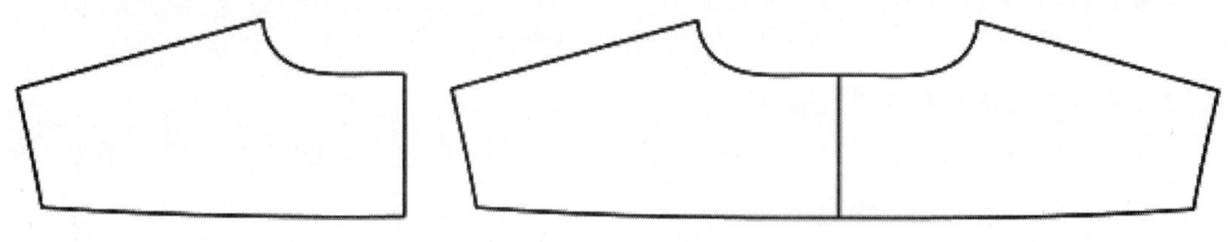

图 5-21　后育克处理

20. 后片褶位处理（图 5–22、图 5–23）

①选择调整工具，框选后片袖窿分割端点，按【Enter】键，输入横向偏移量 –1.2cm。

②选择调整工具，框选后中端点，按【Enter】键，输入横向偏移量 1.2cm。

③选择旋转工具，按住【Shift】键，进入【旋转】功能，将后片的后中线调整为垂直状态。

④选择智能笔工具，在分割线 9.5cm 处画第一褶位线。

⑤选择智能笔工具，在分割线 12cm 处画第一褶位线。

⑥选择对称工具，按住【Shift】键，进入【对称复制】功能，将后片褶位对称复制。

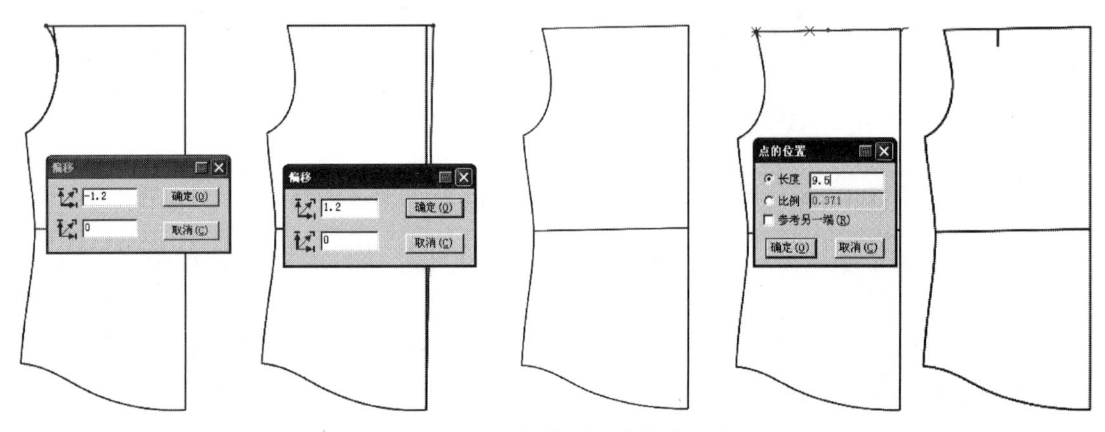

图 5–22　后片褶位处理步骤① ~ ④

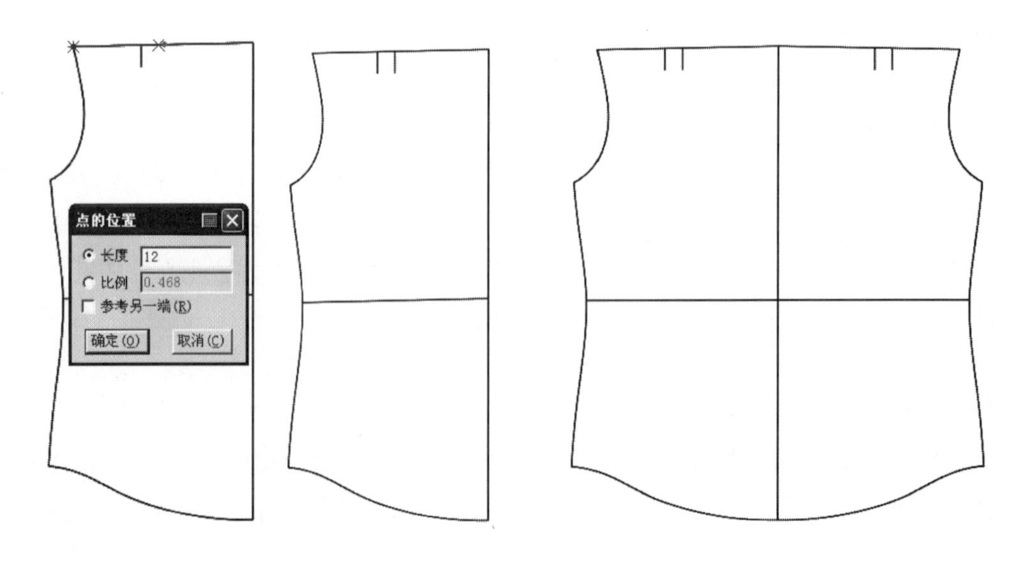

图 5–23　后片褶位处理步骤⑤、⑥

21. 前右片门襟处理（图 5–24）

①选择智能笔工具，按住【Shift】键，进入【平行线】功能，输入第一条平行线距离 1.5cm，第二条平行线距离 2.5cm。

②选择 智能笔工具中的【连角】功能，将门襟线与下摆连角，将领口弧线与门襟线连角。

③选择 智能笔工具，按住【Shift】键，进入【平行线】功能，输入平行线距离 0.8cm，然后把这条平行线修改为虚线。

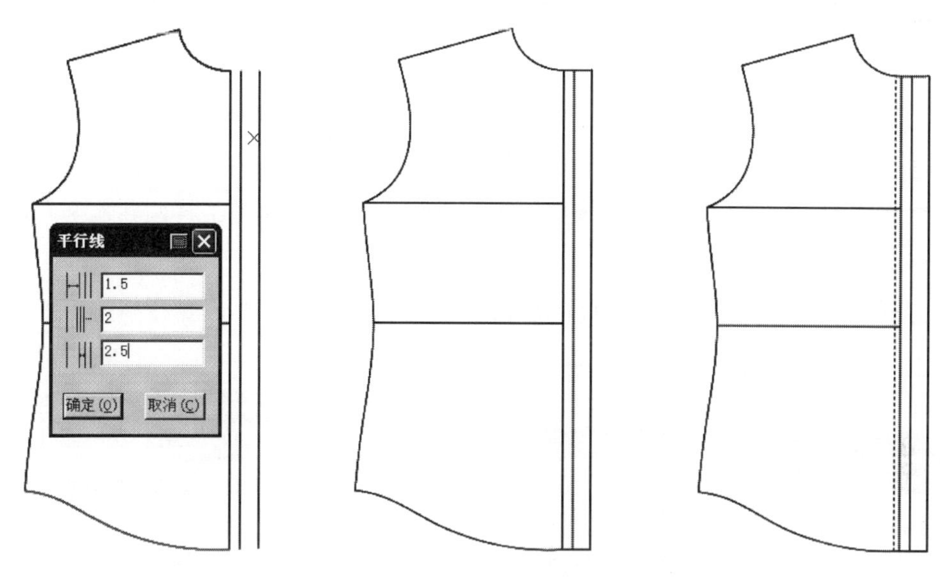

图 5-24 前右片门襟处理

22. **前左片门襟处理**（图 5-25）

①选择 移动工具，按住【Shift】键，进入【复制】功能，把前右片复制到空白处。然后用 对称工具，按住【Shift】键，进入【对称复制】功能，将前右片对称复制。

②选择 智能笔工具，按住【Shift】键，进入【平行线】功能，输入平行线距离 1.4cm。

③选择 智能笔工具，按住【Shift】键，进入【平行线】功能，输入平行线距离 1.2cm，然后把这条平行线修改为虚线。

由此可得前左片、前左片门襟、前右片完整图。

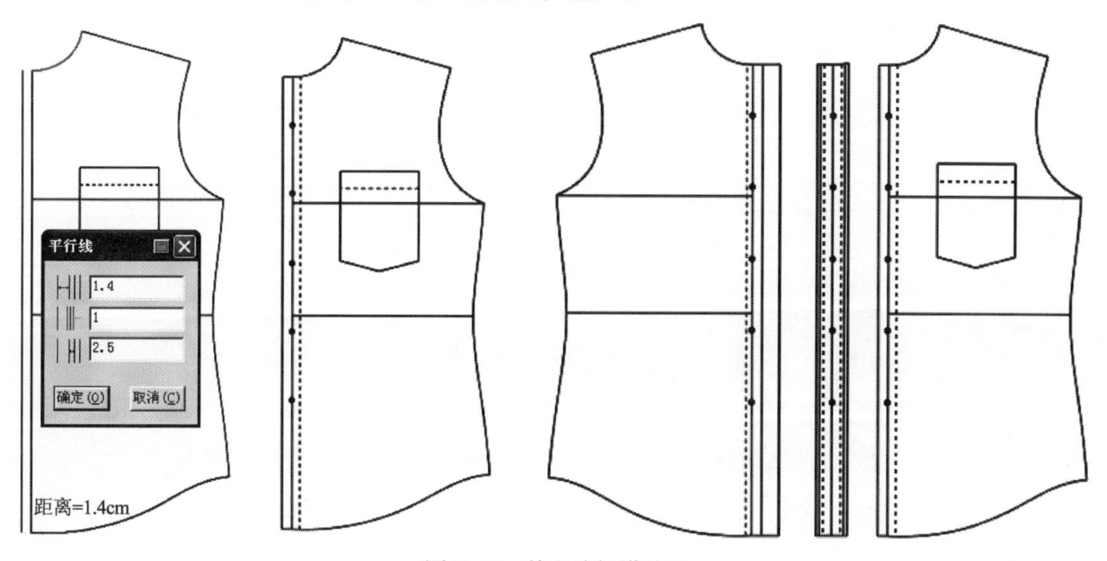

图 5-25 前左片门襟处理

23. 画领子（图 5–26、图 5–27）

①选择比较长度工具，分别测量后领口弧线和前领口弧线的长度尺寸。

②选择智能笔工具，在空白处拖出长为 22.4cm（前、后领口弧线长加门襟宽之和）、宽为 3.8cm 的矩形。

③选择智能笔工具在 1.5cm 处画前中线。

④选择智能笔工具在 1.2cm 处画领座下口弧线，并用调整工具调顺领座下口弧线。

⑤选择智能笔工具，按住【Shift】键，右键点击前中线，进入【调整曲线长度】功能，输入长度增减 –0.6cm。然后用直线连接领座上口线，再用调整工具调顺领座上口弧线。

⑥参照图 5–27 画好领子。

⑦选择对称工具，按住【Shift】键，进入【对称复制】功能，将领座和翻领对称复制。

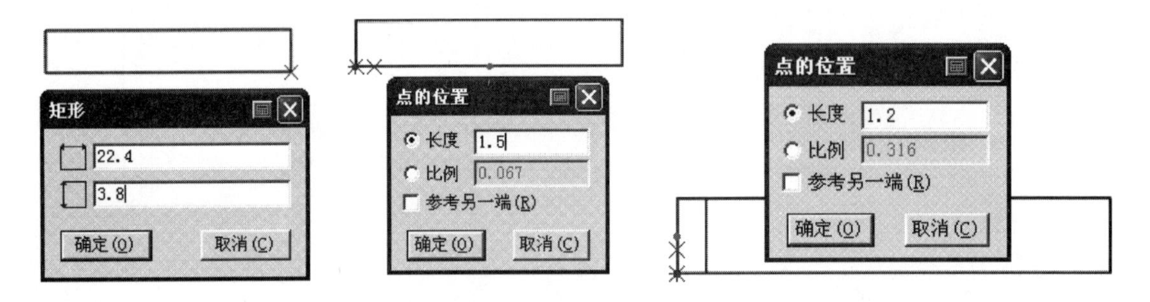

图 5–26　画领子步骤①～④

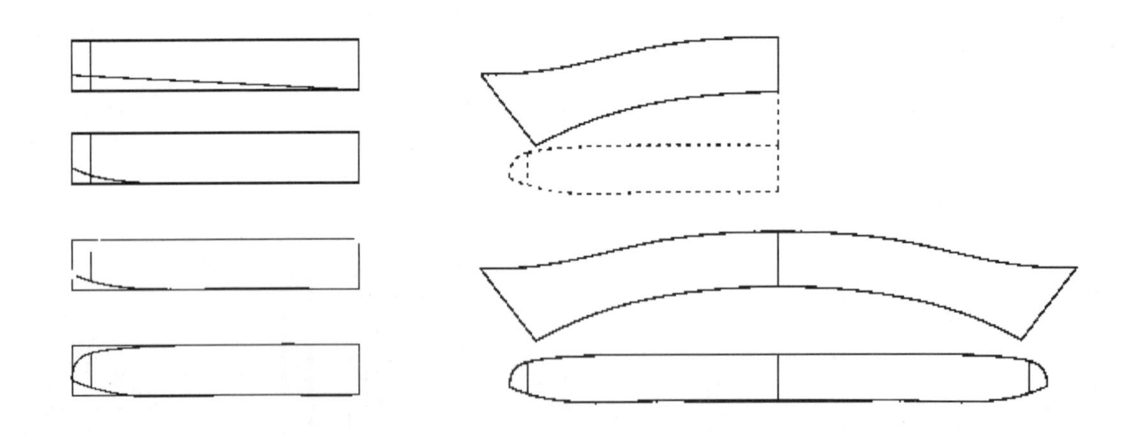

图 5–27　画领子步骤⑤～⑦

24. 画袖子（图 5–28、图 5–29）。

①选择智能笔工具，画一条长 44cm 的直线为袖肥线。

②选择圆规工具，第一边输入 21.5cm（计算公式：前袖窿弧线长 –1.2），第二边输入 27cm（计算公式：后袖窿弧线长 –0.8）。然后用调整工具调顺袖山弧线。

③选择智能笔工具，从袖山顶点画 51.5cm（计算方式：袖长 58– 袖克夫宽 6.5）的直线为袖中线。

④选择智能笔工具，画一条长 15cm 的直线为前片袖口线。

⑤选择智能笔工具，画一条长 16cm 的直线为后片袖口线。

⑥选择调整工具，框选后袖口端点按【Enter】键，输入纵向偏移量 -0.5cm。

⑦选择智能笔工具，画褶位和袖衩位。

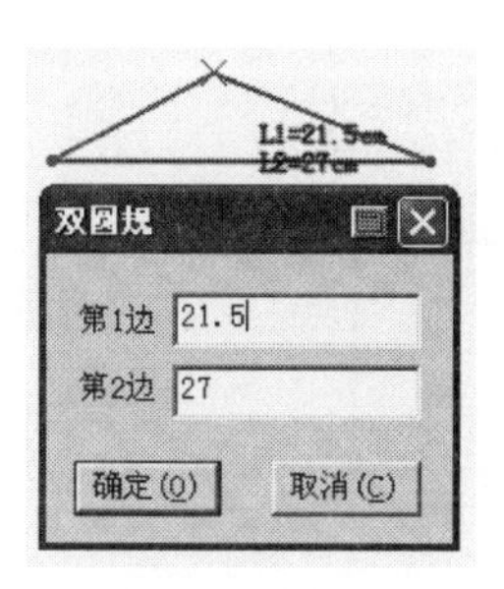

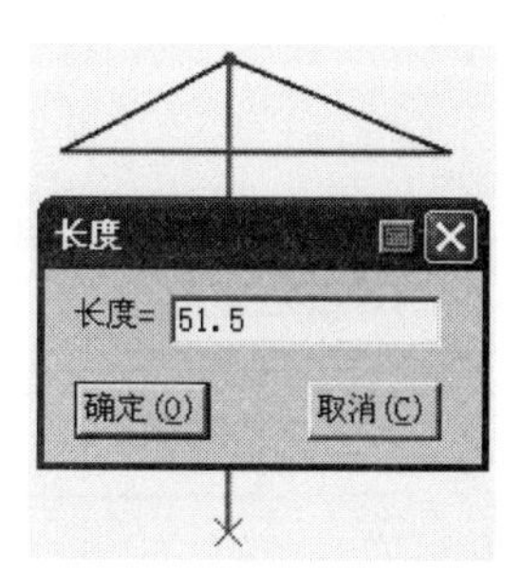

图 5-28　画袖子步骤①～③

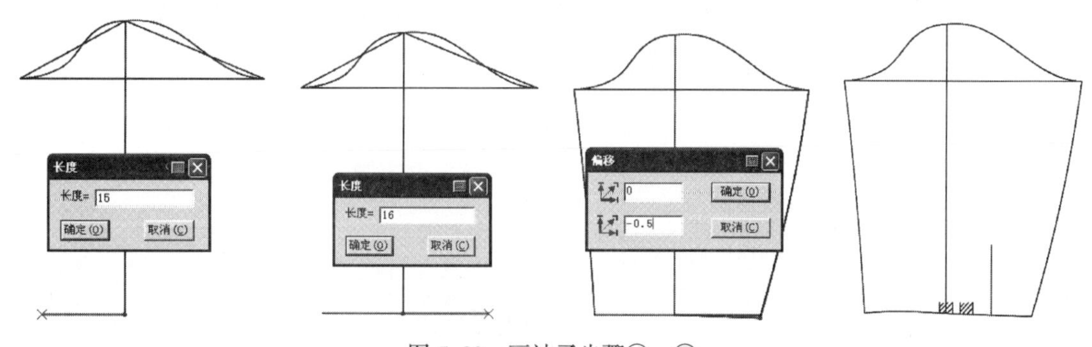

图 5-29　画袖子步骤④～⑦

25. 画袖衩（图 5-30）

①选择智能笔工具，在空白处拖出长为 12.7cm、宽为 2.4cm 的矩形，绘制袖衩小片。

②选择点工具在袖衩小片中线 6cm 处加个点为纽扣位置。

③选择智能笔工具画好袖衩大片。

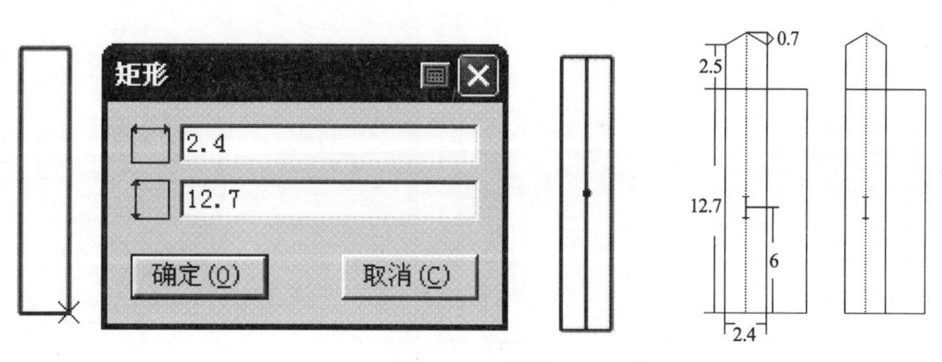

图 5-30　画袖衩

26. 画袖克夫（图 5–31）

①选择 智能笔工具，在空白处拖出长为 24.5cm（计算公式：袖口 22+ 搭门宽 2.5）、宽为 6.5cm 的矩形。

②选择 圆角工具将袖克夫修改为圆角。

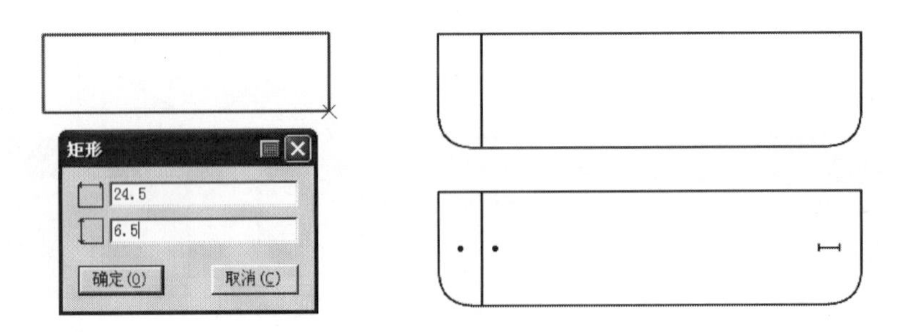

图 5–31　画袖克夫

27. 拾取纸样（图 5–32）

选择 剪刀工具拾取纸样的外轮廓线，单击右键切换成拾取衣片辅助线工具，拾取内部辅助线，并用 布纹线工具将布纹线调整好。

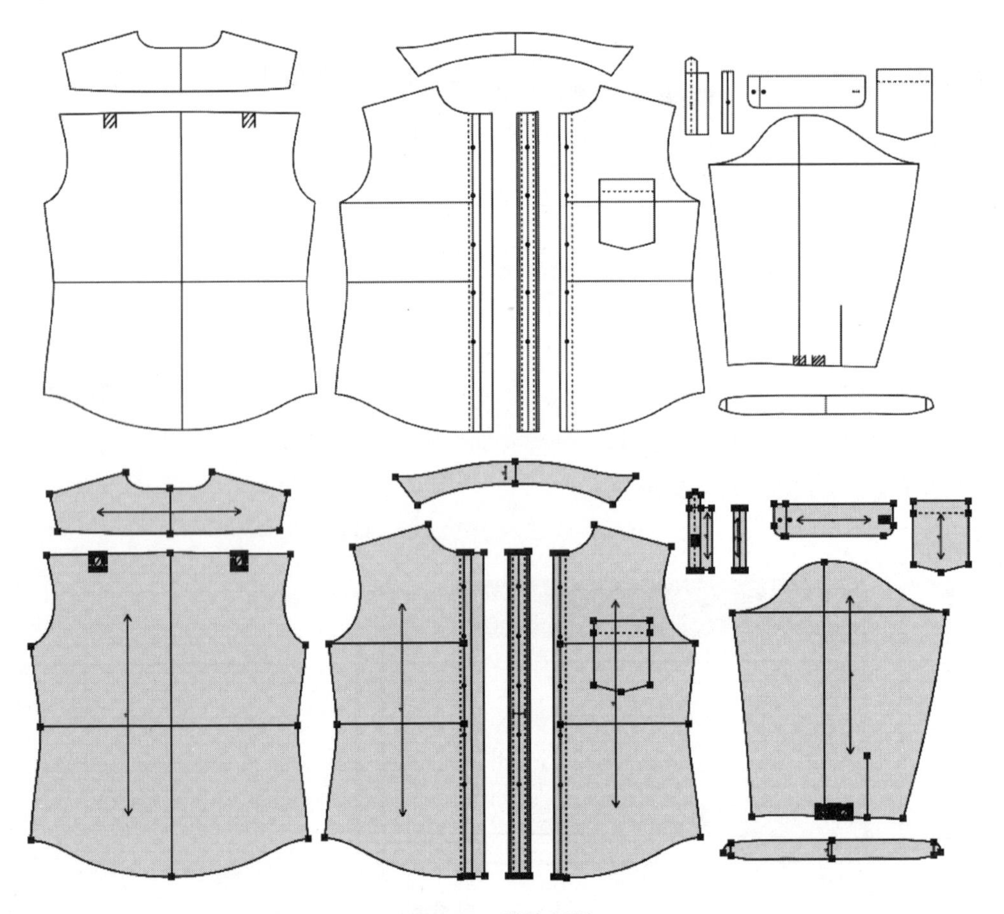

图 5–32　拾取纸样

28. **加缝份**（图 5-33）

①选择加缝份工具，将工作区的所有纸样统一加 1cm 缝份。

②将前左片和前右片的侧缝线、袖窿弧线和后片袖窿弧线、袖片前侧缝线缝份修改为 0.5cm。

③将后片、前左片、前右片下摆弧线缝份修改为 0.6cm。

④将前片贴袋上口缝份修改为 3cm。

⑤将后片侧缝线、袖片袖山弧线和袖片后侧缝线的缝份修改为 1.6cm。

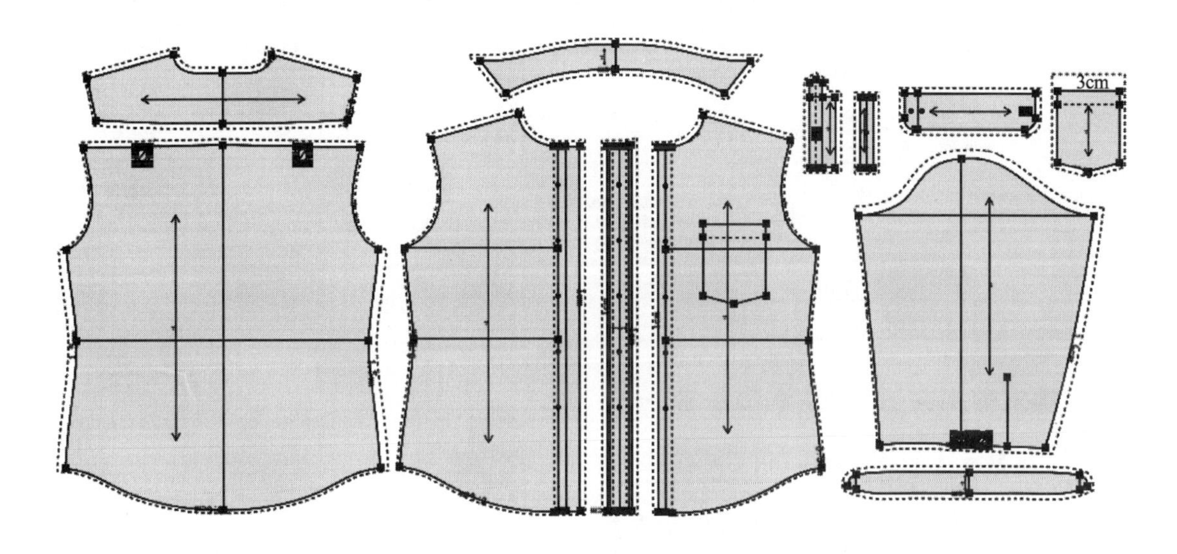

图 5-33　加缝份

第二节　男式休闲衬衫

一、男式休闲衬衫款式效果图（图 5-34）

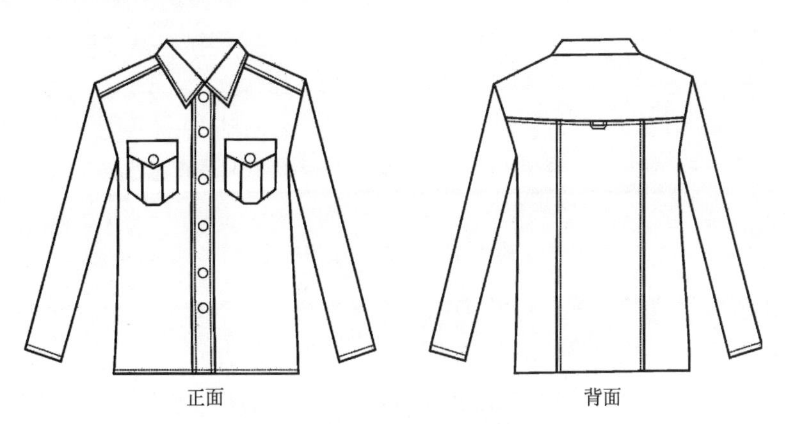

图 5-34　男式休闲衬衫款式效果图

二、男式休闲衬衫规格尺寸表（表 5–2）

表 5–2　男式休闲衬衫规格尺寸表　　　　单位：cm

部位 \ 号型	165/86A	170/90A	175/94A	180/98A	档差
衣长	71	73	75	77	2
肩宽	46.8	48	49.2	50.4	1.2
胸围	104	108	112	116	4
摆围	104	108	112	116	4
袖长	56.5	58	59.5	61	1.5
袖肥	41.4	43	44.6	46.2	1.6
袖口	27	28	29	30	1
领围	40	41	42	43	1

三、男式休闲衬衫 CAD 制板步骤

1. **设置规格尺寸**（图 5–35）

单击【号型】菜单→【号型编辑】，在【设置号型规格表】对话框中输入所需尺寸（此操作可有可无）。

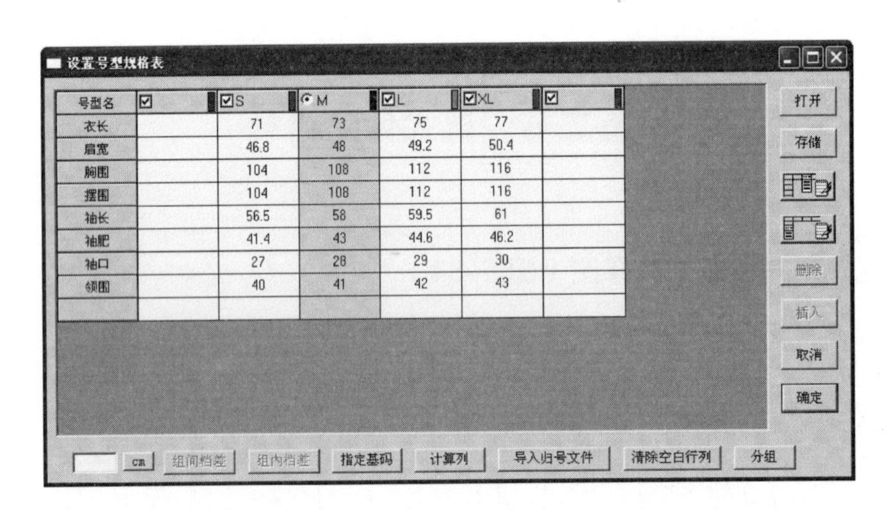

图 5–35　设置号型规格表

2. **男式休闲衬衫前片、后片、袖子、领子各部位结构示意图**（图 5–36）

3. **画男式休闲衬衫结构图**（5–37）

运用本章第一节所学的男衬衫 CAD 制板知识，并结合图 5–36 所示的各部位计算方法，

用富怡 CAD 绘制男式休闲衬衫的结构图。

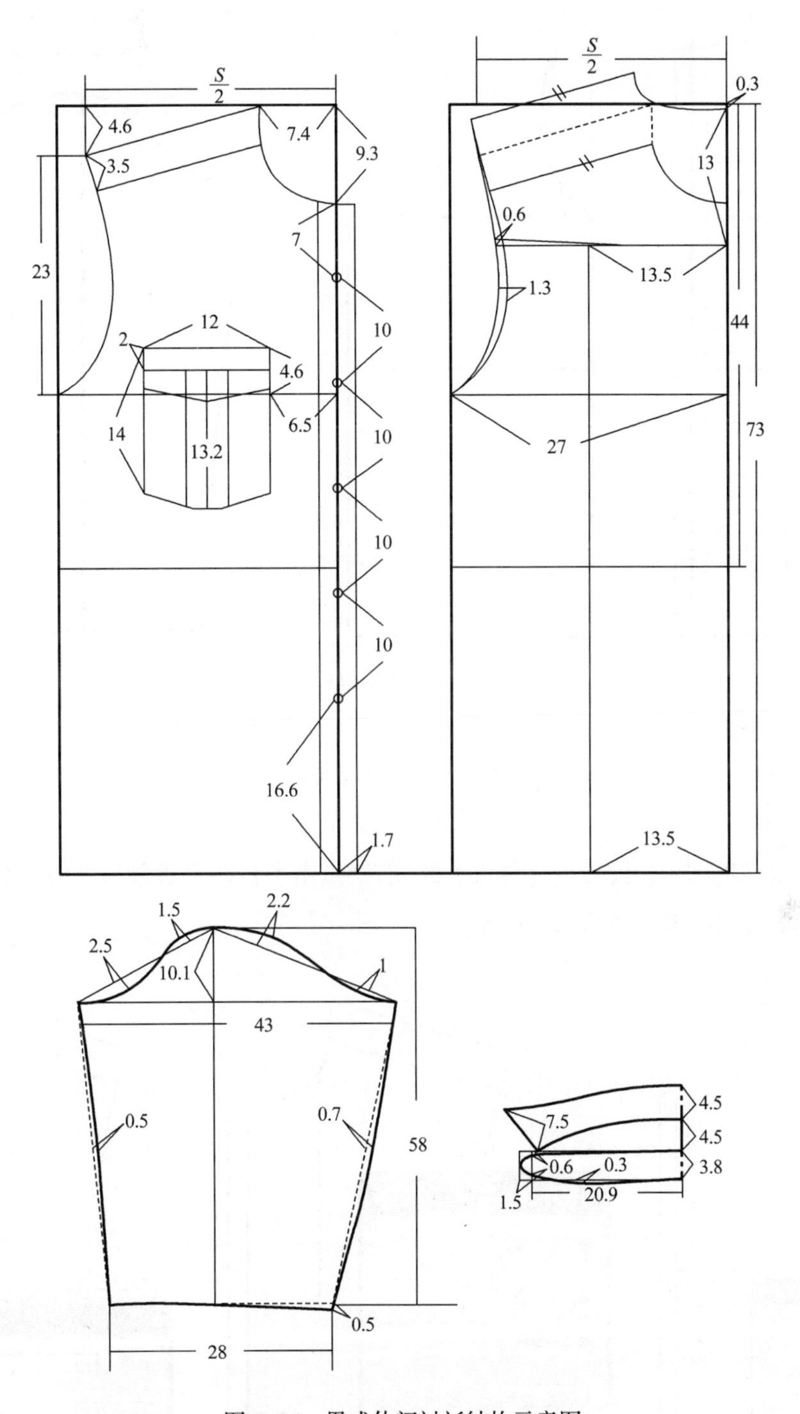

图 5-36 男式休闲衬衫结构示意图

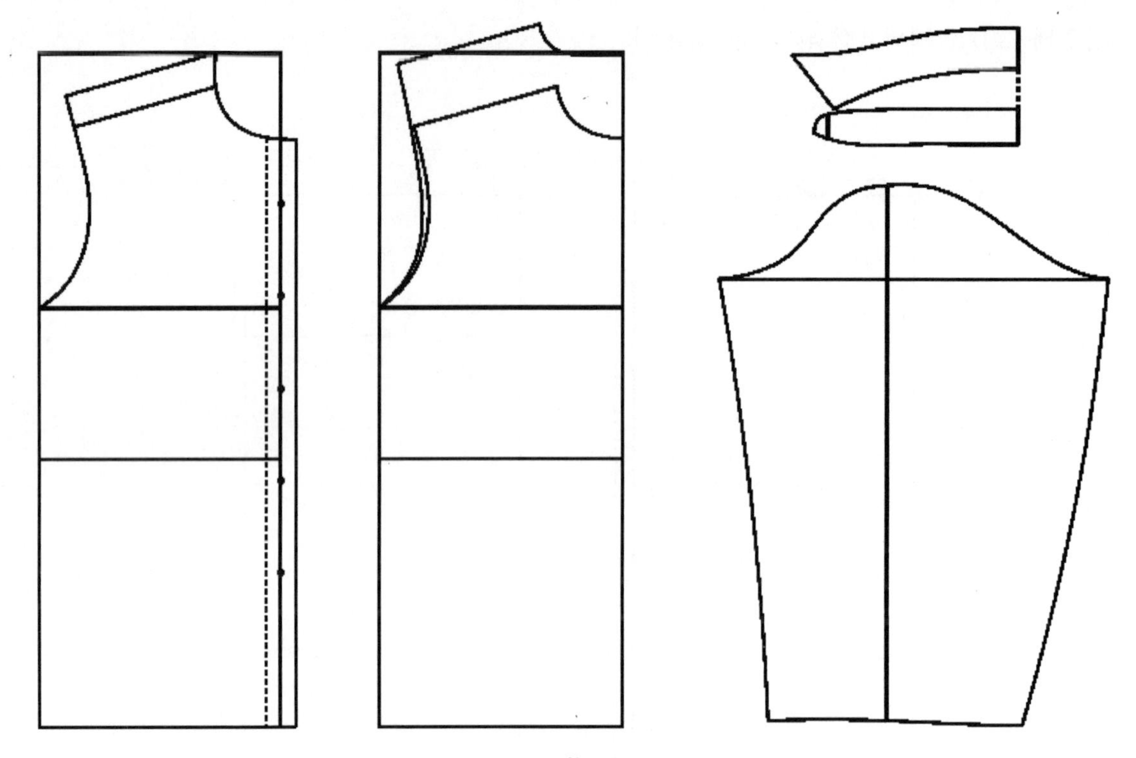

图 5-37　男式休闲衬衫结构图

4. 画袋布和袋盖（图 5-38 ~ 图 5-41）

①选择智能笔工具，按住【Shift】键，进入【平行线】功能，以前中线为基准画 6.5cm 的平行线。

②选择智能笔工具，按住【Shift】键，右键点击平行线靠近领口弧线部分，进入【调整曲线长度】功能，输入新长度 4.6cm。

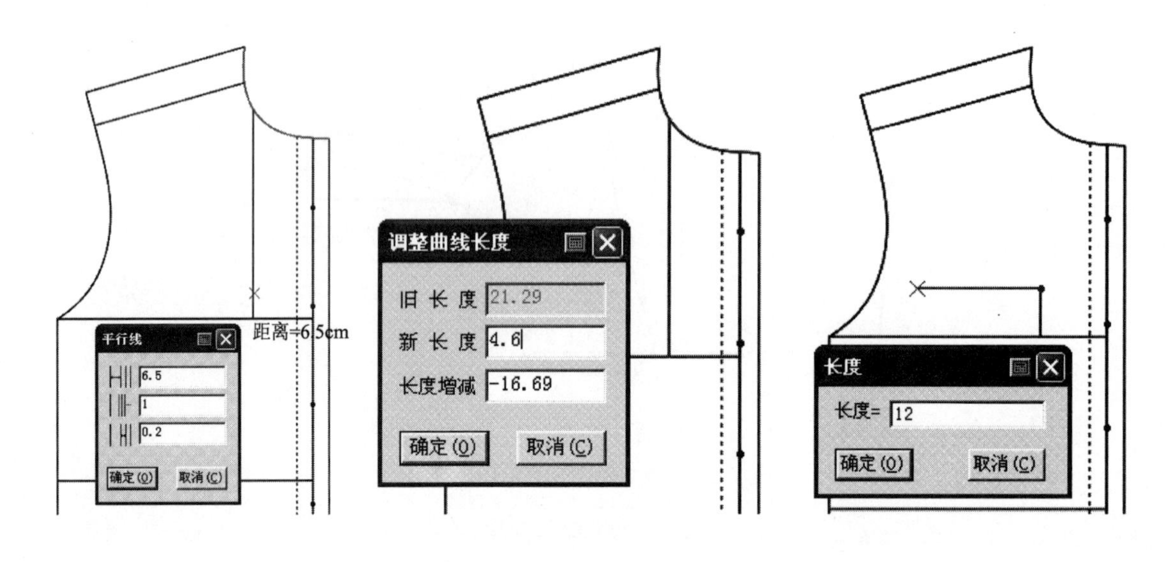

图 5-38　画袋布和袋盖步骤①～③

③选择智能笔工具画袋口宽 12cm。

④选择智能笔工具画袋侧线 14cm。

⑤选择智能笔工具画袋布中心线 15.5cm，然后画袋布下口线 1.5cm。

⑥画好袋布线后，选择对称工具，按住【Shift】键，进入【对称复制】功能，将袋布对称复制。

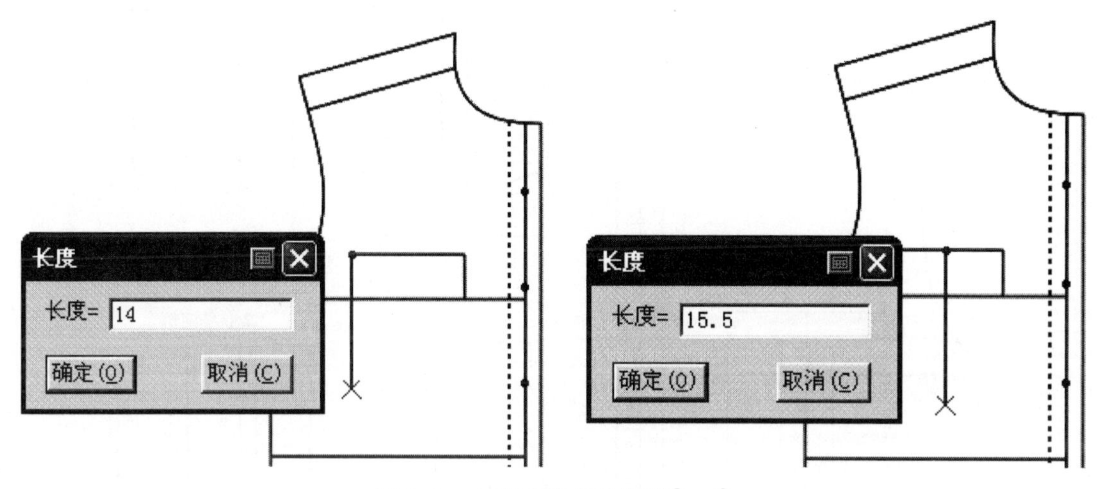

图 5-39　画袋布和袋盖步骤④、⑤

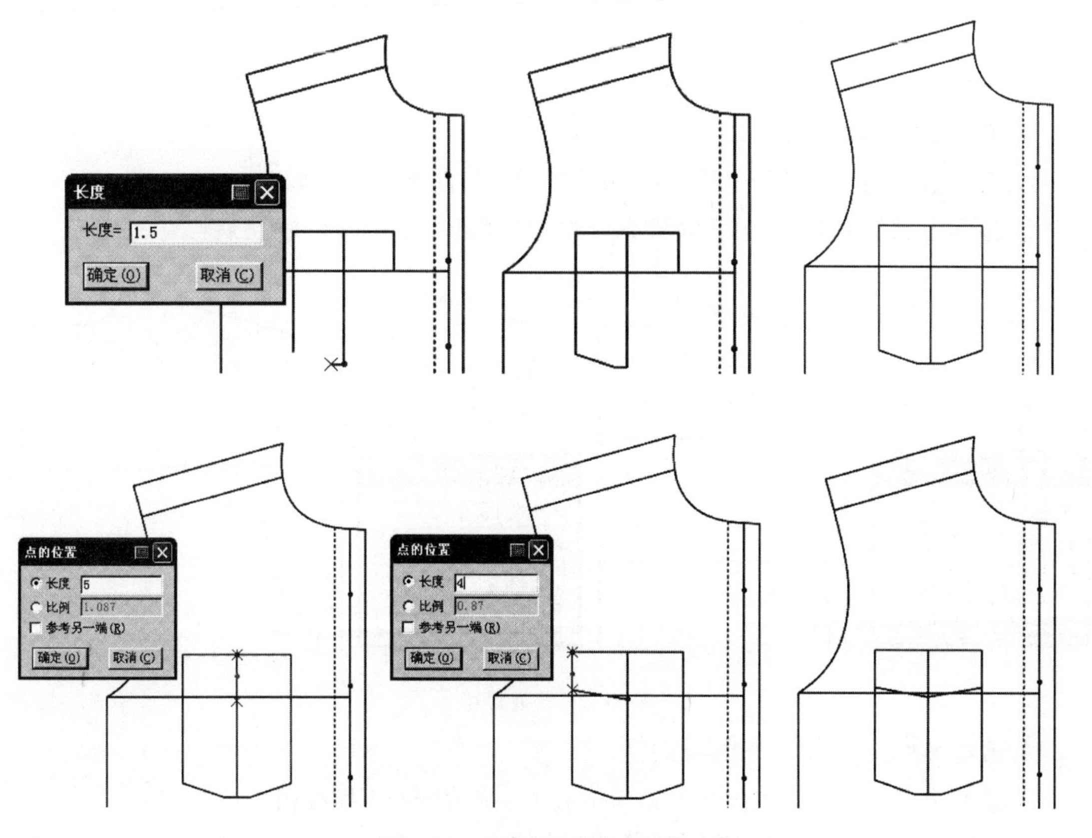

图 5-40　画袋布和袋盖步骤⑥、⑦

⑦选择智能笔工具画好袋盖后，选择对称工具，按住【Shift】键，进入【对称复制】功能，将袋盖对称复制。

⑧选择移动工具，按住【Shift】键，进入【复制】功能，把袋布和袋盖复制到空白处。

⑨选择褶展开工具，在袋布上做1.2cm的单向褶（又称“一字褶”）。

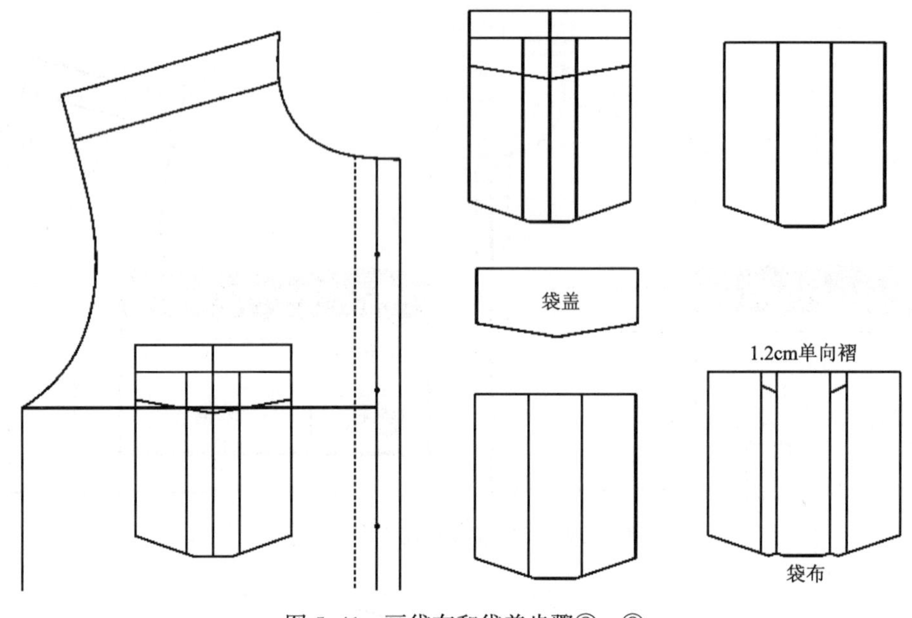

图5-41　画袋布和袋盖步骤⑧、⑨

5. 画后育克（图5-42）

①选择智能笔工具，在后中线13cm处画一条直线与袖窿线相交。

②选择智能笔工具，在上步骤完成的直线基础上收0.6cm，画出后育克。

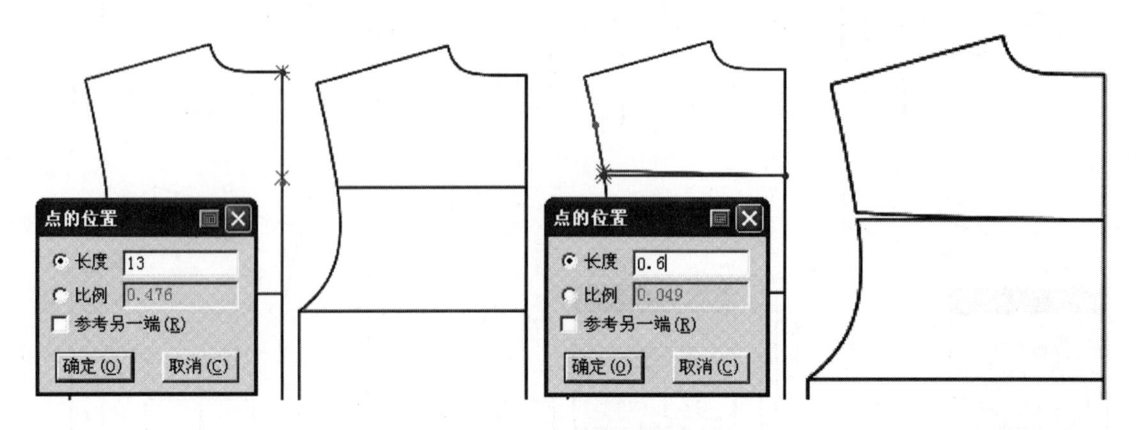

图5-42　画后育克

6. 画后侧片和后中片（图5-43）

①选择智能笔工具在育克线13.5cm处画一条直线与下摆线相交。

②选择移动工具，按住【Shift】键，进入【复制】功能，把后育克、后侧片、后

中片复制到空白处。

③选择对称工具，按住【Shift】键，进入【对称复制】功能，将后育克、后中片、后侧片对称复制。

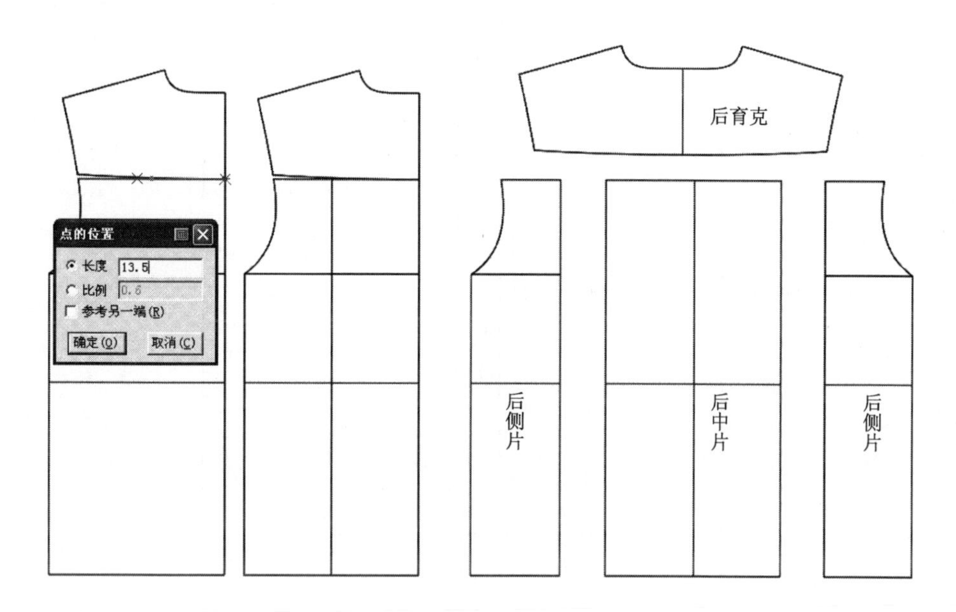

图 5-43　画后侧片和后中片

7. **画领子（图 5-44）**

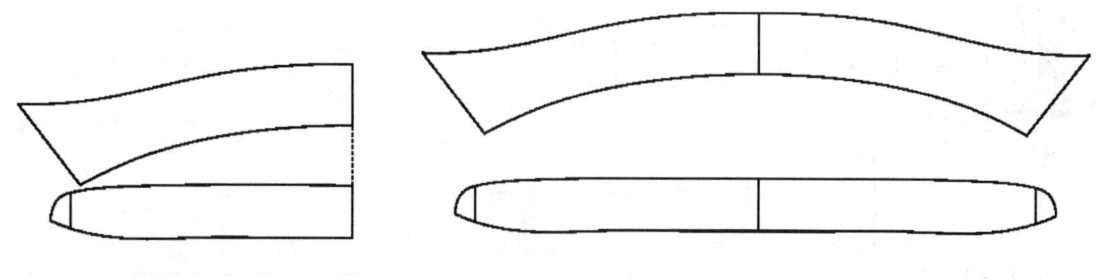

图 5-44　画领子

8. **画前门襟（图 5-45）**

9. **拾取纸样（图 5-46）**

选择剪刀工具拾取纸样的外轮廓线，单击右键切换成拾取衣片辅助线工具，拾取内部辅助线，并用布纹线工具将布纹线调整好。

10. **加缝份（图 5-47）**

①选择加缝份工具，将工作区的所有纸样统一加 1cm 缝份。

②将前片、后侧片、后中片下摆线和袖子袖口线缝份修改为 2.5cm。

③将袋布上口线缝份修改为 2.5cm。

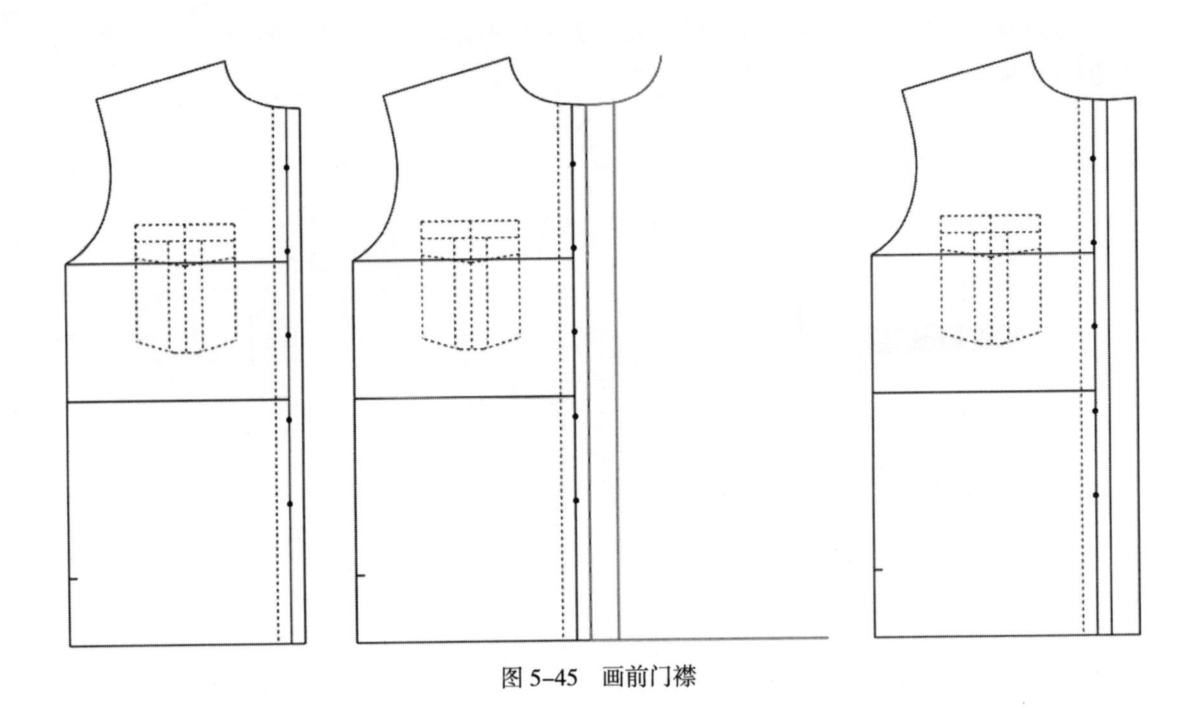

图 5-45　画前门襟

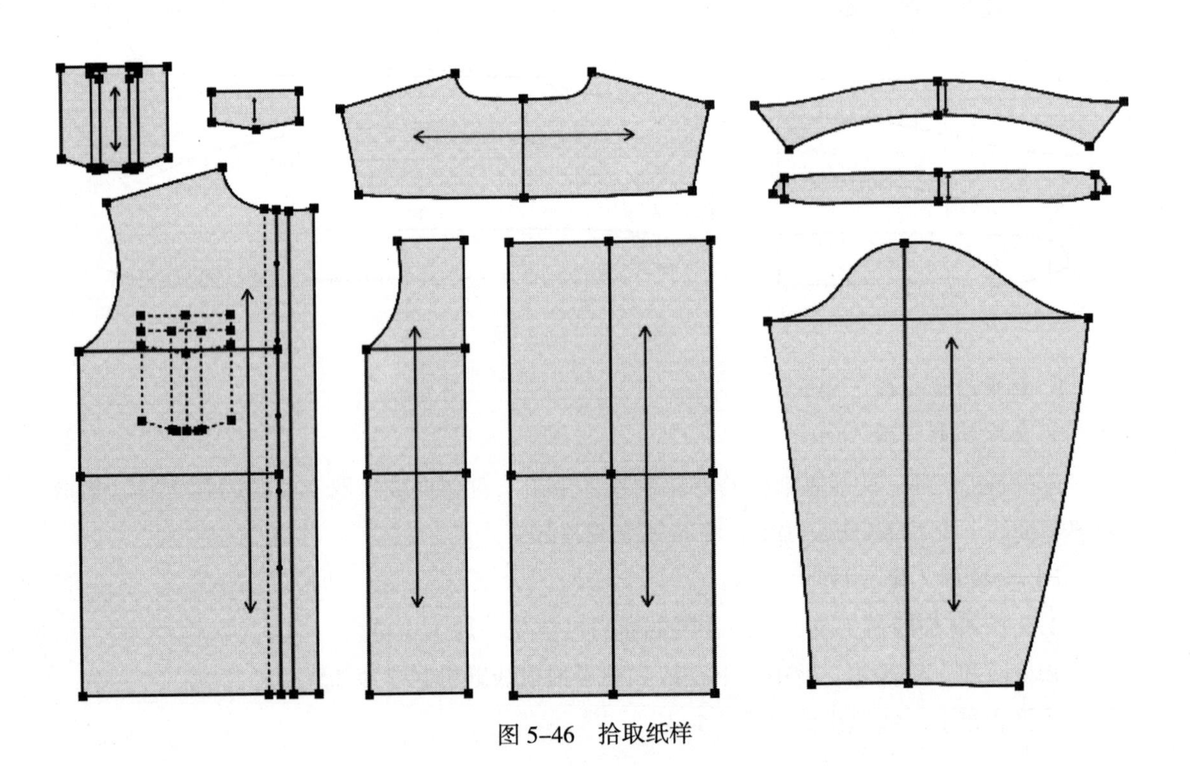

图 5-46　拾取纸样

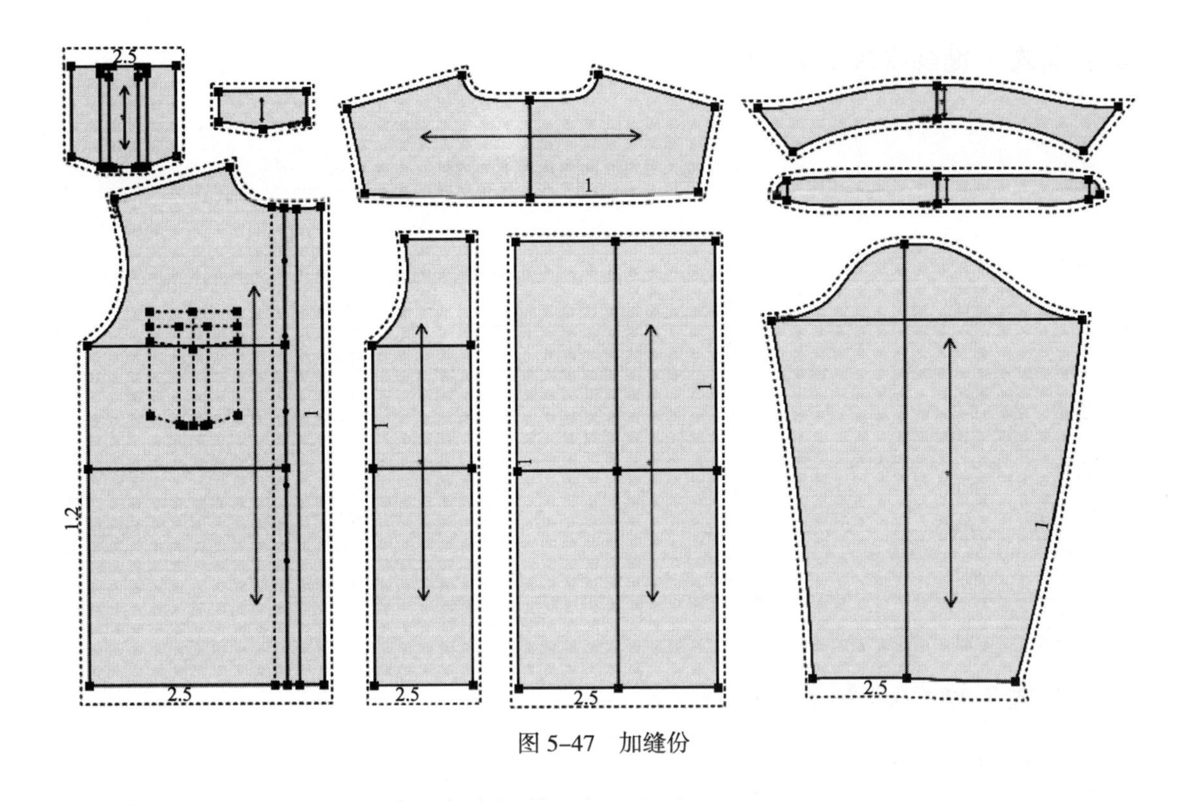

图 5-47 加缝份

第三节 男式T恤

一、男式T恤款式效果图（图5-48）

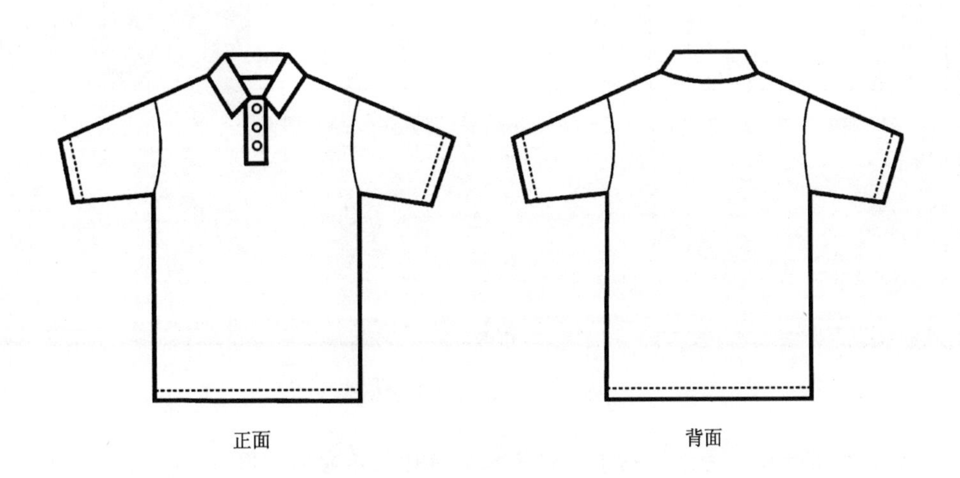

图 5-48 男式T恤款式效果图

二、男式T恤规格尺寸表（表5-3）

表5-3　男式T恤规格尺寸表　　单位：cm

部位＼号型	165/86A	170/90A	175/94A	180/98A	档差
衣长	67	69	71	73	2
肩宽	43.8	45	46.2	47.4	1.2
胸围	100	104	108	112	4
摆围	100	104	108	112	4
袖长	20.5	21	21.5	22	0.5
袖肥	42.4	44	45.6	47.2	1.6
袖口	36.8	38	39.2	40.4	1.2

三、男式T恤CAD制板步骤

1. **设置尺寸规格**（图5-49）

单击【号型】菜单→【号型编辑】，在【设置号型规格表】对话框中输入所需尺寸（此操作可有可无）。

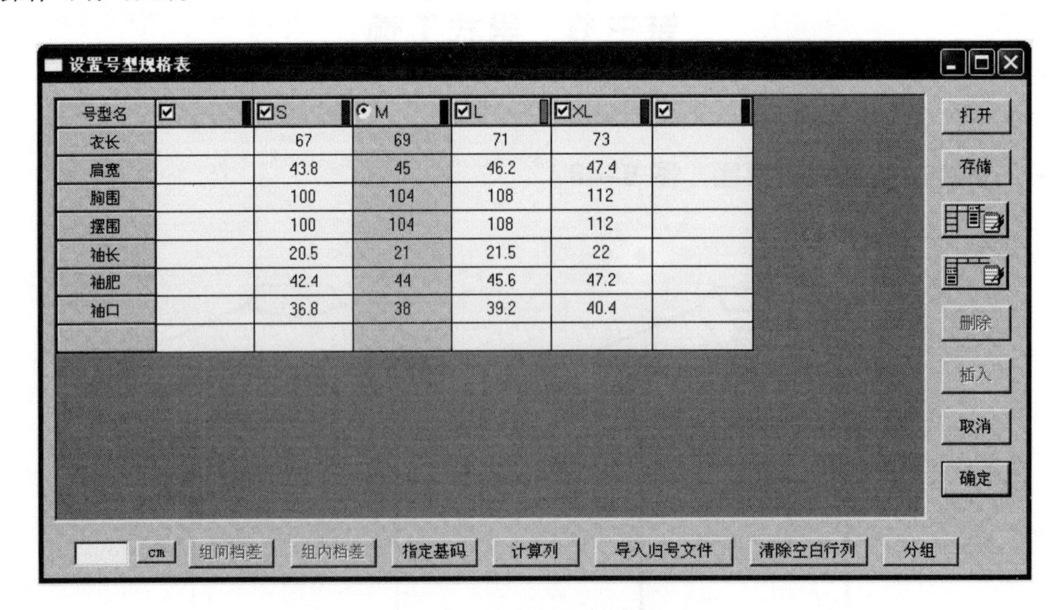

图5-49　设置号型规格表

2. **男式T恤前片、后片、袖子、领子各部位结构示意图**（图5-50）

3. **画男式T恤结构图**（图5-51）

运用本章第一节所学的男衬衫CAD制板知识，并结合图5-50所示的各部位计算方法，用富怡 CAD 绘制男式 T 恤的结构图。

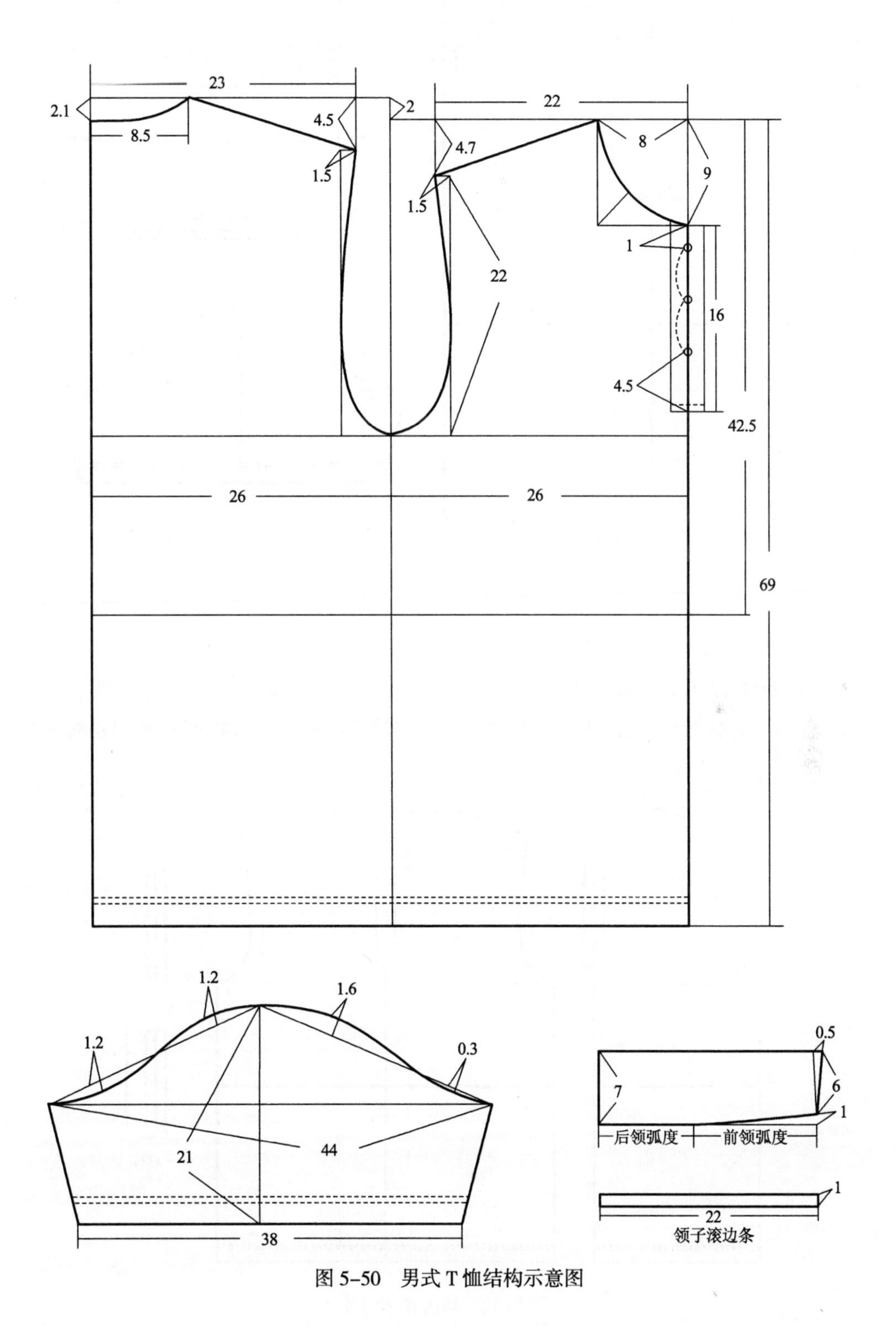

图 5-50　男式 T 恤结构示意图

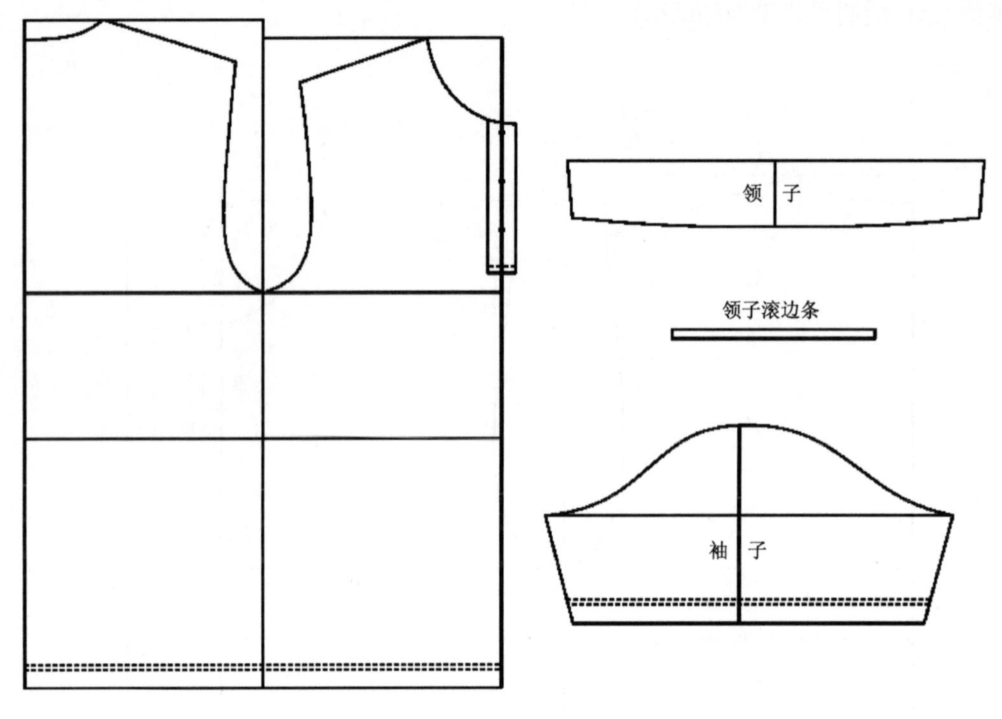

图 5-51 男式 T 恤结构图

4. 画前片和门襟（图 5-52）

①选择 移动工具，按住【Shift】键，进入【复制】功能，把前片复制到空白处。

②选择 对称工具，按住【Shift】键，进入【对称复制】功能，将前片和门襟对称复制。

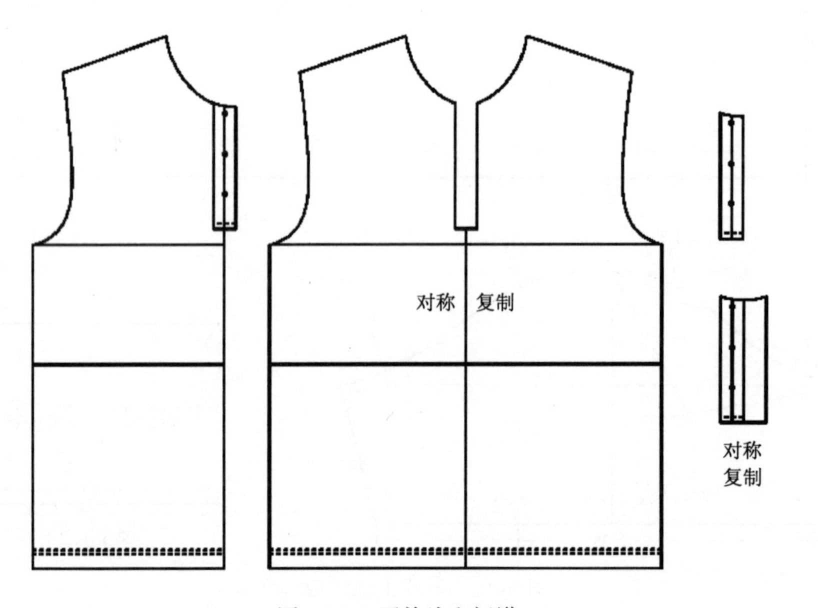

图 5-52 画前片和门襟

5. **画后片**（图 5–53）

①选择移动工具，按住【Shift】键，进入【复制】功能，把后片复制到空白处。

②选择对称工具，按住【Shift】键，进入【对称复制】功能，将后片对称复制。

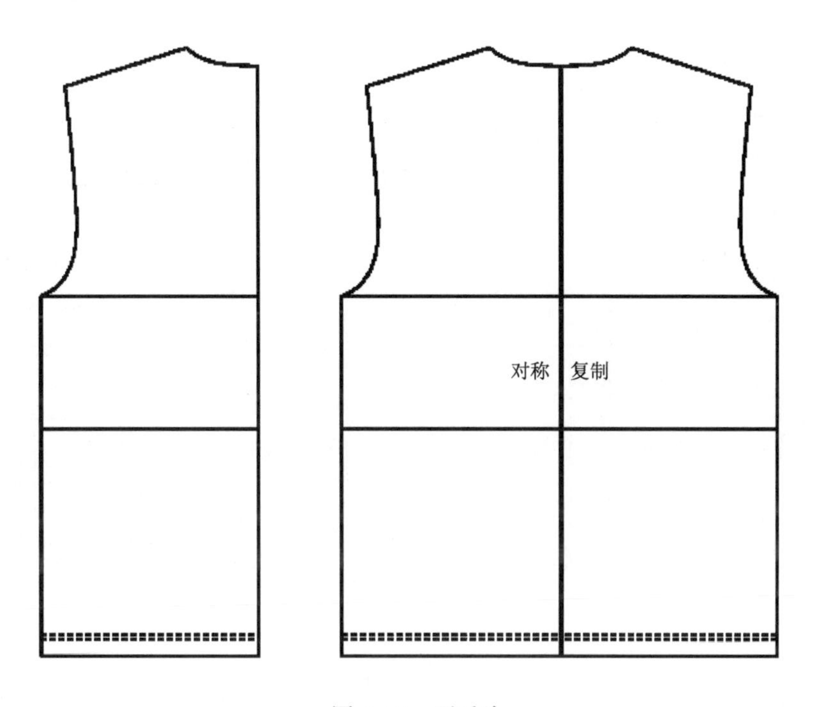

图 5–53　画后片

6. **拾取纸样**（图 5–54）

选择剪刀工具拾取纸样的外轮廓线，单击右键切换成拾取衣片辅助线工具，拾取内部辅助线，并用布纹线工具将布纹线调整好。

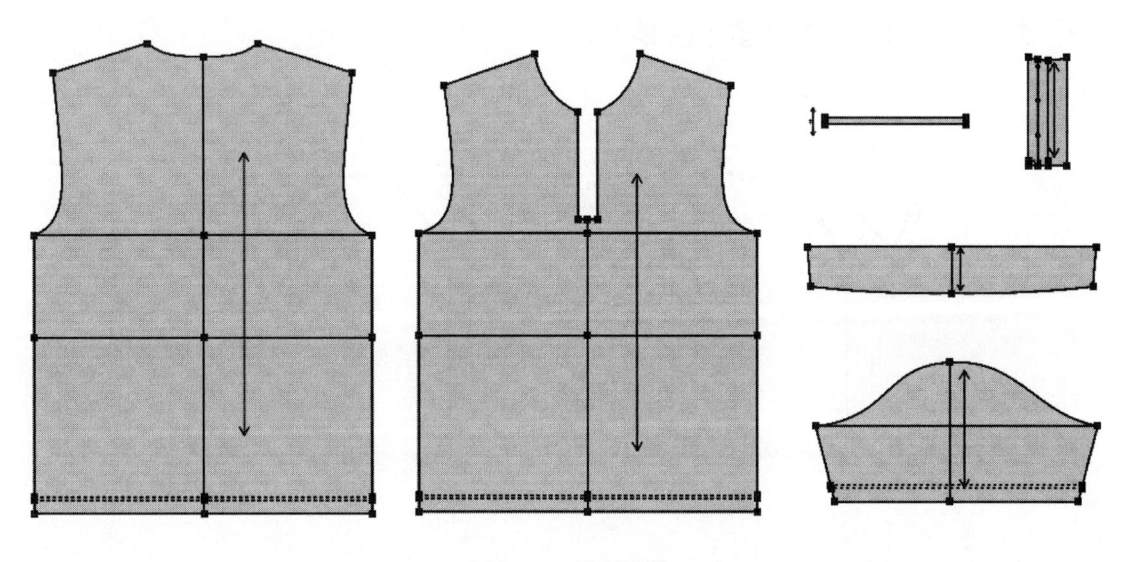

图 5–54　拾取纸样

7. 加缝份（图 5–55）

①选择加缝份工具，将工作区的所有纸样统一加 1cm 缝份。

②将前片、后片下摆线和袖子袖口线缝份修改为 2.5cm。

③将领子外口线缝份修改为 0cm。

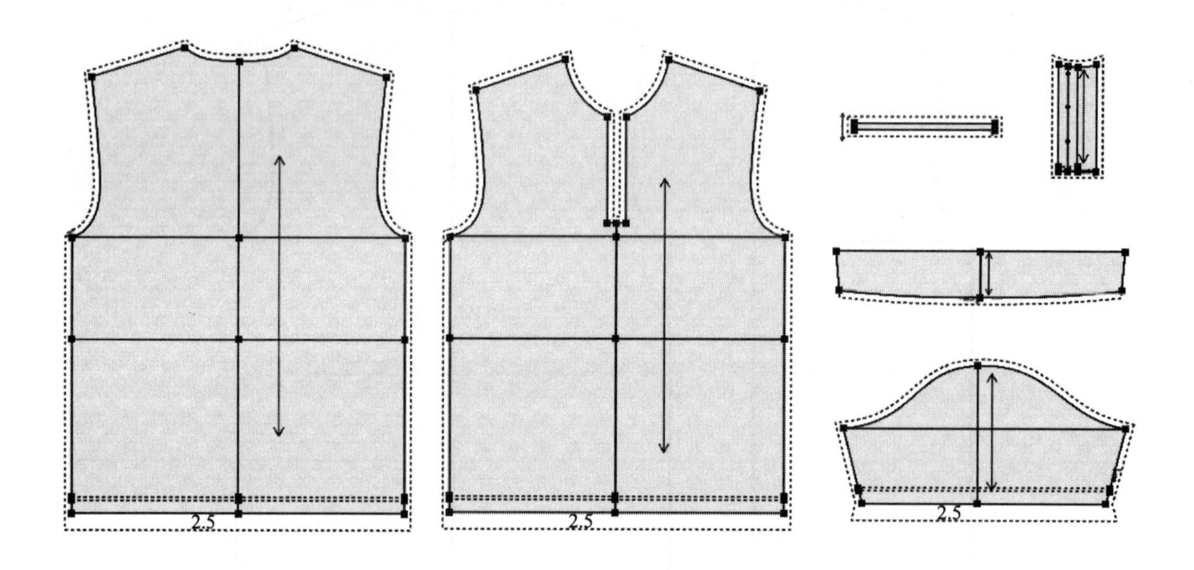

图 5–55　加缝份

第四节　男式针织衫

一、男式针织衫款式效果图（图 5–56）

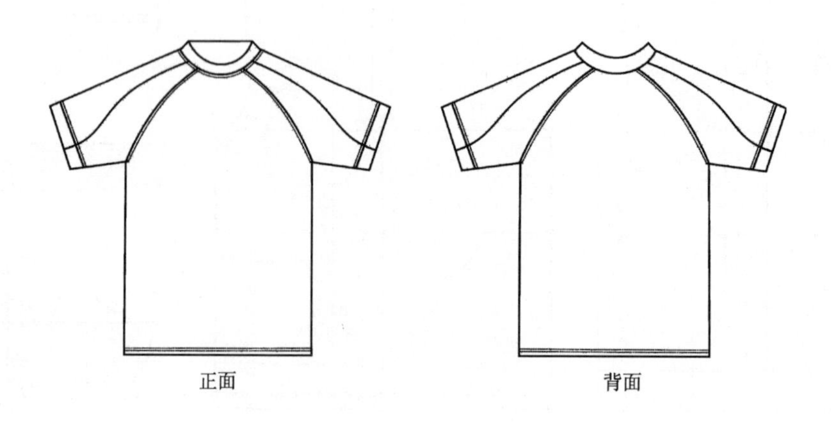

图 5–56　男式针织衫款式效果图

二、男式针织衫规格尺寸表（表 5-4）

表 5-4　男式针织衫规格尺寸表　　单位：cm

部位＼号型	165/86A	170/90A	175/94A	180/98A	档差
衣长	70	72	74	76	2
肩宽	44.8	46	47.2	48.4	1.2
胸围	106	110	114	118	4
摆围	106	110	114	118	4
袖长	36	37	38	39	1
袖肥	47.2	48.8	50.4	52	1.6
袖口	36.8	38	39.2	40.4	1.2

三、男式针织衫 CAD 制板步骤

1. **设置规格尺寸**（图 5-57）

单击【号型】菜单→【号型编辑】，在【设置号型规格表】对话框中输入所需尺寸（此操作可有可无）。

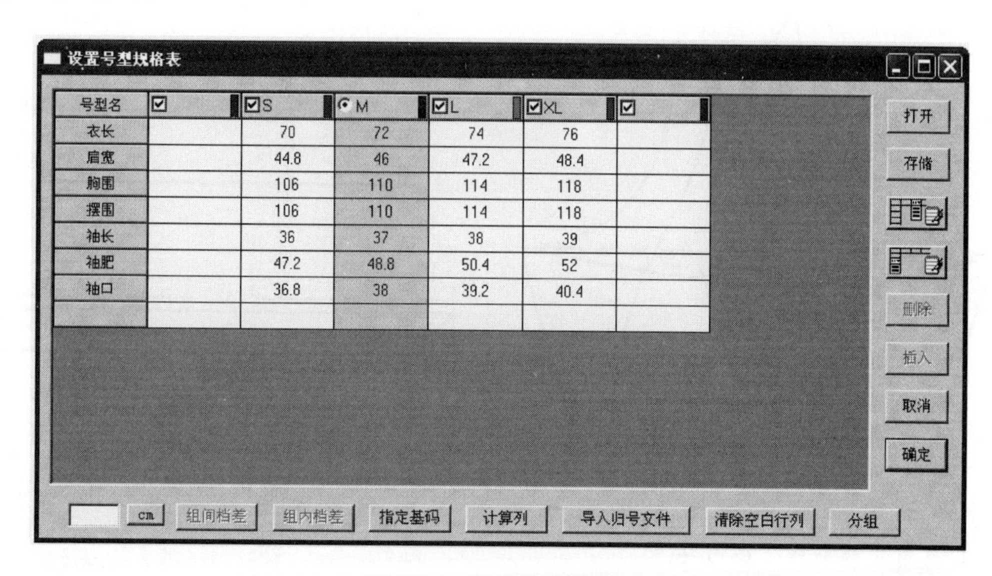

图 5-57　设置号型规格表

2. **男式针织衫前片、后片、领子各部位结构示意图**（图 5-58）

3. **画男式针织衫结构框架图**（图 5-59）

运用本章第一节所学的男衬衫 CAD 制板知识，并结合图 5-58 所示的各部位计算方法，用富怡 CAD 绘制男式针织衫的结构框架图。

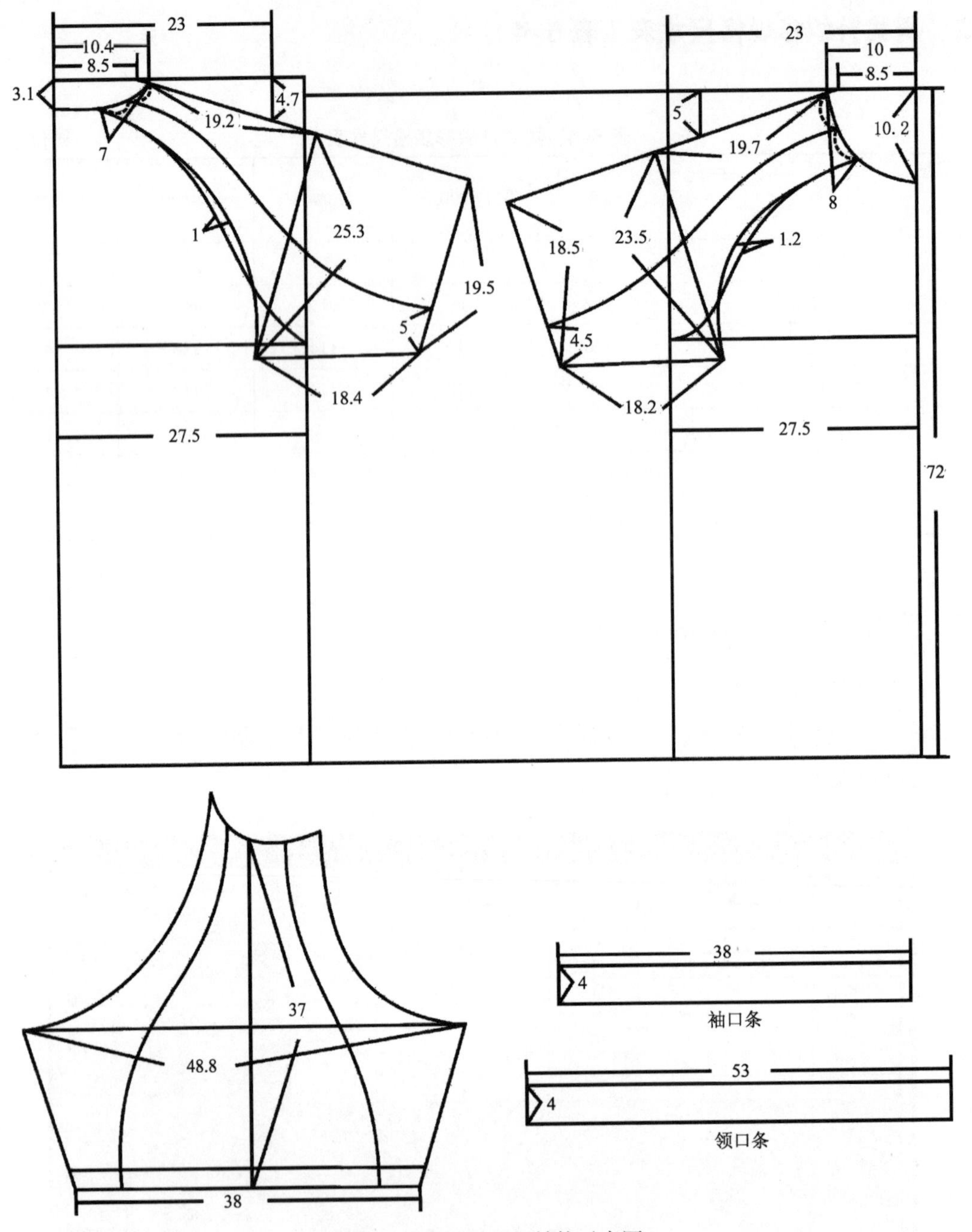

图 5-58 男式针织衫结构示意图

4. 画前片分割线（图 5-60）

选择智能笔工具，从前领口弧线 8cm 处画一条线至袖窿深端点为前片分割线，然后用调整工具调顺前片分割线。

5. 画前袖中线（图 5-61）

选择智能笔工具，按住【Shift】键，右键点击肩斜线靠肩端点部分，进入【调整曲线长度】功能，输入新长度 37cm（袖长）。

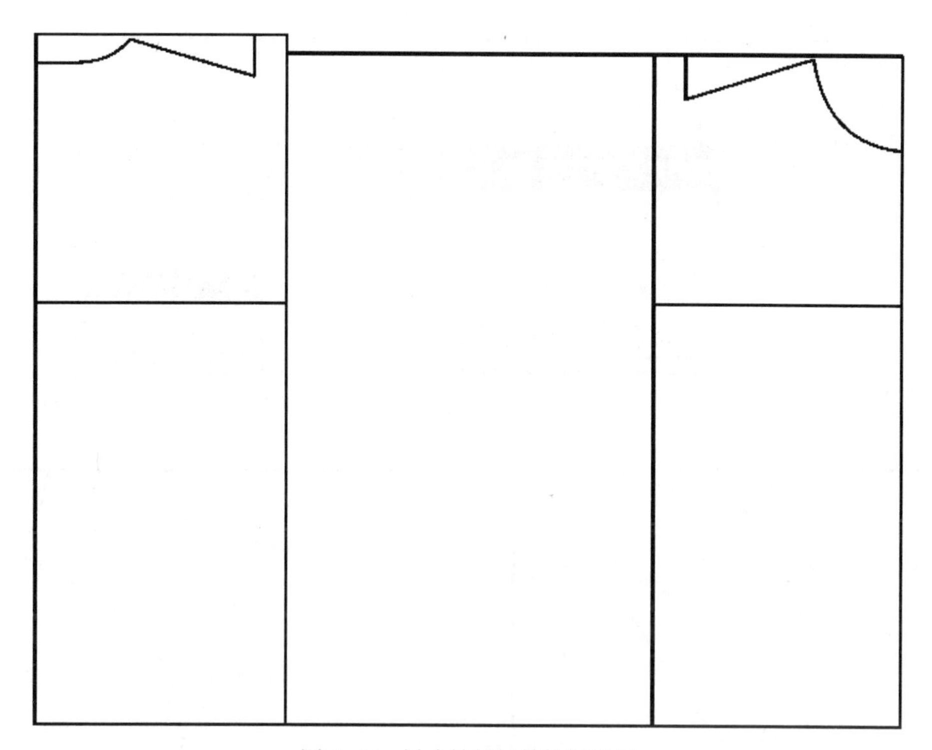

图 5-59 男式针织衫结构框架图

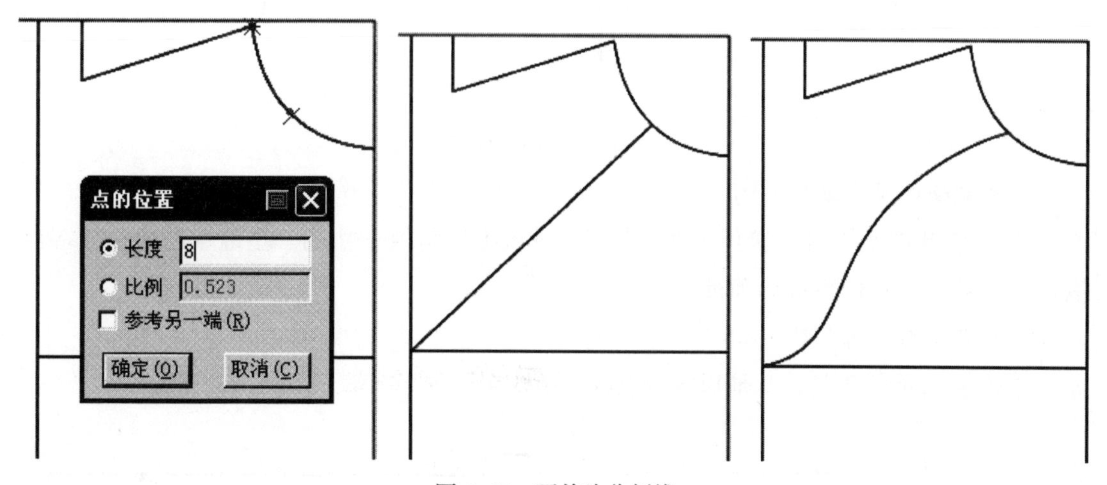

图 5-60 画前片分割线

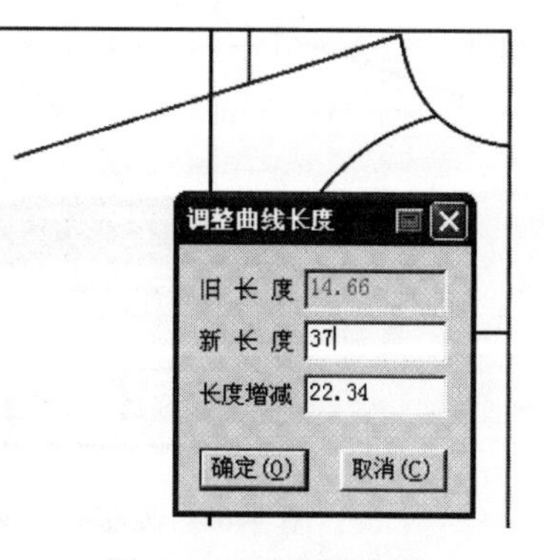

图 5-61 画前袖中线

6. 画前袖肥线（图 5-62）

选择智能笔工具，按住【Shift】键，进入【三角板】功能，左键点击袖中线端点拖到另一端点，输入长度 19.7cm，画前袖肥线 23.5cm。

7. 画前袖分割线（图 5-63）

选择智能笔工具，从袖窿深端点画一条线至前领弧线分割点为前袖分割线，然后用调整工具调顺前袖分割线。

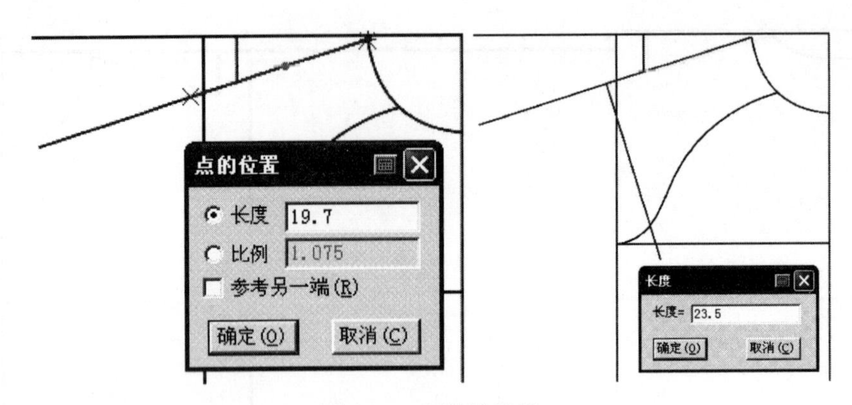

图 5-62　画前袖肥线

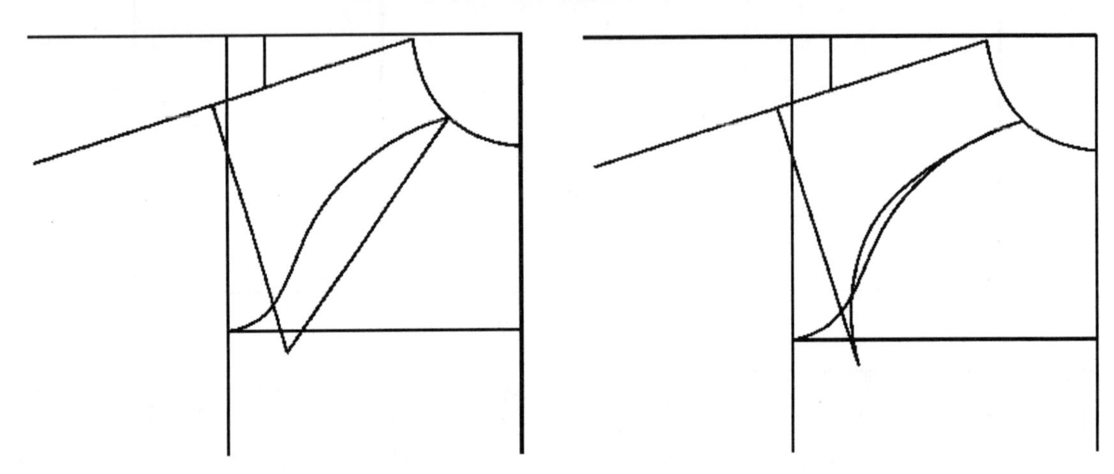

图 5-63　画前袖分割线

8. **画前袖口线**（图 5-64）

选择智能笔工具，按住【Shift】键，进入【三角板】功能，左键点击袖中线端点拖到另一端点，画 18.5cm 的前袖口线。

9. **画前袖侧缝线**（图 5-65）

选择智能笔工具，从袖口线端点画一条线至袖分割线端点为前袖侧缝线。

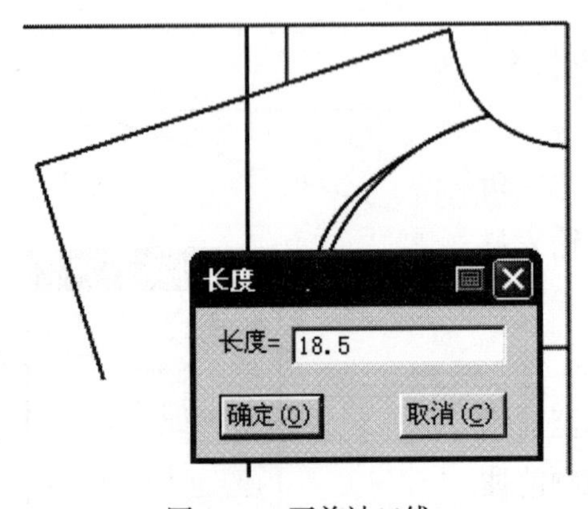

图 5-64　画前袖口线

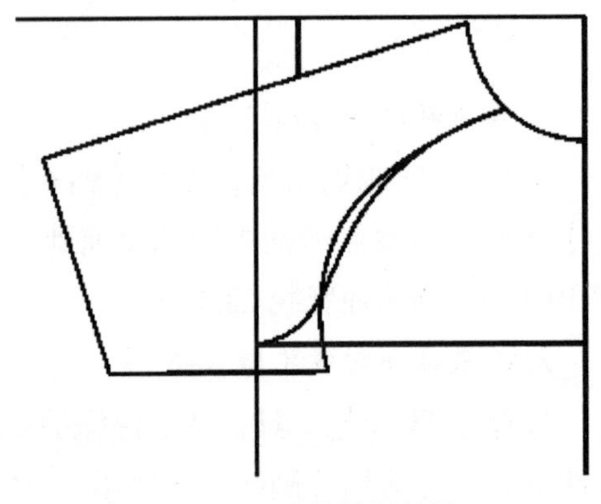

图 5-65　画前袖侧缝线

10. 画前袖片分割线（图 5-66）

选择智能笔工具，从领口弧线 4cm 处画一条线至袖口线 4.5cm 处为前袖片分割线，然后用调整工具调顺前袖片分割线。

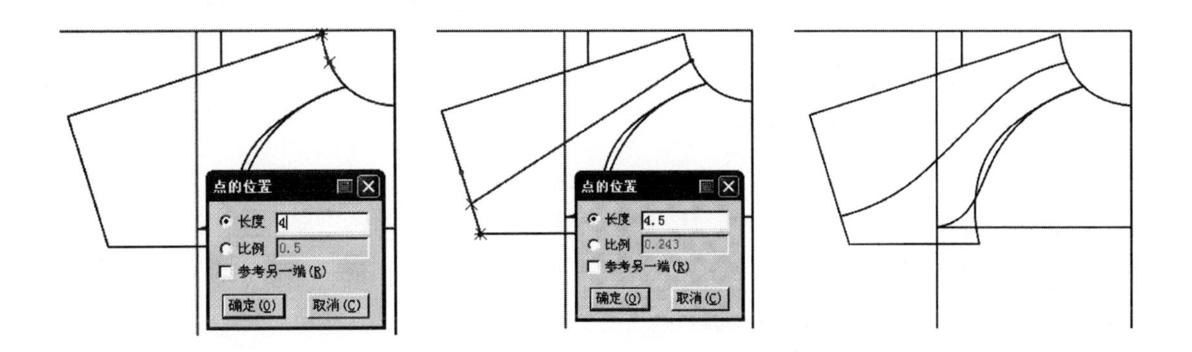

图 5-66　画前袖片分割线

11. 画前领口平行线（图 5-67）

选择智能笔工具，按住【Shift】键，进入【平行线】功能，以前领口弧线为基础画 2cm 前领口平行线。

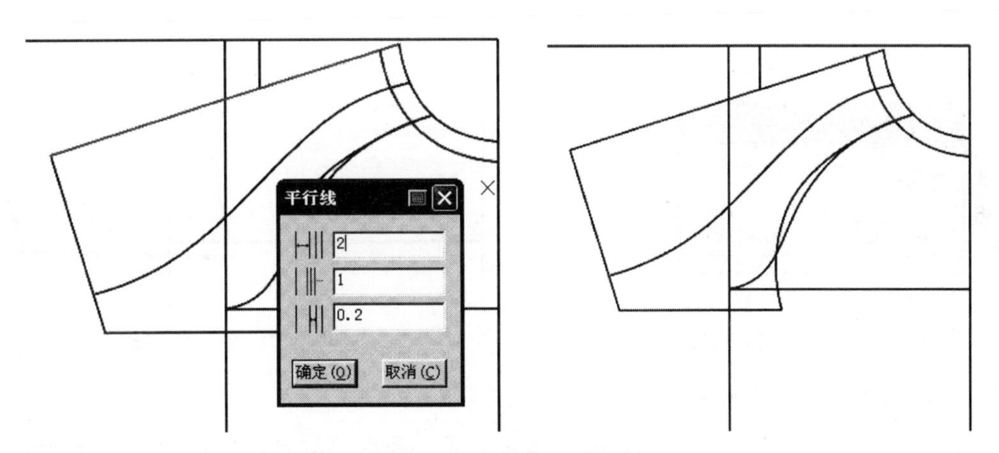

图 5-67　画前领口平行线

12. 画后袖中线（图 5-68）

选择智能笔工具，按住【Shift】键，右键点击肩斜线靠肩端点部分，进入【调整曲线长度】功能，输入新长度 37cm（37cm 为袖长尺寸）。

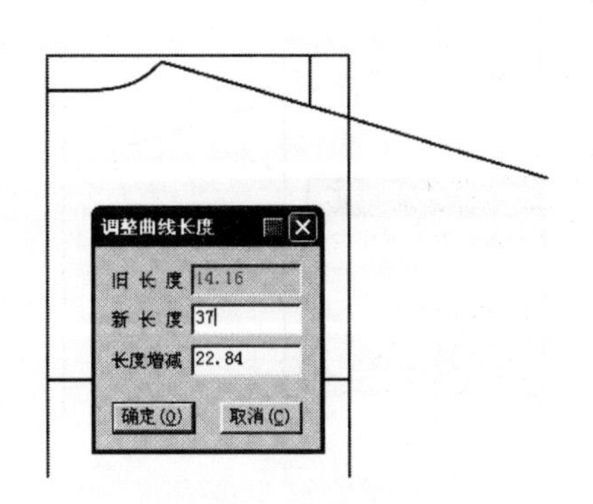

图 5-68　画后袖中线

13. 画后袖肥线（图 5-69）

选择智能笔工具，按住【Shift】键，进入【三角板】功能，左键点击袖中线端点拖到另一端点，输入长度 19.2cm，画后袖肥线 25.3cm。

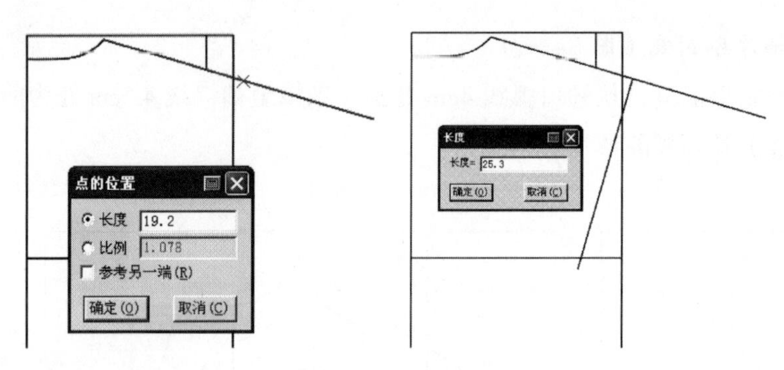

图 5-69　画后袖肥线

14. 画后袖口线（图 5-70）

选择智能笔工具，按住【Shift】键，进入【三角板】功能，左键点击袖中线端点拖到另一端点，画 19.5cm 长的后袖口线。

15. 画后袖侧缝线（图 5-71）

选择智能笔工具，从袖口线端点画一条线至袖分割线端点为后袖侧缝线。

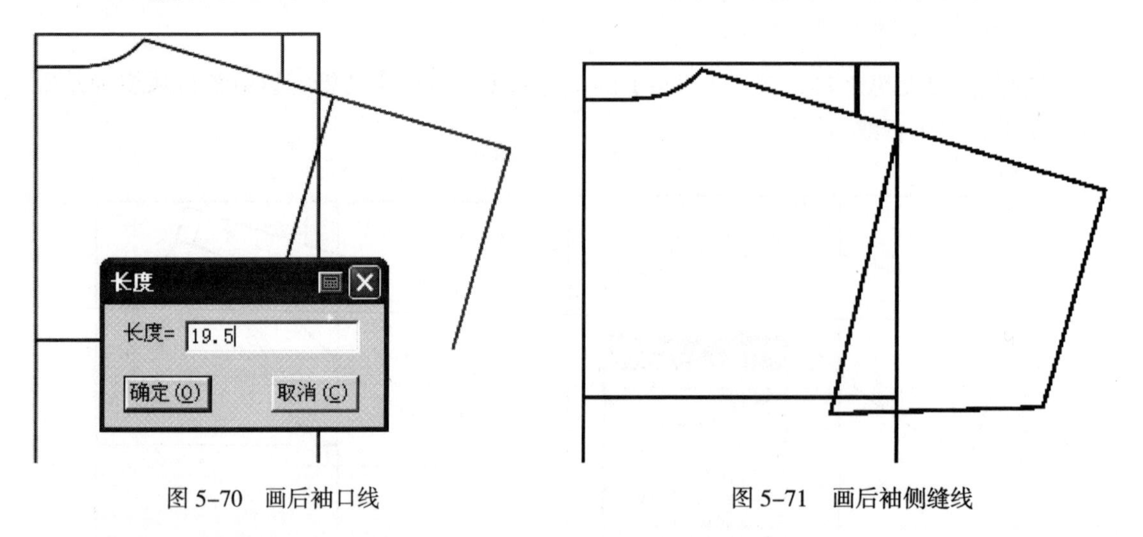

图 5-70　画后袖口线　　　　图 5-71　画后袖侧缝线

16. 画后片分割线（图 5-72）

选择智能笔工具，从后领口弧线 7cm 处画一条线至袖窿深端点为后片分割线，然后用调整工具调顺后片分割线。

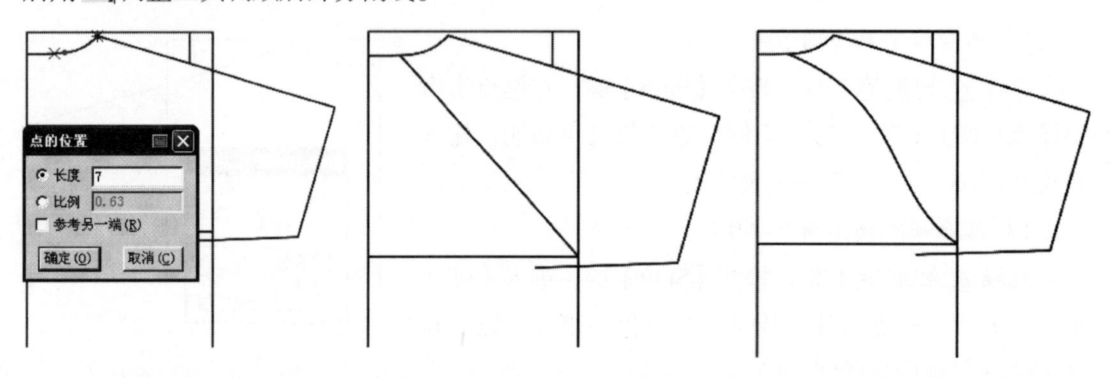

图 5-72　画后片分割线

17. 画后袖分割线（图 5–73）

选择智能笔工具，从袖窿深端点画一条线至后领弧线分割点为袖分割线，然后用调整工具调顺袖分割线。

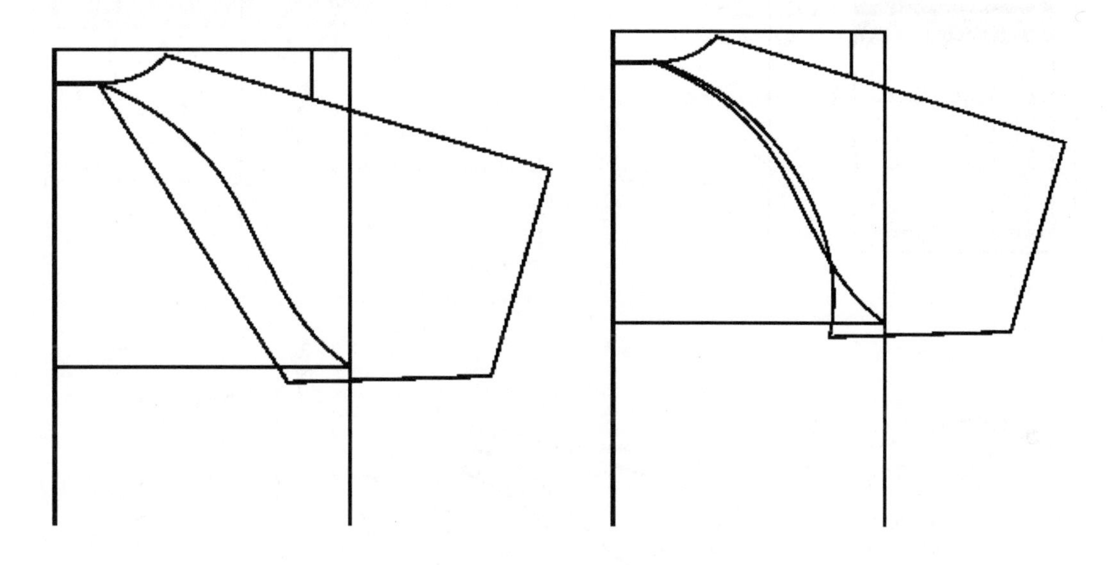

图 5–73　画后袖分割线

18. 画后袖片分割线（图 5–74）

选择智能笔工具，从领口弧线 3.5cm 处画一条线至袖口线 5cm 处为后袖片分割线，然后用调整工具调顺后袖片分割线。

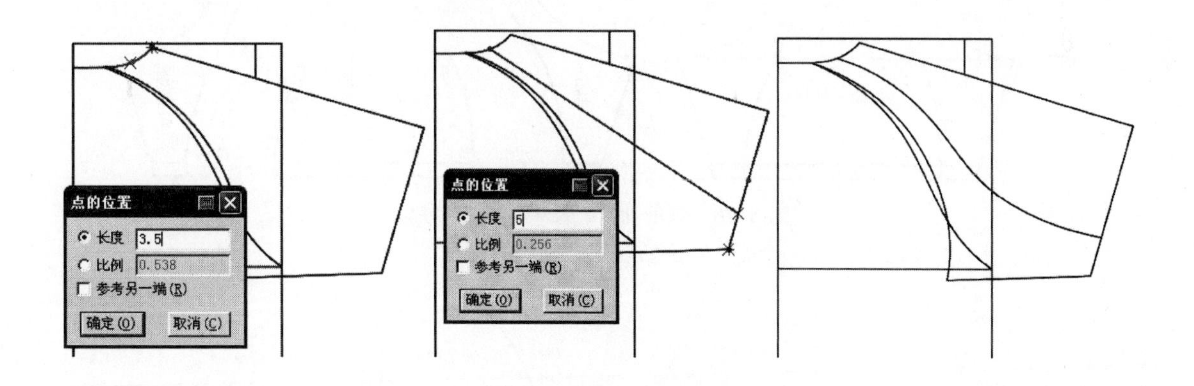

图 5–74　画后袖片分割线

19. 画后领口平行线（图 5–75）

选择智能笔工具，按住【Shift】键，进入【平行线】功能，以后领口弧线为基础画 2cm 后领口平行线。

20. 画前袖片、袖中片、后袖片（图 5–76）

21. 画前片、后片（图 5–77）

22. 画袖口条、领口条（图 5–78）

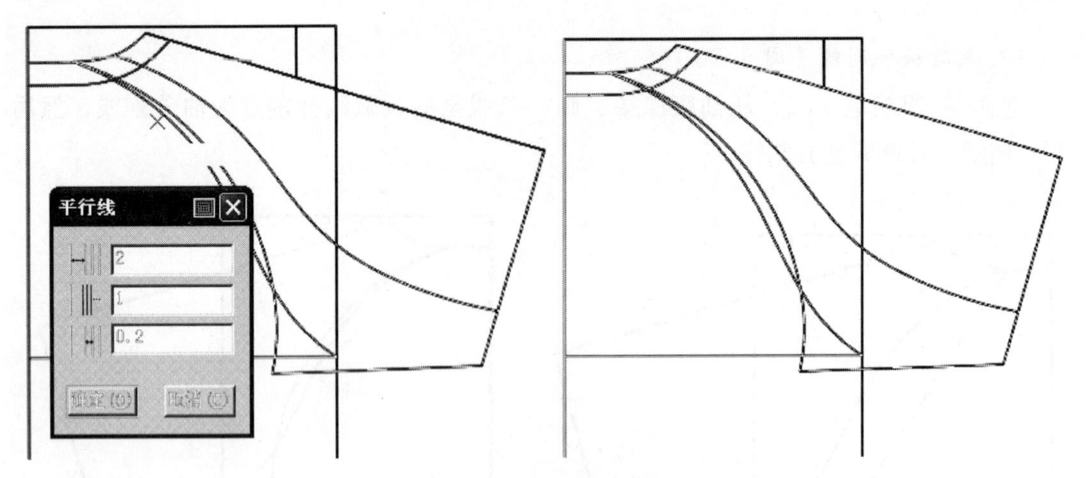

图 5-75　画后领口平行线

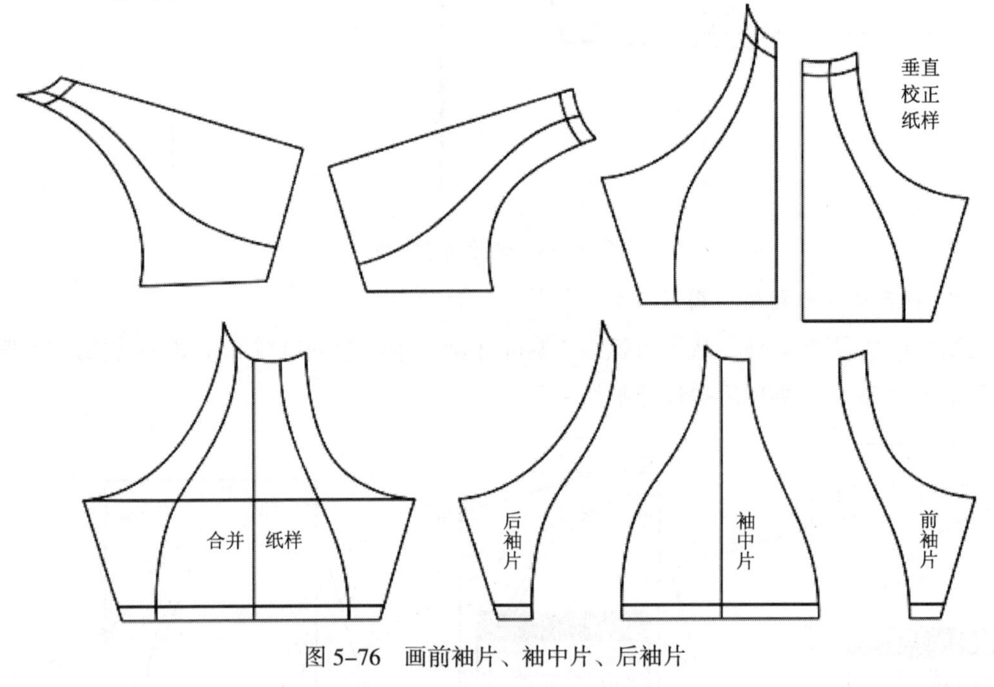

图 5-76　画前袖片、袖中片、后袖片

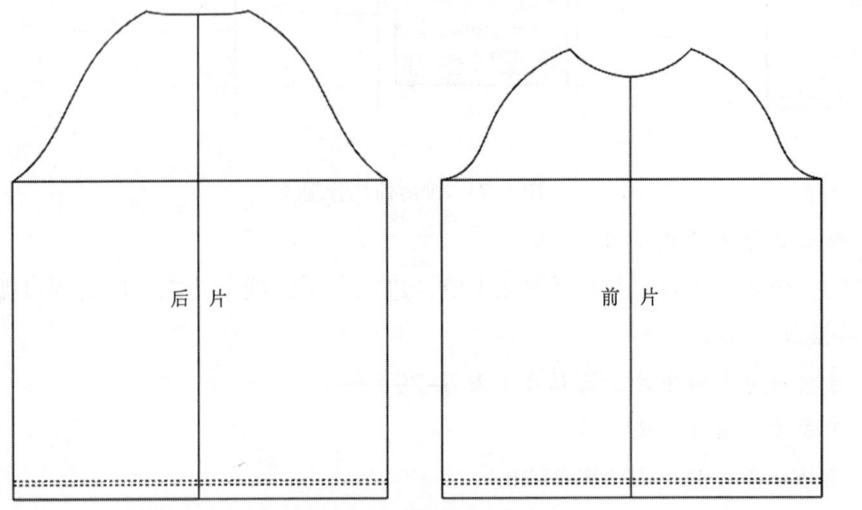

图 5-77　画前片、后片

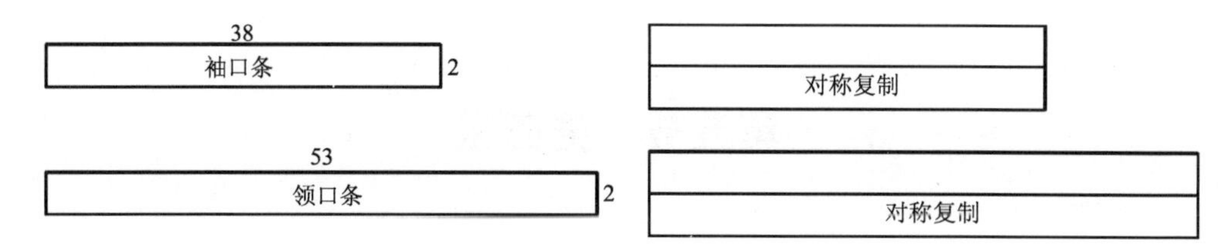

图 5-78　画袖口条、领口条

23. **拾取纸样**（图 5-79）

选择剪刀工具拾取纸样的外轮廓线，单击右键切换成拾取衣片辅助线工具，拾取内部辅助线，并用布纹线工具将布纹线调整好。

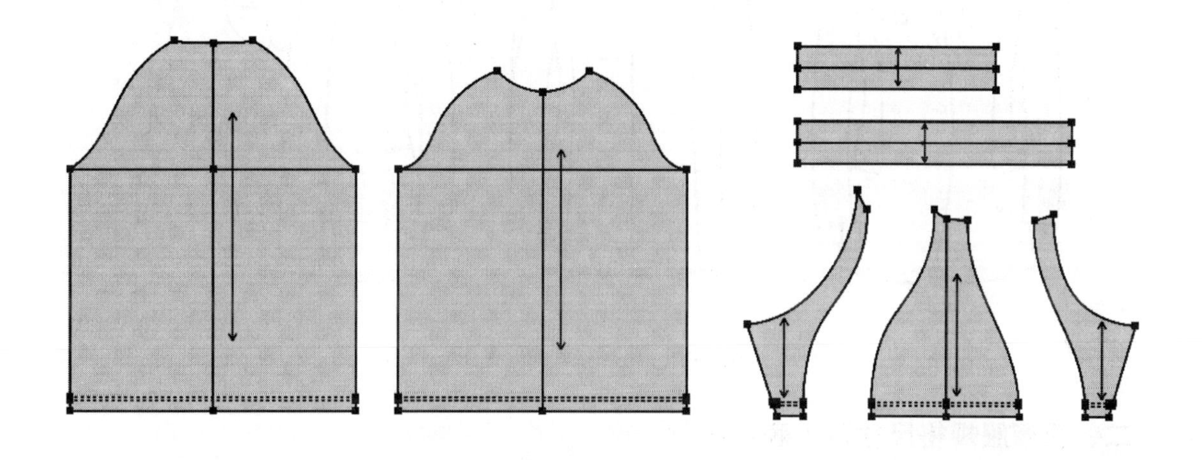

图 5-79　拾取纸样

24. **加缝份**（图 5-80）

①选择加缝份工具，将工作区的所有纸样统一加 1cm 缝份。

②将前片、后片的下摆线和前袖片、袖中片、后袖片的袖口线缝份修改为 2.5cm。

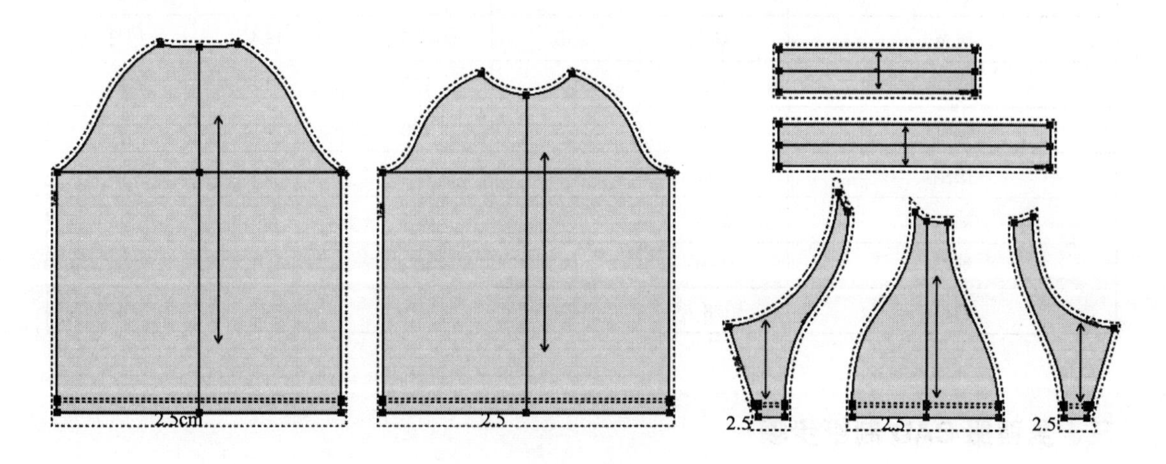

图 5-80　加缝份

第五节 男西服

一、男西服款式效果图（图 5-81）

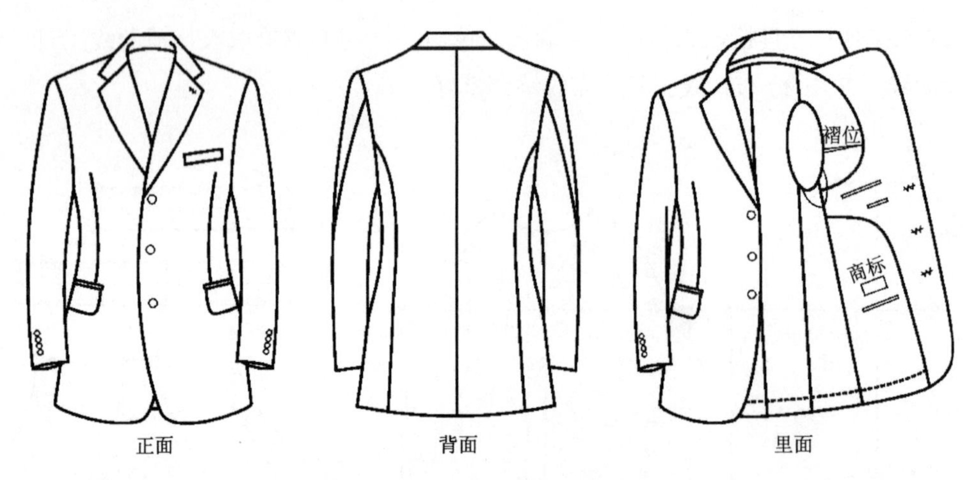

图 5-81 男西服款式效果图

二、男西服规格尺寸表（表 5-5）

表 5-5 男西服规格尺寸表 单位：cm

部位＼号型	165/86A	170/90A	175/94A	180/98A	档差
衣长	73	75	77	79	2
肩宽	44.8	46	47.2	48.4	1.2
胸围	102	106	110	114	4
腰围	92	96	100	104	4
摆围	108	112	116	120	4
袖长	58.5	60	61.5	63	1.5
袖肥	36.9	38.5	40.1	41.7	1.6
袖口	28	29	30	31	1

三、男西服 CAD 制板步骤

1. 设置规格尺寸（图 5-82）

单击【号型】菜单→【号型编辑】，在【设置号型规格表】对话框中输入所需尺寸（此操作可有可无）。

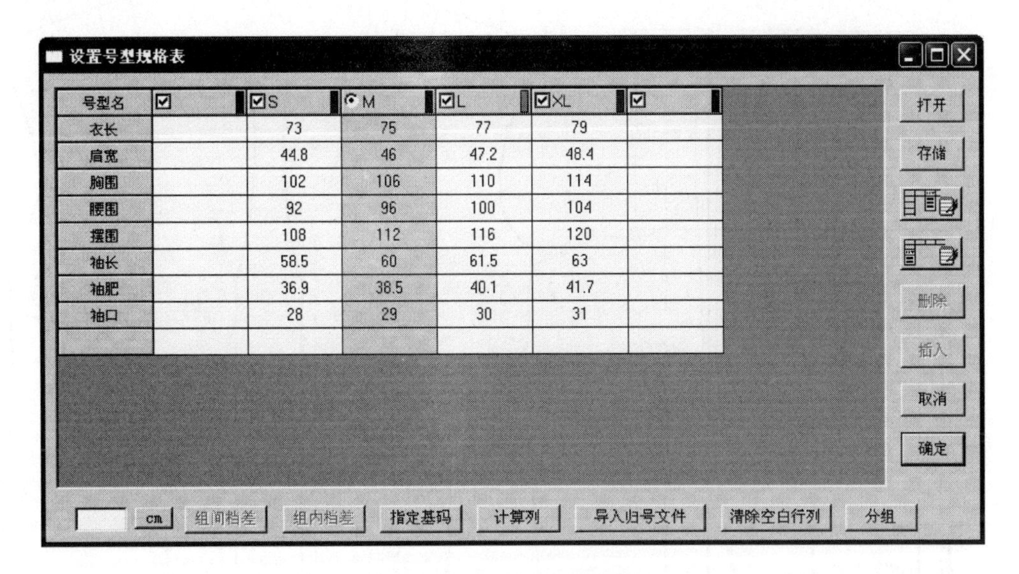

设置号型规格表

号型名	☑	☑S	◉M	☑L	☑XL	☑
衣长		73	75	77	79	
肩宽		44.8	46	47.2	48.4	
胸围		102	106	110	114	
腰围		92	96	100	104	
摆围		108	112	116	120	
袖长		58.5	60	61.5	63	
袖肥		36.9	38.5	40.1	41.7	
袖口		28	29	30	31	

打开　存储　删除　插入　取消　确定

cm　组间档差　组内档差　指定基码　计算列　导入归号文件　清除空白行列　分组

图 5-82　设置号型规格表

2. 男西服前片、后片、袖子、里布各部位结构示意图（图 5-83）

3. 男西服领子结构分解示意图（图 5-84）

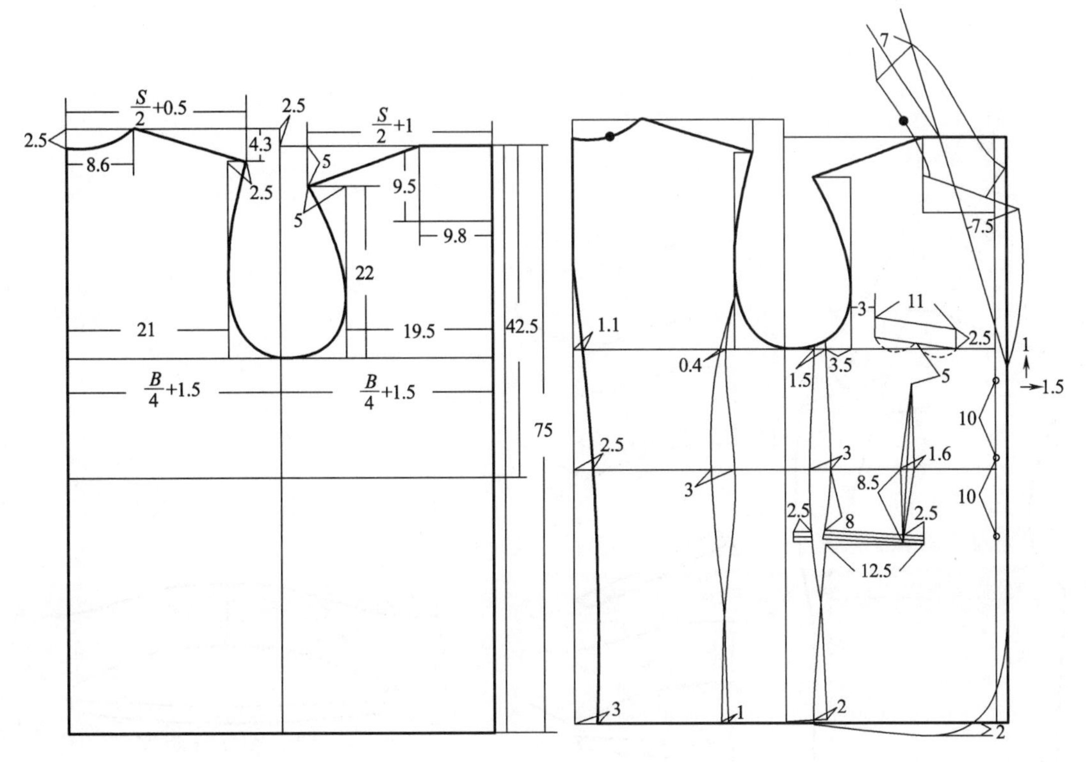

图 5-83

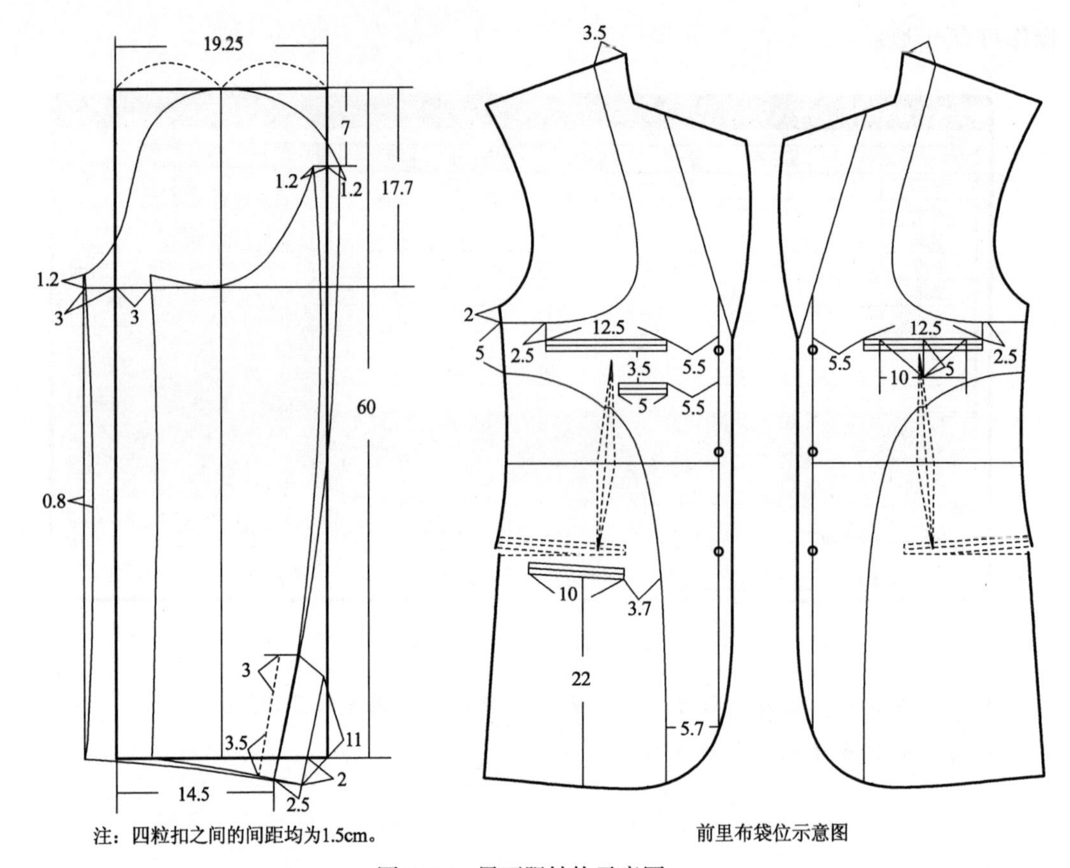

注：四粒扣之间的间距均为1.5cm。

前里布袋位示意图

图 5-83 男西服结构示意图

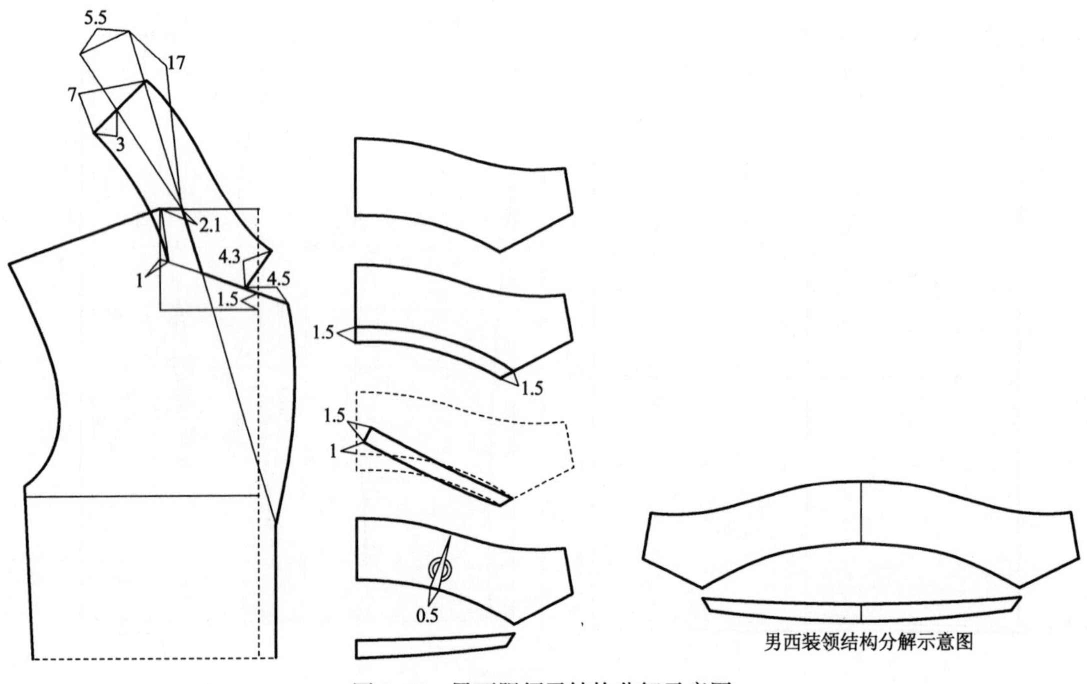

图 5-84 男西服领子结构分解示意图

4. 画矩形（图 5-85）

选择智能笔工具，在空白处拖出宽为 28cm（计算公式：胸围 106cm/4+1.5）、长为 75cm（衣长）的矩形。

5. 画水平线（图 5-86）

选择智能笔工具，按住【Shift】键，进入【平行线】功能，输入第一条平行线距离 5cm（计算公式：胸围 106cm/20–0.3cm），第二条平行线距离 22cm（计算公式：胸围 106cm/5+0.8cm）。

6. 画腰围线（图 5-87）

选择智能笔工具，按住【Shift】键，进入【平行线】功能，输入平行线距离 42.5cm（男性前腰节长）。

7. 对称复制（图 5-88）

选择对称工具，按住【Shift】键，进入【对称复制】功能，将前片基础线（肩宽基础线除外）对称复制。

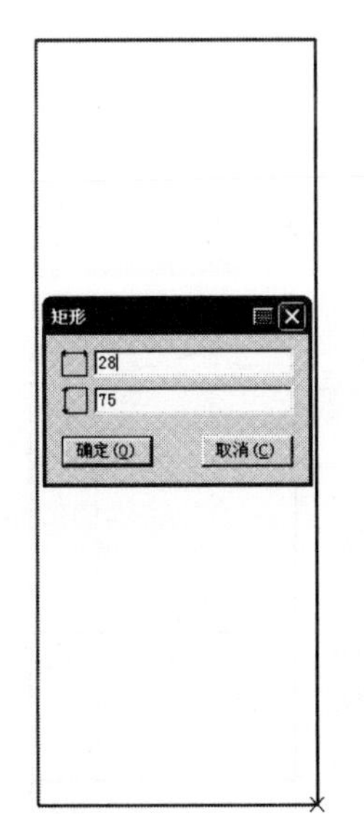

图 5-85　画矩形

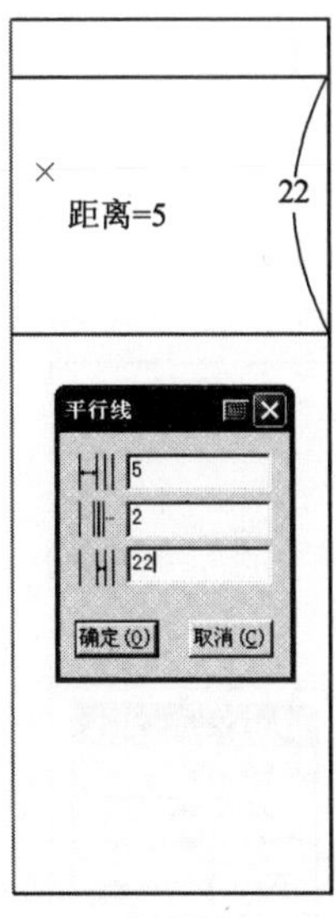

图 5-86　画水平线

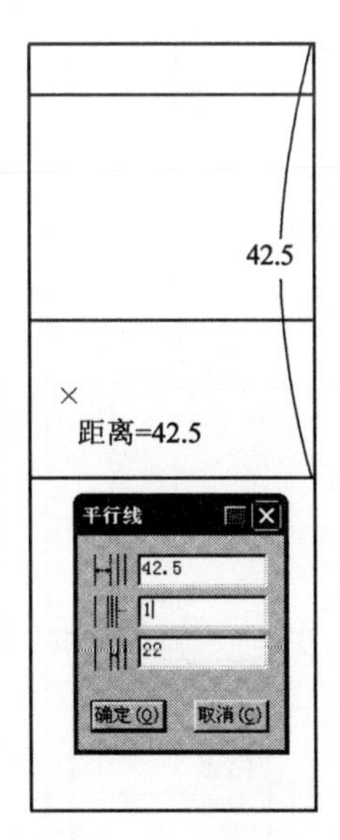

图 5-87　画腰围线

图 5-88　对称复制

8. 画后片上水平线（图 5-89）

选择智能笔工具，按住【Shift】键，进入【平行线】功能，输入平行线距离 2.5cm。

9. 画后片落肩线（图 5-90）

选择智能笔工具，按住【Shift】键，进入【平行线】功能，输入平行线距离 4.3cm。

10. 画后片肩斜线（图 5-91）

选择智能笔工具，将上平线 8.6cm 处与落肩线 23.5cm 处（计算方法：肩宽 46cm/2+0.5cm）相连。

11. 画背宽线（图 5–92）

选择智能笔工具，按住【Shift】键，进入【平行线】功能，输入平行线距离 21cm（计算方法：胸围 106cm/5–0.2cm）。

12. 画后领口弧线（图 5–93）

选择智能笔工具，从上平线 8.6cm 处与后中线 2.5cm 处相连一条线，然用后对称调整工具调顺后领口弧线。

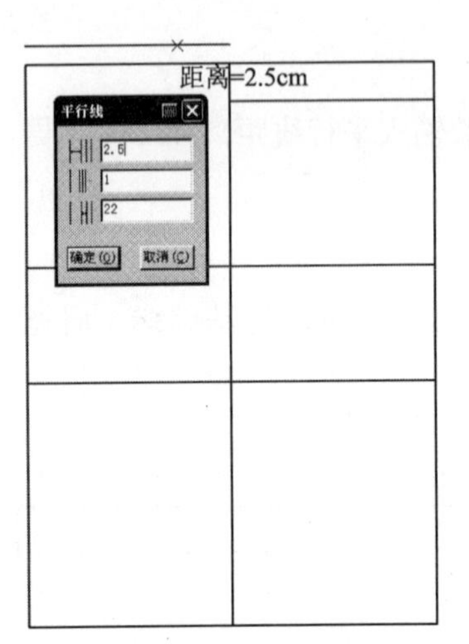

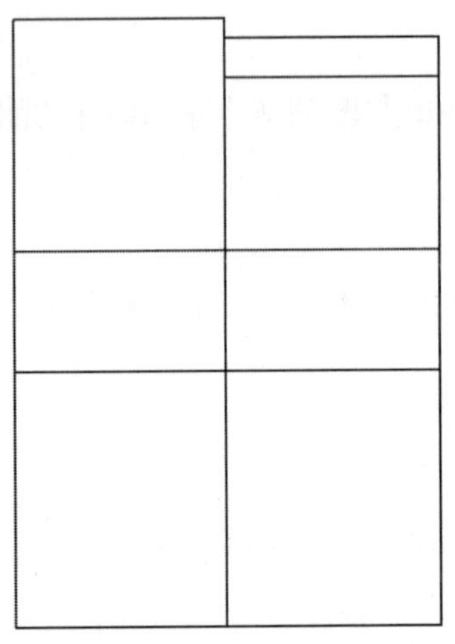

图 5–89　画后片上水平线

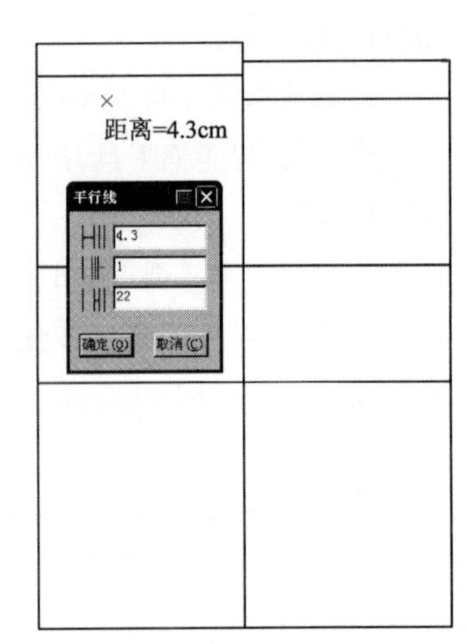

图 5–90　画后片落肩线

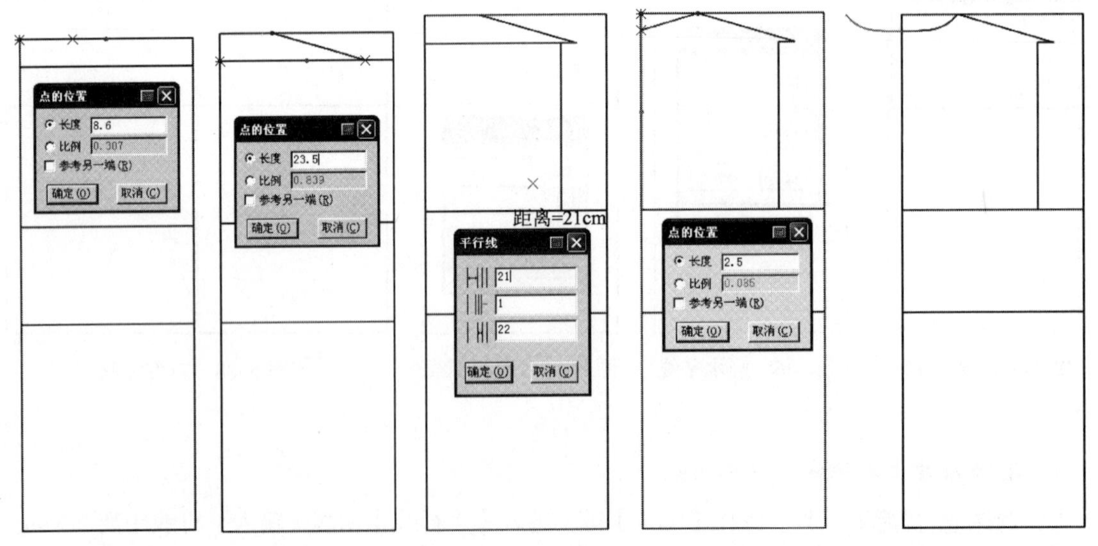

图 5–91　画后片肩斜线　　图 5–92　画背宽线　　图 5–93　画后领口弧线

13. 画后中线（图 5–94）

选择智能笔工具，从后中领点经腰围线 2.5cm 处与下摆线 3cm 处相连，然后用调整工具调顺后中弧线。

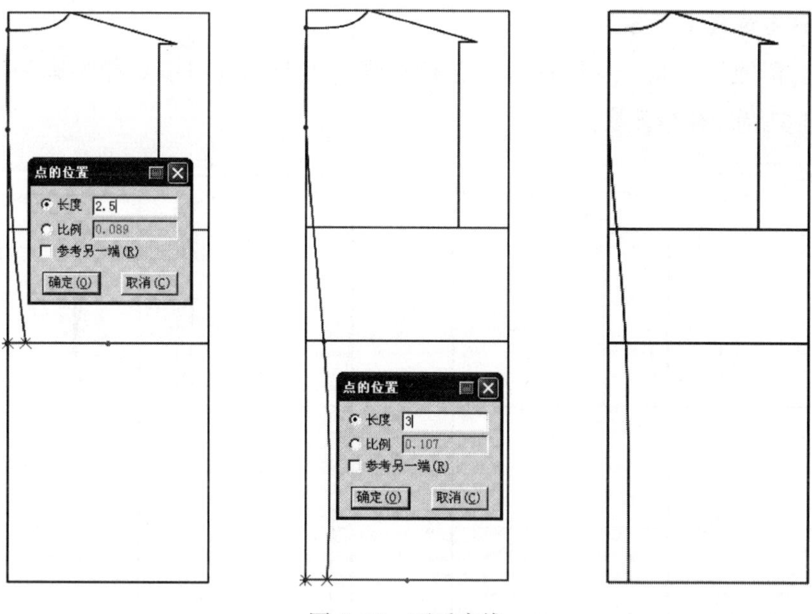

图 5-94　画后中线

14. **画前片肩斜线**（图 5-95）

选择 智能笔工具将上平线 9.8cm 处与落肩线 24cm（计算方法：肩宽 46cm/2+1cm）处相连。

15. **画胸宽线**（图 5-96）

选择 智能笔工具，按住【Shift】键，进入【平行线】功能，输入平行线距离 19.5cm（计算方法：胸围 106cm/5-1.7cm）。

16. **画前片领口线**（图 5-97）

选择 智能笔工具，从上平线 9.8cm 处画一条长 9.5cm 垂直线，然后依此画一条垂直线相交于前中线。

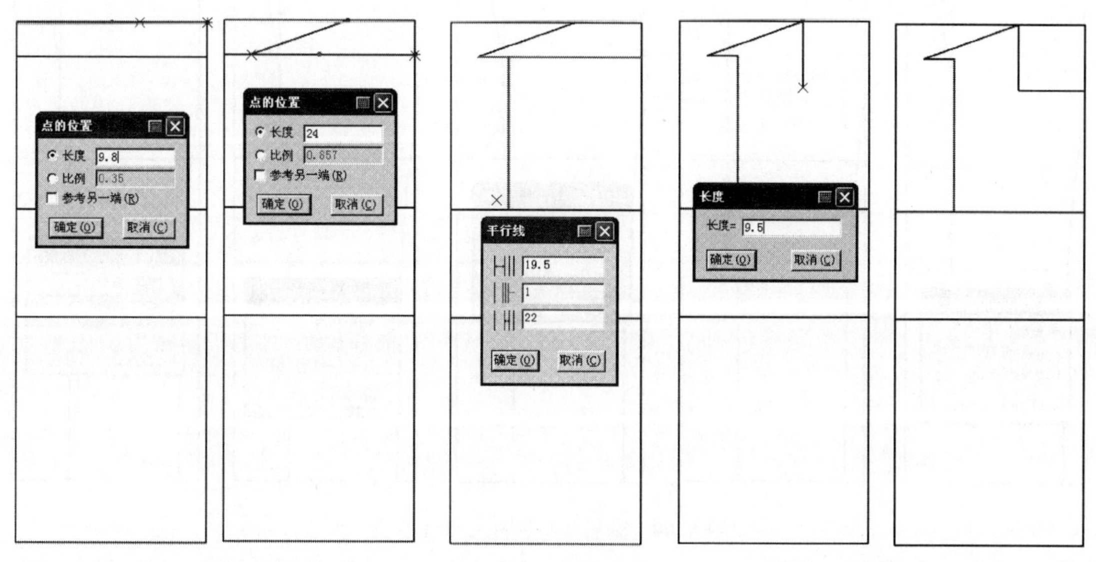

图 5-95　画前片肩斜线　　图 5-96　画胸宽线　　图 5-97　画前片领口线

17. 画袖窿弧线（图 5-98）

选择智能笔工具，从后片肩端点经袖窿深点与前片肩端点相连画一条线，然后用调整工具调顺袖窿弧线。

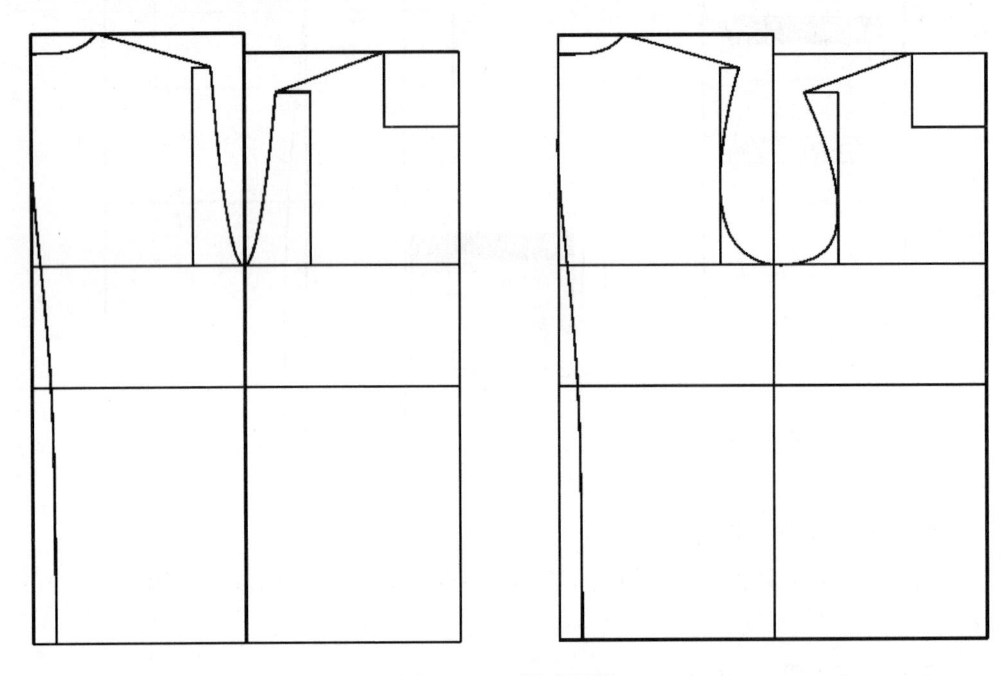

图 5-98　画袖窿弧线

18. 画后片分割线（又称公主线）（图 5-99、图 5-100）

①选择智能笔工具，将背宽线延伸到后腰围线上，然后用智能笔工具在腰围线上距背宽线 1.5cm 处画一条垂直线至下摆线。

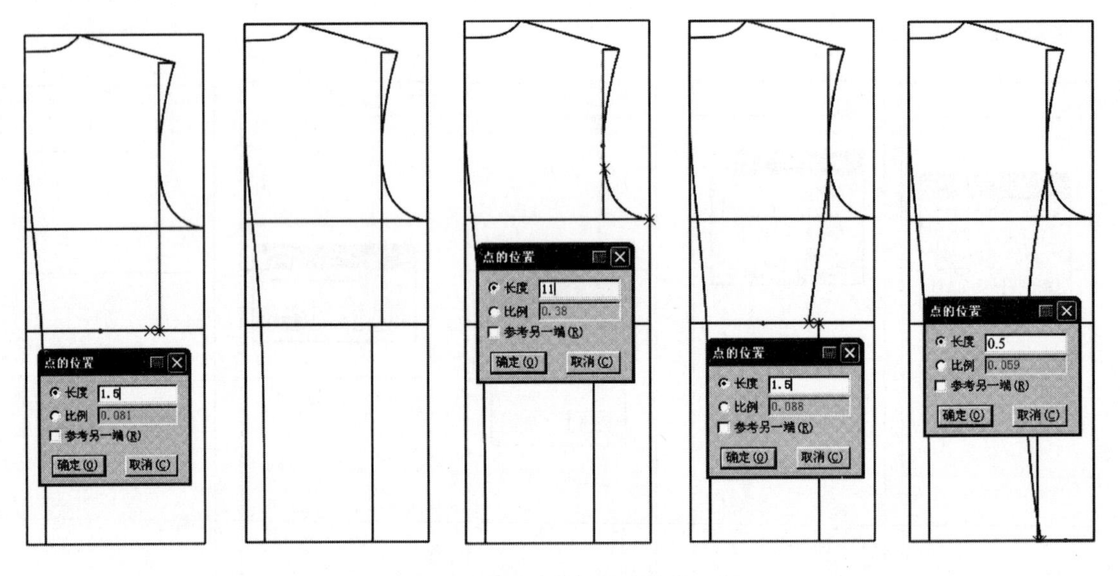

图 5-99　画后片分割线步骤①、②

②选择智能笔工具，从袖窿弧线11cm处经腰围线上距背宽线1.5cm处与下摆线上距垂线交点0.5cm处相连，画分割线，然后用调整工具调顺分割线。

③选择智能笔工具，从袖窿弧线11cm处经腰围线上距背宽线3cm处与下摆线1cm处相连，画分割线，然后用调整工具调顺分割线。

④选择智能笔工具画好后开衩位置。

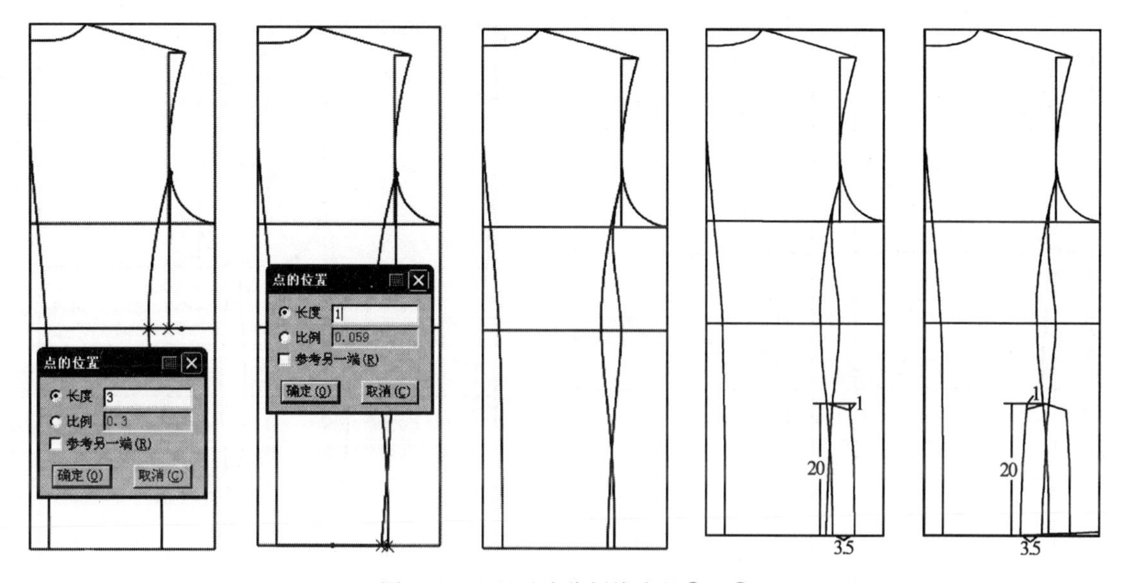

图5-100　画后片分割线步骤③、④

19. **画前片分割线（又称公主线）（图5-101、图5-102）**

①选择智能笔工具，在胸围线4.25cm处画一条垂直线与下摆线相交，并将此垂直线用智能笔工具中的【靠边】功能靠边到袖窿线上。

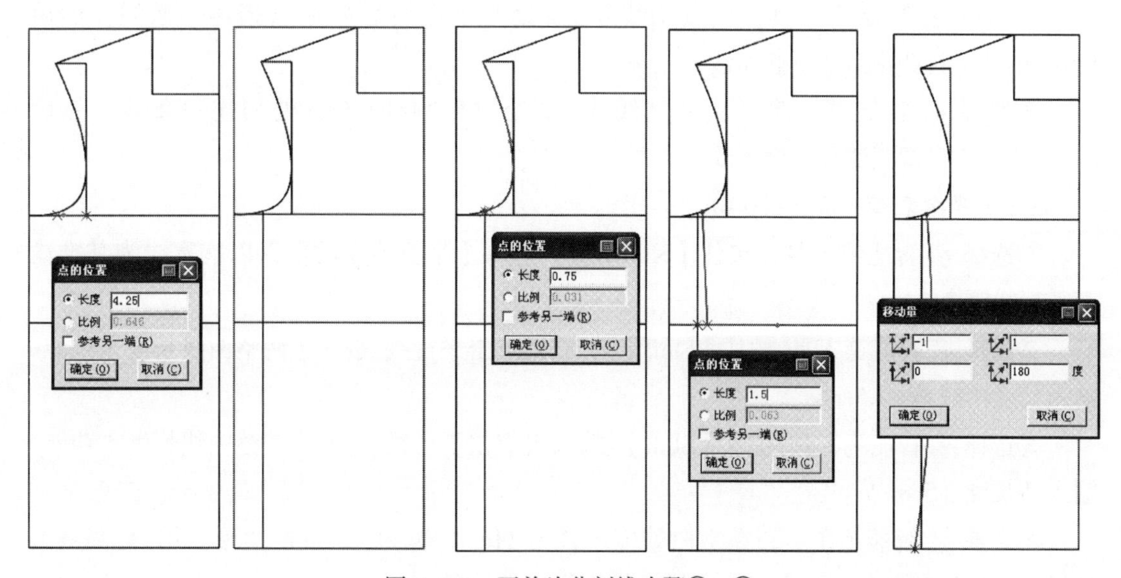

图5-101　画前片分割线步骤①、②

②选择智能笔工具，从距袖窿弧线上交点0.75cm处经腰围线上距垂线1.5cm处与下摆线上距垂线1cm处相连成一条线，然后用调整工具调顺分割线。

③选择对称工具，按住【Shift】键，进入【对称复制】功能，以步骤①所绘直线为中心，将分割线对称复制。

④调顺前袖窿弧线。

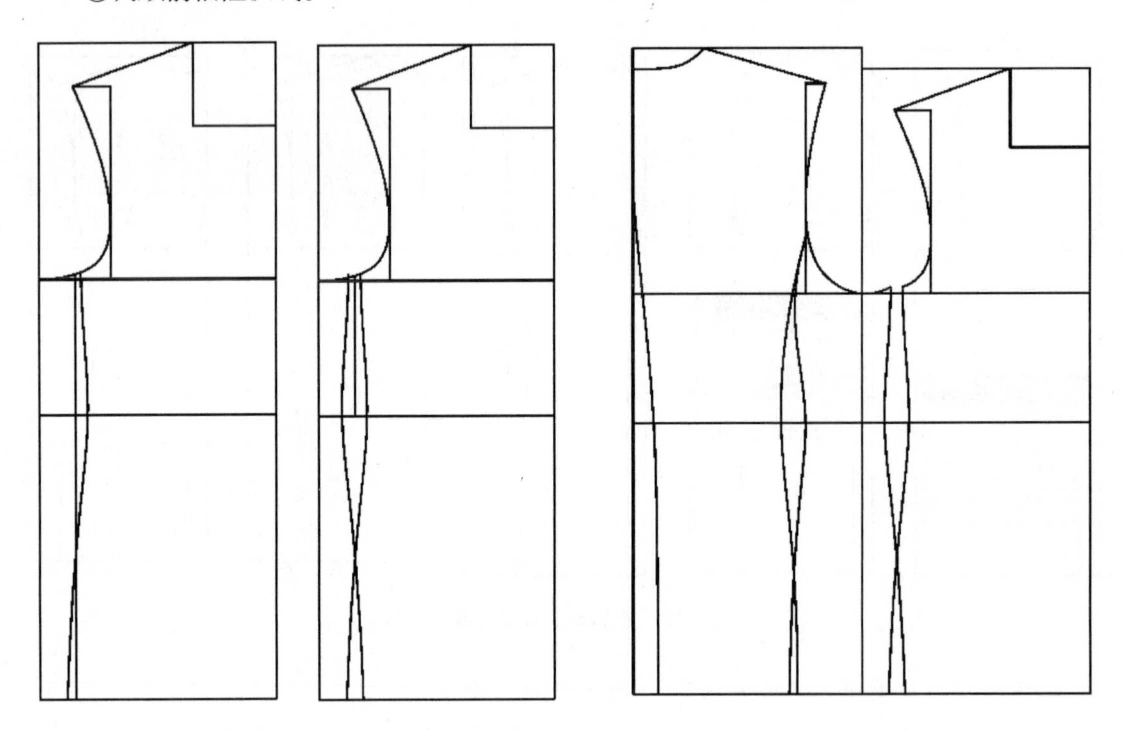

图5-102　画前片分割线步骤③、④

20. 后片和侧片下摆线处理（图5-103）

①选择智能笔工具，从分割线0.2cm处与下摆线后中端点相连一条线，然后用调整工具调顺后片下摆弧线。

②选择智能笔工具，从分割线0.2cm处与分割线0.5cm处相连一条线，然后用调整工具调顺侧片下摆弧线。

21. 画手巾袋位（图5-104）

①选择智能笔工具，按住【Shift】键，进入【平行线】功能，以胸宽线为基准输入平行线距离3cm。

②选择智能笔工具，按住【Shift】键，右键点击平行线，进入【调整曲线长度】功能，输入长度增减量-1.5cm。

③选择智能笔工具，按住【Shift】键，右键点击平行线，进入【调整曲线长度】功能，输入新长度2.5cm。

④选择智能笔工具，在空白处拖出长为11cm、宽为2.5cm的矩形。用调整工具框选手巾袋的左端，按【Enter】键，输入纵向偏移量1.5cm。

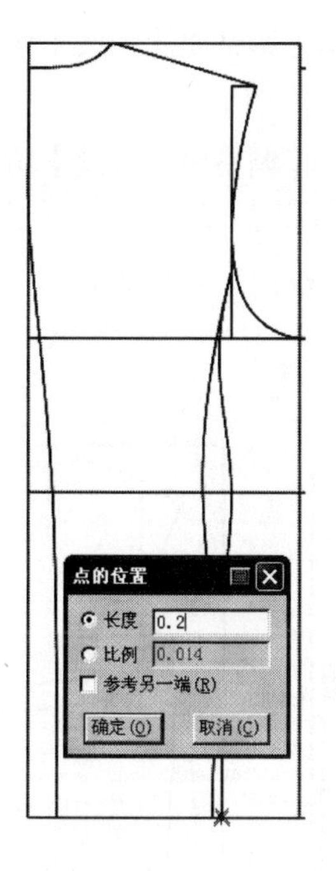

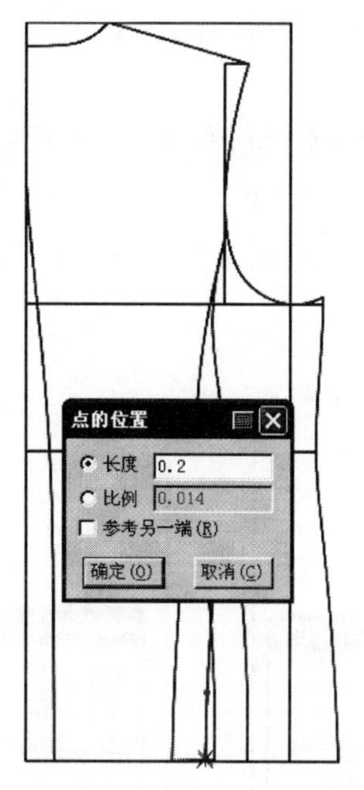

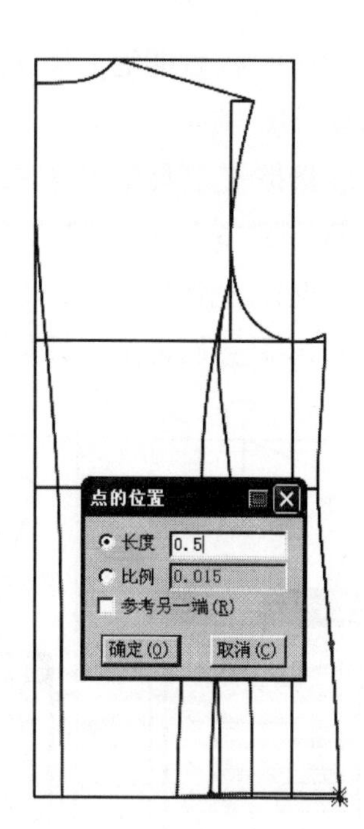

图 5-103　后片和侧片下摆线处理

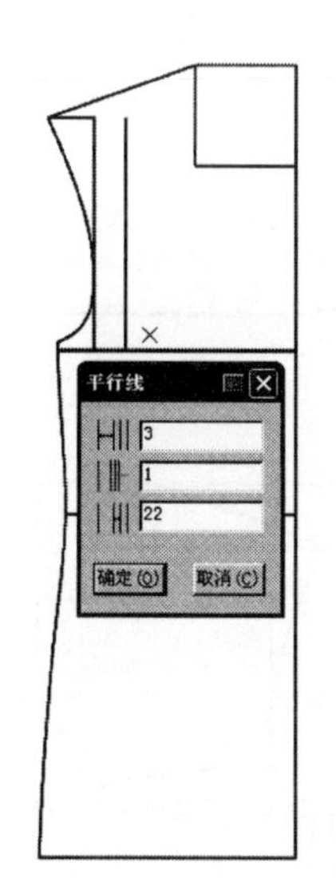

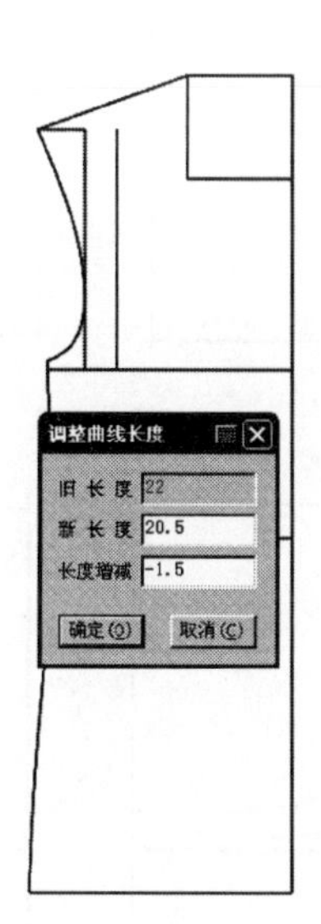

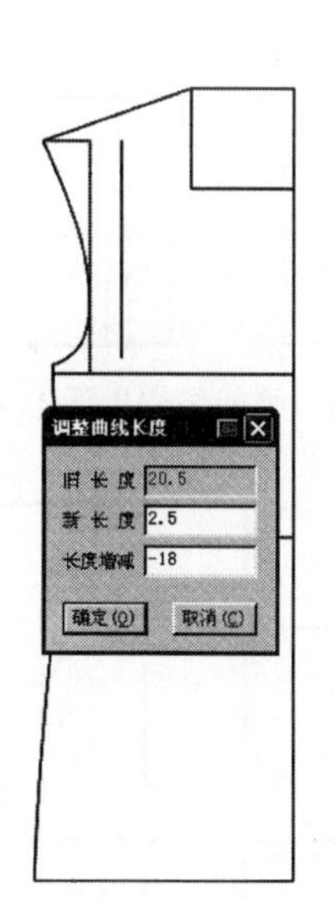

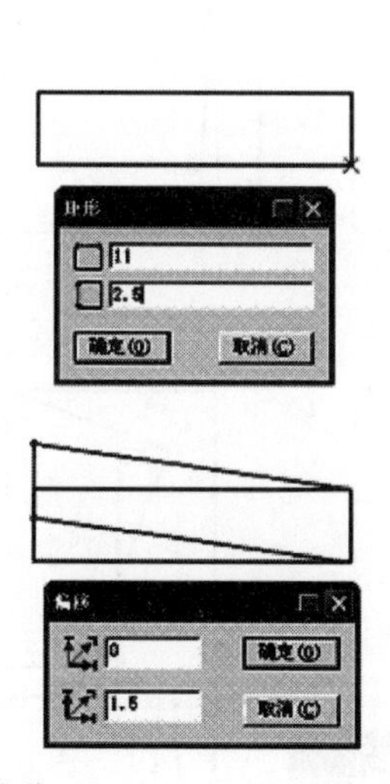

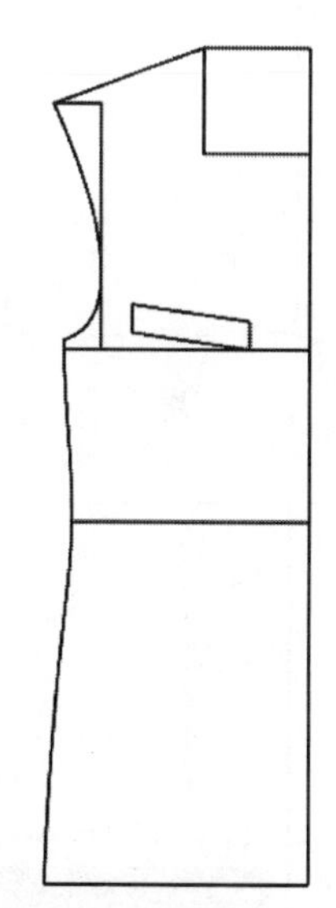

图 5-104　画手巾袋位

⑤选择移动工具,按住【Shift】键,进入【移动】功能,将手巾袋移至与平行线重合。

22. **画前袋位**(图 5-105、图 5-106)

①选择智能笔工具,按住【Shift】键,进入【平行线】功能,以腰围线为基准输入平行线距离 8.5cm。

②选择智能笔工具,按住【Shift】键,右键点击平行线,进入【调整曲线长度】功能,输入新长度 12.5cm。

③选择 智能笔工具，按住【Shift】键，右键点击平行线，进入【调整曲线长度】功能，输入新长度 15cm。

④选择 智能笔工具，按住【Shift】键，右键点击平行线，进入【调整曲线长度】功能，输入新长度 16.6cm（袋布宽 15+ 腰省量 1.6）。

⑤选择 调整工具，框选袋口线的左端按【Enter】键，输入纵向偏移量 0.5cm。

⑥选择 智能笔工具画好袋口线。

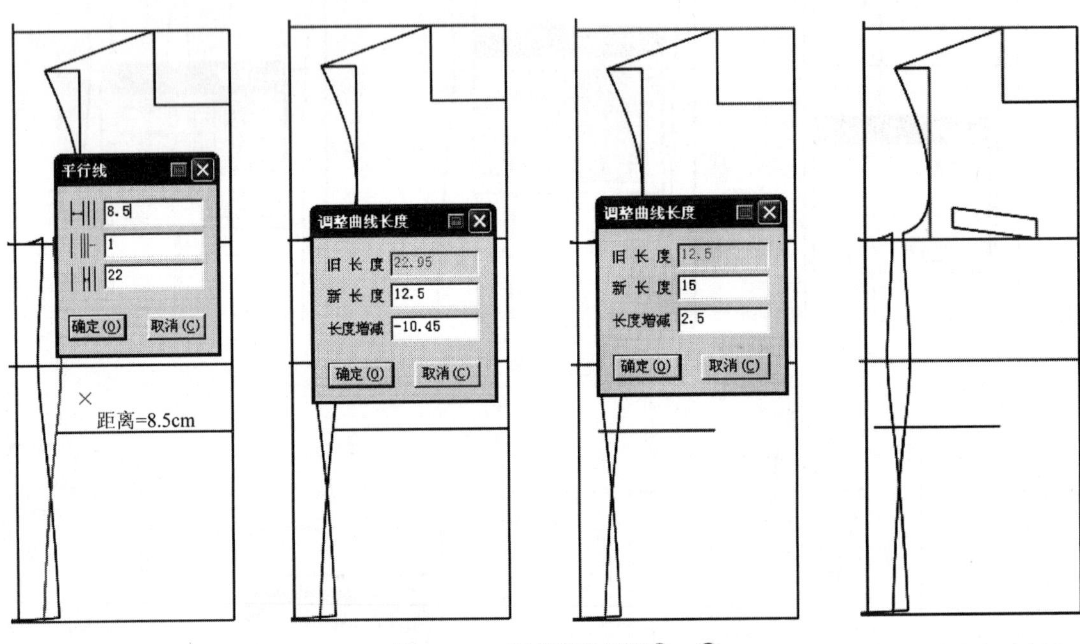

图 5-105　画前袋位步骤①～④

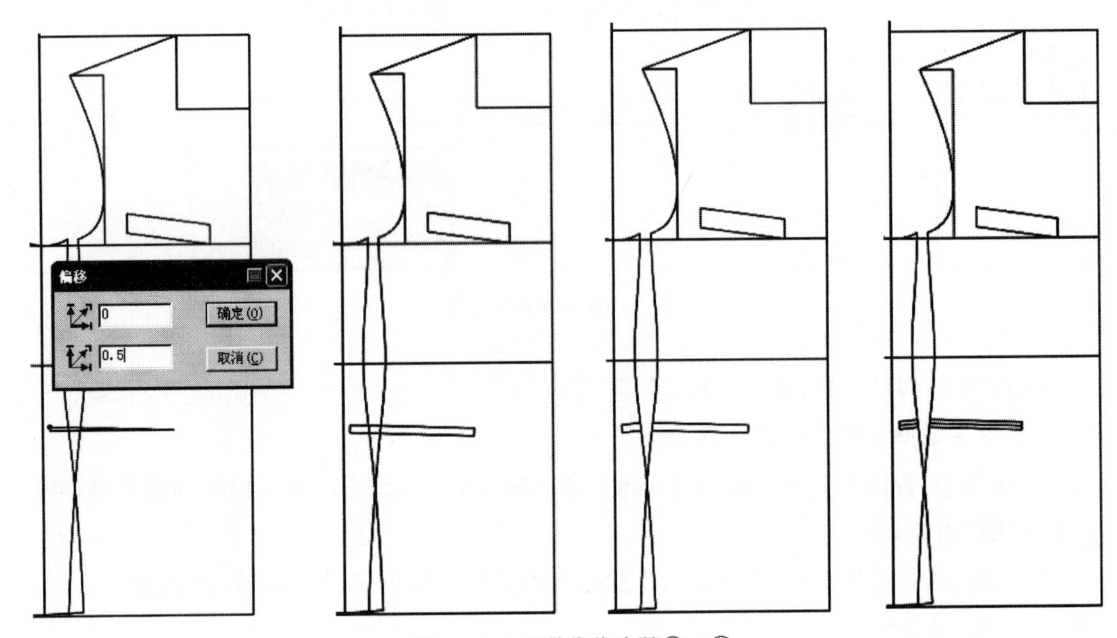

图 5-106　画前袋位步骤⑤～⑧

⑦选择对接工具，按住【Shift】键，进入【对接】功能，将袋口对接。

⑧选择智能笔工具画好袋口嵌线。

23. **画前腰省**（图 5-107、图 5-108）

①选择智能笔工具，从手巾袋中点与袋口线 2.75cm 处用直线相连。

②选择智能笔工具，按住【Shift】键，右键点击直线上端，进入【调整曲线长度】功能，

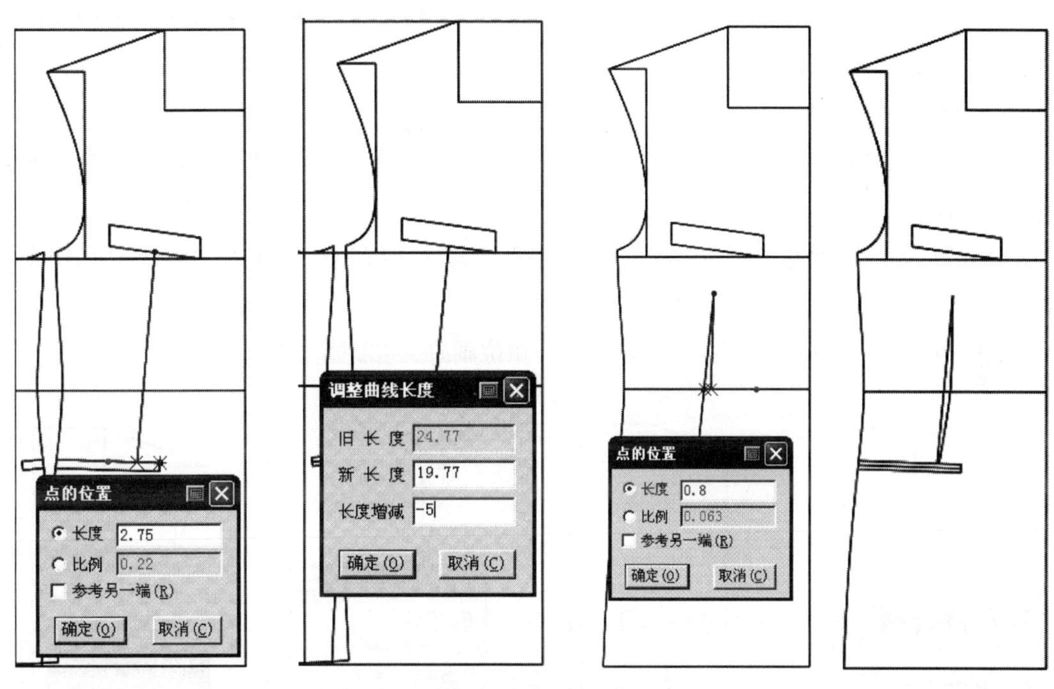

图 5-107 画前腰省步骤①～③

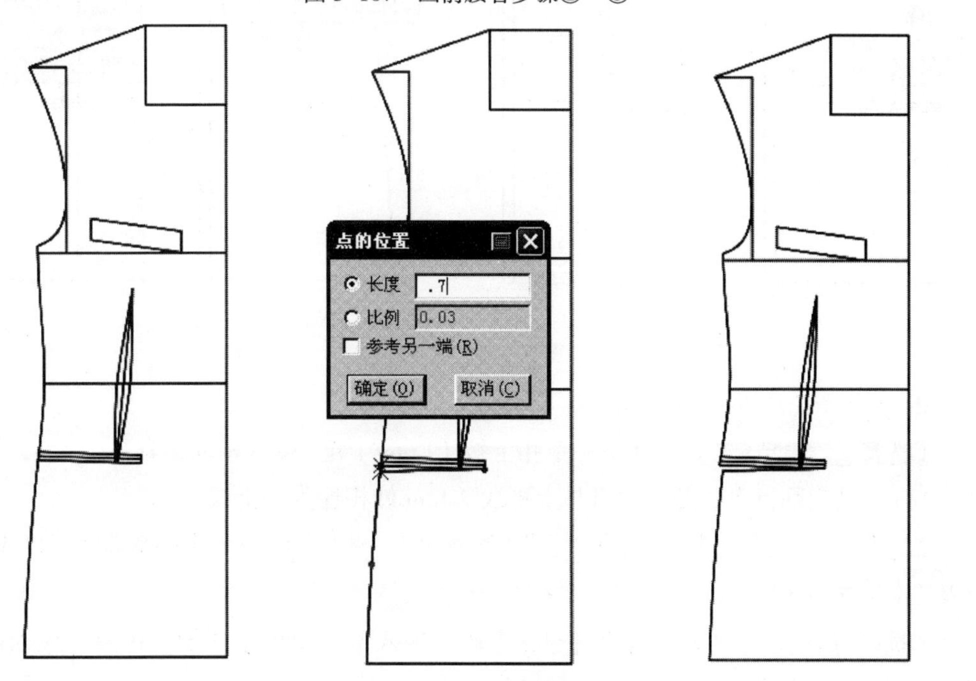

图 5-108 画前腰省步骤④～⑥

输入长度增减量 -5cm。

③选择智能笔工具，从直线端点经腰围线 0.8cm 处与袋口线 2.5cm 处相连画线，并用调整工具调顺腰省线。

④选择对称工具，按住【Shift】键，进入【对称复制】功能，将腰省线对称复制。

⑤选择智能笔工具，从袋口端点与侧缝线 0.7cm（肚省量）处相连。

⑥选择剪断线工具，将侧缝线从袋口位置处剪断，再选择智能笔工具中的连角功能，将肚省处进行连角处理。

24. 确定扣位（图 5–109）

①选择智能笔工具，按住【Shift】键，进入【平行线】功能，以前中线为基准输入平行线距离 1.5cm，画一条平行线。

②选择智能笔工具，从口袋位画一条直线与前中线相交，并用点工具在相交点上加点。

③选择点工具在前中线上把剩下两个扣位画好，扣距是 10cm。

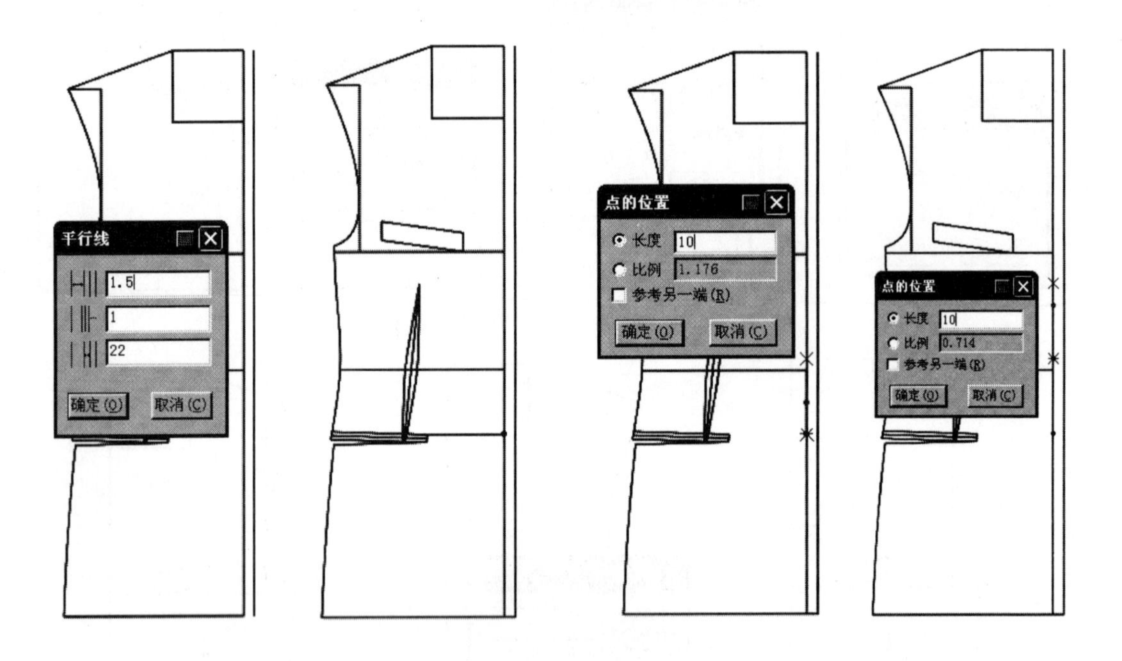

图 5–109　确定扣位

25. 画领子（图 5–110 ~ 图 5–113）

①选择智能笔工具，在第一个扣上按【Enter】键，输入横向偏移量 1.5cm，纵向偏移量 1cm，确定翻折点，并用此点与上平线 2.1cm 处相连为翻折线。

②选择智能笔工具，按住【Shift】键，右键点击翻折线，进入【调整曲线长度】功能，输入长度增减量 17cm。

③选择智能笔工具，按住【Shift】键，进入【三角板】功能，在翻折线顶端画一条长 5.5cm 的垂直线。

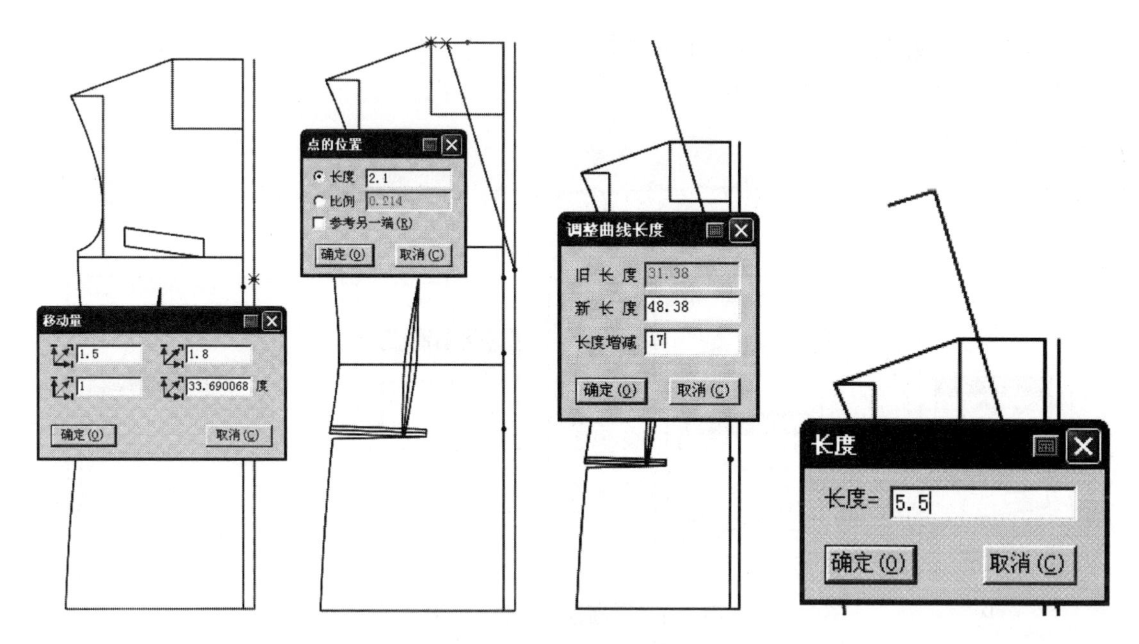

图 5-110　画领子步骤①～③

④选择智能笔工具，将 *A* 点与 *B* 点连线为倒伏线。

⑤选择智能笔工具，按住【Shift】键，进入【平行线】功能，以倒伏线为基准输入平行线距离 3cm。

⑥选择智能笔工具，将领深基础线中点与前中线上距领宽 1.5cm 处相连为串口线。

⑦选择智能笔工具，按住【Shift】键，右键点击串口线，进入【调整曲线长度】功能，输入长度增减量 7cm。

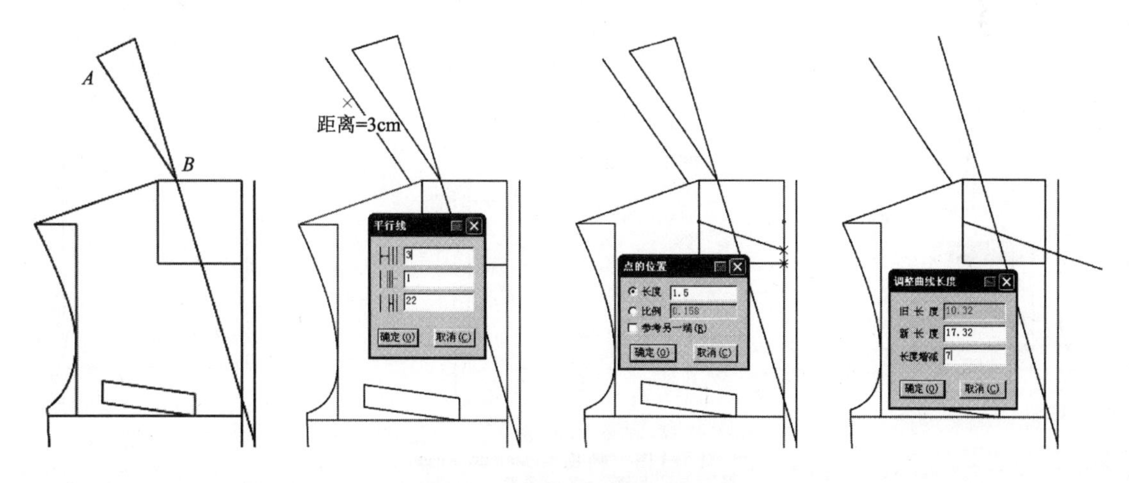

图 5-111　画领子步骤④～⑦

⑧选择智能笔工具，将领宽端点与串口线 1cm 处相连为领脚线。

⑨选择智能笔工具，在倒伏平行线上取后领弧线长 9.35cm，与串口线 1cm 处相连为领子下口弧线，并用调整工具调顺领子下口弧线。

⑩选择点工具，在领子下口弧线 2cm 处加一个点。

⑪选择智能笔工具，按住【Shift】键，进入【三角板】功能，左键点击刚加的点拖到领子后中端点，画后领宽 7cm。

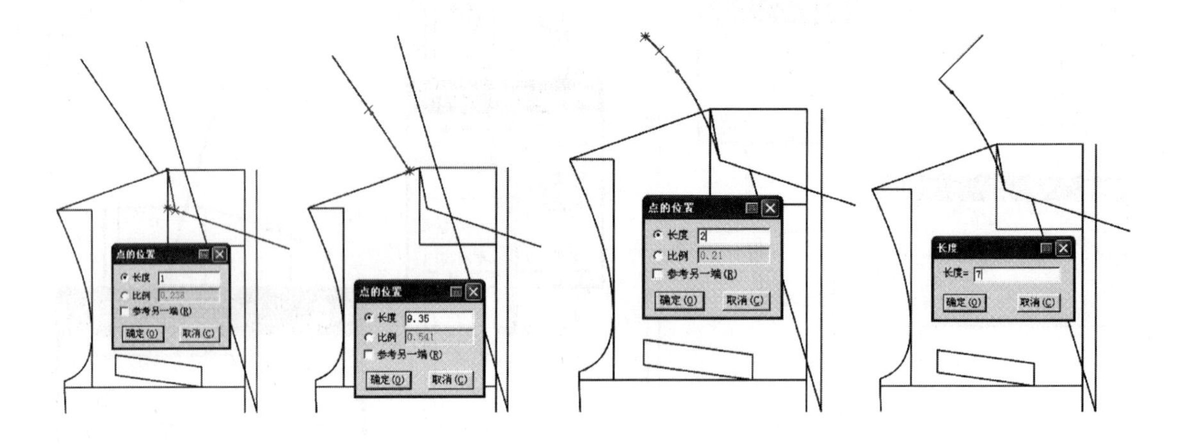

图 5–112 画领子步骤⑧ ~ ⑪

⑫选择智能笔工具，按住【Shift】键，进入【平行线】功能，以翻折线为基准输入平行线距离 7.5cm（驳头宽）。

⑬选择智能笔工具画好驳头，再用调整工具或对称调整工具调顺驳头外口弧线。

⑭选择智能笔工具画领子外口弧线，再用调整工具或对称调整工具调顺领子外口弧线。

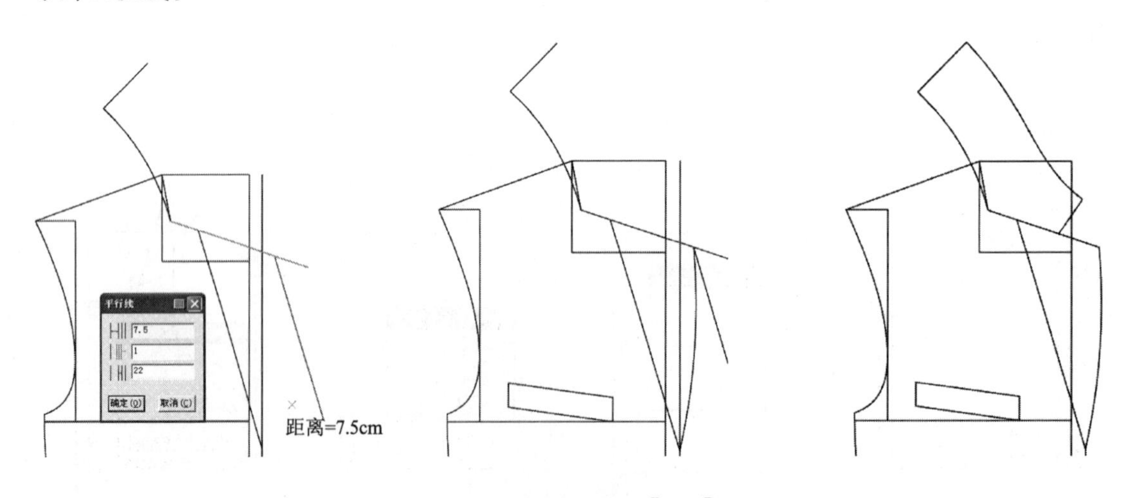

图 5–113 画领子步骤⑫ ~ ⑭

26. 画前片下摆弧线（图 5–114）

①选择智能笔工具，按住【Shift】键，进入【平行线】功能，以下摆基础线为基准输入平行线距离 2cm。

②选择智能笔工具和调整工具画好前片下摆弧线。

27. 前片、侧片、后片结构图（图 5–115）

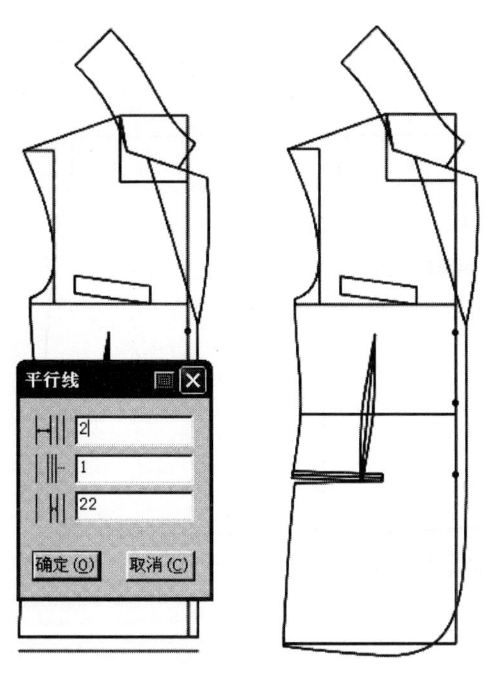

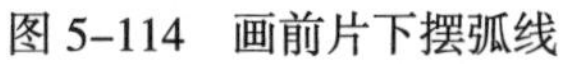
图 5-114　画前片下摆弧线

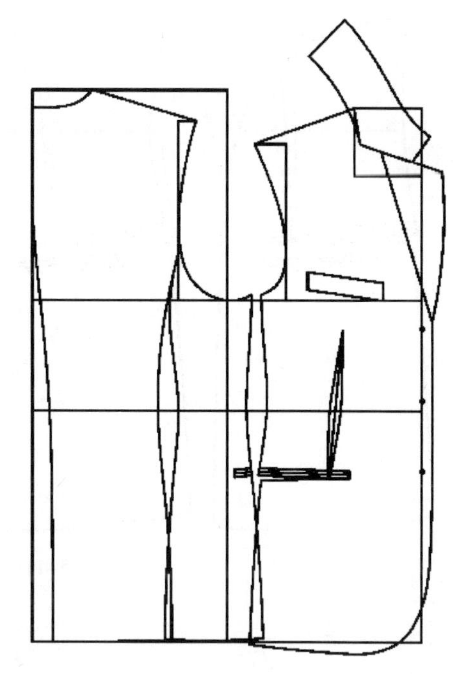
图 5-115　男西服前片、侧片、后片结构图

28. 后片里布、侧片里布处理（图 5-116）
29. 前片里布上拼块处理（图 5-117）
30. 前片里布下拼块处理（图 5-118）
31. 里布三角衩、里布袋盖处理（图 5-119）
32. 袋布、袋垫布、袋盖、袋嵌线处理（图 5-120）
33. 前片下摆缝边、大袖片袖口缝边处理（图 5-121）

图 5-116　后片里布、侧片里布处理

图 5-117　前片里布上拼块处理

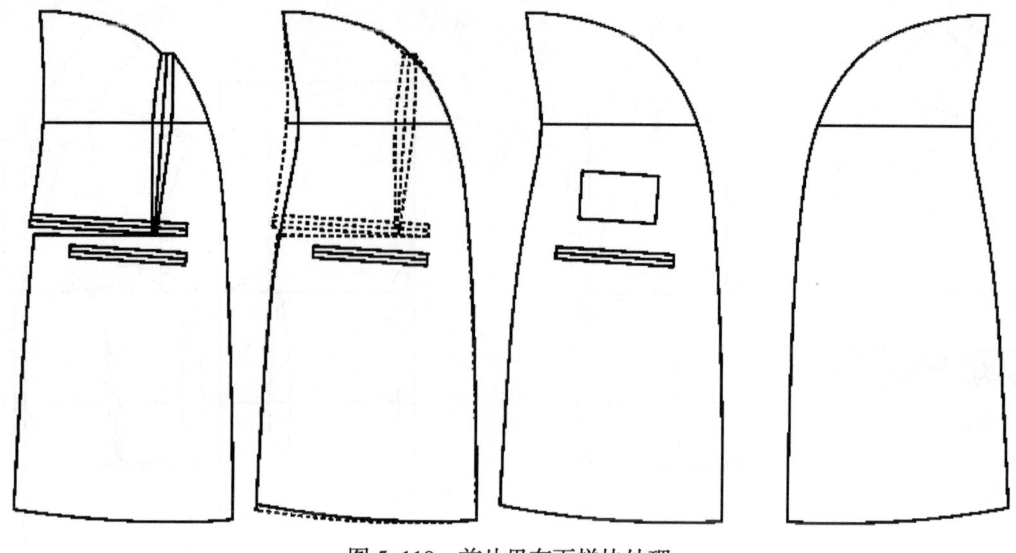
图 5-118　前片里布下拼块处理

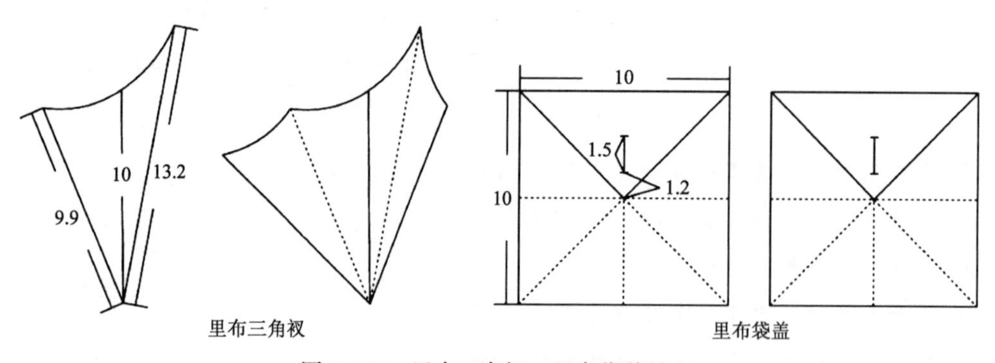

图 5-119　里布三角衩、里布袋盖处理

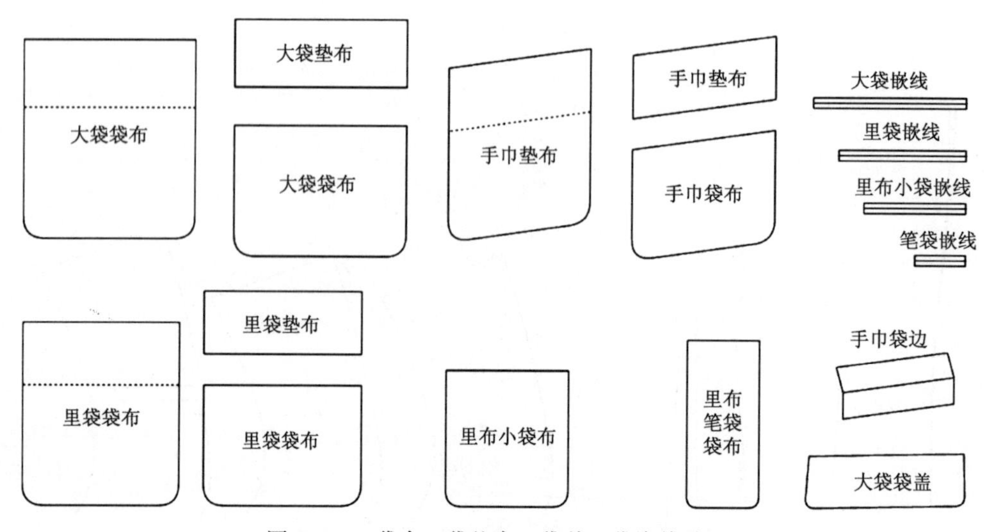

图 5-120　袋布、袋垫布、袋盖、袋嵌线处理

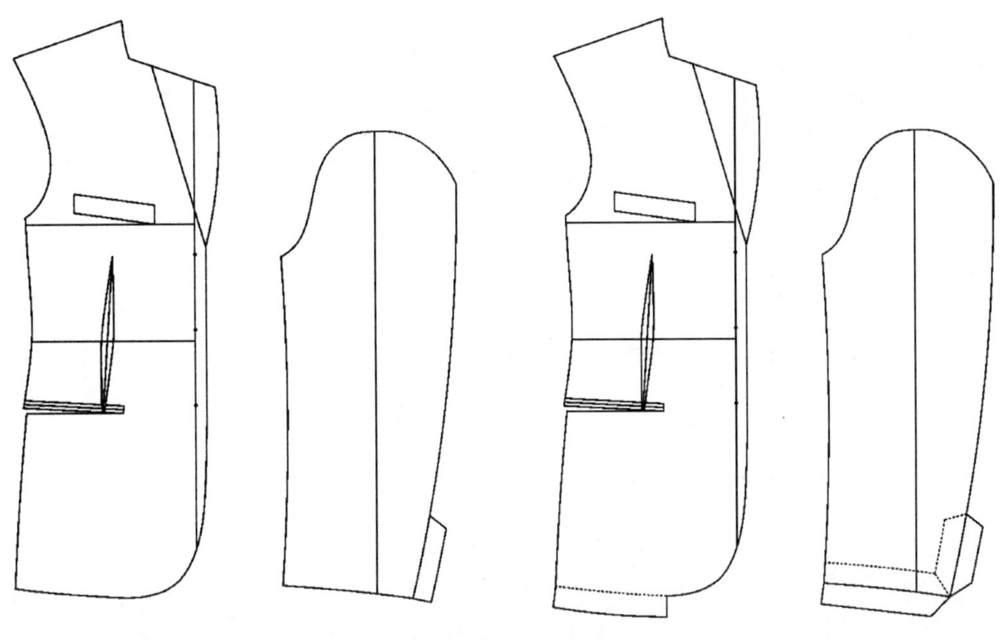

图 5-121　前片下摆缝边和大袖片袖口缝处处理

34. 拾取纸样（图 5-122）

选择剪刀工具拾取纸样的外轮廓线，单击右键切换成拾取衣片辅助线工具，拾取内部辅助线，并用布纹线工具将布纹线调整好。

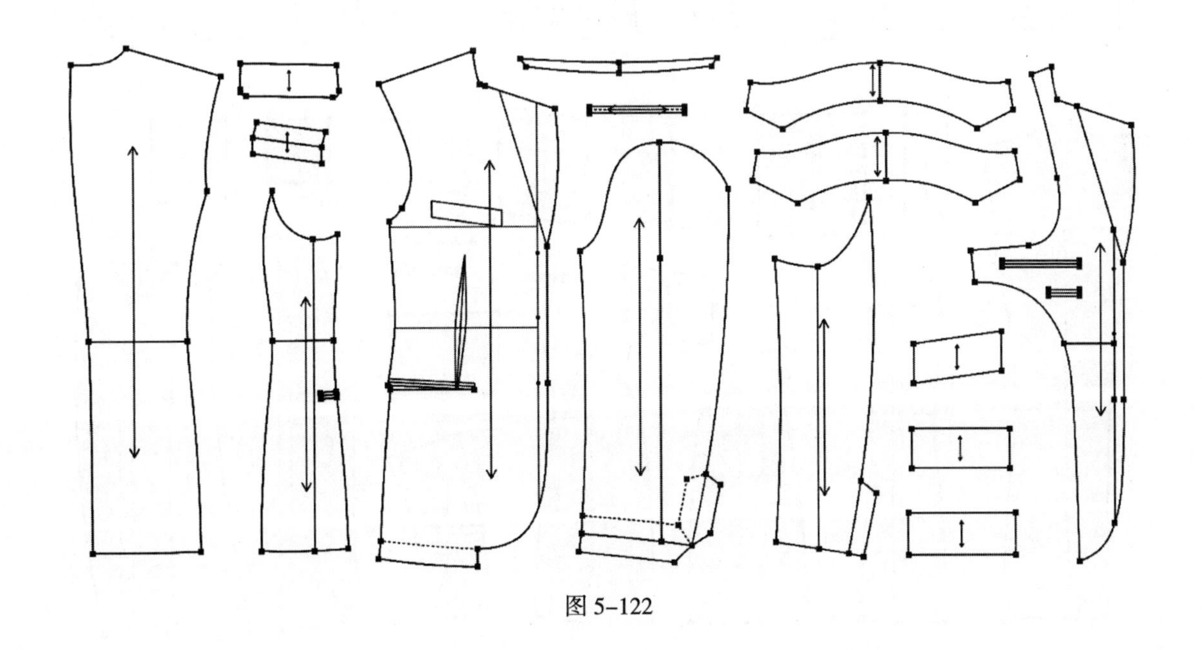

图 5-122

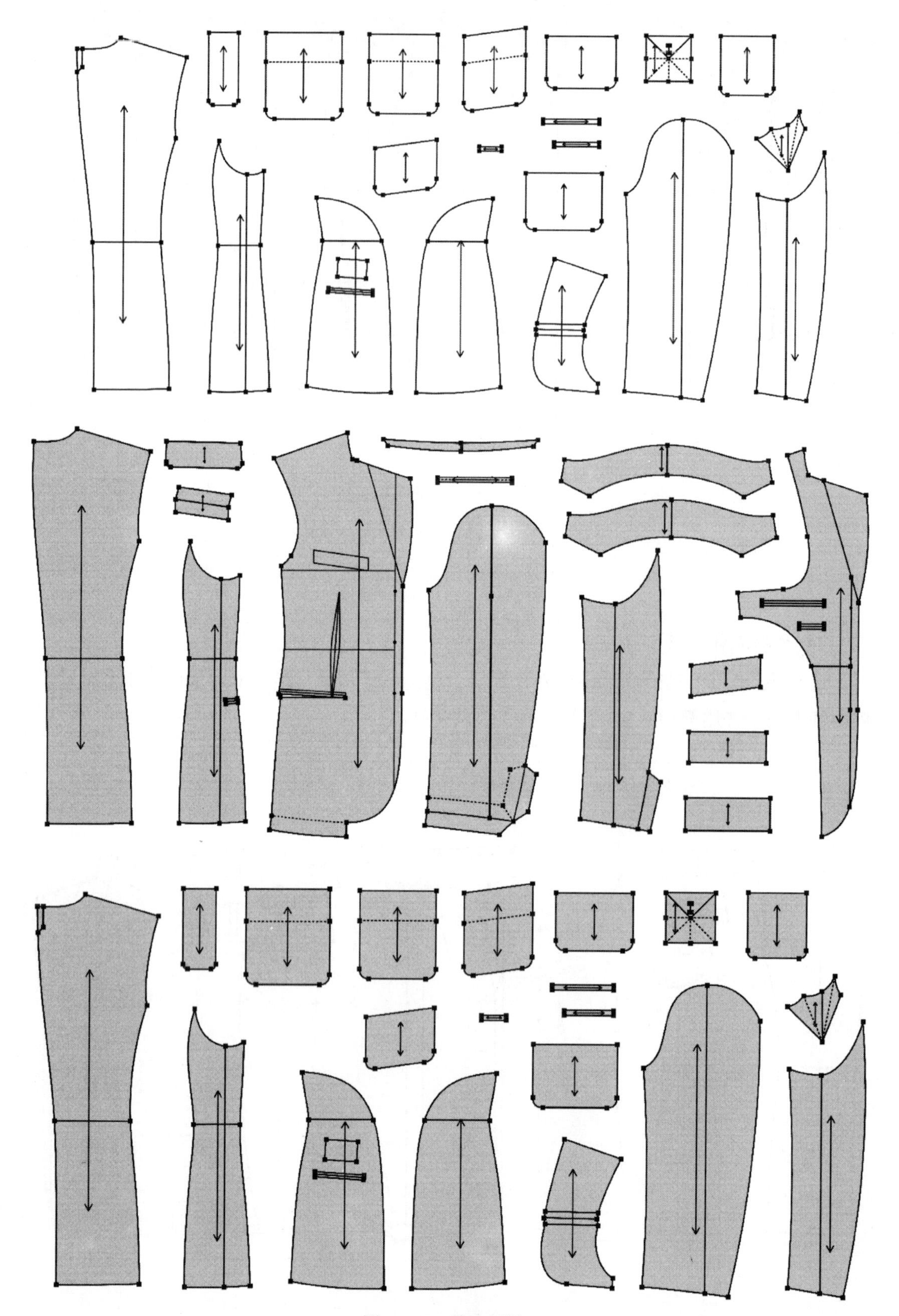

图 5-122　拾取纸样

35. **加缝份**（图 5–123）

①选择▭加缝份工具，将工作区的所有纸样统一加 1cm 缝份。

②将前片和侧片下摆线、小袖袖口线缝份修改为 3.8cm。

③将后片与侧片、后片里布与后片侧里布、大袖与小袖、大袖里布与小袖里布的拼缝起点缝份修改为直角。

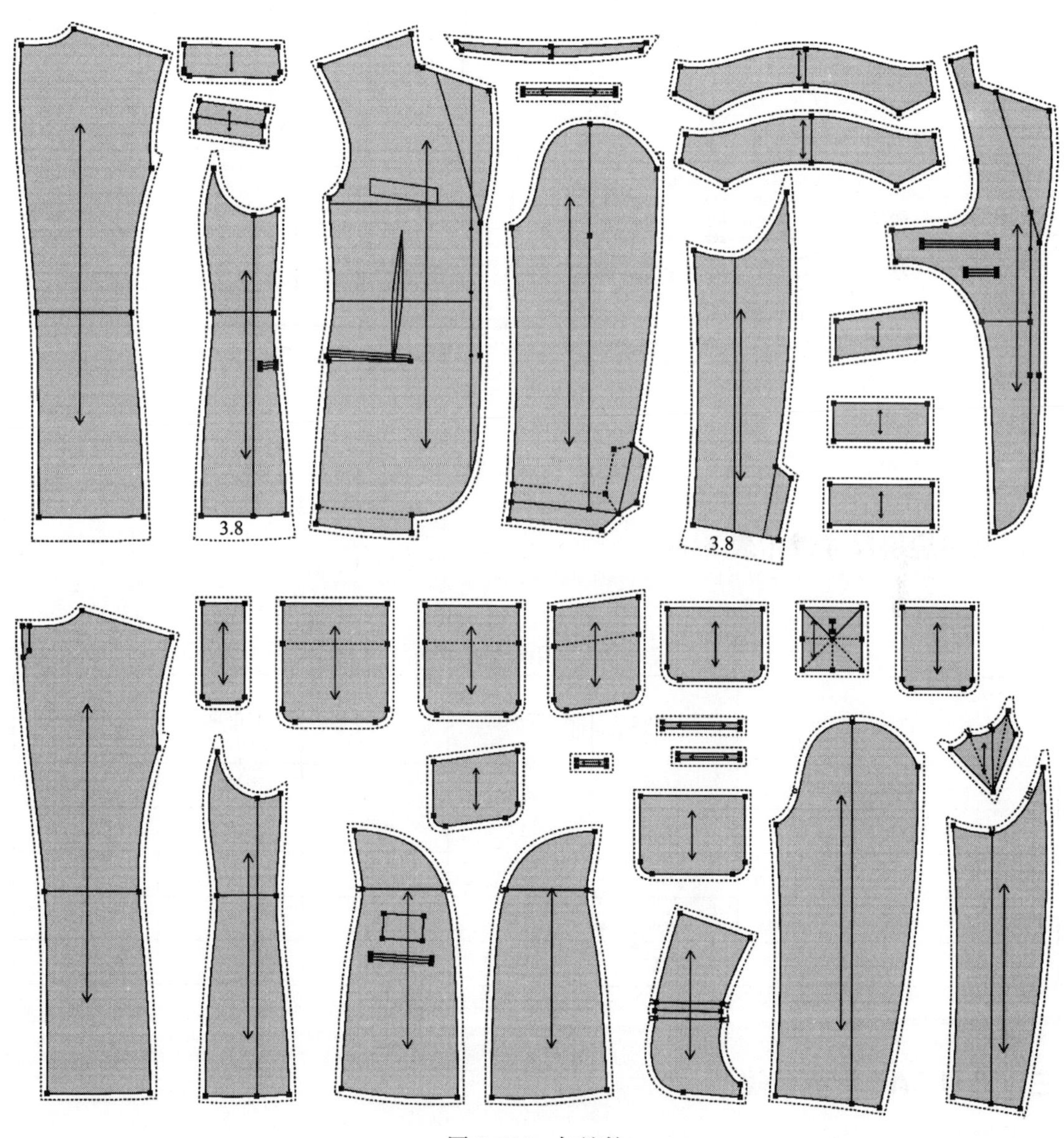

图 5–123　加缝份

第六节　马甲

一、马甲款式效果图（图 5-124）

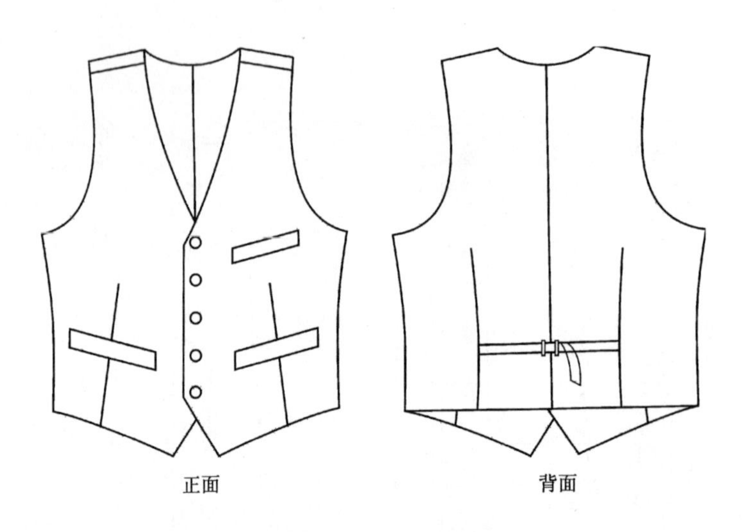

图 5-124　马甲款式效果图

二、马甲规格尺寸表（表 5-6）

表 5-6　马甲规格尺寸表　　单位：cm

部位＼号型	165/86A	170/90A	175/94A	180/98A	档差
衣长	55.5	57	58.5	60	1.5
肩宽	36.8	38	39.2	40.4	1.2
胸围	92	96	100	104	4
领宽	17.4	18	18.6	19.2	0.6
袖窿	52	54	56	58	2

三、马甲 CAD 制板步骤

1. 设置规格尺寸（图 5-125）

单击【号型】菜单→【号型编辑】，在【设置号型规格表】对话框中输入所需尺寸（此操作可有可无）。

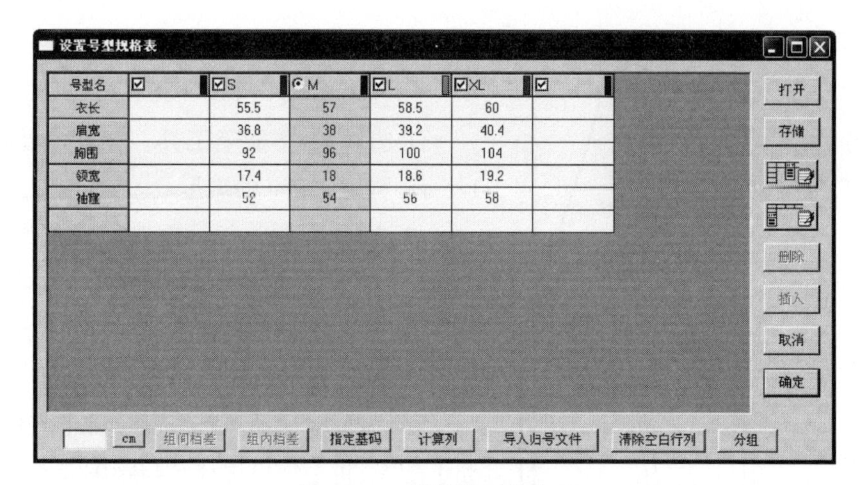

设置号型规格表

号型名	☑	☑S	◉M	☑L	☑XL	☑
衣长		55.5	57	58.5	60	
肩宽		36.8	38	39.2	40.4	
胸围		92	96	100	104	
领宽		17.4	18	18.6	19.2	
袖窿		52	54	56	58	

图 5-125　设置号型规格表

2. 马甲前片、后片各部位结构示意图（图 5-126）

3. 画马甲结构图（图 5-127）

运用本章第一节所学的男衬衫 CAD 制板知识，并结合图 5-126 所示各部位计算方法，

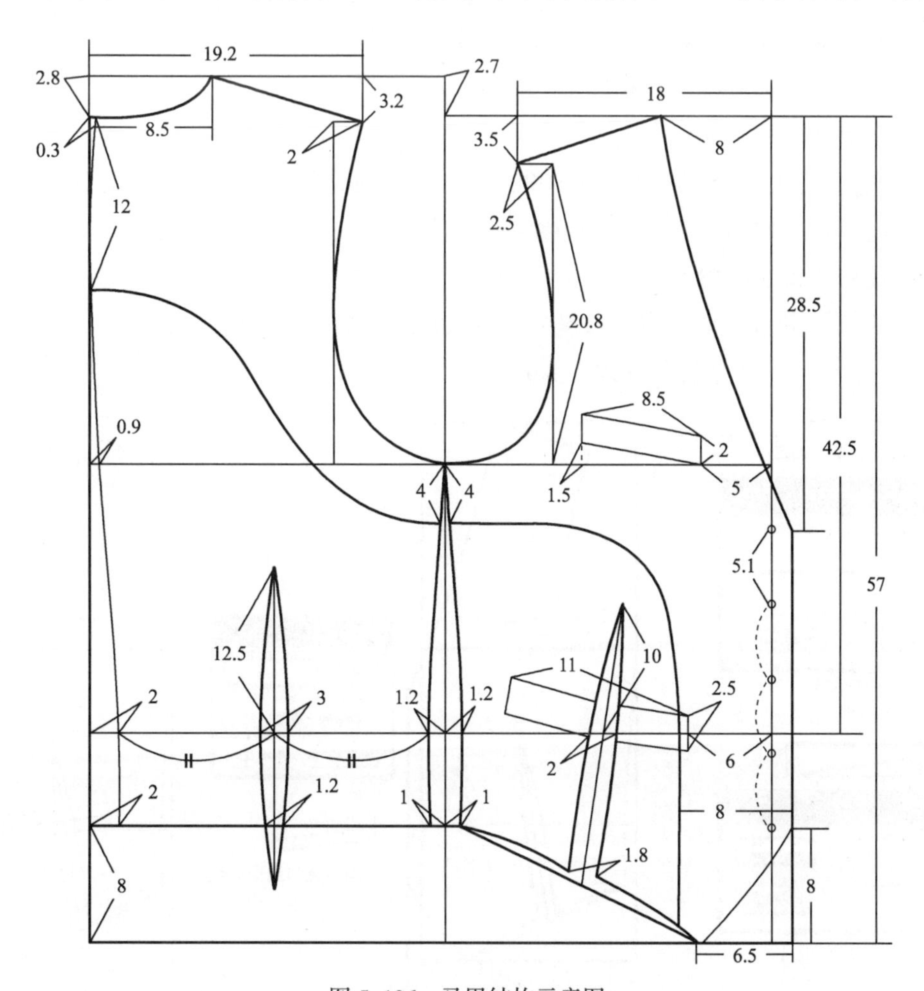

图 5-126　马甲结构示意图

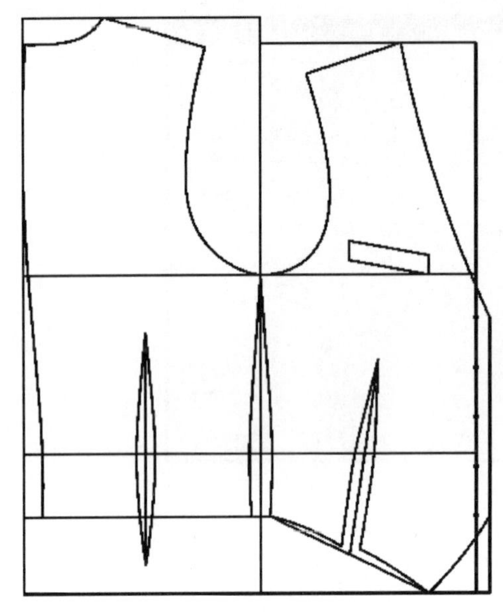
图 5-127　马甲结构图

用富怡 CAD 绘制马甲的结构图。

4. **画主袋位**（图 5-128、图 5-129）

①选择智能笔工具，在空白处拖出长为11cm、宽为 2.5cm 的矩形。

②选择调整工具框选袋口左侧部分，按【Enter】键，输入纵向偏移量 1.5cm。

③选择点工具在腰围线 6cm 处加一个点，然后选择智能笔工具画主袋口边中心线。

④选择移动工具，按住【Shift】键，进入【移动】功能，将主袋口边移至与腰围线 6cm 处重合。

⑤选择剪断线工具，将主袋口边线分别从 A、B 两点处剪断。

⑥选择对接工具，按住【Shift】键，进入【对接】功能，将袋口对接。

5. **后片、后片里布、前片、前片里布**（图 5-130）

6. **手巾袋贴、主袋贴、主袋袋布**（图 5-131）

7. **拾取纸样**（图 5-132）

选择剪刀工具拾取纸样的外轮廓线，单击右键切换成拾取衣片辅助线工具，拾取内部辅助线，并用布纹线工具将布纹线调整好。

8. **加缝份**（图 5-133）

①选择加缝份工具，将工作区的所有纸样统一加 1cm 缝份。

②将后片、前片下摆缝份修改为 3cm。

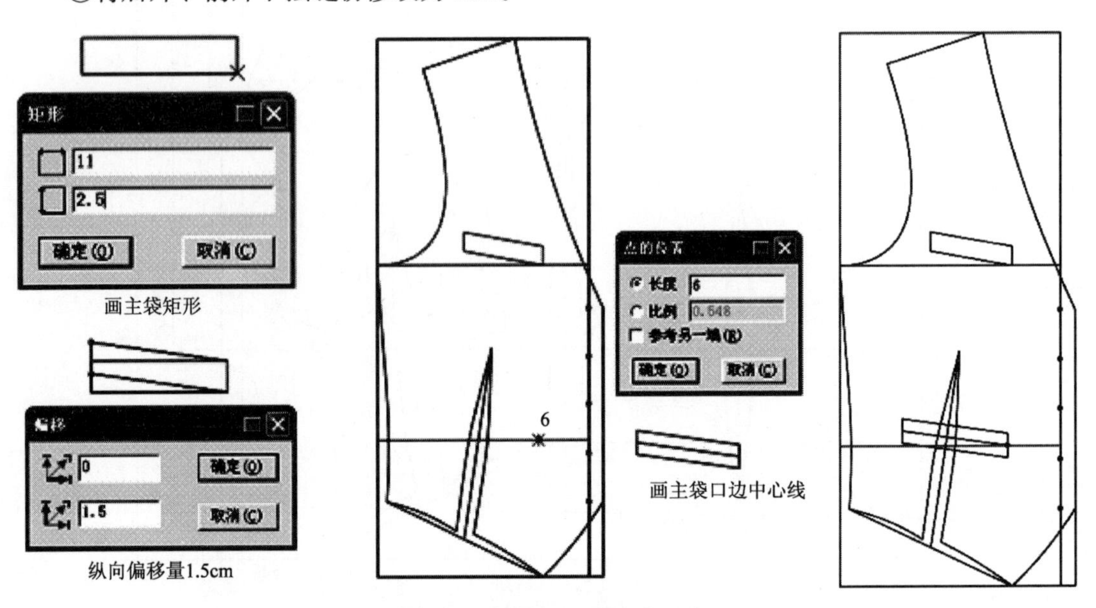

图 5-128　画主袋位步骤①～④

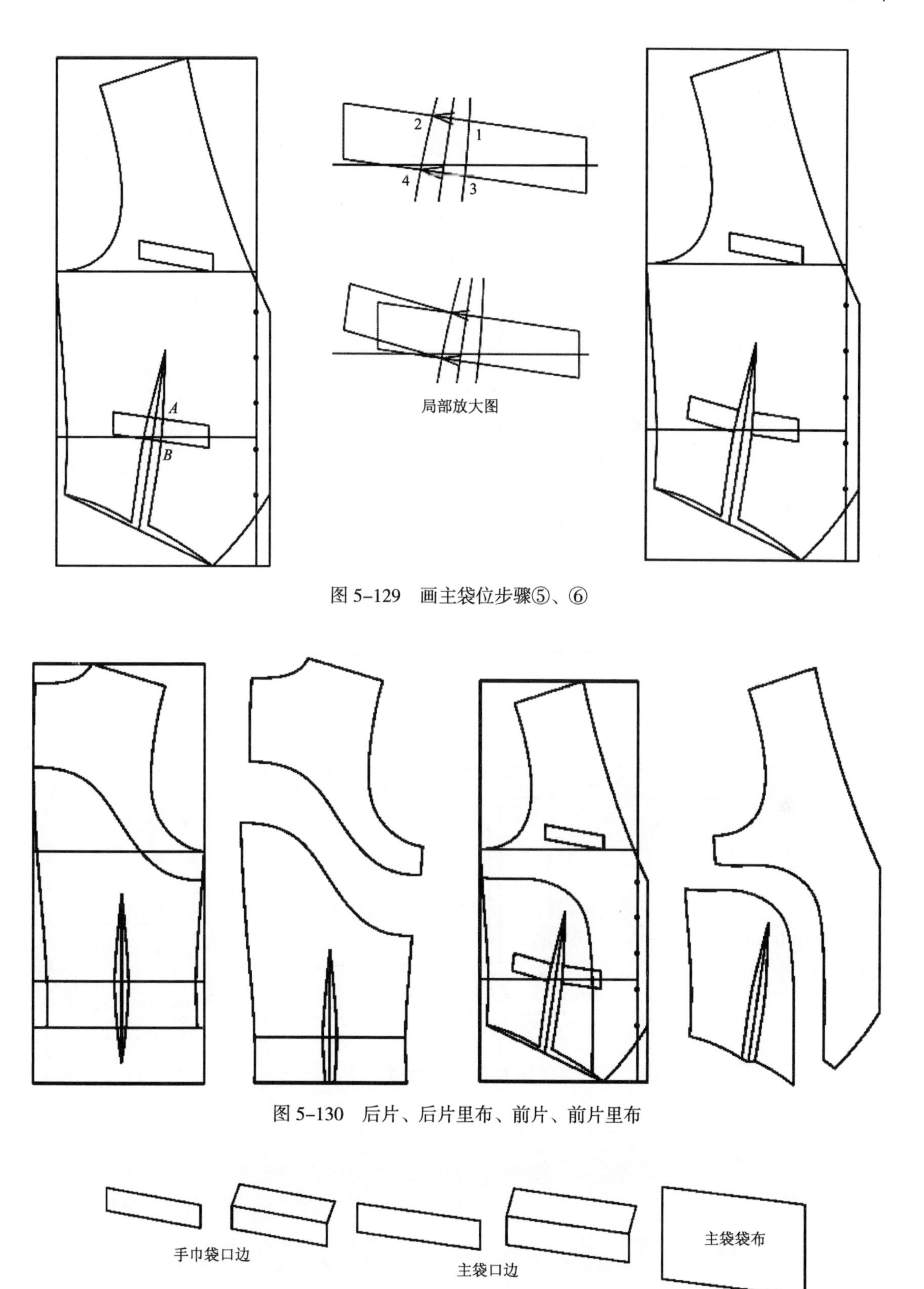

图 5-129　画主袋位步骤⑤、⑥

图 5-130　后片、后片里布、前片、前片里布

图 5-131　手巾袋口边、主袋口边、主袋袋布

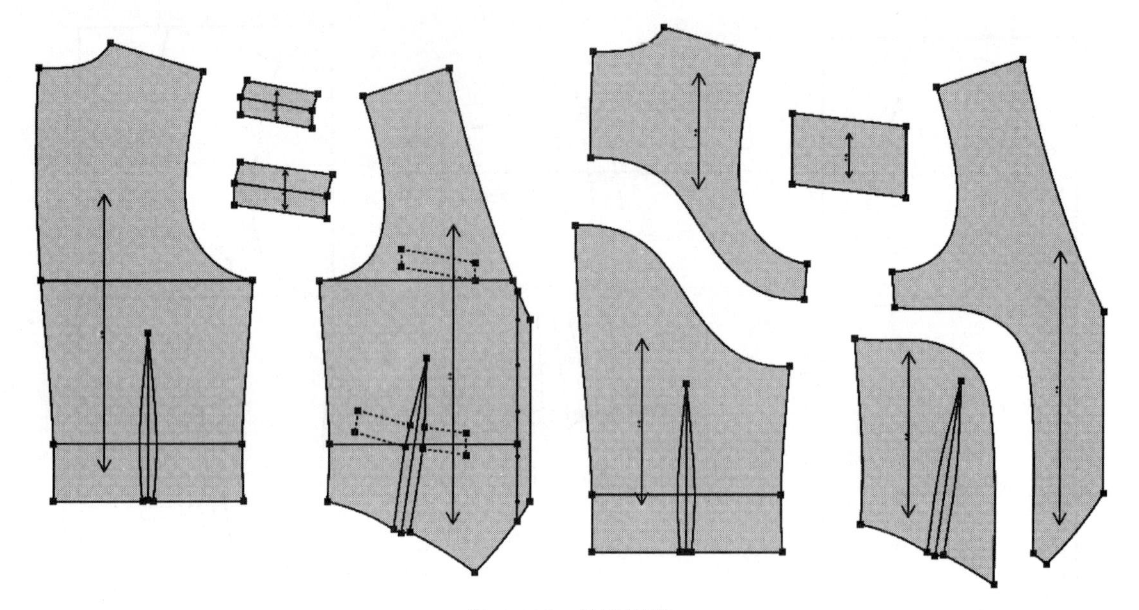

图 5-132　拾取纸样

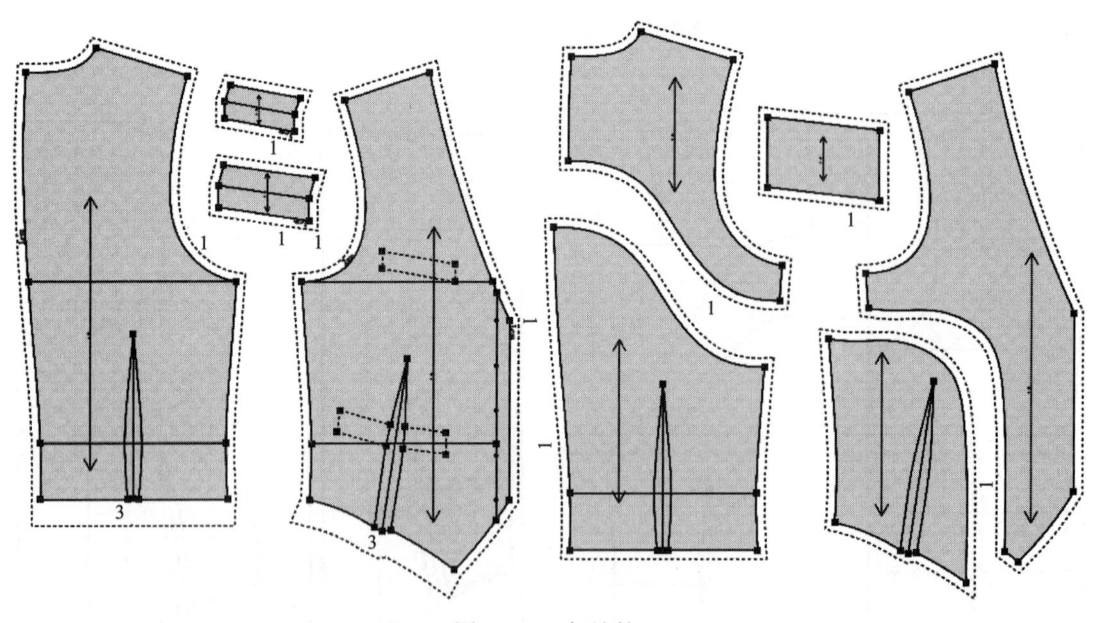

图 5-133　加缝份

第七节　夹克

一、夹克款式效果图（图 5–134）

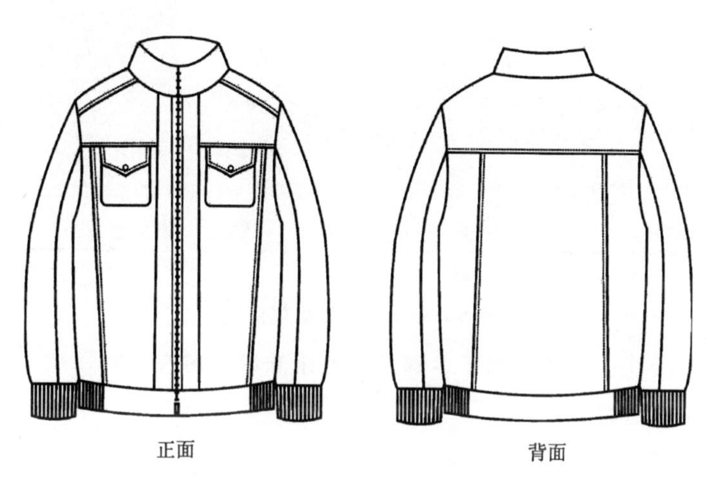

图 5–134　夹克款式效果图

二、夹克规格尺寸表（表 5–7）

表 5–7　夹克规格尺寸表

单位：cm

部位＼号型	165/86A	170/90A	175/94A	180/98A	档差
衣长	64	66	68	70	2
肩宽	48.5	50	51.5	53	1.5
领围	45.8	47	48.2	49.4	1.2
胸围	112	116	120	124	4
摆围	82	86	90	94	4
拉开摆围	112	116	120	124	4
袖长	58.5	60	61.5	63	1.5
袖肥	46.4	48	49.6	51.2	1.6
袖口	20	21	22	23	1

三、夹克 CAD 制板步骤

1. **设置规格尺寸**（图 5–135）

单击【号型】菜单→【号型编辑】，在【设置号型规格表】对话框中输入所需尺寸（此操作可有可无）。

设置号型规格表

号型名	☑	☑S	⊙M	☑L	☑XL	☑
衣长		64	66	68	70	
肩宽		48.5	50	51.5	53	
领围		45.8	47	48.2	49.4	
胸围		112	116	120	124	
摆围		82	86	90	94	
袖长		58.5	60	61.5	63	
袖肥		46.4	48	49.6	51.2	
袖口		20	21	22	23	

打开 存储 删除 插入 取消 确定

cm 组间档差 组内档差 指定基码 计算列 导入归号文件 清除空白行列 分组

图 5-135　设置号型规格表

2. 夹克前片、后片、袖子、领子各部位结构示意图（图 5-136）

3. 画夹克结构图（图 5-137）

运用本章第一节所学的男衬衫 CAD 制板知识，并结合图 5-136 所示各部位计算方法，用富怡 CAD 绘制夹克的结构图。

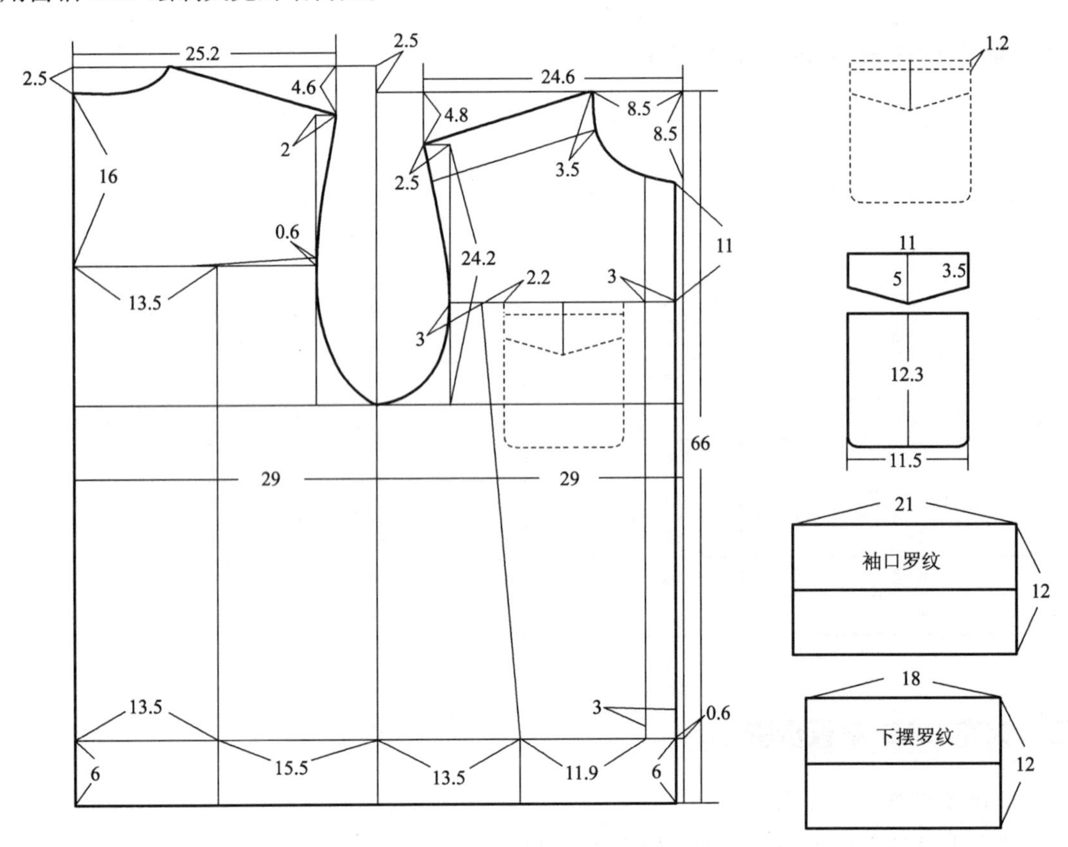

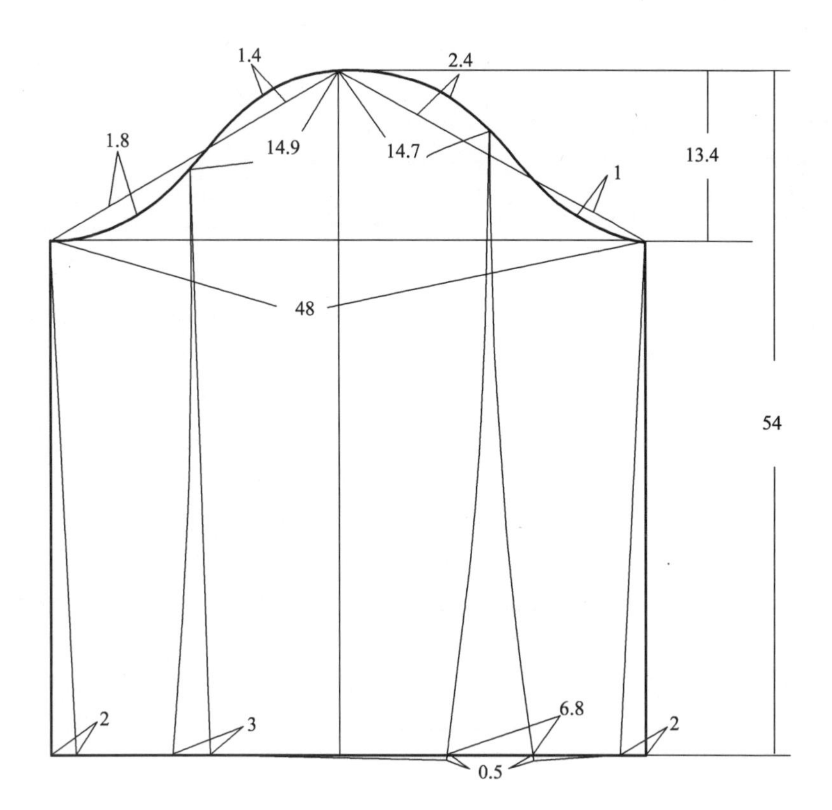

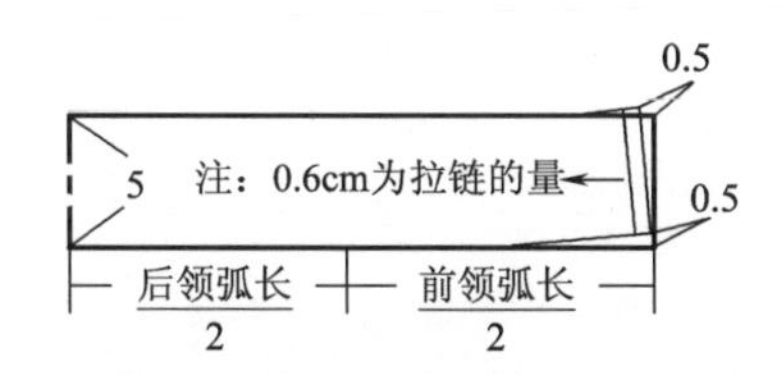

图 5-136　夹克结构示意图

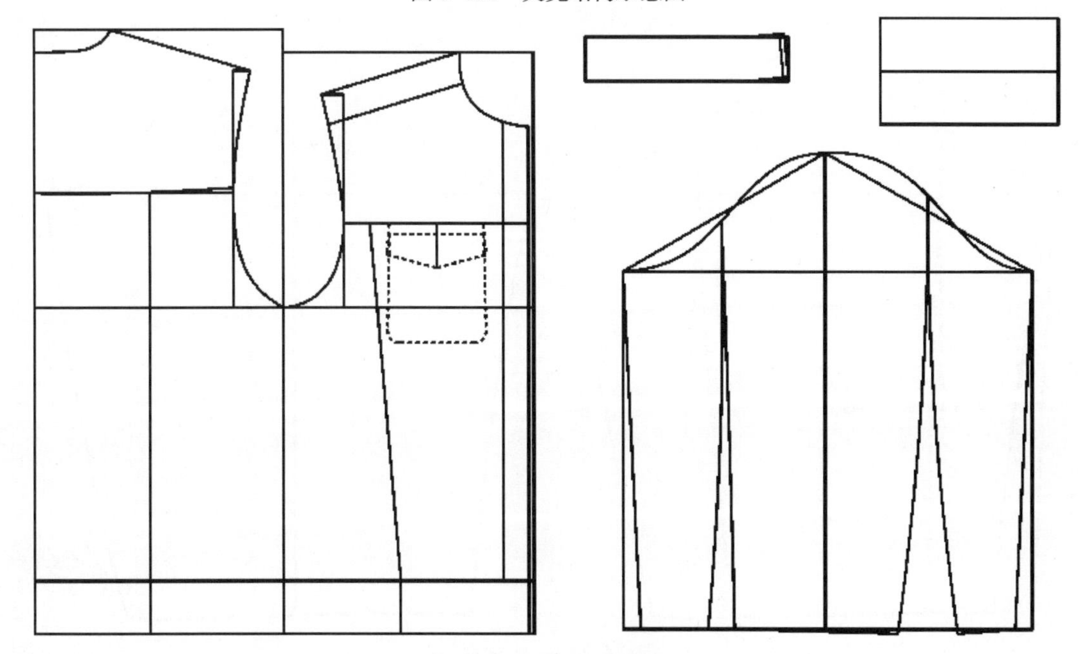

图 5-137　画夹克结构图

4. 后育克（图 5–138）

5. 袋口贴边、袋布、袋垫布（图 5–139）

6. 袖里布（图 5–140）

7. 下摆罗纹（图 5–141）

8. 拾取纸样（图 5–142）

选择剪刀工具拾取纸样的外轮廓线，单击右键切换成拾取衣片辅助线工具，拾取内部辅助线，并用布纹线工具将布纹线调整好。

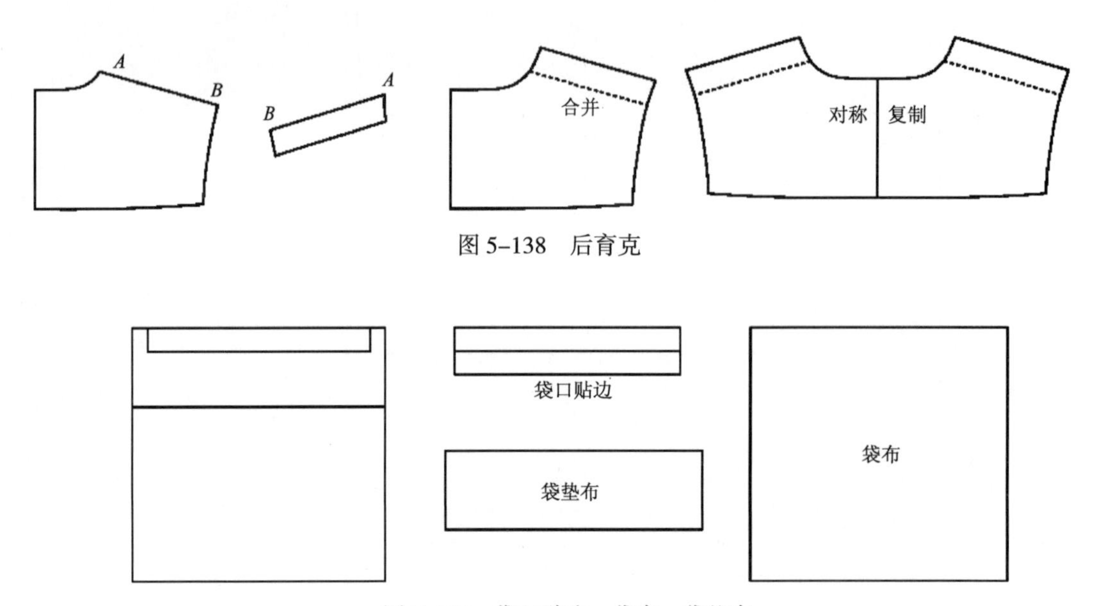

图 5–138　后育克

图 5–139　袋口贴边、袋布、袋垫布

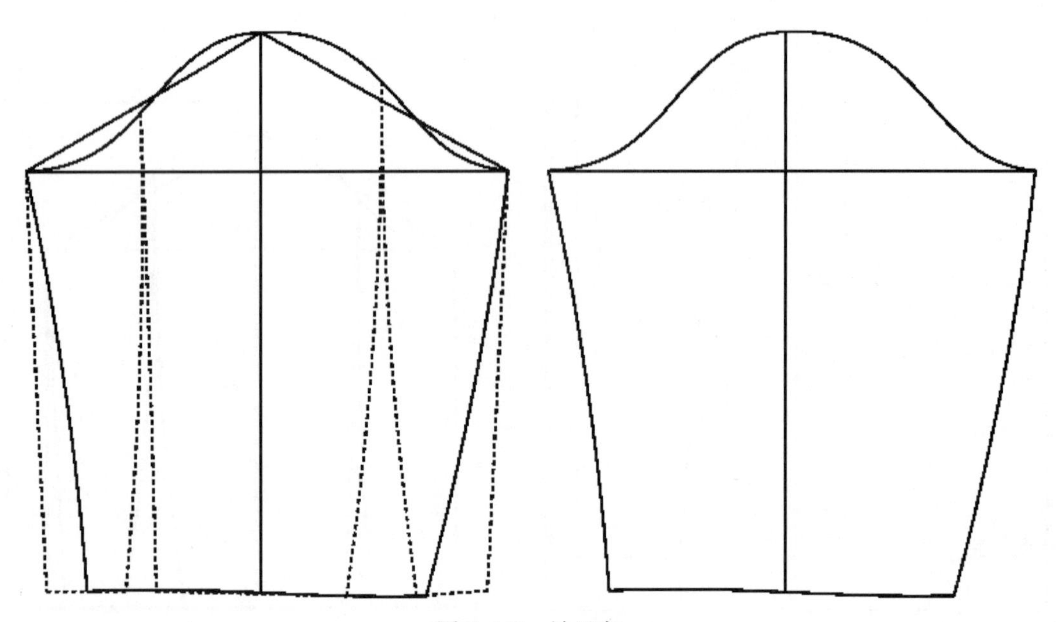

图 5–140　袖里布

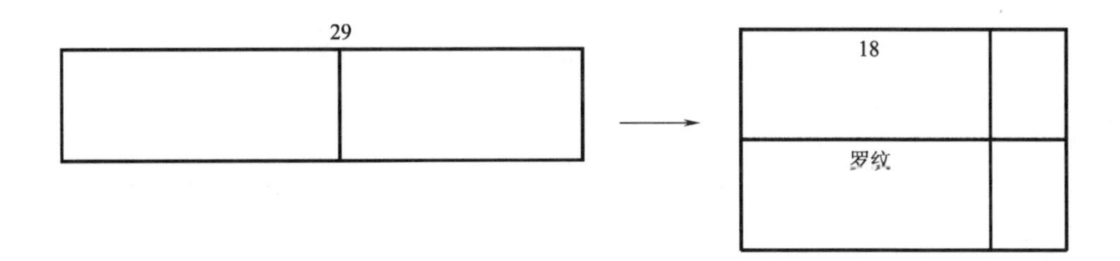

图 5-141　下摆罗纹

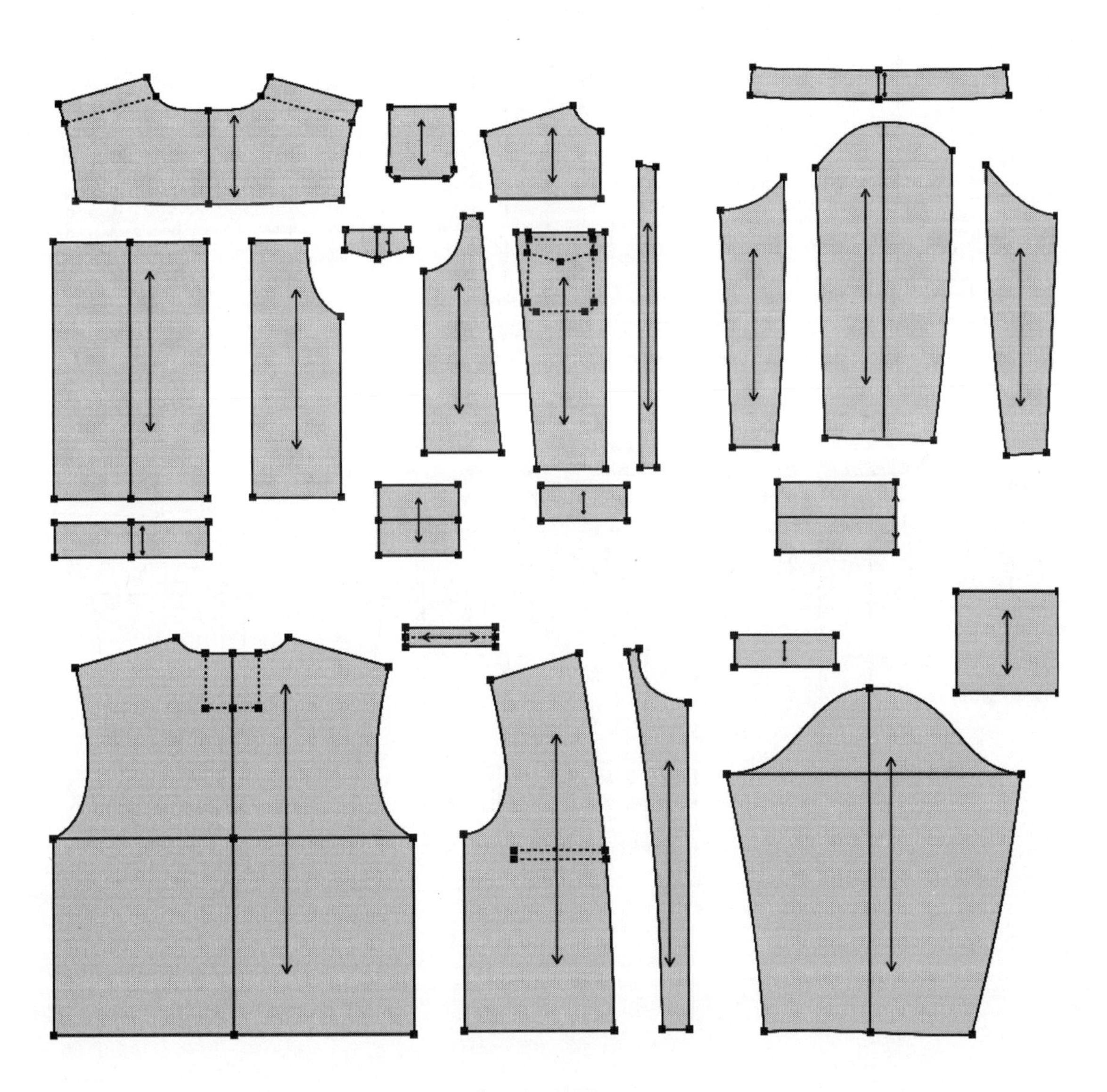

图 5-142　拾取纸样

9. 加缝份（图 5-143）

选择加缝份工具，将工作区的所有纸样统一加 1cm 缝份。

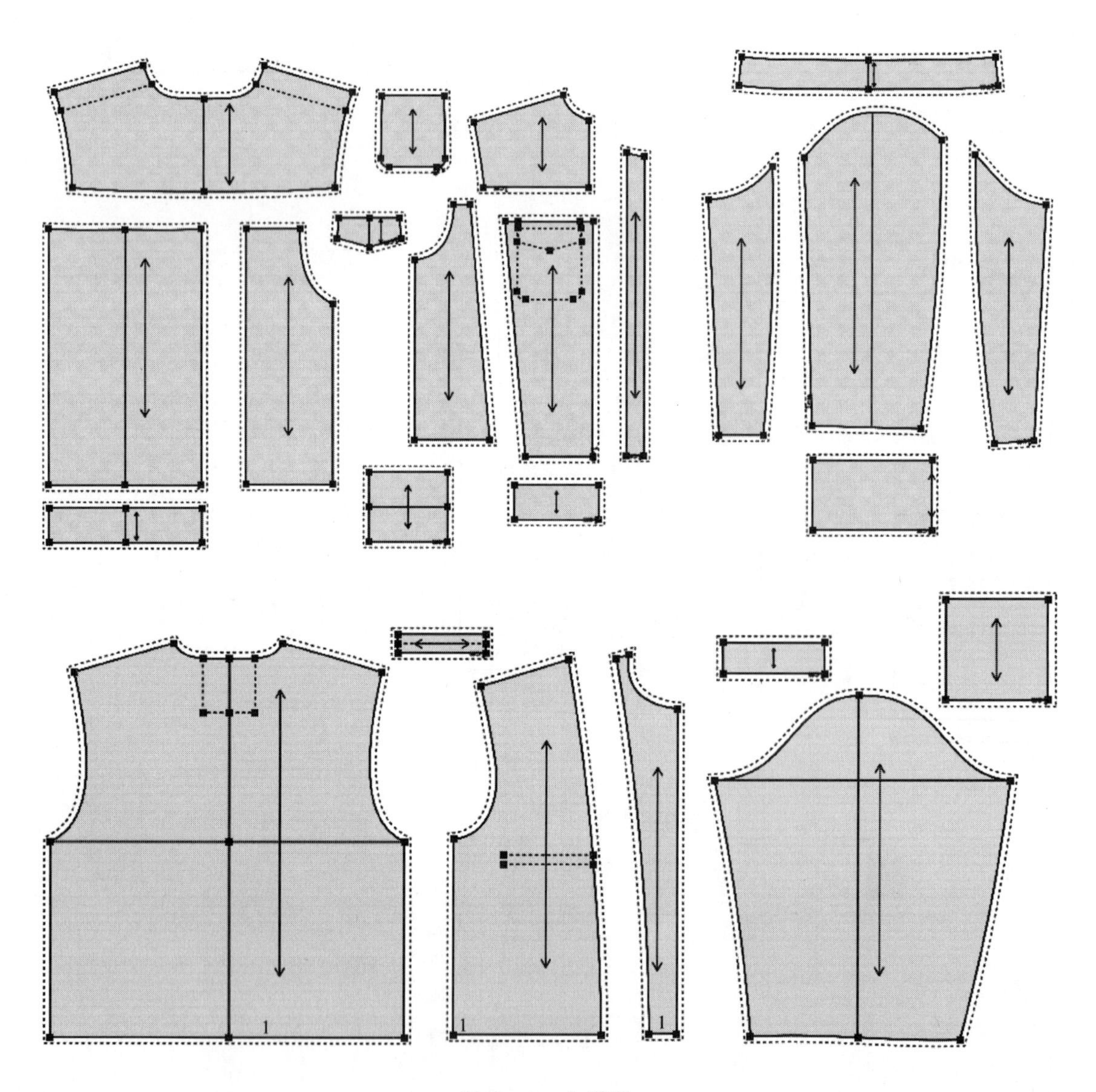

图 5-143 加缝份

第八节　大衣

一、大衣款式效果图（图 5-144）

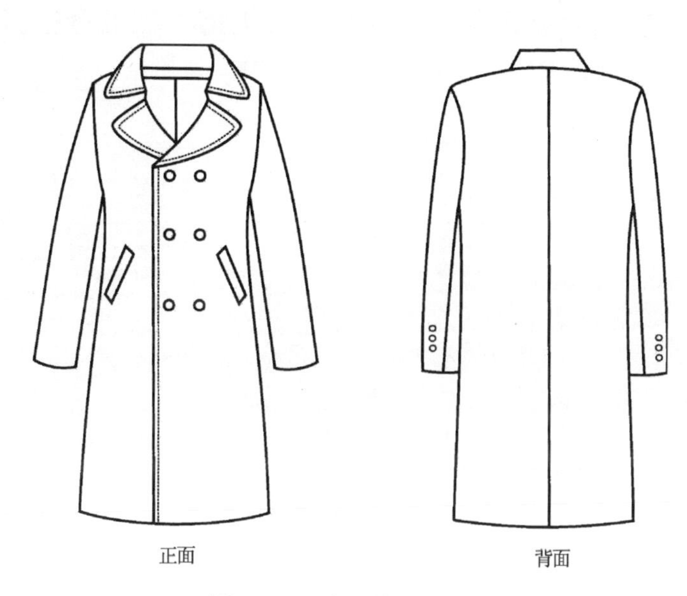

图 5-144　大衣款式效果图

二、大衣规格尺寸表（表 5-8）

表 5-8　大衣规格尺寸表　　单位：cm

部位＼号型	165/86A	170/90A	175/94A	180/98A	档差
衣长	102	105	108	111	3
肩宽	46.8	48	49.2	50.4	1.2
胸围	116	120	124	128	4
摆围	124	128	132	136	4
袖长	57.5	59	60.5	62	1.5
袖肥	44.4	46	47.6	49.2	1.6
袖口	33	34	35	36	1

三、大衣 CAD 制板步骤

1. 设置规格尺寸（图 5–145）

单击【号型】菜单→【号型编辑】，在【设置号型规格表】对话框中输入所需尺寸（此操作可有可无）。

2. 大衣前片、后片、袖子、领子各部位结构示意图（图 5–146）

设置号型规格表

号型名	☑	☑S	◉M	☑L	☑XL	☑
衣长		102	105	108	111	
肩宽		46.8	48	49.2	50.4	
胸围		116	120	124	128	
摆围		124	128	132	136	
袖长		57.5	59	60.5	62	
袖肥		44.4	46	47.6	49.2	
袖口		33	34	35	36	

打开 存储 删除 插入 取消 确定

cm 组间档差 组内档差 指定基码 计算列 导入归号文件 清除空白行列 分组

图 5–145 设置号型规格表

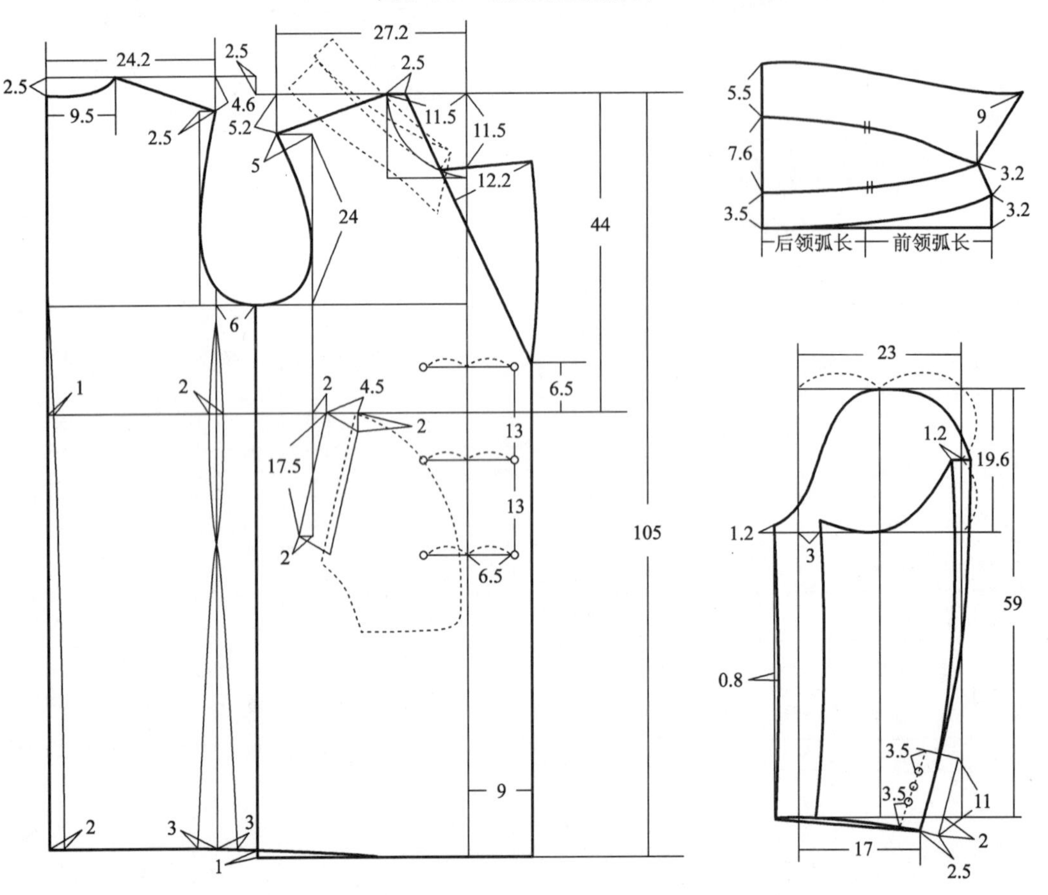

图 5–146 大衣结构示意图

3. 画大衣结构图（图 5–147）

运用本章前面所学的男衬衫和男西服 CAD 制板知识，并结合图 5–146 所示各部位计算方法，用富怡 CAD 绘制大衣的结构图。

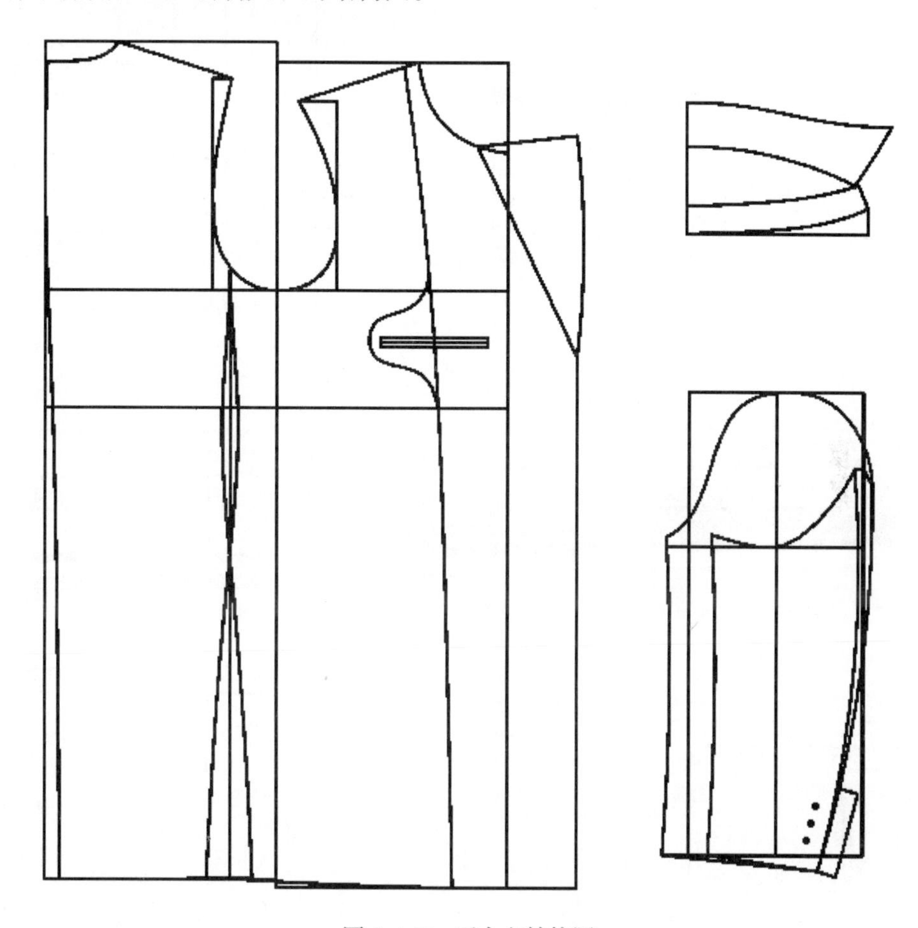

图 5–147　画大衣结构图

4. 确定袋口位置（图 5–148）

①选择智能笔工具框选胸宽线，左键点击腰围线，单击右键将胸宽线靠边至腰围线。

②选择智能笔工具，按住【Shift】键，右键点击胸宽线（已延长的胸宽线）靠近腰围部分，进入【调整曲线长度】功能，输入长度增减量 17cm。

③选择智能笔工具，将腰围线 2cm 处与延长的胸宽线端点横向偏移 –2cm 处用直线相连。

④选择智能笔工具，在腰围线 4.5cm 处画一条 2cm 长的垂直线。

⑤选择智能笔工具把袋口边画好。

5. 袋布和纽扣位置（图 5–149）

6. 拾取纸样（图 5–150）

选择剪刀工具拾取纸样的外轮廓线，单击右键切换成拾取衣片辅助线工具，拾取内部辅助线，并用布纹线工具将布纹线调整好。

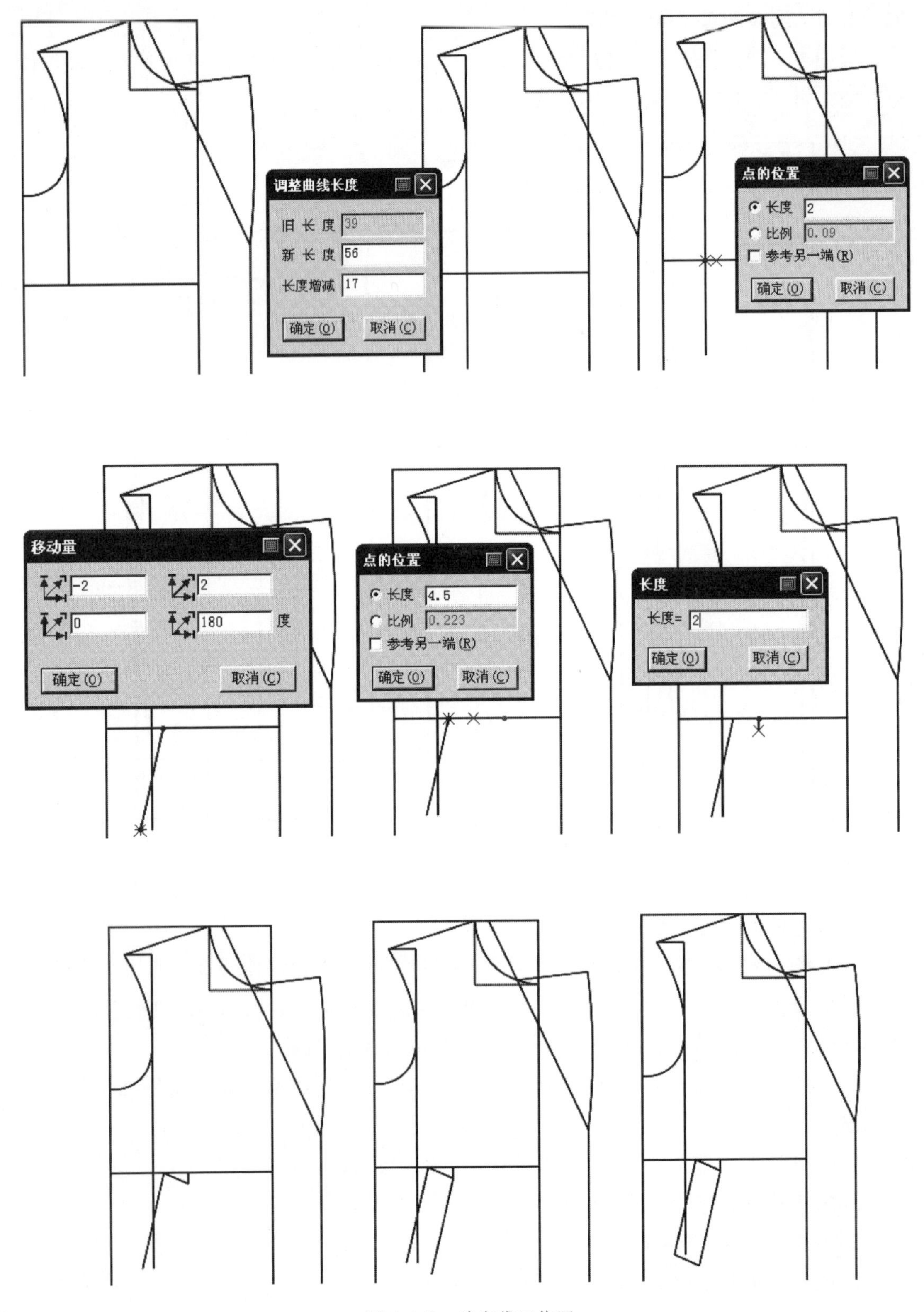

图 5-148 确定袋口位置

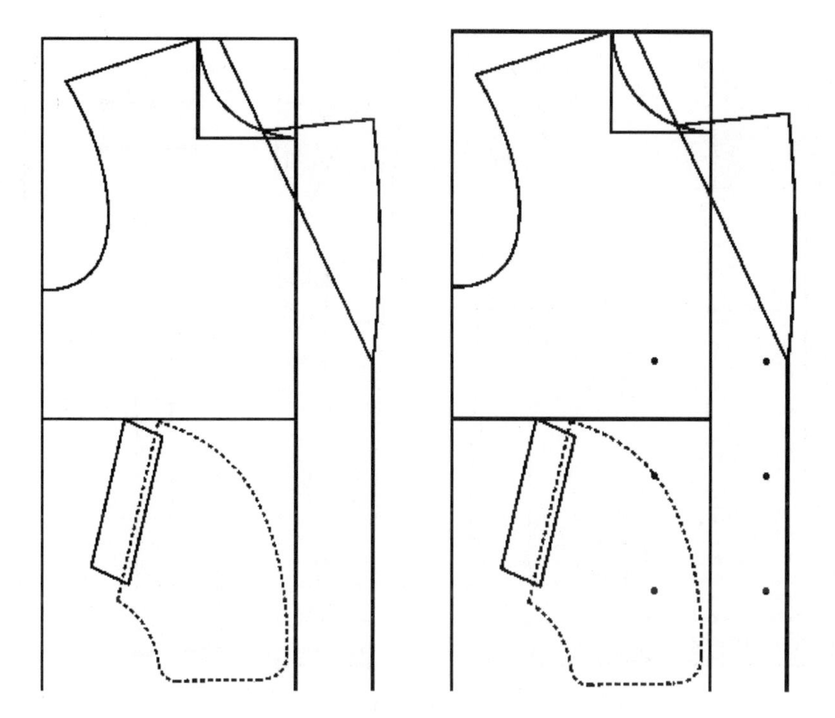

图 5-149　袋布和纽扣位置

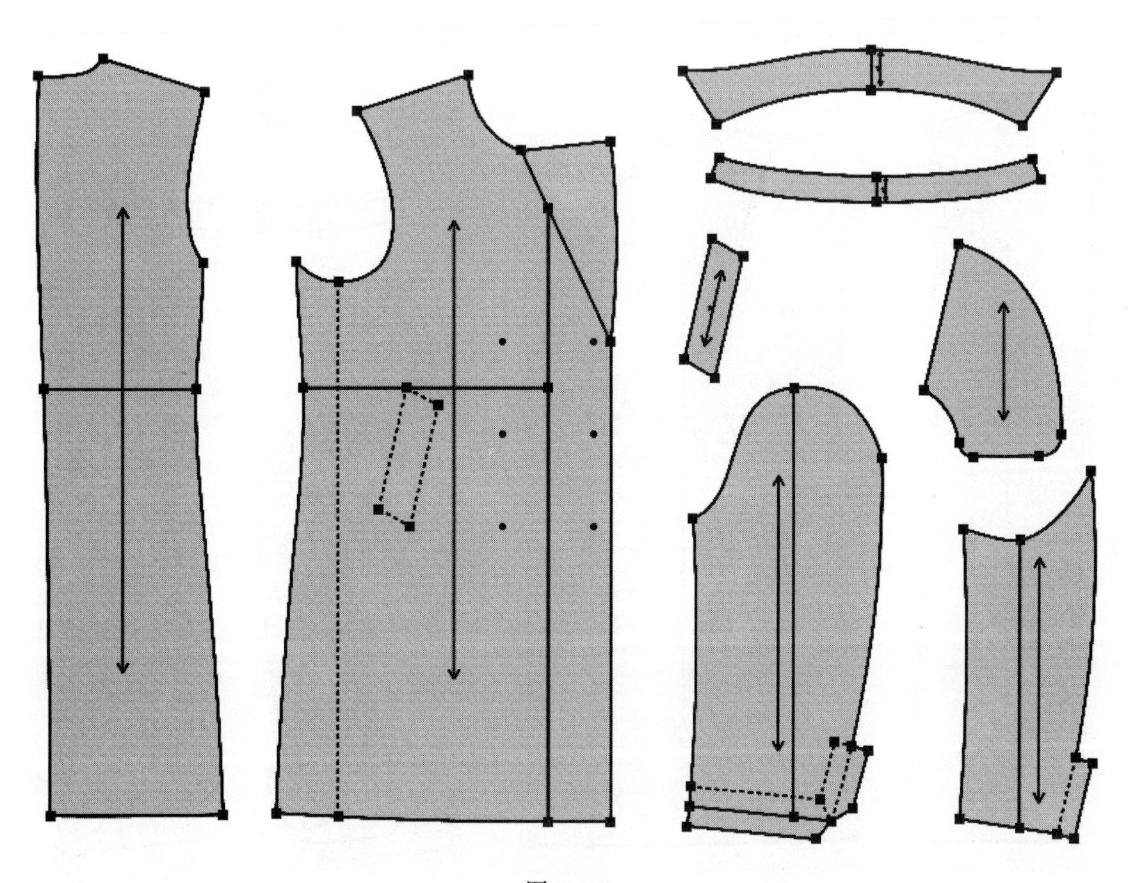

图 5-150

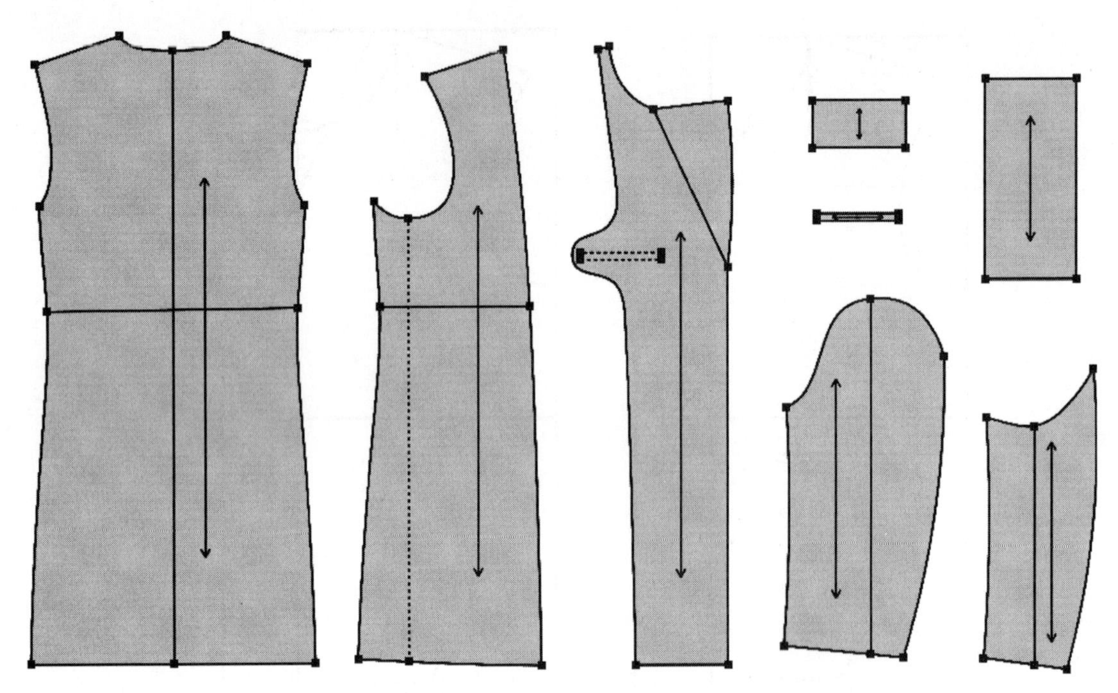

图 5-150　拾取纸样

7. 加缝份（图 5-151）

①选择 加缝份工具，将工作区的所有纸样统一加 1cm 缝份。

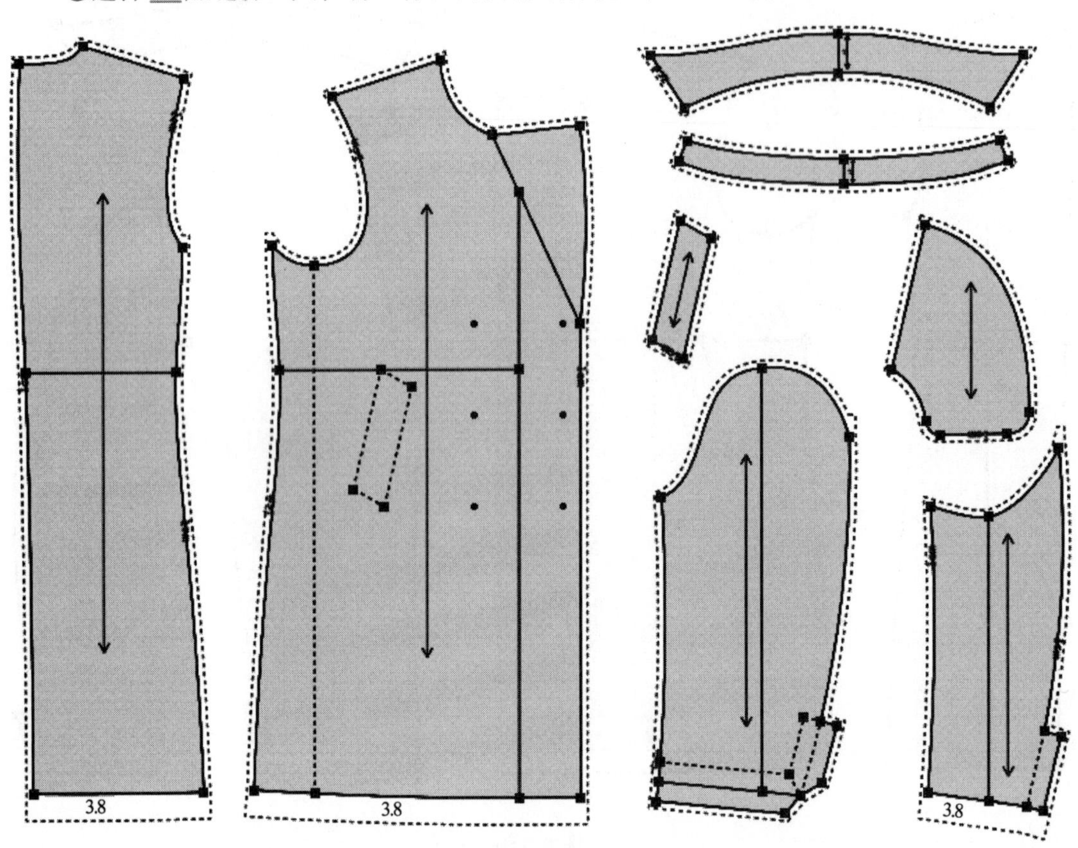

图 5-151

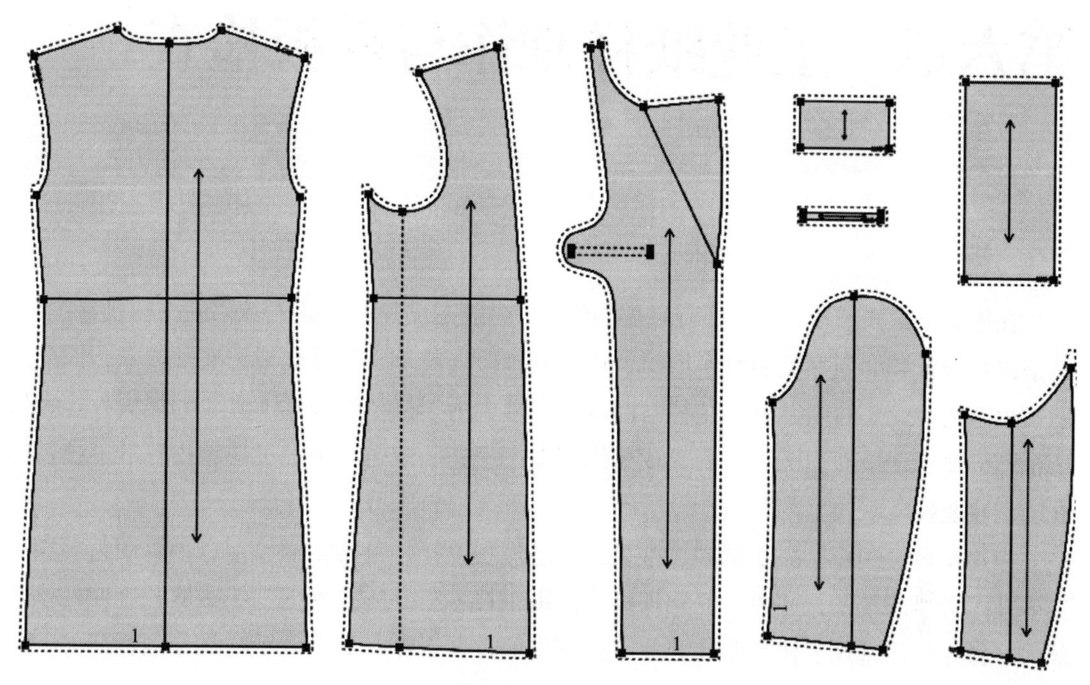

图 5-151　加缝份

②将后片和前片的下摆线、小袖片的袖口线缝份修改为 3.8cm。

③将后片与前片、后片里布与前片里布、大袖与小袖、大袖里布与小袖里布拼缝起点缝份修改为直角。

第六章　工业纸样制作与样板检查

在服装批量生产中，纸样具有重要的作用，它既是反映服装款式效果的结构设计图纸，又是进行裁剪和缝制加工的技术依据，还是复核检查裁片、部件规格的实际模板，因此在正式生产之前，要对纸样进行复核与确认，以减少由于误差带来的不必要的损失，这种做法也同样适用于单件加工。一套工业化纸样由产生到确认，必须经过各项指标的复核及样衣确定才能投入正式生产。

板房是负责制板、样衣试制、推板、工艺流程设计、劳动定额设定、预算用料等相关生产技术资料的准备，并为工业化批量生产提供技术指导的技术部门，是服装企业的核心部门。做好板房管理工作是服装企业生产管理的首要工作，而工业纸样制作是板房的工作重点。

第一节　工业纸样制作

工业纸样设计是将款式设计图上的效果图转化为结构图，然后复制成裁片以备生产。在服装工业生产中，纸样设计是一项关键性的技术工作，它不仅关系到服装产品是否能体现设计师的要求和意图，而且还对服装加工的工艺方法有很大的影响，也因此会直接影响服装的外观造型。纸样设计方法主要有原型法、比例分配法、基型法、立体裁剪法等。

一、纸样的准备

（1）纸样的纸质

纸样在排料时，边缘易受磨损或变形，如果纸质太软，则难以用铅笔或划粉沿着纸样边缘将它勾画出来。

（2）纸样的储存

纸样如果储存不当，可能会受到损坏或遗失。损坏了的纸样在排料时不易控制，会影响裁片的质量；如果纸样遗失了，造成的损失将更大，除了重新裁剪造成时间、人力、物力的浪费外，漏裁的纸样在补裁裁片时很可能使颜色与原来的不同，产生色差疵点。

（3）纸样的使用

服装裁片很多都是左右对称的，如左袖和右袖，为了节省时间和人力，通常只预备对称纸样其中的一块，然后在上面写明需要裁剪的数量。

二、生产纸样设计

生产纸样是在初板纸样基础上绘制的。初板纸样用于缝制样衣，由模特儿穿上样衣展示给客户以观看效果。两者有以下不同：

（1）初板纸样是根据模特儿体型制作的，生产纸样则是根据销售区域的号型标准设计制作。

（2）样衣主要是由一位样衣缝纫工缝制的，而大批生产的服装则是在生产车间流水线作业中分工制作的，两者的制作工艺极不相同。在制作生产纸样时，要考虑适合大批量生产时的工艺。

（3）初板纸样的结构设计未必是最合理、最省料的，而生产纸样设计要顾及在不改动样衣款式外形的基础上节省面料。

（4）设计人员可更改初板纸样上不太重要部位的分割线，使生产纸样在排列时能合理节省面料。修改初板纸样时，须与设计师、排料工互相沟通。

服装工业纸样设计，首先应考虑衣身结构平衡设计。从人体工程学的角度出发，要考虑结构的合理布局，省、褶的技巧处理。例如，根据服装款式设计要求对胸省进行移位设计，这样才能保障胸省塑造出胸部的同时产生设计线的变化，形成多样化的美感效果。胸省移位的方法，主要采取剪折法和旋转法。

服装纸样设计是一项技术要求很高的工作，也是塑造服装品牌风格的重要手段。因此，在进行设计时要将制好的结构图分别复制成裁片，并进行校核或“人体假缝”。这些工作都是为了初板样衣能够达到设计的预期效果。从这方面来说，服装纸样设计师除了要有很强的服装工艺基础外，还要有从平面到立体、从三维到人体的转换思维和空间设计思维。

三、纸样记录登记

服装生产企业应保存一份纸样并记录登记，记录每一套纸样裁片的状况，并对以下各项资料进行记录登记。

（1）纸样编号。

（2）服装款式。

（3）纸样裁片的数量。

（4）绘制纸样的日期。

（5）客户名称。

（6）纸样发送至裁剪部的日期。

（7）纸样从裁剪部收回的日期。

（8）负责人签名，证实所记载资料正确无误。

（9）关于纸样破损或遗失等状况及是否需要再补制，用备注形式登记。

四、工业纸样制作流程

（1）初板纸样设计

根据设计手稿或客户制单要求，进行纸样绘制。在进行纸样绘制时要充分考虑其工艺处理、面料性能、款式风格特点等因素。

（2）试制样衣

纸样绘出后，必须通过制作样衣检验前面的服装设计和纸样设计工序是否合乎要求，或订货的客户是否满意。如不符合要求，则需分析问题所在。若是设计出现问题，需重新设计款式。若是纸样出现问题，如制成的样衣没能体现出设计师的设计理念，或是纸样本身不合理，或样衣板型不好，或制作工艺复杂等，都需修改纸样，直到制成的样衣符合要求为止。

（3）推板（又称放码）

当样衣被认可符合要求之后，便可根据确认的样衣纸样和相应的号型规格系列表等推放出所需号型的样板。

基础样板的尺寸常选用中心号型（如男装170／88A）的尺寸，这样便于后面的推板工作。一般在前面绘制纸样时，其规格尺寸就选用中心号型的尺寸，以便减少重复工作。

在已绘制好的基型样板基础上按照号型规格系列表进行推板，最后得到生产任务单中要求的各种规格的生产系列样板，供后面排料、裁剪及制订工艺等工序使用。

（4）制订工艺

根据服装款式或订单的要求，国家制定的服装产品标准，并根据生产企业自身的实际生产状况，由技术部门确定某产品的生产工艺要求和工艺标准（如裁剪、缝制、整烫等工艺要求）、关键部位的技术要求、辅料的选用等。此外，技术部门还应制订出缝纫工艺流程等有关技术文件，以保证生产有序进行，有据可依。

第二节　样板检查与复核

本书所举例的纸样是采用自由设计法进行的样板设计，其优点是结构准确，组合关系明确。工业生产纸样制作过程大致如下：将标准净纸样绘制在牛皮纸或质地坚韧的纸上，然后在每片纸样上标注名称、号型规格、纱向，加放需要的缝份、折边，确定对位标记。以初样纸样结构图为基础，制作出挂面纸样（有足够的里外容量）、里料纸样和衬料纸样（又称朴样）。按款式要求配置零部件纸样，如领里、领面、领衬、袋盖面、袋片，纸样均需完整并标注纱向，还需有准确的缝份及缝份标记。

纸样的结构设计是否符合款式的造型效果，就是人们常说的“板型”如何。在规格和款式相同的条件下，不同纸样设计师制板会出现不同的板型效果。工业纸样设计实践证明，只有经过样衣制作，才能验证产品外形、内外结构造型、结构组合、号型规格、细部尺寸、材料性能及工艺标准等是否达到款式设计的要求。如果有任何不满意之处，都要分析其原因，修正样衣和纸样结构，使其板型达到预期效果为止。被修正之前的纸样称为“初板”或“基础纸样”，修正之后的纸样称为“复板”或“标准纸样”，纸样可分为净缝纸样（未加缝份）和毛缝纸样（已加缝份）两种。纸样结构设计时通过添加外处理，并赋予一定的技术内涵，再通过样衣检验合格则成为生产纸样（加过缝份的纸样）。

一、工业纸样复核

1. 主要规格与细部尺寸

样板主要部位的规格必须与设计规格相同，检查的内容包括长度、宽度和围度。长度包括衣长、裤长、裙长、袖长、腰节长、上裆等，围度包括胸围、腰围、臀围、裤口围、袖口围等（后两项列入“宽度”亦可）。检查方法是用软尺测量各片纸样的长度、宽度和围度，并计算其总量是否符合规格要求。有缩水的面料纸样要预加缩水量。

细部尺寸指袖窿深、收腰量、分割缝和省缝位置、袋位、袋盖、纽扣等尺寸，它们虽然不直接影响服装的长短胖瘦，却对服装的舒适感和整体风格起着不可忽视的作用。

2. 相关结构线的检查

相关结构线是指服装纸样中处于同一部位，经过缝合而成为一个整体的结构线。这种缝合存在着长度和形态两方面的组合关系，处理好这种组合关系，对于满足服装局部造型，达到整体结构协调起着重要的作用。

3. 等长结构线组合

服装的侧缝线、分割缝一般要求平缝组合，平缝要求组合处上下两层的缝边长度一致，而缝边形状有两种：一种是形状相同；另一种是形状互补，同时保持长度相等。

4. 不等长结构线组合

不等长结构线组合是出于局部塑型的需要而设计的，可分为体型需要、装饰需要和造型需要。

（1）体型需要

两片袖的大、小前袖缝，大袖略短于小袖 0.3cm 左右，缝合时拔直、拔长大袖的袖肘部，与小袖组合，以符合手臂前肘部形态；大、小后袖缝则大袖长于小袖，缝合时大袖肘部归短，与小袖组合，以符合手臂及手肘部形态。

（2）装饰需要

分割片需缝褶之后与另一片组合。

（3）造型需要

根据服装款式造型需要所做的工艺处理。

总之，相关结构线的组合应根据各种需要决定组合形状。组合形式主要包括平缝组合、吃势组合、拔开组合及里外匀组合四种形式，各种形式的相关结构线组合之后，都在边端出现第三条线，要求此线应呈“平角”形态，不得有凸角或凹角，如果出现应及时修正，使外观平滑、直顺、美观。

二、对位标记的检查

对位标记是确保服装质量所采取的有效措施，有两种形式：一种是缝合线对位标记，通常设在凹凸点、拐点和打褶范围的两端，主要起吻合点作用。例如，装袖吻合点设在前袖窿拐点与前袖山拐点、袖山顶点（凸点）与肩缝对位等。当缝合线较长时，可用对位标记（打三角口或直刀口）分几段处理，以利于缝合线直顺。另一种用于纸样中间部位的定位，如省位、纽位等。

三、纸样纱向的检查

纸样上标注的纱向与裁片纱向是一致的，它是根据服装款式的造型效果而确定的，不得擅自更改或遗漏，合理利用不同纱向的面、辅料，是实现服装外观与工艺质量的关键因素之一。

1. 纱向概念

经纱指裁片的经纱长于纬纱，纬纱指某裁片的纬纱长于经纱、斜纱，斜纱指某裁片的斜纱长于经、纬纱。

2. 纱向性能

经纱（直纱）挺拔、垂直、强度大、不易抻长；斜纱富于弹性和悬垂性，尤其是正斜纱（45°）有很好的弹性；纬纱（横纱）性能介于经纱与斜纱之间，略有弹性、丰富自然，更接近经纱。

3. 纱向使用原则

要求服装强度大且有挺拔感的前后衣片、裤片、袖片、过肩、腰头、袖头、腰带、立领等，均采用经纱（直纱）；要求自然悬垂有动感的斜裙、大翻领以及格、条料裁片或滚条等，均采用斜纱；对既要求有一定弹性又有一定强度的袋盖、领面可采用纬纱（横纱）。有毛向的面料（如丝绒、条绒等）应注意方向一致，避免因反光方向不同产生色差。

四、缝份与折边的复核

缝份大小应根据面料的薄厚及质地疏密、服装部位、工艺档次等因素来确定。薄、中、厚服装可分别取0.8cm、1cm、1.5cm，质地疏松面料可多加0.3cm左右。在缝合线弧度较大的部位缝份可略窄，为0.8cm左右，如袖窿弯、大小裆弯、领口弯等处；在直线缝合处的缝份可适当增大，为1~1.5cm。高档服装由于耐穿，一般会在围度方面放大，因此在上衣侧缝、裤子下裆缝和后裆缝等处的缝份为1~1.5cm。在批量生产时，为了提高工作效率，大多数款式的服装采取缝份尽量整齐统一的做法，例如以1cm为标准，这并不影响产品质量的标准化。总之，缝份应根据多种因素灵活确定。检查缝份时，除了宽窄适度以外，还应注意保持某部位的缝份宽窄一致。折边量一般为 2.5 ~ 4.5cm，可根据款式需要确定。

五、纸样总量的复核

复核纸样分为母板（标准板，又称基码样板）与系列样板复核。工业纸样包括面料纸样、里料纸样、衬料纸样（又称朴样）、部件纸样（领、袖头等）、零料纸样（袋布、串带等）、部件毛样板和工艺净样板（又称工艺清剪样）等。复核时要做到种类齐全、数量完整，并分类编号管理。

六、工业纸样的分类管理

工业生产纸样要非常规范完整，因为裁剪操作人员必须按照纸样符号和数量去排料裁剪。工业纸样必须是包含缝份的纸样，包括面料纸样、里料纸样、衬料样和辅料（袋布、袋盖、袋口衬、袖口衬、底摆衬等）纸样、部件纸样（如领、袋盖）等，同时要求它们之间不可随意替代，各种纸样的缝份（包括里外匀缝份）、尺寸、组合关系等各项指标必须标准完善，在管理上可用编号、字母进行归类管理。

工业生产样板还要求标注必要的文字，主要有以下内容：产品名称、号型名称、号型规格、样板名称和片数、样板的纱向，不对称款式需标注正、反面。如有进行颜色或面料搭配的款式，要在配料（色）的样板上注明。完成文字标注和编号之后，将各片纸样用打孔器打直径为 0.5cm 的圆孔，用样板钩悬挂起来。不同款式的样板要分别放置，便于使用和管理。

附录

附录 1　富怡服装 CAD 软件 V9 版本快捷键简介

设计与放码系统的键盘快捷键			
A	调整工具	B	相交等距线
C	圆规	D	等分规
E	橡皮擦	F	智能笔
G	移动	J	对接
K	对称	L	角度线
M	对称调整	N	合并调整
P	点	Q	等距线
R	比较长度	S	矩形
T	靠边	V	连角
W	剪刀	Z	各码对齐
F2	切换影子与纸样边线	F3	显示 / 隐藏两放码点间的长度
F4	显示所有号型 / 仅显示基码	F5	切换缝份线与纸样边线
F7	显示 / 隐藏缝份线	F9	匹配整段线 / 分段线
F10	显示 / 隐藏绘图纸张宽度	F11	匹配一个码 / 所有码
F12	工作区所有纸样放回纸样窗	【Ctrl】+F7	显示 / 隐藏缝份量
【Ctrl】+F10	一页里打印时显示页边框	【Ctrl】+F11	1 ： 1 显示
【Ctrl】+F12	纸样窗所有纸样放入工作区	【Ctrl】+N	新建
【Ctrl】+O	打开	【Ctrl】+S	保存
【Ctrl】+A	另存为	【Ctrl】+C	复制纸样
【Ctrl】+V	粘贴纸样	【Ctrl】+D	删除纸样
【Ctrl】+G	清除纸样放码量	【Ctrl】+E	号型编辑
【Ctrl】+F	显示 / 隐藏放码点	【Ctrl】+K	显示 / 隐藏非放码点
【Ctrl】+J	颜色填充 / 不填充纸样	【Ctrl】+H	调整时显示 / 隐藏弦高线
【Ctrl】+R	重新生成布纹线	【Ctrl】+B	旋转
【Ctrl】+U	显示临时辅助线与掩藏的辅助线	【Shift】+C	剪断线
【Shift】+U	掩藏临时辅助线、部分辅助线	【Shift】+S	线调整
【Ctrl】+【Shift】+【Alt】+G	删除全部基准线	ESC	取消当前操作
【Shift】	画线时，按住【Shift】键在曲线与折线间转换 / 转换结构线上的直线点与曲线点		
【Enter】键	文字编辑的换行操作 / 更改当前选中的点的属性 / 弹出光标所在关键点移动对话框		
X 键	与各码对齐结合使用，放码量在 *X* 方向上对齐		
Y 键	与各码对齐结合使用，放码量在 *Y* 方向上对齐		
U 键	按下【U】键的同时，单击工作区的纸样可放回到纸样列表框中		

说明：

①按【Shift】+U，当光标变成后，单击或框选需要隐藏的辅助线即可隐藏。

② F11：用布纹线移动或延长布纹线时，匹配一个码 / 匹配所有码；用 T 移动文字时，匹配一个码 / 所有码；用橡皮擦删除辅助线时，匹配一个码 / 所有码。

③ ***：当软件界面的右下角 数字 cm 有一个点显示时，匹配当前选中的码；右下角 数字 cm 有三个点显示时，匹配所有码。

④ Z 键各码对齐操作：用选择纸样控制点工具，选择一个点或一条线。按【Z】键，放码线就会按控制点或线对齐；连续按【Z】键，放码量会以该点在 *XY* 方向对齐、*Y* 方向对齐、*X* 方向对齐、恢复间循环。

⑤鼠标滑轮：在选中任何工具的情况下，向前滚动鼠标滑轮，工作区的纸样或结构线向下移动；向后滚动鼠标滑轮，工作区的纸样或结构线向上移动；单击鼠标滑轮为全屏显示。

按下【Shift】键时，向前滚动鼠标滑轮，工作区的纸样或结构线向右移动；向后滚动鼠标滑轮，工作区的纸样或结构线向左移动。

⑥键盘方向键：按上方向键，工作区的纸样或结构线向下移动；按下方向键，工作区的纸样或结构线向上移动；按左方向键，工作区的纸样或结构线向右移动；按右方向键，工作区的纸样或结构线向左移动。

⑦小键盘 +-：每按一次小键盘 + 键，工作区的纸样或结构线放大显示一定的比例；每按一次小键盘 - 键，工作区的纸样或结构线缩小显示一定的比例。

⑧空格键功能：在选中任何工具的情况下，把光标放在纸样上，按一下空格键，即可变成移动纸样光标。在使用任何工具的情况下，按下空格键（不弹起）光标转换成放大工具，此时向前滚动鼠标滑轮，工作区内容就以光标所在位置为中心放大显示；向后滚动鼠标滑轮，工作区内容就以光标所在位置为中心缩小显示；点击右键为全屏显示。

⑨对话框不弹出的数据输入方法：

a. 输一组数据：输入数字，按【Enter】键。例如，用智能笔画 30cm 的水平线，左键单击起点，切换在水平方向输入数据 30，按【Enter】键即可。

b. 输两组数据：输入第一组数字→按【Enter】→输入第二组数字→按【Enter】。例如，用矩形工具画 24cm × 60cm 的矩形，用矩形工具定起点后，输入 20 →按【Enter】键→输入 60 →按【Enter】键，即可。

⑩表格对话框右击菜单：在表格对话框中的表格上点击右键可弹出菜单，选择菜单中的数据可提高输入效率。如在表格上输入$1\frac{3}{8}$，操作方法为在表格中先输入“1”，再点击

1/8
1/4
3/8
1/2
5/8
3/4
右键7/8选择 3/8 即可。

排料系统的键盘快捷键			
【Ctrl】+A	另存	【Ctrl】+D	将工作区纸样全部放回到尺寸表中
【Ctrl】+I	纸样资料	【Ctrl】+M	定义唛架
【Ctrl】+N	新建	【Ctrl】+O	打开
【Ctrl】+S	保存	【Ctrl】+Z	后退
【Ctrl】+X	前进	【Alt】+1	主工具匣
【Alt】+2	唛架工具匣 1	【Alt】+3	唛架工具匣 2
【Alt】+4	纸样窗、尺码列表框	【Alt】+5	尺码列表框
【Alt】+0	状态条、状态栏主项	F5	刷新
空格键	工具切换（在纸样选择工具选中状态下，空格键为放大工具与纸样选择工具的切换；在其他工具选中状态下，空格键为该工具与纸样选择工具的切换）		
F3	重新按号型套数排列辅唛架上的样片		
F4	将选中样片的整套样片旋转 180°		
【Delete】	移除所选纸样		
双击	双击唛架上选中纸样可将选中纸样放回到纸样窗内；双击尺码表中某一纸样，可将其放于唛架上		
8 2 4 6	可将唛架上选中纸样进行向上【8】、向下【2】、向左【4】、向右【6】方向滑动，直至碰到其他纸样		
5 7 9	可将唛架上选中纸样进行 90° 旋转【5】、垂直翻转【7】、水平翻转【9】		
1 3	可将唛架上选中纸样进行顺时针旋转【1】、逆时针旋转【3】		

说明：

① 9 个数字键与键盘最左边的 9 个字母键相对应，有相同的功能。对应如下表：

1	2	3	4	5	6	7	8	9
Z	X	C	A	S	D	Q	W	E

②【8】&【W】、【2】&【X】、【4】&【A】、【6】&【D】键跟【Num Lock】键有关，当使用【Num Lock】键时，这几个键的移动是一步一步滑动的；不使用【Num Lock】键时，按这几个键，选中的样片将会直接移至唛架的最上、最下、最左、最右部分。

③↑↓←→：可将唛架上选中纸样向上移动【↑】、向下移动【↓】、向左移动【←】、向右移动【→】，移动一个步长，无论纸样是否碰到其他纸样。

附录 2　富怡服装 CAD 软件 V9 增加功能及与 V6 操作快捷对照表

V9 版本新增功能			
设计	1	在不弹出对话框的情况下定尺寸	制作结构图时，可以直接输数据定尺寸，提高了工作效率
	2	就近定位	在线条不剪断的情况下,能就近定尺寸。如图示:
	3	自动匹配线段等分点	在线上定位时能自动抓取线段等分点
	4	曲线与直线间的顺滑连接	一段线上部分直线部分曲线，连接处能顺滑对接，不会起尖角
	5	调整时可有弦高显示	
	6	文件的安全恢复	V9 每一个文件都能设自动备份
	7	线条显示	线条能光滑显示
	8	右键菜单	右键菜单显示工具能自行设置
	9	圆角处理	能作不等距圆角
	10	曲线定长调整	在长度不变的情况下调整曲线的形状
	11	荷叶边	可直接生成荷叶边纸样
	12	自动生成衬、贴边	在纸样上能自动生成新的衬纸样、贴边样
	13	缝迹线绗缝线	V9 有缝迹线、绗缝线并提供多种直线类型、曲线类型，可自由组合不同线型。绗缝线可以在单向线与交叉线间选择，夹角能自行设定
	14	缩水	在纸样上能局部加缩水
	15	剪口	在袖子、衣身上同时打剪口
	16	拾取内轮廓	可做镂空纸样
	17	线段长度	纸样的各线段长度可显示在纸样上
	18	纸样对称	关联对称，在调整纸样的一边时，对称的另一边也在关联调整
	19	激光模板	用于激光切割机切割样板，即可以按照样板外轮廓形状切割纸样
	20	角度基准线	在导入的手工纸样上作定位线
	21	播放演示	有播放演示工具的功能

续表

V9版本新增功能			
手工纸样的导入		数码输入	通过数码相机把手工纸样变成计算机中的纸样
放码	1	自动判断正负	点放码表放码时，软件能自动判断各码放码量的正负
	2	边线与辅助线各码间平行放码	纸样边线及辅助线各码间可平行放码
	3	分组放码	有分组放码功能，可在组间放码也可在组内放码
	4	文字放码	文字的内容在各码上显示可以不同，位置也能放码
	5	扣位、扣眼	放码时在各码上的数量可不同
	6	点随边线段放码	放码点可随线段按比例放码
	7	对应线长	根据档差之和放码
	8	档差标注	放码点的档差数据可显示在纸样上
改板	1	影子	改板时下方可以有影子显示，对纸样是否进行了修改一目了然。多次改板后纸样也能返回影子原形
	2	平行移动	调整纸样时可沿线平行调整
	3	不平行移动	调整纸样时可不平行调整
	4	放缩	可整体放缩纸样
	5	角度放码	放码时可保持各码角度一致
	6	省褶合并调整	在基码上或放码后的省褶上，能把省褶收起来，查看并调整省褶底线的圆顺
	7	行走比拼	用一个纸样在另一个样上行走，并调整对接线圆顺情况
排料	1	超排	能避色差，捆绑，可在手工排料的基础上超排，也能排队超排
	2	绘图打印	能批量绘图打印
	3	虚位	对工作区选中纸样加虚位及整体加虚位
绘图	1	输出风格	有半刀切割的形式
	2	布纹线信息	输出多个号型名称
	3	对称纸样	绘制对称纸样可以只绘一半

附录 3 富怡服装 CAD 系统键盘快捷键简介

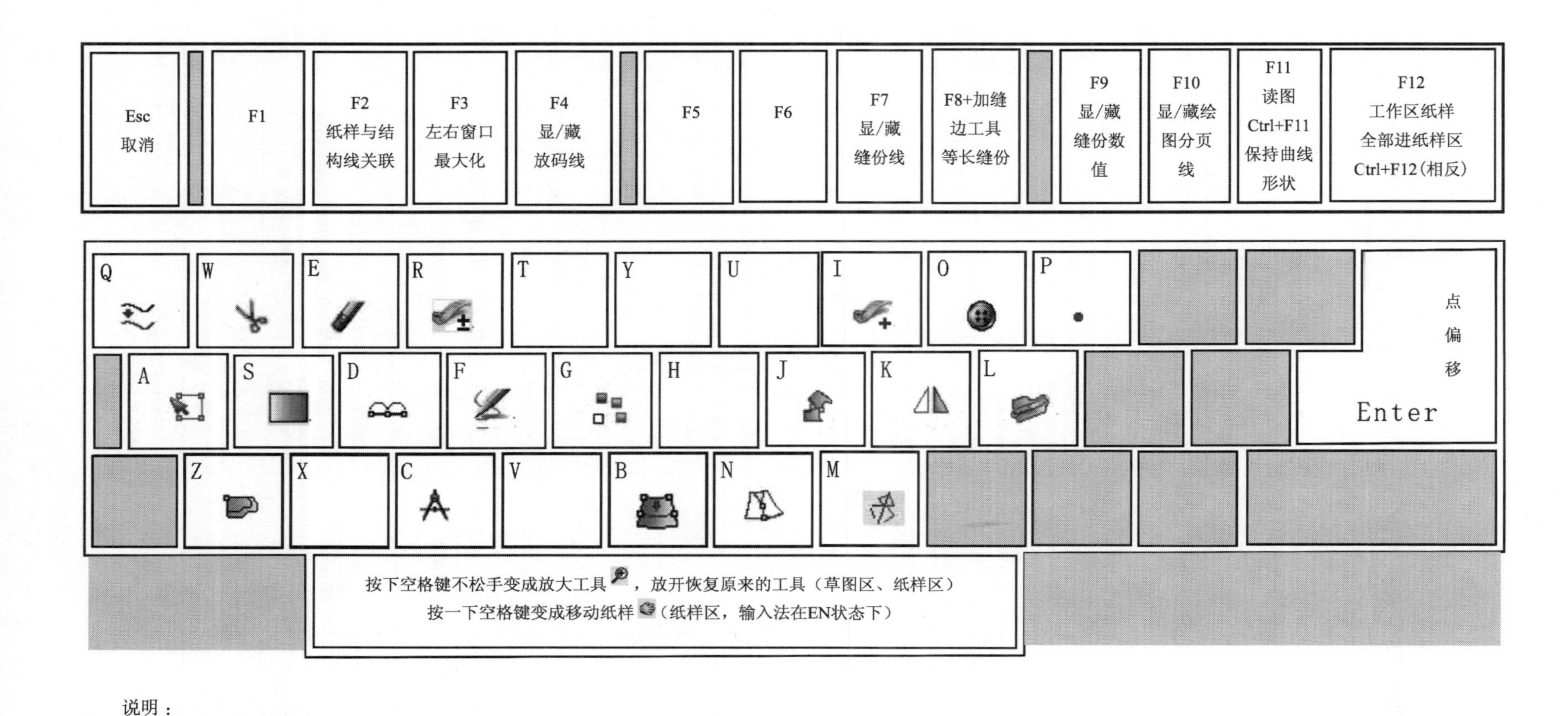

说明：

T：单项靠边　H：双向靠边　V：连角　← ↑ → ↓：用于上下左右移动工作区

【Ctrl】+2　：线上加两等距点　小键盘 +-：随着光标所在位置，【+】放大显示 /【-】缩小显示。

修改工具：在自由设计法中按【Ctrl】键，左键框选可同步移动所选部位，右键点击某点可对该点进行偏移。

附录 4　服装常用专业术语对照表

序　号	书面用语	企业用语	注　　释
1	门襟	门筒	也称门贴，指锁扣眼的衣片
2	吃势	容位	工艺要求的吃势：两扩拼缝时，有一片根据人体需求，会比另一片长一点儿，这长出采的部分就叫吃势 非工艺要求的吃势：在缝制过程中，尤其是平绒等面料，上下层之间由于平缝机压脚及送布牙之间错动原因，导致的吃势。这种吃势通常是需要尽量避免的
3	串带	耳仔	也称裤耳，指腰头上的串带
4	衬布	朴	指衬、衬布，用来促使服装具有完美的造型，可弥补面料所不足的性能
5	挂面	前巾	也称过面，搭门的反面，有一层比搭门宽的贴边
6	肩缝线长度	小肩	指侧颈点至肩端点的长度
7	育克	机头	也称约克，某些服装款式在前后衣片的上方，需横向剪开的部分
8	橡筋	丈根	利用橡筋线的弹性做出抽皱的服装效果
9	劈缝	开骨	指把缝份劈开熨汤或车缝
10	极光	起镜	极光是服装熨烫时织物出现反光反白的一种疵点现象，是指服装织物因压烫而发生表面构造变化所形成的一种光反射现象。会使这些部位衣料纱线纤维及纤维毛羽被压平磨光
11	搭接缝合	埋夹	也称叫曲腕、三针链缝、三针卷接缝、臂式双线环合缝合等，适用于衬衫、风衣、牛仔裤、休闲装等薄料、中厚料服装加工，以及雨衣、滤袋和不同布料的衬衫、尼龙雨衣、车套、帐篷等厚料制品作业，其悬臂筒形的特殊结构特别适合袖、裤子等筒形部位的搭接缝合
12	肩端点	膊头	也称肩头，在服装企业中，膊宽是指肩宽，纳膊是指拼肩缝
13	袖窿	夹圈	也称袖孔，是衣身装袖的部位
14	袖克夫	介英	也称袖头，般指衬衣袖口拼块
15	臀围	坐围	指服装在人体的臀部水平一周的围度
16	包边条	捆条	也称滚条、斜条，用于缝边包缝处理的斜条
17	面料的宽度	幅宽	在服装企业也称布封，指面料的宽度
18	商标	唛头	指服装品牌名称的标志
19	尺码标	烟治	指服装号型规格标志
20	缝份	止口	指在制作服装过程中，把缝进去的部分叫缝份。为缝合衣片在尺寸线外侧预留的缝边量

续表

序　号	书面用语	企业用语	注　释
21	横裆	肶围	指上裆下部的最宽处，对应于人体的大腿围度
22	绷缝机	冚车	链式缝纫线迹特种缝纫机。此线迹多用于针织服装的滚领、滚边、摺边、绷缝、拼接缝和饰边等
23	打套结	打枣	也称打结，指加固线迹
24	人台	公仔	也称人体模型，是服装制板和立裁的一种工具
25	前裆	前浪	指裤子的前中弧线
26	后裆	后浪	指裤子的后中弧线
27	四合扣	急纽	也称弹簧扣、车缝纽。四合扣靠 S 型弹簧结合，从上到下分为 ABCD 四个部件：AB 件称为母扣，宽边上可刻花纹，中间有个孔，边上有两根平行的弹簧；CD 件称为公扣，中间突出一个圆点，圆点按入母扣的孔中后被弹簧夹紧，产生开合力，固定衣物
28	大衣	褛	指衣长超过人体臀部的外穿服装
29	钉形装饰品	撞钉	服装上像钉子一样的小装饰品
30	拼色布	撞色布	指与主色布料搭配的辅助颜色的布料
31	扣眼	纽门	指纽扣的眼孔
32	风领扣	乌蝇扣	也称风纪扣
33	斜纹	纵纹	经线和纬线的交织点在织物表面呈现 45° 的斜纹线的结构形式
34	预备纽	士啤纽	也称预备纽扣，指服装上配备的备用纽扣
35	绗棉的裁片	间棉	指棉花或腈纶棉与裁片绗缝
36	黑色布	克色布	指黑色的布料
37	排料图	唛架	指按照工艺要求排列好裁片的排料图
38	袖肥	袖肶	指袖子在人体手臂根部水平一周的围度
39	袖窿深	夹直	指肩端点至胸围线的直线距离
40	对位标志	剪口	也称刀眼，是服装工艺车缝的对位记号
41	布纹线	丝缕线	指面料的直纹纱向
42	肩宽	膊宽	指左右两肩端点之间的水平距离
43	领座	下级领	指翻领的领座部分
44	面领	上级领	指翻领的面领部分
45	洗水标	洗水唛	指服装织物洗水警示标志

后记

在教材的编写过程中，我力求做到在教材内容上体现“工学结合”，力求取之于工，用之于学。既吸纳本专业领域的最新技术，坚持理论联系实际、深入浅出的编写风格，又以大量的实例介绍工业纸样的应用原理、方法与技巧。如果本书对服装职业的教学有所帮助，本人将不胜感谢。同时，希望本书能够成为服装职业教学体制改革道路上的一块探路石，以引出更多更好的服装教学方法，共同推动中国服装职业教育的发展。

本书出版后，我将继续编著服装教材，欢迎广大读者朋友提出宝贵建议或意见，可以用电子邮件的形式发给我。

本人长期从事高级服装设计和样板的研究工作，积累了丰富的实践操作经验。为了做好服装教材研究与辅导工作，本人特创立了中国服装网络学院（网址：www.cfzds.org），读者在操作过程中，如有疑问可以通过中国服装网络学院向陈老师求助。中国服装网络学院将不定期增加新款教学视频。另外，中心备有1：1工业标准纸样，可邮寄。欢迎广大服装爱好者与我们一起探讨服装板型技术。

Email：fzsj168@163.com
电 话：0755—26650090 18926547881
www.cfzds.org

作 者

2012年3月